jQuery Mobile 移动网站开发

张欣毅　编著

清华大学出版社
北京

内 容 简 介

本书是一本由浅入深、系统地介绍 jQuery Mobile 移动网站开发知识的指导书。全书以 jQuery Mobile 框架为主线，把在开发中涉及的 HTML 5、CSS 3、jQuery，以及 jQuery Mobile 框架的定制与扩展等一并介绍，形成一个完整的体系。本书内容涵盖了 jQuery Mobile 中的各种 UI 组件、页面布局、事件处理、网页设计策略、浏览器兼容性、移动网站特点、技术标准的发展与适用性等大量理论与实践过程中需要注意的细节，全书的各个知识点均配有实例，以供参考。

本书适合具有初步 HTML/CSS/JavaScript 网页设计与编程经验，并对开发移动网站有兴趣的读者学习，不要求读者拥有在移动应用和大型网站开发方面的经验，适用于移动网站开发的初学者。

图书在版编目(CIP)数据

jQuery Mobile 移动网站开发/张欣毅编著. --北京：清华大学出版社，2015（2017.1 重印）
ISBN 978-7-302-40396-8

Ⅰ. ①j… Ⅱ. ①张… Ⅲ. ①JAVA 语言—程序设计 Ⅳ. ①TP312

中国版本图书馆 CIP 数据核字(2015)第 123262 号

责任编辑：杨作梅
封面设计：杨玉兰
责任校对：马素伟
责任印制：刘海龙

出版发行：清华大学出版社
　　　网　　址：http://www.tup.com.cn, http://www.wqbook.com
　　　地　　址：北京清华大学学研大厦 A 座　　　邮　　编：100084
　　　社 总 机：010-62770175　　　邮　　购：010-62786544
　　　投稿与读者服务：010-62776969, c-service@tup.tsinghua.edu.cn
　　　质 量 反 馈：010-62772015, zhiliang@tup.tsinghua.edu.cn
印 刷 者：清华大学印刷厂
装 订 者：三河市溧源装订厂
经　　销：全国新华书店
开　　本：190mm×260mm　　　印　张：29.25　　　字　数：711 千字
　　　　　（附光盘 1 张）
版　　次：2015 年 7 月第 1 版　　　印　次：2017 年 1 月第 3 次印刷
印　　数：4001～5500
定　　价：69.00 元

产品编号：059476-01

前　　言

本书是一本由浅入深、系统地介绍 jQuery Mobile 移动网站开发知识的指导书。

1. 针对初级读者

本书的内容和实例是为具有网页开发初步经验，并对开发移动网页有兴趣的读者设计的。本书在写作中力求从最基础的概念开始讲解，逐步展开 jQuery Mobile 中各种技术的实际应用方法，并在整体介绍 jQuery Mobile 框架以后，对常用的定制与扩展方法做进一步的介绍。

本书为所介绍的每一个知识点都配备实例，用于更具体地说明以下几个方面：

- 典型的应用方法。
- 技术重点。
- 容易混淆的技术难点。

本书的实例中包含 jQuery Mobile 网页、HTML 5 网页、CSS 3 代码和少量的配置文件。所有的 HTML 5 和 CSS 3 代码都通过了语法验证，可确保其符合 HTML 5 和 CSS 3 规范。

作者建议读者在编写代码的过程中尽可能地让网页代码遵循 HTML 5 和 CSS 3 的语法规范。刚刚开始学习网页设计的读者，从起步阶段就应当养成良好的代码编写习惯。同时，本书的前 4 章对网页设计人员必须具备的基础知识进行了强化。

另外，本书为读者提供了配套光盘，光盘中含有本书所有实例的源代码。每一章的实例都包含运行这些实例所需要的程序库，分别安排在各自的目录中，读者可以根据需要，把各章实例单独部署到服务器中进行测试。

2. 知识妥善划分

本书在内容安排上分为三个部分：

- 学习 jQuery Mobile 的必备知识(前提条件)。
- jQuery Mobile 的核心知识。
- jQuery Mobile 框架的延伸知识。

通常，在讲解 jQuery Mobile 的时候，会把注意力集中到 jQuery Mobile 框架本身。作者并不反对这样突出重点的讲解，但在实际开发的过程中，就会发现，许多基本概念还需要重新加深理解，这其中包括对 HTML 5 的语法特点和使用方法的理解、对 jQuery 与 jQuery Mobile 的关系的理解，尤其是对事件处理方法差异的理解，以及对样式与 UI 组件的定制方法的理解等。对以上这些基本概念的熟悉程度，会对项目完成的质量产生相当大的影响。本书特意安排了 4 章基础知识，作为学习 jQuery Mobile 的引导。

另一方面，jQuery Mobile 框架的扩展，相关的方法在项目开发中十分重要，但由于其中很大一部分内容并非出自 jQuery Mobile 的标准定制方法，而常常被忽略。

本书以讨论的方式介绍一些行之有效的扩展方法。同时，作者在介绍这些扩展方法的时候，都会提醒读者有关软件版权限制、软件版本兼容性等问题。作为延伸方案的讨论，本书通过实例介绍各种用于选择和评估扩展方案的方法，这是本书的一个要点。对于方案评价方法的掌握比熟悉几种插件重要得多。

对于 jQuery Mobile 框架本身，本书采用了常用的技术分类方法，但是，对于个别技术，比如自定义样式，则需要与其他相关的自定义方法一起讲解。

3. 总体结构导读

本书的内容按照学习 jQuery Mobile 的各个知识点之间的相互依赖关系进行顺序排列。

第一部分是学习 jQuery Mobile 之前必须掌握的基本知识，包括第 1~4 章，介绍移动 Web 的特点、用户界面设计原则、HTML 5 和 CSS 3 语法，以及 jQuery 入门。

第二部分为 jQuery Mobile 的核心知识，包括第 5~8 章、第 9 章的大部分，以及第 11 章。这一部分详细介绍 jQuery Mobile 框架范畴内的各种开发方法和技巧。

第三部分可以视为延伸阅读内容，包括第 9 章的一小部分、第 10~12 章，介绍对 jQuery Mobile 框架功能的扩充，包括事件处理及插件等。

4. 各章内容简介

本书的章节安排充分考虑了初学者循序渐进地学习的要求。

第 1 章：移动 Web 开发简介。系统地介绍移动 Web 的技术发展史，由此引出以 HTML 5 和 CSS 3 为主导的网页设计方法，以及在技术演化过程中出现的设计策略，包括这些策略对当前网页设计的影响。

第 2 章：HTML 5 开发基础。介绍 HTML 入门知识，适用于 HTML 初学者和对 HTML 5 中各种新的语法特性和新的开发思想还不是很了解的读者。

第 3 章：CSS 3 设计基础。介绍 CSS 3 的入门知识，适用于 CSS 初学者和对 CSS 3 中各种 2D/3D 效果还不是很了解的读者。CSS 3 将在 jQuery Mobile 的各种定制方法中大量使用。

第 4 章：jQuery 入门。简要介绍 jQuery。读者需要注意第 3 章中的 CSS 选择器与第 4 章中 jQuery 选择器的关系。另外，理解页面加载的时序问题和掌握 jQuery 提供的各种方法对于后续章节的学习十分重要。

第 5 章：jQuery Mobile 开发基础。对 jQuery Mobile 框架做整体介绍，并初步介绍 jQuery Mobile 框架的大致使用方法。

第 6 章：UI 组件-工具栏。介绍移动网页的总体页面布局，以及与页头和页尾相关的开发技巧。

第 7 章：jQuery Mobile 的 UI 组件。介绍 jQuery Mobile 中的基本 UI 组件，包括图标、按钮、各种表单元素、表格和网格等。

第 8 章：jQuery Mobile 的 UI 组件(续)。延续第 7 章的内容，对 jQuery Mobile 框架中比较复杂的 UI 组件进行详细的介绍，包括滑动条、列表视图、菜单、面板等。

第 9 章：jQuery Mobile 的样式定制。样式主题是保证整个网站风格统一的一种有效手段。这一章从 jQuery Mobile 的样式系统、样式定制工具的使用方法，到非标准的样式风格定制方法等做一个综合性的说明。

第 10 章：jQuery Mobile 功能的扩展。从实际项目开发需要出发，探讨扩展 jQuery Mobile 框架功能的不同方法。这些方法包括扩展图标集、扩展网页过渡动画效果、借助已有的 jQuery

UI 等软件对 jQuery Mobile 进行功能扩展的方法。

第 11 章：jQuery Mobile 事件处理。事件处理是 jQuery 和 jQuery Mobile 中的重要一环。在 jQuery Mobile 中，常常需要借助于事件处理，来达到在静态条件下难以实现的目的。

第 12 章：jQuery 和 jQuery Mobile 的插件。作为延伸阅读的部分，jQuery 和 jQuery Mobile 的插件从一个完全独立的角度完善了 jQuery Mobile 的功能，例如，Google 地图就是一个对于常规移动应用非常有效的补充。

* * *

移动 Web 正在进入一个崭新的发展时期，新的技术和开发理念层出不穷，新的知识需要不断学习。欢迎读者针对本书涉及的编程方法与作者讨论。对书中的错误，敬请批评指正。

张欣毅
Burlington ON(加拿大)

目　　录

jQuery Mobile

第 1 章
移动 Web 开发简介

本章导读：

本章将介绍移动 Web 及其相关技术的背景和特点，使读者能从技术特点来了解不同类型软件在设计、开发和应用方面的差别，这对于合理地设计移动 Web 会有极大的帮助，并且有利于理解 jQuery Mobile 框架本身的设计思路，在后续章节中逐步领会 jQuery Mobile 网页开发涉及的设计原理。

本章不过多地讨论技术细节。需要学习 HTML 5、CSS 3，以及 jQuery 的读者可在阅读本章后继续阅读其他预备知识章节。

1.1　移动 Web 的发展

1.1.1　WAP 时代

在移动设备上的 Web 开发可以追溯到 1996 年前后 Unwired Planet 公司(前身为 Libris 公司)开发的一套 HDML 标记语言。HDML 是 Handheld Device Markup Language 的缩写，意思是手持式设备的标记语言。顾名思义，HDML 着眼于手机等移动设备上的浏览器及网页应用。虽然 Unwired Planet 公司将 HDML 发送到 W3C(World Wide Web Consortium，万维网联盟)，希望它成为行业技术标准，但是，实际上尽管 HDML 取得了一定范围内的成功，却并没有最终形成技术规范。

1997 年，Unwired Planet 公司(后来改名为 Phone.com，其后又再次更名为 Openwave)与 Ericsson、Motorola、Nokia 等公司成立了 WAP Forum 标准组织，致力于 WAP(Wireless Application Protocol，无线应用协议)技术的研发。WAP 包含了一系列技术标准，其中包括由 HDML 发展而来的 WML (Wireless Markup Language，无线标记语言)。WAP/WML 是手机浏览器和网页技术的一个重大的里程碑，它确立了移动浏览器的行业标准，并提出了在无线网页设计方面的一系列问题的探讨。包括普通网页与移动网页在设计以及应用上的重要区别，以及在当时无线 Internet 网速慢并且稳定性较差等局限性条件下对于网站性能优化等方面的思考等。

图 1.1　在 Openwave 浏览器中显示的 WML 网页

图 1.1 中，通过 Openwave UP.SDK 4.1 中的模拟器演示了一个简单 WML 网页在 Openwave 浏览器中的显示方式。

从中可以看到，即使 WML 和 WMLScript 能够满足一般业务流程的需要，但由于受到手机显示屏大小、色彩和分辨率等的制约，WML 网页在用户界面设计上，往往只能是十分简单的。

WML 与 HTML 不同，它是基于 XML 的标记语言，语法严格遵守 XML 标准的约束。这一设计思路使当时手机运算能力十分薄弱的处理器上避免了桌面浏览器所遇到的问题，不必考虑由于语法不严格所造成的大量用于 HTML 语法纠错的运算。这从语法严格性的角度保证了移动网页显示的效率。

WML 还针对当时无线网络网速慢的弱点，引进了 Deck/Card 的概念。Deck 就像一副扑克牌，内部包含了一张或多张牌，即 Card，而每一个 Card 代表了一个在浏览器中显示的页面。一个 WML 文件对应于一个 Deck。浏览器一次下载一个 WML 文件，相当于一次下载了包含在同一个 Deck 中的多张扑克牌。图 1.2 演示了一个含有三个页面的 WML 网页与页面之间的跳转过程。在同一个 Deck 内的页面切换，不需要另行下载其他网页文件。只有当从任何一个页面中跳转到另一个 Deck 上的页面时，才需要下载另外一个 WML 文件。Deck/Card 是一个非常有用的概念，在 jQuery Mobile 移动 Web 开发中仍然能够看到它的影子。

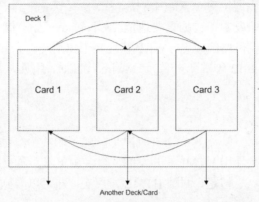

图 1.2　一个具有三个 Card(页面)的 Deck 及其页面之间的跳转过程

　　随着移动互联网应用的发展，许多技术标准研发组织各自开发属于各自领域的技术规范。为了响应业界的开放平台、互操作性、行业标准化等呼声，2002 年成立了成员公司所涉行业更为广泛的标准组织 OMA(Open Mobile Alliance，开放移动联盟)。OMA 的成员进一步包括了 Philips、Samsung、LG、Oracle、IBM、Sun、Microsoft、TI、Research in Motion(后改名为 Blackberry)、Symbian、Vodafone、T-Mobile 和其他移动设备制造商、无线营运商、软件公司等。

　　伴随 WAP Forum 成员成为 OMA 的成员，WAP 浏览技术标准被重新归类为"移动浏览器及其内容"，新的 WAP 2.0 标准在 OMA 的框架下研发，并达到了一个新的里程碑。

　　与 WAP 1.x 完全不同，WML 标记语言在 WAP 2.0 被放弃，取而代之的是 XHTML 系列标记语言。XHTML 语法除了仍然要求严格遵守 XML 规范外，其他方面与 HTML 非常类似，这大大方便了 Web 设计人员开发无线网站，顺应了 W3C 推动 HTML 向 XHTML 发展的要求。

　　WAP 2.0 网页和浏览器技术在发展中经历了几次争论，主要是由于 XHTML 本身更适应桌面 Web 的需要，而不适合小屏幕浏览器的特点和"软键盘"的需要。经过精简的 XHTML Basic 剔除了 XHTML 中不适用于手机等无线设备的标签，但是它仍然不具备无线设备特殊需要的一些功能。在 XHTML Basic 的基础上，XHTML Mobile Profile (常被简称为 XHTML-MP)应运而生了。

　　图 1.3 演示了在 Openwave SDK 6.22 中的模拟器上显示 XHTML-MP 中的标准 HTML 标签时的情形。

　　WAP 2.0 引入了桌面 Web 常用的 CSS，使移动网页的用户界面设计水平达到了一个新的高度，但是，WAP 2.0 取消了对 Script 语言的支持，即 XHTML-MP 中不再包含 <script>标签，使桌面 Web 和 WAP 中常用的 JavaScript 和 WMLScript 都不再被支持。

　　WAP 在早期具有 Internet 接入能力的手机上非常流行。它在屏幕布局、菜单和按钮的使用方式等方面对

图 1.3　在 Openwave 浏览器中显示 XHTML-MP 网页

J2ME(Java ME)、Blackberry 等移动应用程序产生了深远的影响。Blackberry(BB OS 6)，以及支持 Java ME 等的手机仍然保留了对 WAP 的支持。

在手持式设备浏览器研发中，占据重要地位的 Openwave 公司曾一度占有无线浏览器的半数市场份额。随着智能手机市场的成熟，WAP 正逐步退出历史舞台。Openwave 公司经过若干次并购和业务重组后，于 2012 年重新更名为 Unwired Planet，主要从事自主知识产权技术的研发和专利权授权等业务。

1.1.2　HTML 5 时代

现在，很多网站声称是使用 HTML 5 开发的，很多浏览器声称支持 HTML 5。这似乎是一个 HTML 5 大行其道的年代。但是，回顾 HTML 发展史，却可以看到，HTML 5 的产生和发展曾经颇费了一番周折。

1997 年底，HTML 4.0 技术标准定稿并发布。两个月后，W3C 的另一项重要成果 XML 1.0(第一版)正式发布[1]。当 HTML 4.0 正式发布后，W3C 随即停止了 HTML 工作组的工作。W3C 经过短暂的讨论后认为，HTML 的未来发展方向是成为一个 XML 应用。然后，W3C 重新召集了 HTML 工作组，并且开始了把 HTML 向 XML 方向发展的研究工作，并于 1998 年底正式公布了 XHTML 1.0 规范。

XHTML 1.0 在网页开发中的应用，加深了技术使用不规范的矛盾。即使在今天，绝大多数商业网站的网页也是无法通过语法验证的。也就是说，绝大多数今天的网站或多或少地使用了不正确的 HTML 语法。而 Web 浏览器在早期设计的时候，就保持了很高的宽容度，对于错误的语法，在一般情况下并不提示，网页往往仍然能够正常显示。这种宽容度与 XML 对于语法的严格限制显得格格不入。W3C 早在 HTML 4.0 推出时，就准备把严格的 XML 语法要求应用到 HTML 中，即一旦浏览器通过网页文档的 MIME 类型识别到网页是按 XHTML 开发[2]，就会遵循 XML 的要求严格验证 XML 文档的有效性。如果发现错误，就要按照 XML 的方式提示错误，网页将不被处理。可是在实际工作中，W3C 的这个设想却是根本无法实现的。因为如果网页的 MIME 类型被设置为传统的网页类型[3]，则网页中第一行通过 DOCTYPE 声明的网页格式类型将被忽略。即使网页中已经声明为 XHTML 文档，但仍然会被按照普通的 HTML 网页处理。这样，浏览器并不会按照 W3C 设想的那样做文档有效性的验证，XHTML 的意义也就大大降低了。W3C 的原始设想还有一个很大的缺陷，就是如果设想真的实现，世界上绝大部分被声明为 XHTML 的网页根本无法通过语法有效性验证。那么这些网站会在一夜之间突然失效，无法在使用 W3C 新标准的浏览器中打开，后果是相当严重的。

在 Mozilla 和 Opera 公司中，一群致力于 HTML 技术发展的研发人员在 2004 年 W3C 的一次技术会议中提出了新的设想，它充分考虑了向早期 HTML 版本的兼容性。这个设想还提出了桌面浏览器和移动设备浏览器中的 user-agent 应该基于相同的特性的观点。这个设想就是 HTML 5 的雏形，但由于与其他相关技术的衔接问题，暂时无法解决，W3C 在会议表决中没有

―――――――――――――

① 自从 1998 年 2 月 XML 1.0 第一版发布以后，截至 2007 年，XML 1.0 共发布了 5 个修订版。

② XHTML 的 MIME 类型是 application/xhtml+xml。

③ 普通网页的 MIME 类型是 text/html。

接受这个设想。为了实现这个新的设想，这些研发人员自行成立了非正式的 WHAT 工作组，对新的技术进行独立研发。而在相同的时候，W3C 继续进行着 XHTML 2.0 的研发。

WHAT 工作组充分理解 W3C 对于网页中语法使用不规范而造成浏览器开发商在页面容错处理中的兼容性问题的顾虑。WHAT 编写了完整的有关页面显示的规范，这个规范规定了浏览器对正确语法的解析和对于语法错误使用中的错误处理方式。这个网页解析规则很大程度地解决了网页在不同浏览器中的兼容性问题[①]。WHAT 工作组对于 HTML 的改进还在于对多媒体的内在支持，而不需要另行安装插件等。

在 W3C 的 XHTML 2.0 技术和 WHAT 工作组的新版 HTML 分别研发的过程中，W3C 意识到了 W3C 关于把 HTML 全面转向 XHTML 的设想并不受欢迎，并且 WHAT 工作组对于 HTML 的研发已经走到了 W3C 的前面，因此，W3C 在 2006 年 10 月决定与 WHAT 工作组合作，组成新的 HTML 工作组，并让 HTML 工作组与 W3C 的 XHTML 2.0 研发团队并行工作。

3 年后，W3C 决定彻底停止 XHTML 2.0 工作组的运作。同时，HTML 工作组正式给新版 HTML 定名为 HTML 5。HTML 5 终于赢得了标准化之争的重大胜利。XHTML 2.0 最终成为一个没有能够实现的理想。

HTML 5 引起大众的广泛关注缘起于已故的前 Apple 首席执行官乔布斯在 2010 年 4 月发表的有关 Flash 技术的一段观点。乔布斯认为 HTML 5 是移动应用时代的新技术，并明确表示，在与 Flash 技术的竞争中，HTML 5 将最终胜利。

现在很多智能手机和平板电脑都声称他们的浏览器支持 HTML 5，但是，在本书写作时，HTML 5 并不是一个真正的技术标准。HTML 5 技术规范目前发表的是候选版而非正式版。技术浏览器宣称支持 HTML 5，但实际上，浏览器只是支持 HTML 5 中的绝大部分功能，而不是候选标准版本中所规定的全部内容。WHAT 工作组采用的是一种渐进成熟式的工作模式，其中某些模块可能先于其他模块实现技术成熟，而在技术上趋于稳定的模块可以单独被浏览器实现。WHAT 工作组预计的开发周期是从 2004 年起的 18~20 年，即 2022 年前后才能形成最终的技术标准。因此，现在市场主流浏览器对 HTML 5 的支持方式正是 WHAT 工作组所推荐的。

从理论角度，或者从应用实践角度来看，HTML 5 对于其设计目标的最终实现有一定的争议。但是它对浏览器和网页标记语言技术的整合和统一做出了重要的贡献。

1.2　移动 Web 的特点和设计策略

1.2.1　移动 Web 和移动应用程序

当用户在使用手机和平板电脑时，可以明确意识到屏幕上的图标能够启动一段应用程序，浏览网页则必须首先打开浏览器。移动设备上的本地应用程序由移动平台的 API 开发而来，而

---

① 网页显示的兼容性问题在目前条件下并不能完全解决。比如，Firefox 和 Internet Explorer 对于盒模型就分别接受了两种不同的定义方式。这些在技术标准解释上的细微不同，造成了屏幕组件在间距和内部填充等方面的先天差异。

浏览器中的网页是由标记语言开发而来①。除了技术背景的不同，这两类程序还有以下显著的差别。

1. 菜单键的使用

早期的 WAP 浏览器使用软键(softkey)来操作网页上的菜单，而早期的 WML 等标记语言充分考虑了手机键盘和手机网页中菜单的特点，对于菜单的定制和操作功能是相当完善的。如图 1.4 所示，一个 WAP 浏览器通过左右两个功能键来操作网页中可定制的菜单。类似的操作方式在 Java ME 应用程序中也能得到体现，如图 1.5 所示。

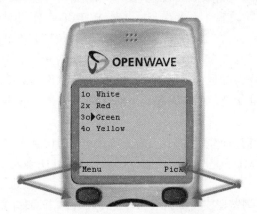

图 1.4　WAP 手机中通过左右功能键　　　图 1.5　Java ME 程序通过手机上的左右
选择 WAP 网页中的菜单　　　　　　　　功能键选择菜单选项

随着移动 Web 的发展，尤其是智能手机软硬件的发展，功能键逐渐被菜单按钮等取代。比如 Blackberry 上的■按钮，或者 Android 上的■以及■按钮等。

菜单按钮同样作用于应用程序和网页，但是，应用程序能够用 API 来定制菜单，而网页对于菜单内容的影响却是十分有限的。

2. 移动平台特性的利用

每一种移动平台，不论是 Java ME、Blackberry、iOS，还是 Android，都有相应的 API，用于开发与相应移动平台匹配的应用程序。

移动平台的 API 提供了程序员充分发挥移动设备硬件特性的可能。移动设备的硬件结构往往能够绑定特殊的事件侦听程序，比如部分型号的早期 Blackberry 智能手机在侧面装有滚动按钮，部分手机在面板上设计有返回按钮、触摸屏、GPS、电池、姿态(orientation)感应等。对应于以上硬件特点，移动平台的 API 能够触发相应的事件，并且进而启动与之匹配的处理程序。越来越多新型号的智能手机和 Java ME 手机现在已经能够利用手机中的 SIM 卡，实现 NFC(Near Field Communication)功能，这同样依赖于设备硬件特性和移动平台所提供的 API。

这些 API 同样加强了移动设备所能得到的服务。比如，API 往往能够提供多种网络访问功能，包括 Socket、Web 服务，甚至把移动设备本身变成一个服务器。强化的网络访问能力使得

---

① 除了移动应用程序和移动 Web 两种开发模式以外，还有很多能够在一定程度上实现跨平台开发的工具以及 HTML 5 应用程序等。这些开发模式由于技术成熟度和应用方面的局限性，本书不做探讨。

游戏程序和商用程序能够更好地被多种网络协议支持，提高网络通信的效率和安全性。同样依赖于网络的支持，API 能够使用 Push 技术，并能够与短信、语音电话等通信方式集成。移动平台的 API 还能够提供本地持久存储的功能。比如 Java ME 的 RMS 功能，Blackberry 上的 Persistent Object，或者其他智能手机上借用 SQLite 实现的持久存储功能等。

API 还带来了操作上的便利性。在 Blackberry 上，可以通过设置输入过滤等方式限定输入字符是字母或者是数字等。

这些在用户输入上的便利，其实在最早的 WML 上已经实现了，但是，随着 WML 向 HTML 等的转变，部分早期面向手机特点的设计却被逐步弱化了。部分智能手机上的 API 能够提供类似放大镜的功能，这为应用程序界面用户体验的提高提供了保障。

另一个很容易被忽视的特点是，API 都绑定了应用程序生命周期特定的函数。比如 Android 通过任务(task)的概念，能够删除任务堆栈中的一个 Activity(此处可以理解为删除一个先前显示过的屏幕)，使得手机的 Back 按钮不能退回到上一个屏幕，而浏览器的屏幕缓冲机制却比较难于实现这个功能。

3. 安全性

网页与服务器通信可以通过 HTTPS 协议加密通信的内容，实现通信内容的安全性。而移动应用程序除了能够通过 HTTPS 进行通信外，还能实现非通信过程中的多种方式数据加密等，防止数据被窃听。另外，MD5 完整性验证可以确保数据没有被篡改，而对本地持久存储的数据进行数据共享的安全设置也必须通过不同的移动平台本身的技术特点来实现。

移动应用程序的安全性还体现在程序的安装环节上。比如提示程序发布者的身份、警告程序可能会使用到的网络功能等。用户能够事先知道正在安装中的程序会带来的风险，并能够选择接受风险，继续使用，或者选择拒绝使用该应用程序。

4. 离线访问

从传统意义上来说，Web 是依赖于 Internet 的在线应用程序，而由移动平台 API 开发的本地应用程序在安装以后能够不依赖于网络。这种情况在采用 HTML 5 开发之后有所改变。

HTML 5 增加了对缓冲存储的控制，使 HTML 5 能够类似普通应用程序那样运行。对于静态内容的发布，HTML 5 的离线访问功能或许比本地应用程序更加具有优势。因为，当 HTML 5 的离线网页检测到离线控制文件在服务器上已经更新以后，会自动下载并更新当前的内容，而不需要像本地应用程序那样下载并安装整个应用程序。

有关 HTML 5 的离线功能，可参考本书第 2 章。

5. 用户体验的一致性

以 HTML 为基础的网页只要设计得当，在浏览器中就比较容易获得用户体验的一致性。在理想状态下，同一个网页文件在不同的浏览器中应该显示出近似的效果。而以移动平台特有的 API 开发的本地应用程序在充分发挥硬件特性的同时，也带来了显示方式上的不统一等问题。这些问题往往表现于各种屏幕元素，比如系统菜单、下拉菜单、按钮等。

使用 HTML 网页，对于统一用户界面设计、减少开发工作量、减少维护复杂度、降低项目成本等多方面都有比较重要的意义。另外，以 HTML 5 为基础的 Web 技术，已经在混合型移动应用程序的实践中被广泛接受。

1.2.2　移动 Web 与桌面 Web

Web 在移动浏览器中的表现方式不同于在桌面浏览器中的表现方式。简单地缩小网页并不是完成从桌面型 Web 向移动 Web 转换的恰当方法。移动网页的设计涉及到设计思想和技术及硬件产品发展两方面的影响。

1. 界面设计上的制约条件

移动应用程序与 Web，或者移动 Web，在界面设计中需要考虑的问题，除了菜单键的使用外，还存在着其他一些显著的区别。

由于受到屏幕大小的制约，在移动 Web 网页上出现滚动条是十分常见的。但是，在屏幕设计中，应该尽量避免水平滚动。由于很多智能手机具有姿态感应功能，能够随着位置变化，改变屏幕显示的方向，页面布局在横向设计上必须更多地考虑，避免过多内容出现在同一行中。同时，也要考虑屏幕上横向贯穿的屏幕组件是否会由于平板电脑等设备的屏幕太宽而造成页面不协调。

触摸屏在移动设备中的普及目前远远超过了桌面电脑或者笔记本电脑等。触摸屏的使用，是输入设备一个重大的革新，它能够用我们的手指来代替鼠标等输入设备。但是，用手指代替鼠标，并不是一个简单的替换过程。首先，手指不具备鼠标上的滚轮功能，所以需要用滑动来代替滚动；其次，手指无法精确点击屏幕上的一个细小区域，因此，当手机等移动设备使用触摸屏的时候，要求屏幕组件的设计应该比普通网页上的屏幕元素大一些，以便于用户点击。

图 1.6 演示了一个普通网页中的单选按钮在移动网页中的表现方法。

图 1.6　单选按钮在移动 Web 中的设计应该便于用户操作

从用户体验角度来看，移动 Web 在设计上要同时兼顾较小的屏幕面积和较大的屏幕元素。由于移动设备屏幕较小，所以移动 Web 中的文字不应该过小，而且要为用户输入部分预留足够的空间，以便于用户准确点击。

2. 用户使用习惯

用户体验对于应用软件用户界面设计的一个要求是简化使用过程的复杂度，即在理想状态下，用户不需要阅读使用说明，就能够完成一些基本操作。在网页设计上，一个带有下划线的蓝色链接既可以实现单纯的页面跳转的功能，也可以实现表单数据发送的功能。可是，大部分用户已经习惯于在移动应用程序中通过按钮的方式实现屏幕切换或者数据发送，一个实现跳转功能的常规的超级链接往往被按钮代替，图 1.7 中，箭头所指的"上一题"和"下一题"按钮，就是利用按钮来实现屏幕切换的实例。在这个实例中，仅仅通过用户界面的实现方式，移动设备用户一般不会轻易觉察网页和移动应用程序在用户界面上的差别。

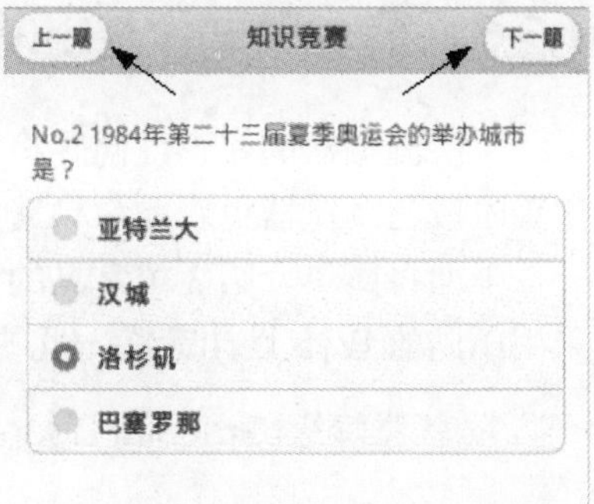

图 1.7　移动 Web 的用户界面与移动
　　　　应用程序的界面没有显著差别

3. 浏览器的兼容性

大多数 Web 用户或多或少都有浏览器兼容性所带来问题的经验。同一个网页在不同的浏览器中表现出不同的样式，甚至在某一些浏览器中无法正常显示。浏览器的兼容性问题由很多原因构成，比如浏览器采用的 HTML、CSS，以及 JavaScript 版本的差异、浏览器开发商使用自行开发的技术或者插件，XML 解析器的差异，图像处理器的差异等。

浏览器兼容性问题同样存在于移动浏览器中。从移动浏览器的发展历程来看，一部分移动浏览器还需要兼顾早期的 WAP 技术，因此造成网页解析上的困难。采用 HTML 5，在技术上统一了桌面和移动 Web 的开发，移动网页可以在移动浏览器中运行，也可以在普通的桌面浏览器中运行。但是，技术上的统一，并不意味着兼容性问题的彻底解决。在移动网页的设计上，强求某种表现效果，在有的浏览器上是无法做到的。

即使单纯从 HTML 5 移动网页的角度来看，由于不同的浏览器采用 HTML 5 子集的差别，许多 HTML 5 特性并不能在所有的移动浏览器上发挥。http://mobilehtml5.org 网站维护了一系列有关不同的移动浏览器对 HTML 5 特性支持的数据。图 1.8 是该网站上关于最新数据更新的截屏。

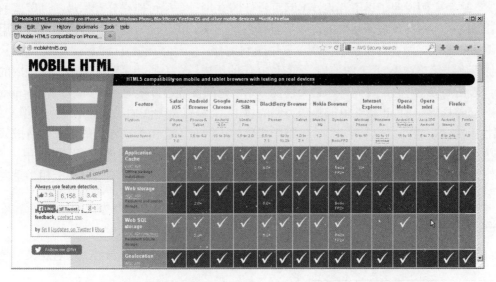

图 1.8　mobilehtml5.org 网站有关 HTML 5 在移动浏览器中获得支持的报告

1.2.3 兼容性与 Web 设计策略

了解浏览器的兼容性问题将十分有助于提高 Web 设计质量。尤其在技术标准还处于逐步完善阶段的浏览器更新非常频繁的移动 Web 领域，理解 Web 设计的基本策略是十分必要的。

下面将简单介绍 3 个常见的 Web 设计策略：优雅降级、自适应网页设计，以及渐进增强。采用不同的 Web 设计策略，反映出设计者对于设计理念和最佳方案的不同见解。

1. 优雅降级(Graceful Degradation)

W3C Wiki 网站通过一个经典实例来说明优雅降级在 Web 设计上的用途[①]。在 Internet 和图形界面浏览器发展的初期，不是所有的 Web 浏览器都支持 JavaScript。后来，即使浏览器支持 JavaScript，用户仍然能够因为安全原因，关闭 JavaScript 功能。如果一个网页设计有网页打印功能，即含有 JavaScript 代码<a href="javascript:window.print()">，拥有 JavaScript 功能的浏览器会按照正常的流程执行 JavaScript 的 window.print()功能，而不具备 JavaScript 功能的浏览器则无法执行该语句，但用户可能在按下打印按钮后一直处于等待状态。为了防止用户在使用过程中的困扰，网页设计时，应该用<noscript>在网页上提示用户该网页无法直接执行打印命令，即通过下列代码显示这一替代方案，而具备 JavaScript 的浏览器则不会显示该信息：

```
<p id="printthis">
    <a href="javascript:window.print()">打印网页</a>
</p>
<noscript>
    <p class="scriptwarning">
        请通过浏览工具栏上的"打印"图标或者菜单栏中的"文件" | "打印"命令打印本网页。
    </p>
</noscript>
```

在上面的实例中，网页首先实现了网页所需的功能，然后它为功能较弱的浏览器提供了替代方案。这个实例说明了以下几点：①网页设计的立足点是尽可能充分发挥最新浏览器的技术优势；②网页为不具备最新功能的浏览器提供备选方案；③备选方案往往是由最具有通用性的代码编写的，以保障在尽可能多的浏览器中顺利运行。

优雅降级策略在 Web 上的使用已经有 20 年的历史，它的原始思路来源于工程领域的容错概念。优雅降级采用的是优先考虑最大性能，并预先准备备选方案的一种策略。除了<noscript>以外，<img>标签中的 alt 属性也能起到类似的作用。当浏览器无法加载或显示一个图像文件时，alt 属性中的文字会向用户显示出来。优雅降级确保了网页不会由于技术上的不兼容造成显示或网页功能上的混乱，并向用户提供简明扼要的信息，以避免因为误解而影响正常使用。

作为一种早期的 Web 设计策略，优雅降级在 Web 技术早期发展阶段发挥了相当重要的作用，但是它离真正实现其最初的设计目标还是有一定距离的。

2. 自适应网页设计(Responsive Web Design)

自适应网页设计，或被称为响应式网页设计，经常用简称 RWD 表示，顾名思义，是一种

---

① 见 W3C Wiki 原文：http://www.w3.org/wiki/Graceful_degredation_versus_progressive_enhancement。

能够自动匹配显示器特性的网页设计方法。RWD 设计思想形成于 2011 年，它利用了当时现有的 Web 技术，包括 HTML 5 和 CSS 3 中新的页面布局设计方法，比如流动性的布局技巧、使用百分比等相对值来代替绝对值，引进媒体类型的概念等。2012 年正式发布的"媒体查询"技术[①]，扩充了 CSS 3 对不同类型显示设备的定制支持，增加了主动识别显示器的输出宽度和输出高度、显示器的宽度/高度比率、色彩位数、隔行/逐行方式、分辨率、水平/垂直显示方向等。

伴随自适应网页设计的出现，新技术的采用上和网页设计技巧上与传统的网页设计方法有了明显的区别。严格规定<table>宽度的设计方法已经不再使用。图形等显示元素更多地处于"浮动"状态。当一个采用自适应技术的网页在浏览器中显示，并从打印机中打印同一个网页时，页面布局可能会有所不同，而且，当改变浏览器窗口大小时，网页布局也会随之改变。另外，采用自适应技术的网页在桌面浏览器和移动设备上的输出也会随显示设备的不同而自动匹配相应的显示方案。其他自适应网页设计的实例还包括自动改变图形的显示大小、自动匹配移动设备的显示方向、自动匹配分辨率等。图 1.9 演示了图 1.6 中的网页在 Nexus 7 平板电脑中的显示效果。可以清楚地看到，由于屏幕宽度的变化，屏幕内容的显示位置发生了相应的变化。

图 1.9　网页在宽屏 Nexus 7 中的显示效果能够自动匹配显示屏的硬件特性

对于设备类型，浏览器与显示特性的识别构成了自适应网页设计的基础。在移动 Web 方面，一般通过对移动设备的研判、对浏览器 user-agent 的识别，来实现判断浏览器对于 Web 技术支持程度的目的。

有关媒体类型在网页设计上的配置和使用，可参考本书的第 3 章。

3. 渐进增强(Progressive Enhancement)

渐进增强经常用简称 PE 来表示。渐进增强的概念最早见于 2003 年，它是对"优雅降级"

---

① Media Query 技术的初步设想已经有将近 20 年历史了，但是该技术标准的第一个版本直到 2012 年 6 月才正式发表，见 http://www.w3.org/TR/2012/REC-css3-mediaqueries-20120619/。

策略的一次重大变革。优雅降级策略是在 Web 设计时优先考虑最新的浏览器特性，与此相反，渐进增强首先要确保一个网页的内容能够被恰当地呈现出来。

也就是说，在网页设计上优先使用被大多数浏览器采用的"通用"技术，保证网页内容和网页上的基本功能在所有的浏览器上正确显示和运行。在此基础上，运用与 RWD 类似的技术，在浏览器允许的情况下，优化网页的显示并强化网页的功能。这些增强的功能一般都是通过链接 CSS 和 JavaScript 文件等方式实现的。

渐进增强与其他 Web 设计策略相比，在某些方面具有明显的优势。首先，渐进增强策略保证了网页内容的完整呈现和网页基本功能的正确运行，网页的适用性得到加强。其次，使用链接外部文件的方式引用 CSS 和 JavaScript，能够充分利用浏览器的内部缓存，从而有效地减少页面加载时的数据流量，优化网站的性能。

渐进增强与自适应网页设计在采用的技术手段上十分相近。当采用 HTML 5 和 CSS 3 时，充分发挥了 HTML 5 中首创的语义标记(Semantic Markup)的作用和 CSS 3 中的媒体查询技术。语义标记使 HTML 网页文件的代码更能代表其内容的本意，而传统的 HTML 标记则只注重如何在浏览器中显示网页，对标记中的实际内容并不关心。

与自适应网页的设计策略相同，CSS 3 的媒体查询技术能够通过渐进增强策略判断浏览器的特性，并在此基础上加强表现特性。

1.3　jQuery Mobile

jQuery 是一套小巧、使用简便、功能强大、对各种浏览器有很好支持的 JavaScript 开源程序库。它最早发布于 2006 年，现在已经成为一个非常流行的 JavaScript 框架。正如 jQuery 自己所称，jQuery 框架改变了人们使用 JavaScript 编写代码的方式。jQuery Mobile 是 jQuery 家族的重要一员。

1.3.1　jQuery 的家族成员

jQuery[①]本身是自成一体的一套 JavaScript 程序库，它的设计受到 Dojo 和 YUI(Yahoo! User Interface)等其他 JavaScript 框架的影响。jQuery 的内部设计在很大程度上依赖于 DOM。通过 DOM，jQuery 能够定位和处理网页上的组成元素。jQuery API 还具有网页显示效果和动画效果、Ajax 通信、JSON 解析、CSS 样式操作，以及侦测浏览器特性等功能。jQuery 定义了 jQuery 选择器的用法、事件处理等语法结构。jQuery 程序库是 jQuery 家族的核心。

jQuery UI[②]是一套建立在 jQuery 之上的 JavaScript 程序库。它必须与 jQuery 一起使用。jQuery UI 为网页设计者预制了屏幕组件(即 jQuery UI 中的 Widgets)，强化了 CSS 处理能力，提高了网站前台设计和交互能力。jQuery UI 向程序员提供了默认的下载方式，它包含了一个预先定义的界面风格和 jQuery UI 的所有功能。用户也可以根据网站的实际需要，采用定制下载的方式。在定制下载时，用户可以只选择网站所需的功能，并选择一个期待中的风格。

---

① jQuery 网站：http://jquery.com。

② jQuery UI 网站：http://jqueryui.com。

jQuery UI 为 Web 设计人员准备了相当多的预制组件，如按钮、对话框、日历、菜单、滑动条、进度条、文本输入提示与自动完成等。这些预制的组件简化了 JavaScript 编程，使 Web 设计人员能够把精力集中到业务需求的实现上，而不是在一些可重复利用的程序上过度地消耗精力。图 1.10 演示了一个由 jQuery UI 实现的日历和日期选择组件。

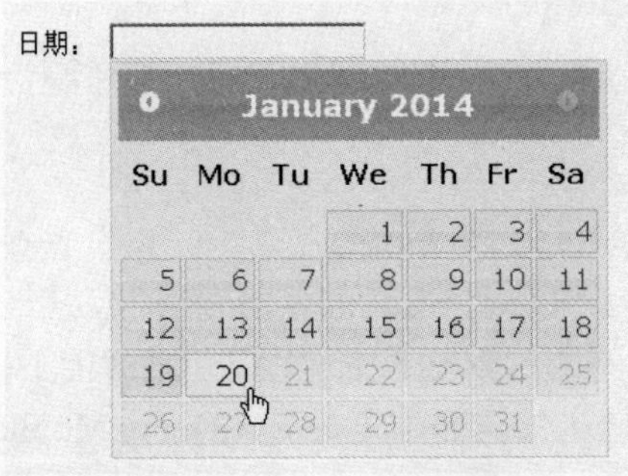

图 1.10　通过 jQuery UI 中的 Datepicker 组件实现的日历与日期选择

jQuery Mobile[①]是另一套建立在 jQuery 之上的 JavaScript 程序库。它同样必须与 jQuery 一起使用。jQuery Mobile 可以看作是移动版的 jQuery UI，jQuery UI 面向桌面浏览器，而 jQuery Mobile 则是面向智能手机和平板电脑的移动浏览器。与 jQuery UI 类似，jQuery Mobile 也提供了一套预制的屏幕组件。这些屏幕组件更适合于拥有触摸屏的移动设备。jQuery Mobile 还提供了许多图标，这些图标常见于其他移动应用程序中。使用系统自带的图标，将有利于用户识别图标的用途，达到充分利用有限的屏幕大小、简化用户操作的目的。jQuery Mobile 中同样也包含有事件处理等 API，这些 API 一部分用于处理常见的网页加载等系统事件，另一部分用于处理手指敲击显示屏或者手指在显示屏上划过等与移动设备密切相关的外部事件。

jQuery、jQuery UI 和 jQuery Mobile 都是由 jQuery 团队及其机构 jQuery Foundation 开发的开源项目。jQuery 团队另外还开发了 QUnit 和 Sizzle 这两个基于 JavaScript 的开源项目。

QUnit 是一个 JavaScript 测试框架。它能够用来测试 jQuery、jQuery UI 和 jQuery Mobile 项目，也能够用来测试普通的 JavaScript 项目，甚至可以用来测试 QUint 自身。Sizzle 是一个 CSS 选择器引擎。

除了 jQuery 团队开发的项目外，jQuery 还通过支持第三方插件，来引入外部成员，这些第三方插件往往是为 jQuery 或者 jQuery Mobile 分别设计的。

1.3.2　jQuery Mobile 简介

前面已经介绍过，jQuery Mobile 是一套基于 JavaScript 的用户界面框架。它需要与 jQuery 一起使用。它不是 jQuery 在移动平台上的替代方案。jQuery Mobile 有以下一些特点。

1. 以常用 Web 开发技术为背景

jQuery Mobile 是构造在 JavaScript、HTML 5 和 CSS 3 等技术之上的。这些都是 Web 开发的常用技术，也是 Web 开发人员必须掌握的技术。jQuery Mobile 需要与 jQuery 一起使用，而

① jQuery Mobile 的网站是 http://jquerymobile.com。

13

jQuery 也非常容易学习和使用，它已经成为现在流行的开发框架。另外，由于 jQuery Mobile 与 jQuery 具有同样的语法结构，所以 jQuery 中的选择器、方法等都可以在 jQuery Mobile 中继续使用。jQuery 和 jQuery Mobile 提供了大量的网页常用功能、系统事件处理方法和屏幕组件等，使网页开发大大简化。从以上诸多方面来说，学习 jQuery Mobile 的技术门槛并不高。jQuery Mobile 是一个易学易用的 JavaScript 框架。

HTML 5、CSS 3 和 jQuery 是学习 jQuery Mobile 的前提条件。本书的第 2 章、第 3 章和第 4 章可以作为以上技术前提的入门教程。

2. 统一的跨平台用户界面

与平常的 HTML 网页一样，jQuery Mobile 不依赖于移动平台提供的 API。jQuery Mobile 网页可以在不同的操作系统的不同的浏览器中运行，包括智能手机、平板电脑或者电子阅读器上的移动浏览器，以及个人电脑上的桌面浏览器等。jQuery Mobile 网页的运行环境并不局限于移动平台。

通过移动平台提供的、编写的本地应用程序，往往在用户界面上存在着一些差异。例如表单中的按钮、输入框和下拉列表等，在不同的移动平台上，可能有不同的外观。而通过 jQuery Mobile 开发的网站，尽可能做到了在不同的移动平台上外观的一致性。虽然受到移动设备硬件和浏览器版本的制约，用户界面不会绝对一致，但是，网站的表现风格在具有相似技术背景的移动平台上，是基本一致的。这种跨平台的用户界面一致性，为构造混合型的移动应用程序提供了便利，比如，Worklight 和 Phonegap 等跨移动平台的开发工具，都可以借助 jQuery Mobile 来开发混合型的移动应用程序。

3. 综合应用自适应设计和渐进增强策略

jQuery Mobile 框架在系统设计上同时采用了自适应设计和渐进增强的技巧。

jQuery Mobile 的自适应设计主要采用了 CSS 中的媒体查询技术、流动性的表单和布局设计，以及自动调节图片的大小等。首先，通过 CSS 的媒体类型和媒体查询技巧，为当前的浏览器加载适当的 CSS 样式表。媒体类型技巧，是指判断当前的硬件设备，并加载适当的样式表；通过媒体查询技巧，当前网页能够侦测到所处的浏览器的分辨率等系统参数，这样，当前网页就可以根据不同的屏幕分辨率和不同的屏幕大小，为浏览器加载合适的样式表。媒体类型和媒体查询技巧在平板电脑和智能手机网站的设计上非常实用。流动性的表单和布局设计，可以根据当前屏幕的宽度，来自动调节显示方式。

jQuery Mobile 在设计上使用了 HTML 5 的语义标签，网页的内容可以在大部分浏览器中正常显示。jQuery Mobile 还使用了 HTML 5 的扩充属性特性，并与外部链接的 CSS 样式表和 JavaScript 程序向当前网页提供网页内容的样式设计，并在支持这些新的特性的浏览器中提供增强网页的显示和网页功能。由于网页采用了渐进增强的方式，在不同的浏览器上显示会有差异。我们将在下一小节介绍浏览器的分级和兼容性问题。

4. 样式主题(Theme)定制系统

在默认情况下，jQuery Mobile 为用户提供了基本的样式主题配置。用户可以根据需要，来定制样式主题。样式主题是一套定制的颜色和表现细节配置表。样式主题把不同颜色和表现细节(字体、阴影等)应用到屏幕背景和不同的屏幕组件上，形成网站的统一风格。jQuery Mobile

向用户提供了一套工具，用以定制样式风格。

5. 网页结构与简介的处理方式

大部分 Web 开发人员已经习惯了一个网页文件代表一个屏幕，或者把多个网页文件显示在同一个屏幕上的工作方式。jQuery Mobile 的网页结构特点更类似于 WAP 网页，一个网页文件可以只显示在一个屏幕上，也可能代表多个页面。

jQuery Mobile 对页面上链接的处理也稍有不同。外部链接可能通过 Ajax 实现。有关网页结构链接的处理方式，我们将在相关的章节中详细介绍。

1.3.3 再谈浏览器的兼容性问题

随着移动硬件设备的快速发展，以及移动浏览器的多样化发展，和各种新技术标准的采用，浏览器的兼容性问题变得日益突出。网站设计人员为了提升用户体验，需要为移动网站设计出漂亮的用户界面，并且能够在不同的移动设备上尽量得到相似的效果。jQuery Mobile 采用的渐进增强设计策略，在很大程度上解决了浏览器的兼容性问题。使用 jQuery Mobile 开发的网站，浏览器兼容性问题可以通过 jQuery Mobile 框架采用的自适应技术得以解决。

jQuery Mobile 框架已经在许多主流浏览器上得到测试。这些浏览器的运行环境包括移动设备、电子阅读器和主要的桌面操作系统等。jQuery Mobile 把浏览器分为以下三个类别。

- A 级浏览器：完全支持 jQuery Mobile 所用到的 HTML 5 和 JavaScript 功能。
- B 级浏览器：支持除了 Ajax 以外的所有其他 A 级浏览器所具备的功能。
- C 级浏览器：仅支持基本的 HTML。

表 1.1 列出了 jQuery Mobile 1.4 支持的浏览器以及测试环境。

表 1.1 jQuery Mobile 1.4 支持的浏览器与分级

浏览器(操作系统)	版 本	测试设备
A 级浏览器		
Apple iOS	4.7.0	iPad(4.3/5.0/5.1/6.0/6.1)、iPad Mini(6.1)、iPad Retina(7.0)、iPhone 3GS(4.3)、iPhone 4(4.3/5.1)、iPhone 4S(5.1/6.0)、iPhone 5(6.0)、iPhone 5S(7.0)
Android	4.4	Nexus 5
	4.1～4.3	Galaxy Nexus、Galaxy 7
	4.0	Galaxy Nexus
	3.2	Samsung Galaxy Tab 10.1、Motorola XOOM
	2.1～2.3	HTC Incredible(2.2)、Droid(2.2)、HTC Aria(2.1)、Google Nexus S(2.3)
Windows Phone	7.5.8	HTC Surround(7.5)、HTC Trophy(7.5)、LG-E900(7.5)、Nokia 800(7.8)、HTC Mazaa(7.8)、Nokia Lumia 520(8)、Nokia Lumia 920(8)、HTC 8x(8)

续表

浏览器(操作系统)	版　本	测试设备
Blackberry	6~10	BlackBerry Torch 9800(6)、BlackBerry Style 9670(6)、BlackBerry Torch 9810(7)、BlackBerry Z10(10)
	PlayBook(1.0~2.0)	PlayBook
Palm WebOS	1.4~3.0	Palm Pixi(1.4)、Pre(1.4)、Pre 2(2.0)、HP TouchPad(3.0)
Firefox	移动版 18	Android(2.3/4.1)
	桌面版 10~18	OS X 10.7、Windows 7
Chrome	Android 版 10	Android(4.0/4.1)
	桌面版 16~24	OS X 10.7、Windows 7
Skyfire	4.1	Android 2.3
Opera	移动版 11.5~12	Android 2.3
Meego	1.2	Nokia 950/N9
Tizen	预发行版	
Samsung Bada	2.0	Samsung Wave 3、Dolphin 浏览器
UC		Android 2.3
Kindle	3/Fire/HD	Kindle 内置的 WebKit 浏览器
Nook Color	1.4.1	非平板型的 Nook Color
Safari	桌面版 5~6	OS X 10.8
Internet Explorer	8~10	Windows XP/Vista/7、Windows Surface RT
Opera	桌面版 10~12	OS X 10.7、Windows 7
B 级浏览器		
Opera	Mini 7	iOS 6.1、Android 4.1
Nokia Symbian	^3	Nokia N8(Symbian^3)、C7(Symbian^3)、N97(Symbian^1)
C 级浏览器		
Internet Explorer	7 与更早的版本	Windows XP
Apple iOS	3 与更早的版本	iPhone(3.1)、iPhone 3(3.2)
Blackberry	4~5	Blackberry Curve 8330(4)、Blackberry Storm 2 9550(5)、Blackberry Bold 9770(5)
Windows Mobile		HTC Leo(WinMo 5.2)
其他早期智能手机		任何不支持媒体查询功能的设备被归类为 C 级

有关最新版本的 jQuery Mobile 对浏览器的支持，可参考 jQuery Mobile 浏览器分级支持网站 GBS(Graded Browser Support)：http://jquerymobile.com/gbs/。

jQuery Mobile 的视觉效果，尤其是在网页切换特效方面，依赖于 CSS 的表现能力。即使是 A 级浏览器，尽管完全具备 jQuery Mobile 所用到的 HTML 5 和 JavaScript 功能，但由于在 CSS 方面表现能力的不同，网页的实际视觉效果可能在不同浏览器上会有差异，这是由 Web 应用的本质决定的。

1.4 准 备 工 作

本节将介绍开发和测试 jQuery Mobile 网站需要使用的开发环境，包括编辑器、服务器、浏览器和模拟器等。在安装和使用这些工具时，需要注意以下几点：

- 为了支持多国语言文字，本书中所有的实例，包括附带光盘中的所有的网页实例，都采用了 UTF-8 编码。
- 即使是运行静态网页，jQuery Mobile 仍然需要使用一个 Web(HTTP)服务器。
- 本书所涉及的 Java、Eclipse，以及 Android 开发工具等软件，均为 32 位版。

1.4.1 jQuery Mobile 框架

1. 下载 jQuery Mobile

jQuery Mobile 可以通过其网站 http://jquerymobile.com 下载。从图 1.11 中，我们可以看到，在 jQuery Mobile 产品主页的右侧，提供给用户两种不同的下载方式：定制下载和最新版本的下载。

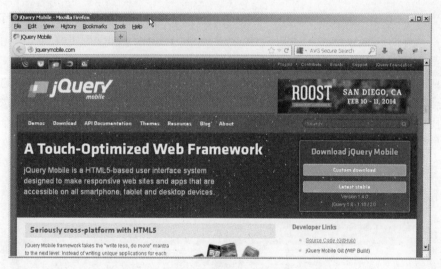

图 1.11 jQuery Mobile 主页与下载方式

定制下载，是指 Web 开发人员根据网站的实际需要，有选择地下载 jQuery Mobile 中部分核心功能、导航方式、页面切换效果、表单处理方式，以及系统预先定制的屏幕组件等。由于定制下载还处于实验阶段，暂时不推荐在产品环境中使用。jQuery Mobile 通过最新版本的下载链接，提供了完整的产品。

解压下载得到的 jQuery Mobile 最新版本，能够得到图 1.12 中的文件(此处为 jQuery Mobile 1.4.0 下载包，不同版本的 jQuery Mobile 在解压后得到的文件可能略有差别)。熟悉 jQuery 的读者会发现，jQuery Mobile 与 jQuery 一样，在系统文件中，文件名带有 min 的是紧凑版本，空格字符已经被删除，文件比较小，有利于加快文件加载，提高网站性能。而文件名中不带有

min 的未压缩版本，保留了空格等格式字符，便于程序调试。任何一组文件都能满足学习网页编写和测试的目的。

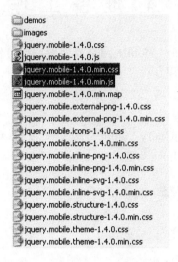

图 1.12　jQuery Mobile 1.4.0 中的文件

2. 下载 jQuery

在图 1.11 的右侧，jQuery Mobile 下载链接的下方，jQuery Mobile 提供了与当前 jQuery Mobile 版本兼容的 jQuery 版本。比如，jQuery Mobile 1.4.0 与 jQuery 1.8~1.10 或者 jQuery 2.0 兼容，读者可以任选其中之一。jQuery 开发团队提醒用户，jQuery 2.x 与 jQuery 1.x 拥有相同的 API，但是 jQuery 2.x 不支持 IE 6/7/8，而 IE 6/7/8 又是非常通用的浏览器，因此 jQuery 1.x 仍然是被推荐使用的版本。读者可以从 jQuery 主页 jquery.com，通过 Download 链接进入下载页面，并找到与当前 jQuery Mobile 相匹配的版本，如图 1.13 所示。jQuery 的每一个版本都提供了紧凑版和未压缩版供用户选择。

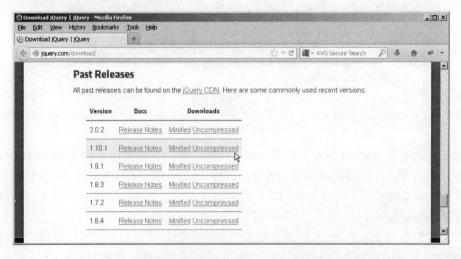

图 1.13　找到与当前 jQuery Mobile 相匹配的 jQuery 版本

1.4.2　开发工具、测试环境与模拟器

1. 安装编辑器

本书中所涉及的网页，是指由 HTML、JavaScript 和 CSS 等文本文件组成的网页。原则上，任何文本编辑器都可以用来开发 jQuery Mobile 网页。为了规范文件编码，支持多国文字，本书推荐使用 Notepad++。Notepad++可以通过其主页 http://notepad-plus-plus.org 下载。

在编辑源文件的时候，应该从 Notepad++的 Encoding 菜单中选择 Encode in UTF-8 without BOM，如图 1.14 所示。使用 UTF-8，可以方便地实现国际化(i18n)和本地化(L10n)。BOM 是 Byte Order Mark，是附加在文本文件的开始位置的几个字节，用于指明 16 位或 32 位 Unicode 文本文件在内存中的字节顺序。BOM 不是必需的，它对于 UTF-8 编码的文件没有实际意义，所以一般建议对于 UTF-8 编码的文件不使用 BOM。

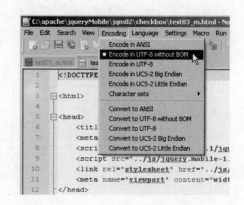

图 1.14　选用 UTF-8 编码

2. 安装 Opera 移动浏览器模拟器

jQuery Mobile 是建立在 JavaScript 和 CSS 上的框架，它运行在 HTML 网页中，因此，目前主流浏览器都可以运行 jQuery Mobile 网页，而不是必需使用专门的移动浏览器。例如，本书中，从第 5 章起的许多移动网页实例可以在 Chrome 桌面浏览器中演示。但是，由于移动设备的多样化，开发和测试人员应该使用特定的移动浏览器，以模拟真实的用户体验。使用实际的移动设备是其中一个选项，这样，开发人员可以最直接地感受到网站的实际使用效果。可是同时拥有多种移动设备的成本相当高，而且学习使用每一种设备会使得测试人员不能把注意力集中到浏览器中，降低了开发和测试的效率。因此，使用移动浏览器模拟器，就成为一个非常有效的选择。

Opera 移动模拟器(http://www.opera.com/developer/mobile-emulator)能够运行在多种智能手机和平板电脑中。Opera 移动模拟器可以模拟 Amazon Kindle、Asus、HTC、Motorola、Toshiba、LG、Samsung 和 Sony 等移动设备，如图 1.15 所示。

使用移动模拟器，能够很方便地在 PC 机上完成类似真实环境的测试，包括模拟同一个网页在不同品牌、不同屏幕分辨率的设备上的运行效果等。

3. 安装和使用 Android 模拟器

Opera 移动模拟器能够模拟 Opera 移动浏览器在不同硬件平台上的工作情况。这种模拟仅限于浏览器本身，它不能模拟浏览器的硬件特点，比如说移动设备的硬件按钮等。使用与操作系统相关的模拟器，能够更加逼真地同时表现浏览器模拟器的工作情况，以及设备的硬件特色。Android 模拟器就是其中一种与硬件设备密切相关的工具，它是 Android 开发套件中的一部分。

Android 开发套件是用于开发基于 Java 的移动应用程序。它的模拟器界面十分接近真实的硬件设备，包括硬件按钮和系统预装的应用程序等。我们将使用 Android 模拟器中默认的浏览器来测试我们编写的代码。

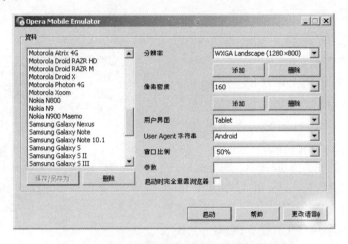

图 1.15　Opera 移动模拟器中可供模拟的设备

注意： 以下安装过程仅限于希望模拟真实 Android 运行环境的读者，Google Chrome、FireFox 桌面浏览器和 Opera 模拟器已经能够满足学习和测试 jQuery Mobile 网页的目的。

安装 Android 模拟器包括以下几个步骤。

(1) 下载和安装 JDK

建立在 Eclipse 基础之上的 Android 开发套件需要运行在 Java 虚拟机上，因此必须先安装 Java 运行环境 JRE 或者 Java 开发套件 JDK。这里以下载和安装 JDK 为例。JDK 可以从 Oracle 的 Java SE 的主页 http://www.oracle.com/technetwork/java/index.html 中找到下载链接。下载的 JDK 是一个可执行文件，双击即可按照默认方式安装。安装 JDK 后，还需要按照下面的方法设置操作系统的环境变量，把 JDK 安装路径赋予环境变量 JAVA_HOME。

在 Windows XP 中，右击"我的电脑"，从弹出快捷菜单中选择"属性"命令，再从弹出的对话框中选择"高级"选项卡，最后在"高级"选项卡中单击"环境变量"按钮。这样就可以在操作系统的"环境变量"对话框中新建一个环境变量 JAVA_HOME，或者修改当前已有的 JAVA_HOME 值。

在 Windows 7 中，先在开始菜单上右击"属性"，然后在弹出窗口的左边一栏上选择"高级系统设置"，这时候会出现"系统属性"窗口，我们可以通过"系统属性"窗口下方的"环境变量"按钮新建一个环境变量 JAVA_HOME，或者修改当前已有的 JAVA_HOME 值。

在 Windows 8.1 上，我们需要先右击"开始"按钮，然后，在弹出菜单上选择 System 选项，如图 1.16 所示，在弹出的 System 窗口的左边一栏上选择高级系统设置，如图 1.17 所示，屏幕这时弹出系统属性窗口，我们可以通过系统属性窗口下方的"环境变量"按钮新建一个环境变量 JAVA_HOME，或者修改当前已有的 JAVA_HOME 值，如图 1.18 所示。

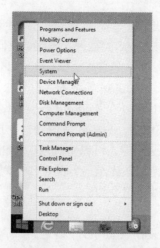

图 1.16　右击 Windows 8.1 的"开始"
按钮出现的弹出菜单

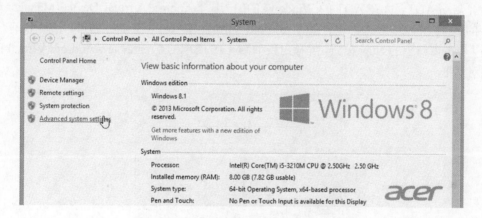

图 1.17　Windows 8.1 上的 System 窗口

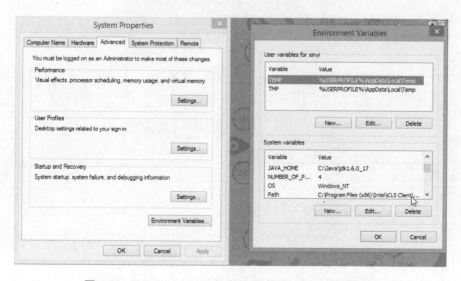

图 1.18　Windows 8.1 上的系统属性窗口和环境变量窗口

(2) 下载和安装 Android 开发套件

Android 开发工具本身是一个 Eclipse 的插件，因此，我们可以单独下载插件，并安装到一个已经安装的 Eclipse 上，或者直接下载包含 Eclipse 和 Android 开发工具的一个完整套件。由于每个版本的 Android 开发工具对于 Eclipse 的版本各有要求，下载完整的套件比较方便。

Android 开发套件(简称为 ADT)可以在 Android 开发者网站 http://developer.android.com 下载。它是一个 ZIP 压缩文件，下载以后，只需要解压到一个指定的目录即可。启动 Android 开发套件的方法与启动 Eclipse 的方法相同，可以直接双击 Eclipse 安装目录下的 Eclipse 文件，或者通过 Eclipse 的-data 启动参数使用预先准备好的工作空间等。有关各种启动 Eclipse 的方法，可参照 Eclipse 帮助文档，这里不做详细介绍。

(3) 配置 Android 虚拟设备

Android 系统默认的浏览器预装在 Android 设备上。我们需要先创建一个 Android 设备模拟器(Android 虚拟设备，简称为 AVD)，才能使用 AVD 上的默认浏览器。创建和配置 AVD 可以通过下列步骤来完成。

首先启动 ADT，并在 ADT 的 Window 菜单中选择 Android Virtual Device Manager。在初次安装的 ADT 中，弹出的是一个空的 Android Virtual Device Manager 窗口，其中没有任何虚拟设备。单击窗口上的 New 按钮，屏幕出现如图 1.19 所示的 Create New Android Virtual Device (AVD)对话框。

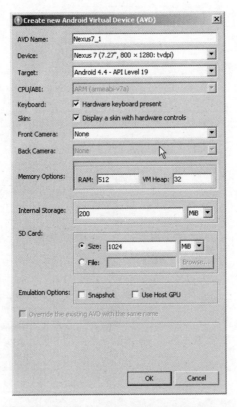

图 1.19　新建一个虚拟 Android 设备

我们可以根据自己的需要，选择虚拟设备的屏幕大小和屏幕分辨率，也可以选择一个已知型号的设备，比如 Google Nexus 7。对于测试 jQuery Mobile 网页，设备的内存大小、存储卡的容量、照相机等选项并不重要。输入完所有的选项后，单击 OK 按钮，保存新建的虚拟设备。

（4）启动 Android 虚拟设备

如果我们配置了多个虚拟设备，可以选择启动其中任何一个。启动 Android 虚拟设备，只须选中需要启动的设备，然后单击 Start 按钮即可，如图 1.20 所示。虚拟设备的启动速度比较慢，一般需要几分钟时间。

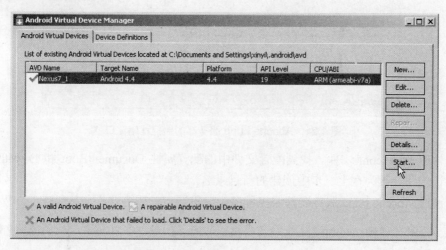

图 1.20　选择并启动 Android 虚拟设备

（5）测试

使用虚拟设备中的浏览器测试网页，需要通过 Internet 上的 Web 服务器才能实现。关于怎样在 Internet 上设置自己的 Web 服务器，读者可参阅附录中的介绍。

1.4.3　Web 服务器

测试 HTML 5 的离线功能和测试 jQuery Mobile 网站都需要 Web 服务器的支持。这里，我们介绍常用的 Apache httpd。在过去的十几年里，Apache httpd 是一个最流行的 Web 服务器。它能够服务于静态网站，也能当作代理服务器使用。

Apache httpd 是 Apache 的一个开源项目，它可以从 http://httpd.apache.org/ 下载到。Windows 版的 Apache httpd 以可执行文件的方式提供。它的安装过程非常简单，只需双击可执行文件，并按照默认方式安装即可，Apache httpd 会被自动安装成 Windows 的服务，并且能够在开机时自动运行。安装后，Windows 的任务栏上被添加了一个监控程序图标。双击该图标，我们就能看到 Apache httpd 服务器当前的运行状态。如图 1.21 所示，通过 Apache httpd 服务器的监控程序窗口，可以启动、停止和重启动 Web 服务器。

Apache httpd 服务器的默认文档路径是服务器安装路径下的 htdocs 目录，比如 C:\Program Files\Apache Software Foundation\Apache2.2\htdocs。如果我们需要改变服务器的默认的文档路径，就需要修改服务器的配置文件 httpd.conf，它位于服务器安装路径下的 conf 子目录中。

下面通过简单的 3 步操作，就能完成文档根目录的修改。

（1）创建一个新的文档路径，例如 c:\www。

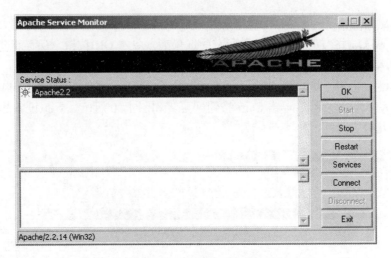

图 1.21　Apache httpd 服务器的监控程序窗口

(2)　修改 httpd.conf 文件。找到配置文件中的配置属性 DocumentRoot 和 Directory，并把服务器默认的路径改为在上一步中创建的新目录名。

(3)　通过 Apache httpd 服务器的监控程序窗口重新启动服务器。

💡 **注意：**　有关 Apache httpd 服务器离线访问的配置问题，将在第 2 章中进行介绍。

1.5　本 章 习 题

选择题(多选)

(1)　与优雅降级策略相对的 Web 设计策略是(　　)。

  A.　自适用策略　　　　　　B.　渐进增强策略　　　　　C.　响应式设计策略

(2)　以下哪些场合需要用到 Web 服务器？(　　)

  A.　测试 jQuery 程序

  B.　在客户端自动更新离线 HTML 5 网页

  C.　测试 jQuery Mobile 网站

(3)　使用 Opera 移动浏览器模拟器无法测试哪些功能？(　　)

  A.　网页用户界面　　　　　　　　　B.　服务器交互与服务调用

  C.　设备硬件按钮所触发的事件　　　D.　模拟设备上的默认浏览器

(4)　由于苹果公司的 iPhone 使用了高分辨率显示屏和极高的像素密度，所以在设计移动网站时，应该在文字和按钮等方面充分发挥硬件的优势，使屏幕容纳更多的内容。(　　)

  A.　对。这样设计的网页内容会更加丰富

  B.　对。硬件优势应该总是放在第一位

  C.　错。iPhone 屏幕较小，这样的设计会造成部分大屏幕智能手机兼容性问题

  D.　错。过份强调硬件优势会造成网页显示时字体太小，无法辨认

(5)　jQuery Mobile 需要下载哪些软件并且一起使用？（　　）

A.　jQuery
B.　jQuery UI
C.　QUint
D.　jQuery Mobile Theme Roller

(6)　利用 jQuery Mobile 开发的网站，能够使网页用户界面在不同的硬件平台上保持完全一致。（　　）

A.　是
B.　否

(7)　在 jQuery Mobile 对浏览器的分级中，B 级浏览器不具备 A 级浏览器的哪些功能？（　　）

A.　CSS 3
B.　CSS 媒体类型支持
C.　Ajax
D.　XHTML-MP 支持

(8)　jQuery Mobile 采用了哪些 Web 设计策略？（　　）

A.　优雅降级
B.　自适应设计
C.　渐进增强

第 2 章
HTML 5 开发基础

本章导读：

HTML 是网站开发人员的必备技术。作为学习 jQuery Mobile 的预备知识，本章从新手入门的角度，简要地介绍 HTML 的语法特点和基本用法，并把重点放在 HTML 5 新增的功能上。在本章中介绍的一部分新增功能，将有助于理解 jQuery Mobile 框架本身的设计原理，同时也有助于理解 CSS 3 与 HTML 5 协同工作的原理。通过本章的学习，读者将会对 HTML 5 网页开发的特点有一定的了解。已经熟悉 HTML 5 网页设计的读者，可以快速浏览本章。如果读者希望更详细地了解 HTML 5，可阅读这方面的专著。

本章在术语的使用上，HTML 是泛指 HTML 的不同版本，包括传统的 HTML 和正在开发中的 HTML 5；术语 HTML 5 和 XHTML 均特指特定版本的语法规则，其中，XHTML 强调一个文档必须遵守 XML 格式良好(Well-formed)的语法规则。

另外，如果读者使用移动设备测试本章中的网页实例，可能会得到与桌面浏览器不同的效果。读者可以暂时忽略这些差异，我们将从第 5 章起，着重介绍移动网站的设计和界面特点。

2.1　HTML 5 的语法结构

相信 HTML 对于大多数读者来说应该已经不是什么陌生的新技术了。但我们仍将在这一节中简要介绍 HTML 网页设计的基本方法和技巧，并在此过程中逐步介绍 HTML 5 与过去传统 HTML 在语法结构和设计思想上的不同、HTML 5 的优点和特点，以及 HTML 5 对桌面 Web 和移动 Web 在设计理念上带来的变化。

在第 1 章中，我们介绍了 HTML 5 在逐步标准化的过程中，WHAT 工作组，以及经由 W3C 参与组建的 HTML 工作组起到了关键的作用。但是，WHAT 工作组与 W3C 在设计理念和技术标准化方面的看法有很多不同，从 2011 年起，HTML 5 技术标准逐渐出现了一些分支。其中最主要的表现是 W3C 和 WHAT 工作组分别发布了 HTML 5 技术标准的草稿。W3C 发布的草稿以 WHAT 工作组的最新更新为前提，并补充了一部分 W3C 认为必须马上标准化的内容。而 WHAT 工作组坚信 HTML 5 技术的发展是一个漫长的渐进过程，他们更愿意维护一个逐渐发展的版本，而不是一个可以马上实现标准化的版本。分歧使我们可以同时看到两个非常类似、但在某些技术细节上存在着一些显著差异的 HTML 5 技术规范草稿。

HTML 5 的设计与一些正在使用的其他技术标准在个别内容上有冲突。细心的读者在阅读技术规范草稿原文的时候，可能会注意到这些差别。本书将介绍已经被广为接受的 HTML 5 语法，对于 HTML 5 在技术理论的层面上不做探讨。

2.1.1　HTML 5 网页的基本结构

HTML 网页从源代码上看，是由一组标签经过一定的嵌套规则而组成的树状结构代码。HTML 的标签嵌套不需要像 XML 那样严格，也就是说，有一些 HTML 元素并不要求必须使用结束标签。在 HTML 5 中，某些元素的结束标签在特定情况下是可有可无的。有关这些元素标签的特殊语法规则，我们将在本章的 2.2.7 小节中介绍。

HTML 5 的语法与传统的 HTML 相似，同时带有 XHTML 的特征。作为一种标记语言，HTML 5 保留了语法简洁的特点，同时，稍微严格的语法规则使 HTML 5 更容易以 DOM 方式处理。代码 2.1 展示了一个含有基本组成部分的 HTML 5 网页样本。

代码 2.1　一个含有最基本结构的 HTML 5 样本文件

```html
<!DOCTYPE html>
<html>
    <head>
        <meta charset="UTF-8">
        <title>A web page</title>
    </head>
    <body>
        <p>
            你好, HTML5!
        </p>
    </body>
</html>
```

代码 2.1 与平常所见的 HTML 文档(比如 HTML 4.0 格式的网页文档)非常相似。它含有 HTML 文档的最外层的<html>标签。<html>标签是 HTML 网页文档的根元素，网页开发人员可以在根元素中添加 lang 属性，用于说明当前网页所用的语言，比如<html lang="fr">表示当前网页中的内容使用法语。lang 属性值为由两个字母组成的国际标准语言代码[①]。添加了语言描述的网页更易于在线翻译工具准确地识别和翻译。表 2.1 列举了常用的语言代码。

表 2.1　常用的 ISO 639-1 语言代码

语　言	标准代码
阿拉伯语	ar
中文	zh
简体中文	zh-Hans
繁体中文	zh-Hant
英语	en
法语	fr
德语	de
日语	ja
韩语	ko
俄语	ru
西班牙语	es

<html>标签的内容含有由<head>和<body>分别标记的两部分。<html>标签及其<head>和<body>两大组成部分组成了 HTML 文档的基本结构。网页的<head>部分的作用在于说明网页的标题、标题图标、附加的脚本语言程序、网页样式，以及有关网页其他属性的描述等。这部分内容除了网页的标题和图标以外，还有其他内容，能够影响到网页的显示方式，例如附加的样式定义；另外还有一些能够影响到网页的动作行为，例如网页自动跳转等，但本身并不直接显示在网页上。网页的<body>部分包含了网页在浏览器中显示的全部内容，这也是本章将要着重介绍的部分。

很多开发人员在网站的开发过程中已经通过 DOCTYPE 使用了文档类型声明，尤其是 CSS 的某些功能，比如 z-index，要求网页必须含有文档类型声明，才能够在 IE 浏览器中正确显示。DOCTYPE 声明没有结束标签，它必须出现在网页文档的第一行，即在<html>标签之前，用于向浏览器声明当前网页文档所采用的 HTML 的语法版本。DOCTYPE 声明源自于 XML 中引用 DTD 验证文档有效性的方法。

在过去的 HTML 版本中，我们能够看到下面一些文档类型声明：

```
<!DOCTYPE HTML PUBLIC "-//W3C//DTD HTML 4.01//EN"
  "http://www.w3.org/TR/html4/strict.dtd">

<!DOCTYPE HTML PUBLIC "-//W3C//DTD HTML 4.01 Transitional//EN"
  "http://www.w3.org/TR/html4/loose.dtd">
```

---

① 有关国际标准语言代码，可参考由国际标准组织制定的 ISO-639-1 标准。

```
<!DOCTYPE html PUBLIC "-//W3C//DTD XHTML 1.0 Strict//EN"
  "http://www.w3.org/TR/xhtml1/DTD/xhtml1-strict.dtd">

<!DOCTYPE html PUBLIC "-//W3C//DTD XHTML 1.1//EN"
  "http://www.w3.org/TR/xhtml11/DTD/xhtml11.dtd">
```

在 HTML 5 中，DOCTYPE 声明不再引用 DTD，只需要简单的<!DOCTYPE html>即可。但是在 HTML 5 网页中，DOCTYPE 声明不能省略，否则浏览器不会使用 HTML 5 的语法，而是会自动启用早期版本的 HTML 语法处理程序来解析当前的 HTML 5 网页。

HTML 是大小写无关的标记语言。包括 DOCTYPE 声明在内，浏览器不会区分 DOCTYPE 或者 doctype、<HTML>或者<html>。在 HTML 5 网页中，混合使用大小写是允许的。从编写 HTML 5 代码的惯例角度来看，DOCTYPE 通常用大写字母来声明，而 HTML 标签则用小写表示。代码 2.1 中的源代码编写格式就遵循了这个惯例。

2.1.2　<head>成员元素

网页<head>部分用于定义样式规则、引用样式表和脚本语言，或者用于网页本身属性等相关信息的描述等。

1. 网页的标题

网页标题是显示在浏览器标题栏中的若干主题说明文字，如图 2.1 所示为清华大学主页上的网页标题。

图 2.1　浏览器标题栏中的标题和图标(来源：清华大学网站)

从原则上说，一个 HTML 5 文档(不是一个 Web 页面，因为一个 HTML 5 文档可以表现为多个网页。一个文档也能是一个字符流，而不是一个文件)的<head>部分必须包含一个，并且只能包含一个<title>元素。但是这并不是绝对的，如果一个 HTML 5 文档被用作电子邮件的内容，则<title>元素部分可以省略。

代码 2.2 演示了通过<title>元素声明网页内容主题(标题)的方法。<title>元素的使用方法十分简单，只需要把文字放在<title>元素的内容中即可。

代码 2.2　通过<title>元素声明网页主题

```
<!DOCTYPE html>
<html>
```

```
<head>
   <meta charset="UTF-8">
   <title>鲸的世界</title>
</head>


<body>
   <p>
</body>
</html>
```

2. 网页的图标

在图 2.1 中，我们在浏览器的标题栏上除了看到网页标题以外，在标题文字的旁边，还很容易找到网页的图标。网页的图标是通过<link>元素实现的。

<link>元素用于链接当前 HTML 文档和其他资源。<link>元素必须包含 rel 属性或者 itemprop 属性中的一个，但是，不允许同时使用这两个属性。这两个属性中的 rel 是个常用属性，用于说明所链接的资源与当前文档的关系。当使用 rel 属性时，<link>元素只允许在<head>的范围内使用，而当使用 itemprop 属性时，<link>元素既可以包含在网页的<head>部分，也可以包含在网页的<body>部分。当我们为一个网页链接网页图标时，应该按照代码 2.3 所演示的方法，指定 rel 属性的值为"icon"，并且通过 href 属性指向实际所链接的图标资源文件，这样就能得到如图 2.2 所示的效果。

代码 2.3　通过<link>元素引用网页图标

```
<!DOCTYPE html>
<html>
   <head>
      <meta charset="UTF-8">
      <title>鲸的世界</title>
      <link rel="icon" href="images/whale.ico">
   </head>


   <body>
      <p>
   </body>
</html>
```

💡 **注意：**　在 Chrome 等浏览器中测试代码 2.3 时，需要 Web 服务器的支持才能正确显示网页图标，而在 Firefox 浏览器中，则不需要 Web 服务器的支持。

图 2.2　网页的标题与图标

在不同的使用场合中，网页图标也被称为快捷图标、书签图标，或者标签页图标等。图标文件一般采用 16×16 像素的 ICO 文件，也可以采用 GIF，或者 PNG 等图片格式。另外，在<link>元素中，可以通过 type 属性声明所链接的图标文件的 MIME 类型。

一些读者可能会注意到一些网页有类似<link rel="shortcut icon" href="/favicon.ico">的用法，而 shortcut 并不是 HTML 5 中 rel 属性有效的属性值。实际上，rel="shortcut icon"的用法在 HTML 5 中是允许的，但这仅仅是为了满足向过去的 HTML 版本兼容的要求，如果在 rel 属性中使用 shortcut 属性值，另一个属性值 icon 必须紧随其后，而且两个属性值之间必须使用一个空格来分隔。

3. 网页的样式

层叠式样式表 CSS 在 Web 设计中起到了网站风格统一、用户界面美观、优化用户体验等作用。定义和引用样式规则有 3 种常见的方式：在特定的元素上通过定义 style 属性值的方法为相应的元素添加样式规则、通过<style>元素定义样式规则，通过<link>元素引用外部样式文件中的样式定义。其中后两种方法一般都在<head>的范围内完成。HTML 5 允许使用只作用在一个特定局部范围内的样式定义，在这种情况下，<style>元素也会出现在网页的<body>部分。有关 HTML 5 对于 CSS 这种新增加的特殊用法，本书将在第 3 章中介绍。

代码 2.4 和 2.5 在浏览器中的实际显示效果是一样的，它们都是通过样式来定义，使网页的正文内容实现如图 2.3 所示的效果，以斜体字形式显示。

代码 2.4　通过<style>元素在网页文档内部定义样式规则

```
<!DOCTYPE html>
<html>
   <head>
      <meta charset="UTF-8">
      <title>HTML5 - style</title>
      <style>
         .hello {
            font-style: italic;
         }
      </style>
   </head>
   <body>
      <div class="hello">你好, HTML5!</div>
   </body>
</html>
```

代码 2.5　通过<link>元素引用样式表文件(此处省略样式表文件)

```
<!DOCTYPE html>
<html>
   <head>
      <meta charset="UTF-8">
      <title>HTML5 - link</title>
      <link rel="stylesheet" type="text/css" href="css/style_external.css">
   </head>
```

```
    <body>
        <div class="hello">你好, HTML5!</div>
    </body>
</html>
```

图 2.3 在<head>部分通过样式定义或引用外部样式表来改变网页内容的表现形式

综合代码 2.3 和 2.5，两者都用到了<link>元素来链接外部资源文件，其中的不同点是在 rel 属性中所描述的外部资源类型。当使用 rel="stylesheet"链接一个样式表文件时，即使省略 MIME 类型描述 type="text/css"，浏览器仍然能够正确解析样式表文件，但如果 MIME 类型描述错误，即使链接的 URL 正确，浏览器仍不能以正确的 MIME 类型来处理样式表文件。也就是说，从 HTML 5 技术标准的角度看，一旦 MIME 类型描述错误，样式表文件就会失效。在实际应用当中，某些浏览器会优先判断 rel 属性中的资源类型，即使 MIME 类型描述不匹配，浏览器仍然能够正确处理样式表文件。需要注意的是，这里的正确处理，是依赖于浏览器容错性能的，而不是 HTML 5 技术规范所要求的。

4. 脚本程序

<script>元素用于定义或者引用在其他脚本程序中的文件，它可以用在<head>部分，也可以用在<body>部分。当<script>元素出现在<head>部分时，通常是用于定义全局性的变量与函数，引用外部脚本程序，或者在网页加载以后执行某一段程序等。

下面的代码片段用于全局性的定义：

```
<script>
    var timeout = 6000;
</script>
```

当<script>元素用于引用外部脚本程序时，可见以下代码片段：

```
<script src="../js/jQuery-1.9.1/jquery-1.9.1.min.js"></script>
```

JavaScript 是 Web 开发中最常用的脚本语言，它的 MIME 类型用 text/javascript 来表示。在 HTML 5 中，如果<script>元素的 type 属性省略，则<script>元素中所代表的脚本语言是 JavaScript。<script>元素中允许使用其他脚本语言，当这种情况出现时，<script>元素必须通过 type 属性表明所用脚本语言的种类。一些程序员或许会记得，在过去的 HTML 网页文件中，<script>元素中常常用 language 属性来说明脚本语言的种类。language 属性在 HTML 5 中已经不再使用，而且 HTML 5 要求浏览器当检测到<script>元素中使用了 type 属性时，language 属性将被忽略掉。

Web 客户端脚本程序通常是由 JavaScript 等解释型语言开发的。当脚本程序被成功加载以后，就会立即执行，而不需要等到整个网页文件加载完成。HTML 5 的<script>元素包括了 async 和 defer 两个布尔型(boolean)属性，这两个属性必须与 src 属性配合使用。async 属性表示当前引用的 JavaScript 程序以异步方式运行。defer 属性表示所引用的 JavaScript 程序延迟到网页文档加载完成以后运行。

> 🔖 **说明：** 布尔型的数据仅有 true 或者 false 两个值。在 HTML 5 中，当 async、defer、checked 或者 disabled 等布尔型属性出现时，它的值为 true，否则为 false。当使用布尔型属性时，属性值可以是空字符串、一个与属性名相同的 ASCII 字符串(大小写无关)，或者省略。以下 3 种表达方法的作用是一致的：
>
> ```
> <script src="js/myInitialization.js" defer></script>
> <script src="js/myInitialization.js" defer=""></script>
> <script src="js/myInitialization.js" defer="defer"></script>
> ```

5. <meta>元素

<meta>元素是在网页的<head>部分用于描述网页元数据的元素。这里所指的元数据，不是广义上的"元数据"。在 HTML 中，广义上的元数据包括了<head>、<title>、<base>、<link>、<style>和<meta>等元素。

在代码 2.1 中已经见到了第一个使用<meta>元素的元数据描述：<meta charset="UTF-8">。很明显，它是一个用于描述当前文档字符编码的说明。HTML 5 建议所有的新建文档使用 UTF-8 编码。当一个 HTML 文档不是以 BOM 字节开始(有关 BOM，可参阅本书 1.4.2 小节中的介绍)，并且字符编码没有明确描述时，这个文档的编码只允许使用 ASCII 字符。HTML 5 规定文档的字符编码必须明确指明，因为用户可以从网页的表单中填写数据，只有当字符编码被明确说明时，非 ASCII 字符集中的字符才能被正确处理。

charset 属性是 HTML 5 中为<meta>新增的属性。<meta>元素中其他元数据的描述基本上可分为 name/content(标准元数据名)和 http-equiv/content(标注指令，Pragma Directive)两大类，其中 content 属性值用于说明元数据描述的内容。

下面通过几个实例，来对<meta>元素有更直观的认识：

```
<meta name="keywords" content="HTML5, CSS3, jQuery, jQuery Mobile">
<meta name="author" content="张欣毅">
<meta name="description" content="jQuery Mobile 移动网站开发教程">
<meta name=generator content="Notepad++">
<meta name="application-name" content="jQuery Mobile 实例">

<meta http-equiv="en">
<meta http-equiv="content-type" content="text/html; charset=UTF-8">
<meta http-equiv="refresh" content="120">
<meta http-equiv="refresh" content="120; URL=anotherPage.html">
```

在上述实例中，name="application-name"仅允许在 Web 应用程序中使用。由于 HTML 5 已经可以通过<html>标签的 lang 属性描述网页内容所用的语言(见 2.1.1 小节)，早期版本的 HTML 网页中<meta http-equiv="en">这样的用法建议不再使用。另外，http-equiv="content-type"与先前介绍的 charset 属性的实际作用相同，在网页开发过程中，只能用它们两者之一，不可同时使用。http-equiv="refresh"的作用相当于在网页上设置一个以秒为单位的定时器，这个定时器能够触发浏览器自由刷新当前的网页，或者加载由 URL 指定的另一个网页。

2.1.3　标准属性

标准属性(Universal Attribute)在 HTML 5 的范畴内可以理解为对于所有 HTML 5 元素广泛适用的属性，甚至包括了在现行 HTML 5 规范中还没有被定义的元素。虽然标准属性可以广泛应用到所有的元素上，但是，由于许多属性本身的含义和功能定义，只能在某些特定的元素上发挥作用，这也就意味着应用到某些元素上的标准属性，并不一定会起作用。即使代码中的标准属性不起作用，HTML 5 网页文档本身仍然是一个有效的文档。标准属性从其功能上可以分为两类：普通元素属性和事件处理属性。HTML 5 中定义了大量的标准属性，这里介绍其中的一些常用属性。

1. 普通元素属性

普通元素属性并不是严格定义的术语。这类属性包括在前面已介绍过的 lang、class、style，还包括 id、accesskey、translate、spellcheck、draggable、hidden、title、contextmenu 等。

id 元素用来在 HTML 文档中唯一标识一个特定的元素，即在同一个 HTML 文档中 id 的属性值不可重复。代码 2.6 中，有两个 div 元素被分别用 id 属性赋予唯一的标识符。通过元素的 id 值来动态处理 HTML 文档，将在本书后续章节中的 CSS 3、JavaScript、jQuery 和 jQuery Mobile 中大量用到。

代码 2.6　通过 id 属性在 HTML 文档中唯一标识一个元素

```
<!DOCTYPE html>
<html>
    <head>
        <meta charset="UTF-8">
        <title>全局变量 - id</title>
    </head>

    <body>
        <div id="div1">第一个 div</div>
        <div id="div2">第二个 div</div>
    </body>
</html>
```

accesskey 也是一个常用的属性，用于为屏幕上的表单或者链接等建立快捷键，这样，用户就可以通过键盘快速定位到表单中的某一特定的输入框，或者直接触发一个链接。代码 2.7 演示了一个如图 2.4 所示的含有两个文本输入框和一个链接的表单。两个文本框被分别赋予快捷键 a 和 b，超级链接被赋予快捷键 q。

代码 2.7　通过 accesskey 属性建立快捷定位和直接触发链接

```
<!DOCTYPE html>
<html>
    <head>
```

```
    <meta charset="UTF-8">
    <title>全局变量 - accesskey</title>
</head>

<body>
    <form method="post" action="#">
        <input name="inputbox1" placeholder="快捷键: a" accesskey="a">
        <br>
        <input name="inputbox2" placeholder="快捷键: b" accesskey="b">
        <br>
        <a href="http://www.tsinghua.edu.cn" accesskey="q">清华大学</a>
    </form>
</body>
</html>
```

图 2.4　含有快捷键的网页

现在的主流浏览器都支持快捷访问，但是，不同的浏览器对于快捷键的用法略有不同。在 IE 和 Chrome 中，通过"Alt+快捷键"的组合方式使用快捷功能，而在 Firefox 中，则需要通过 "Shift+Alt+快捷键"的组合方式进行。

2. 事件处理属性

事件处理属性是为了应对在网页上发生的鼠标动作、页面加载等事件而设置的属性。事件处理属性的属性值通常是引用一段事件处理脚本程序，或者是直接使用一个脚本程序片段。

常见的事件处理属性有 onload、onclick、onchange、onblur、nonfocus、onkeydown、onkeypress、onkeyup、onmousedown、onmouseup、onmouseover、onsubmit、onselect、onscroll 等。这类事件处理属性将在本书第 4 章中介绍 jQuery 事件处理时，以及在后续章节中讲解 jQuery Mobile 的定制方法时多次用到。

2.2　HTML 5 常用元素简介

本节将介绍在 HTML 5 网页的<body>部分中常见的元素。通常，这些元素用于构建网页的布局结构、定义网页内容的显示格式，以及建立表单和链接等。

2.2.1　组织结构元素

组织结构(sections)元素着眼于网页内容的总体布局，包括最基本的<body>元素，也包括用于网页内容的页头、页尾等基本结构。

1. <body>

<body>是网页内容正文的容器。<body>与一系列网页加载/卸载，实时通信等事件紧密相关，而这其中最常见的是 onload 事件。如果网页中有以下声明，网页就会在加载完成以后立即执行由 onload 属性规定的事件处理程序：

```
<body onload="myOnloadHandler()">
```

<body>元素的 ononline 和 onoffline 事件处理属性用于判断网页目前正处于在线或者离线状态。但是，这两个属性在目前的不同浏览器中的表现有很大差异。主要区别在于，不同浏览器对于离线状态采用不同的定义，因此，这两个事件处理属性并不是十分可靠的。网站的开发者即使不使用这两个属性，仍然可以利用 Ajax 等技术十分容易地实现判断网站的在线状态。这个功能对于需要长时间在线的 Web 应用程序十分有用。

<body>元素的 onmessage 事件处理属性能够用于实现嵌套网页的跨域通信。网站开发者在使用跨域的脚本程序调用和信息传递时，需要理解网站安全隐患和 XFS 攻击方式。这些内容不在本书的范围内，这里只做概念上的介绍。

2. <h1> ~ <h6>、<hgroup>

<h1> ~ <h6>，这 6 个元素在浏览器上显现为从大到小的 6 种不同的字体尺寸。HTML 中还有<small>和<big>(<big>在 HTML 5 中已经被取消)等元素也能用来代表字体大小。这里的区别是，<small>元素仅仅代表字体在浏览器中显示的大小，而对于网页的内容的实际意义并不关注，<h1> ~ <h6>则代表了标题文字分别处于 6 个不同的级别，字体的大小代表了当前标题所处的地位。<h1> ~ <h6>对于网页的内容是紧密相关的。

如果一篇文章同时拥有主标题、副标题，以及更多层级的子标题，<hgroup>元素能够实现标题分组。例如下面的代码片段：

```
<hgroup>
    <h1>主标题 1</h1>
    <h2>副标题 1-1</h2>
</hgroup>
<hgroup>
    <h1>主标题 2</h1>
    <h2>副标题 2-1</h2>
</hgroup>
```

<hgroup>的原始设计思想是通过这个元素使标题中的<h1> ~ <h6>元素与文档大纲(outline)中使用<h1> ~ <h6>元素加以区分，使 HTML 5 的文档结构在逻辑上更加清晰。<hgroup>已经被主流浏览器认可并采用，但是，这个元素仍然存在很多争议。目前 W3C 没有在 W3C 版的 HTML 5 规范中接受这个元素。因此，网页开发人员应该谨慎使用这个元素。

3. <section>

<section>元素在网页文档中定义了逻辑上一个内容相对完整的单元。这个单元通常包含了头部、内容大纲、尾部等结构。直观地说，如果用报纸上的一个版面代表一个网页，那么，这个版面上的一篇文章就可以用一个<section>元素来定义。每一个<section>元素都是这个版面整体的一部分。例如代码2.8中，通过<section>元素分别定了两个单元。每个段落可以各自设立自己的标题、正文和结尾等。

代码2.8　通过<section>元素在网页中定义相对独立的段落

```
<!DOCTYPE html>
<html>
    <head>
        <meta charset="UTF-8">
        <title>元素 - section</title>
    </head>

    <body>
        <h1>新中国体育大事记</h1>
        <section>
            <h2>"零的突破"</h2>
            <p>1984 年，许海峰于奥运的男子自选手枪项目，以 566 环的成绩夺得该届
                奥运会首枚金牌——50 米手枪慢射金牌，是中国奥运会金牌"零的
                突破"</p>
        </section>

        <section>
            <h2>北京申办 2022 年冬奥</h2>
            <p>第二十四届冬季奥林匹克运动会，是未来体育竞赛，而且国际奥林
                匹克委员会尚未组织筹委会。国际奥委会执委会将于 2014 年 7 月
                确定候选城市，并将于 2015 年 7 月 31 日在马来西亚首都吉隆坡举行
                的第 127 届国际奥委会全体会议上决定主办权。</p>
            <p>申办城市有：波兰克拉科夫、挪威奥斯陆、哈萨克斯坦阿拉木图、
                乌克兰利沃夫、中国北京</p>
        </section>
        <p>资料来源：维基百科</p>
    </body>
</html>
```

上述代码在浏览器中有如图 2.5 所示的显示效果。网页的终端被<section>元素划分出两个单元。我们还将介绍<div>等元素，那些元素也能把一个网页划分为多个部分。HTML 5 非常注重每一个标签的含义，<section>用于划分在内容上各自独立的单元，而不只是在网页布局上的划分。带有明确含义的标签和单纯用于显示格式的标签的区分，一直贯穿在 HTML 5 的各种标签中，是 HTML 5 的一个重要设计思想。

<section>元素不应该被看作是一个一般意义上的标签容器。如果仅仅是为了利用<section>元素定义一个段落以便使用样式表，那就应该使用<div>元素，而不是<section>。

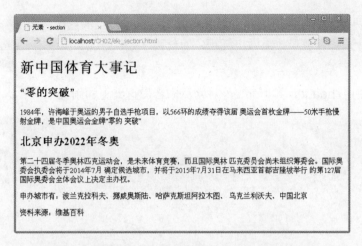

图 2.5　通过<section>建立的两个相对独立的内容段落

4. <address>

<address>顾名思义，就是地址。<address>仅用于联系方式，不可以当作其他用途使用，也不可以包含与联系方式不相关的内容。下面是一个典型的<address>片段：

```
<address>
    联系作者: <a href="mailto:xinyi.zhang@live.com">张欣毅</a><br>
    Linkedin: http://ca.linkedin.com/in/xinyizhang<br>
    加拿大 安大略 伯灵顿
</address>
```

在上面的代码片段中，<address>元素中包括了联系人、电子邮件、网站、地址等联系信息。其他联系信息，例如电话、传真等，也可以安排在<address>标签的范围中，因此，<address>的确切含义是联系信息，而不仅仅是地址。但是，如果想要在网页中表现一个与联系信息无关的地址，<p>、<div>以及<span>等元素则更适合。下面代码中的使用方法是不正确的：

```
<div>
    今天我们参观了位于
    <address>260 Adelaide St E, Toronto</address>
    的约克镇邮局。这是多伦多的第一个邮局，建于 1834 年，现在仍然在正常使用。
</div>
```

5.<header>和<footer>

<header>和<footer>本身不是用于划分单元的元素，而是用于辅助<section>等元素建立内容相对独立性的单元。<header>和<footer>代表了网页中一个单元的头部和尾部。<header>元素通常包含了由<h1>～<h6>等构成的标题，在内容上，<header>元素可以当作标志图案、目录、搜索表单等的容器。<footer>元素常用于描述网页本身的信息，包括作者、版权、相关的外部链接等。

<header>和<footer>不是必须出现的元素，内容也没有固定的格式要求，所出现的位置既可在<section>中，也可在<article>中，甚至直接在<body>中。代码 2.9 与 2.8 在内容上非常相似。如果把网页的<body>部分整体地看作是一个单元，网页中含有由<section>划分处理的两个独立

子单元，而在这两个子单元前后的两个部分则分别是这个网页的头尾两个部分。代码 2.8 已经通过<h1>和<p>分别在表现形式上做出标识，而代码 2.9 则更进一步地用<header>和<footer>在逻辑上做出明确的划分。

代码 2.9　使用<header>和<footer>对网页内容做语义上的划分

```
<!DOCTYPE html>
<html>
    <head>
        <meta charset="UTF-8">
        <title>元素 - header/footer</title>
    </head>

    <body>
        <header>
            <h1>新中国体育大事记</h1>
        </header>
        <section>
            <h2>"零的突破"</h2>
            <p>1984 年，许海峰于奥运的男子自选手枪项目，以 566 环的成绩夺得该届
                奥运会首枚金牌——50 米手枪慢射金牌，是中国奥运会金牌"零的
                突破"</p>
        </section>
        <section>
            <h2>北京申办 2022 年冬奥</h2>
            <p>第二十四届冬季奥林匹克运动会，是未来体育竞赛，而且国际奥林
                匹克委员会尚未组织筹委会。国际奥委会执委会将于 2014 年 7 月
                确定候选城市，并将于 2015 年 7 月 31 日在马来西亚首都吉隆坡举行
                的第 127 届国际奥委会全体会议上决定主办权。</p>
            <p>申办城市有：波兰克拉科夫、挪威奥斯陆、哈萨克斯坦阿拉木图、
                乌克兰利沃夫、中国北京</p>
        </section>
        <footer>
            <p>资料来源：维基百科</p>
            <address>网页制作:
                <a href="mailto:xinyi.zhang@live.com">张欣毅</a>
            </address>
        </footer>
    </body>
</html>
```

6. <nav>

nav，即 navigation，也就是导航的意思。<nav>元素定义了一个具有导航意义的独特单元。它包含了一系列链接，这些链接可以根据网站的需要指向其他网站，或者指向自己所在网站的一个网页，或者指向当前网页中的一个部分(锚点)。很多网站都设计有一个如图 2.6 所示的导航单元。从用户的角度来看，它就像网站的主菜单。

图 2.6　jQuery Mobile 网站上的导航单元(来源：jQuery Mobile 网站)

<nav>元素中的链接仅用于网页导航的目的，服务于其他目的的链接不应该放在<nav>元素中。代码 2.10 演示了含有 3 个导航链接的网页，其中第一个指向外部网站，其他两个链接分别指向网页内的两个单元。

代码 2.10　含有导航单元的网页

```html
<!DOCTYPE html>

<html>
   <head>
      <meta charset="UTF-8">
      <title>元素 - nav</title>
   </head>

   <body>
      <header>
         <nav>
            <h1>新中国体育大事记</h1>
            <ul>
               <li><a href="http://www.olympic.cn/">中国奥委会</a></li>
               <li><a href="#summerOlympic">夏季奥运会</a></li>
               <li><a href="#winterOlympic">冬季奥运会</a></li>
            </ul>
         </nav>
      </header>

      <div style="height:300px; "> </div>
      <a id="summerOlympic"></a>
      <section>
         <h2>"零的突破"</h2>
         <p>1984 年，许海峰于奥运的男子自选手枪项目，以 566 环的成绩夺得该届
               奥运会首枚金牌——50 米手枪慢射金牌，是中国奥运会金牌"零的
               突破"</p>
      </section>
      <div style="height:300px; "> </div>
      <a id="winterOlympic"></a>
      <section>
         <h2>北京申办 2022 年冬奥</h2>
         <p>第二十四届冬季奥林匹克运动会的申办城市有：波兰克拉科夫、挪威
               奥斯陆、哈萨克斯坦阿拉木图、乌克兰利沃夫、中国北京</p>
```

```
        </section>
        <div style="height:300px; "> </div>
        <footer>
            <p>实例演示 - 导航</p>
        </footer>
    </body>
</html>
```

2.2.2　链接元素

链接元素由<link>、<a>和<area>等组成，它们都具有在当前 HTML 文档和外部资源之间建立连接的功能。在本章的实例代码 2.3 和 2.5 中，我们已经介绍了使用<link>元素为网页添加图标和样式文件的用法。<link>元素还能通过不同的 type 属性值链接其他种类的外部资源，这里不再详述。

说明：　HTML 5 对元素的归类有部分重叠。比如<a>元素还属于文本类型元素。

1. <a>

<a>是个常用的元素，它拥有多种功能，最常见的是定义一个链接，比如在代码 2.10 中，<a>元素所代表的链接分别指向中国奥委会网站和当前网页中由锚点来定位的单元内容。同时，<a>元素还具有了定义锚点的功能。

下面的 HTML 网页片段取自代码 2.10，分别代表了指向外部网页和页面自身的一个锚点：

```
<a href="http://www.olympic.cn/">中国奥委会</a>
<a href="#summerOlympic">夏季奥运会</a>
```

如果一个<a>元素指向一个网页，元素的 href 属性值既可以使用绝对路径，也可以使用相对路径。当一个<a>元素指向一个锚点时，锚点名称前必须用"#"符号标识。同样，这个锚点可以处在当前的网页中，也可以处在另外一个网页中。#summerOlympic 代表了在当前网页中的锚点位置，而 anotherPage.html#summerOlympic 则代表了在另外一个网页中的锚点位置。

锚点，就是网页中的一个参照点。当网页内容很长时，可以帮助网站用户非常快速地定位到所需要查找的内容。例如，在代码 2.10 中，同一个网页的内容包含了夏季奥运会和冬季奥运会，当用户只需要查看与冬季奥运会相关的内容时，可以通过点击指向冬季奥运会锚点的链接，在网页上快速定位。

在代码 2.10 中，我们看到可以通过以下方法定义锚点，即通过使用 id 元素定义锚点名称：

```
<a id="winterOlympic"></a>
```

注意：　在 HTML 5 之前的版本中，锚点是由<a>元素的 name 属性来定义的。虽然很多支持 HTML 5 的浏览器仍然保留着对<a>元素中 name 属性的支持，HTML 5 网页验证程序也能认可 name 属性，但是 name 属性确实已经从 HTML 5 的<a>元素中被删除了。使用<a>元素时，应当注意到这个变化。

2. <area>

<area>元素代表了一个图片中的可被点击的区域。这个区域可以是矩形、圆形等规则图形，也可以是多边形等不规则图形。使用<area>时必须满足以下条件：

- <area>必须以<map>元素为父节点。
- 使用<img>在网页中放置一个图片时，必须同时使用 usemap 属性为这幅图片指定一个值，以便在<map>元素中引用。
- 在<map>元素中通过 name 属性引用先前已经定义的图片。
- 使用 px 为单位来定义坐标。

<area>元素通过 shape 属性支持 4 种形状，分别由属性值 circle(圆形)、default(默认)、poly(多边形)、rect(矩形)表示。需要特别注意的是，当 shape 属性值为 default 时，可点击的区域包括整张图片。当属性缺省时，系统默认的 shape 属性值为 rect，不是 default。

当 shape 属性值为 default 时，由于可点击的区域为整张图片，所以不允许使用 coords 属性来设置区域范围。在其他情况下，必须使用 coords 属性来明确定义区域范围的坐标。坐标参数的个数，根据区域形状的不同而有所变化。图 2.7 中是一个圆形区域和矩形区域的坐标设置方法示意图。图中最外层的矩形代表一幅图片。

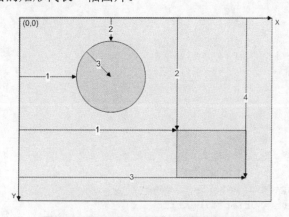

图 2.7　圆形和矩形区域的坐标设置示意

当区域形状是圆形时，coords 的属性值使用 3 个整数来代表圆形区域的范围。这 3 个整数值依次是：图片左边界到圆形区域左边界的距离，图片的上边界到圆形区域上边界的距离，以及圆形的半径。也可以用(X, Y, R)来表示。

当区域形状为矩形时，使用 4 个整数值来代表矩形区域的范围。这 4 个整数值依次是矩形区域左上角的坐标(X_1, Y_1)，矩形区域右下角的坐标(X_2, Y_2)。

图 2.7 中，线上的数字是该坐标值在 coords 属性中的出现顺序。当区域形状是多边形时，coords 的属性值必须成对出现，至少 3 对，代表一个三角形。每一对整数值代表了图片上的一个坐标点，这些坐标点必须依次出现，围成所需要定义的可被点击区域的范围。

在图 2.8 中，东方明珠的图片上已经用矩形框标出两个区域，分别在东方明珠电视塔上和图片底部的黄浦江上。

代码 2.11 利用坐标，并按照前面介绍的方法去定义规则，实现了这两个区域的定义。通过<area>元素定义的区域具有与通过<a>元素建立的超级链接一样的功能，这两个元素中的 href

属性都能够用于指向一个网页的地址，或者引用一段 JavaScript 程序。

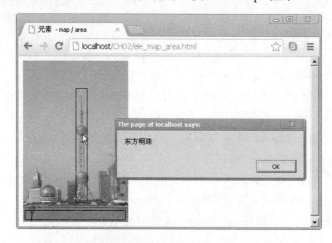

图 2.8　在网页图片上利用坐标定义可点击的区域

代码 2.11　利用<map>和<area>元素把图片分割为若干可点击的区域

```html
<!DOCTYPE html>
<html>
  <head>
    <meta charset="UTF-8">
    <title>元素 - map / area</title>
  </head>

  <body>
    <div id="picture">
      <img src="images/shanghai_1.jpg" alt="上海东方明珠"
        width="198" height="292"
        usemap="#OrientalPearlTower" />
      <map name="OrientalPearlTower">
        <area shape="rect" coords="100,50,120,255" alt="东方明珠"
          href="javascript:alert('东方明珠')">
        <area shape="rect" coords="3,270,190,290" alt="黄浦江"
          href="javascript:alert('黄浦江')">
      </map>
    </div>
  </body>
</html>
```

2.2.3　分组元素

1. <hr>

<hr>是一个没有结束标记的元素，在网页的代码中，它只能以<hr>的形式表现。在浏览器中，<hr>显示为一条水平直线。HTML 5 为<hr>元素赋予的语义是网页内容上的分段，比如故

事从一个场景切换到另外一个场景，或者在描述事物的过程中从一个主题过渡到另外一个主题。而在 HTML 5 之前的版本中，<hr>元素只代表了一条水平直线，对于网页的内容没有任何含义。

2. <pre>

网页上的内容经常会出现一些不规则的格式，比如需要预留空行、字符之间的多个空格、一段格式已经编辑好的计算机程序代码等。在正常的 HTML 处理过程中，空格、空行等都会被浏览器自动过滤移除，如果需要保留，则必须通过 HTML 代码
和 等实现。而使用<pre>元素，这些问题就能很容易地得到解决。

<pre>元素用于包含具有特殊显示格式要求的文字，比如诗歌、程序代码等。根据<pre>开始和结束标签之间的不同内容，<pre>还经常包括下列类型的元素：当内容含有程序代码时，程序代码应该用<code>标识；当内容含有计算机输出的样本时，程序代码应该用<samp>标识；而当内容含有键盘输入的样本时，程序代码应该用<kbd>标识。这里提到的<code>、<samp>和<kbd>都是属于与文本相关的元素。

3. <p>

<p>定义了一个文章中的自然段。在网页输出时，自然段的前后多预留一些空白，用以区分段落。在 HTML 5 中<p>元素只拥有全局属性，在以往 HTML 版本中<p>元素所支持的属性，已经从 HTML 5 中删除了。

有很多组织结构类的元素也能与<p>元素一样在网页的显示上实现分段功能。HTML 5 特别强调了语义上的区分。如果在网页中需要以段落的形式表现一段联系信息，这段联系信息应该包含在<address>元素中，而不应该使用<p>。

4. <dl>、<dt>、<dd>

<dl>、<dt>、<dd>是一组用于"描述(description)"的元素。HTML 5 中的语义区分"描述"和"定义(definition)"，当网页中需要用到"定义"时，应该使用<dfn>元素。

<dl>是"描述"的容器，<dl>容器的内容允许为空，或者包含一个或多个描述。每一组描述由<dt>和<dd>组成，并且在这一组描述中，<dt>和<dd>是必需的，不可缺省。<dt>用于表达一个正在被描述的事物，而<dd>则包含了描述文字。每一组描述中的<dt>和<dd>元素允许出现多次，但是，在一组描述中，<dt>必须出现在<dd>之前。

代码 2.12 演示一个含有两组描述的<dl>列表。每一组描述都是<dt>在前，<dd>在后，而不是使用一个特定的元素来定义每一组描述。

代码 2.12　包含两组描述的<dl>描述列表

```
<!DOCTYPE html>
<html>
  <head>
    <meta charset="UTF-8">
    <title>元素 - dl / dt / dd</title>
  </head>
```

```
    <body>
        <dl>
            <dt>平行线<dt>
            <dd>在一个平面上两条不相交的直线</dd>
            <dd>在一个平面上两条在无限远处相交的直线</dd>
            <dt>三角形<dt>
            <dd>每个三角形都有三条边</dd>
            <dd>三角形的三个内角之和是180°</dd>
        </dl>
    </body>
</html>
```

在 HTML 5 中，<dl>、<dt>和<dd>的目的是"描述"这些元素中内容的含义(再次强调，这里是指"说明/描述"，而非"定义")，浏览器会决定如何在网页中使用内置的样式来表现这些元素。网页开发人员也可以通过 CSS 更精确地定义显示方式。图 2.9 是上述两组描述在浏览器中的默认显示。

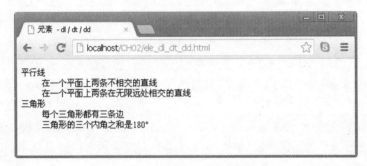

图 2.9　<dl>、<dt>和<dd>所定义的"描述"在浏览器中的默认显示方式

5. <ul>、<ol>、<li>

<ul>和<ol>分别是指有序和无序列表，它们的区别仅在于是否为每个列表项目添加序号。每一个<li>元素代表列表中的一个项目。

当<li>元素出现在有序列表中时，<li>除了拥有标准属性以外，还有一个 value 属性。它的属性值必须是代表顺序的整数。当列表在浏览中显示时，浏览器将使用 value 属性值来代替序号，但是显示顺序仍为<li>元素在代码中的出现顺序。如果 value 属性值缺省，浏览器会自动地为这个列表项目添加顺序值。

代码 2.13 中的有序列表使用了<li>元素的 value 属性。列表中的项目将按照代码顺序依次显示，而每个项目的序号将采用 value 属性的属性值，如图 2.10 所示。

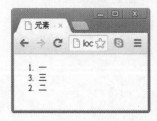

图 2.10　有序列表中的顺序标注

代码 2.13　使用<li>元素的 value 属性指定顺序标注

```html
<!DOCTYPE html>
<html>
   <head>
      <meta charset="UTF-8">
      <title>元素 - ol / li</title>
   </head>

   <body>
      <ol>
         <li value="1">一</li>
         <li value="3">三</li>
         <li value="2">二</li>
      </ol>
   </body>
</html>
```

有序列表的 type 属性用于指定如表 2.2 中所示的 5 种顺序标注方式之一。另外，<ol>元素的 reserved 属性能使<li>以递减的顺序标注，第一个<li>项目的顺序号码等同于列表中所有<li>数量的总和。

表 2.2　有序列表<ol>中的顺序标注方式

关　键　字	描　　　述	举　　　例
1	十进制数字	1.　2.　3.　4.　5.
a	小写拉丁字母	a.　b.　c.　d.　e.
A	大写拉丁字母	A.　B.　C.　D.　E.
i	小写罗马数字	i.　ii.　iii.　iv.　v.
I	大写罗马数字	I.　II.　III.　IV.　V.

<ul>元素代表的无序列表说明了列表中的项目与顺序无关，因此，<li>元素中不允许使用 value 属性来描述列表项目的序号。HTML 5 对<ul>元素的重要改变是删除了 compact 和 type 两个属性，其中 type 是在过去版本的 HTML 网页中的常用属性。这两个被删除的属性应该用 CSS 替代。

6. <div>

在以上"分组元素"的介绍中，我们认识了这样一些元素标签：内容分组、预定义格式、分段、事物描述、列表等。HTML 5 中还有其他一些元素也属于这一类别，但是在后续章节的 jQuery Mobile 学习中没有直接使用，这里不再介绍。如果网页的内容需要分组(或分类)，但是无法把内容归类为以上任何一个类型，这样就需要一个通用的元素来实现一个通用容器的需求，<div>就是这样一个元素。HTML 5 注重元素标签的含义，而网页表现形式更多的是由 CSS 来实现。在 HTML 5 中，<div>元素没有特别的含义。这样一个通用的容器，在 jQuery Mobile 等与网页表现直接相关的 JavaScript 框架设计上十分重要。

2.2.4 与文本相关的元素

1. <em>、<strong>、<code>、<samp>、<kbd>、<var>、<dfn>

在 2.2.3 小节对分组元素的介绍中，我们已经使用到了<code>、<samp>、<kbd>等与文本相关的元素。这几个元素分别具有计算机代码、计算机输出样本、键盘输入样本等含义。除此之外，<dfn>用于定义一个术语或者专有名词；<var>用于定义一个变量，这个变量可以是数学变量、计算机程序中的变量、常数标识符、一个具有数量含义的符号，或者是一个函数中的参数；<em>表示在其标签范围内的内容需要特别强调；而<strong>则表示在其标签范围内的内容非常重要。

这一组标签都有各自的含义，但是，它们在浏览器中的显示情况取决于浏览器的内置样式，HTML 5 本身没有规定这些元素的显示方式。当使用这一组元素时，还需要配合使用 CSS 才能达到正确的显示效果。

2. <small>、<b>、<u>、<i>

这一组中的 4 个元素标签分别代表了小字体、粗体、下划线和斜体，这些元素直接与在浏览器中的显示相关，与网页中的内容没有关系。这些从早期 HTML 版本中继承来的元素与 HTML 5 的设计理念相悖。在 HTML 5 网页设计中不建议使用这些元素。

3. <sub>、<sup>

<sub>、<sup>分别表示下标和上标。下标和上标是在数学表达式、化学反应式中常常会用到的符号。

HTML 5 允许把 MathML 和 SVG 等非 HTML 5 的元素作为嵌入式内容加入到 HTML 5 网页中。如果网页中需要大量用到复杂的数学公式和符号，建议使用 MathML，但是，如果仅仅用到下标和上标，<sub>和<sup>则是一个非常方便的选择。代码 2.14 通过数学表达式和化学反应方程式来说明<sub>和<sup>的用法。

代码 2.14　利用<sub>和<sup>标签实现表达式中的下标和上标

```
<!DOCTYPE html>
<html>
   <head>
      <meta charset="UTF-8">
      <title>元素 - sup / sub</title>
   </head>

   <body>
      <h4>因式分解(二项式定理)</h4>
      <div>
         (a+b)<sup>2</sup>=a<sup>2</sup>+2ab+b<sup>2</sup>
         <br>
         (a-b)<sup>2</sup>=a<sup>2</sup>-2ab+b<sup>2</sup>
      </div>
```

```
    <hr>
    <h4>直线方程(点斜式)</h4>
    <div>
        y-y<sub>0</sub>=k(x-x<sub>0</sub>)
    </div>
    <hr>
    <h4>置换反应</h4>
    <div>
        Zn + H<sub>2</sub>SO<sub>4</sub> =
                H<sub>2</sub> + ZnSO<sub>4</sub>
    </div>
  </body>
</html>
```

4. <span>

与<div>元素一样，<span>本身没有特别的含义。但是它与<div>的不同之处在于<div>是一个"块级元素"(Block Level Elements)，而<span>是一个"内联元素"(Inline Elements)，HTML中，大部分元素属于这两个种类之一。块级元素在显示时，会在其前后加入换行，而内联元素在显示时不会加入换行。这就是为什么<div>元素以默认方式显示时总是另起一行，而<span>元素中的内容不会有这种显示效果的原因。

5.

表示换行。这是 HTML 中最简单、最常用的标签之一。

2.2.5　表单

常见的表单，比如电子商务网站上的订单等，是以<form>为基础的一个网页结构，它的常用目的是收集用户输入的信息，然后发送到服务器上。一个表单也可以不直接向用户显示，或者不用于发送数据。一个 HTML 网页可以拥有多个表单。

1. <form>

<form>元素在网页上建立一个表单，在表单中可以按照需要放入按钮、文本框、列表等。<form>元素中，常见的有 method、action、target 这 3 个属性。method 属性是指表单数据发送的方式，比如 get 或者 post。当使用 get 方式发送表单数据时，用户输入的数据会以查询字符串的形式(键值对)添加到发送目标链接的 URL 中，发送方可以在浏览器的地址栏中看到所发送的数据。当使用 post 方式发送表单数据时，用户输入的数据被加入到 HTTP 请求的 message 部分，用户不能直接看到这些数据。action 属性用于指定表单的发送目标地址 URL。target 属性使用于网站中的网页需要在多个浏览器窗口中同时打开的情形，在本书的后续章节中将不会涉及这个属性。

2. <label>

元素能够为<form>的表单元素添加标题名称。每一个<label>元素的 for 属性与表单字段的 id 属性相匹配,实现一一对应。比如代码 2.15 中的<label for="username">,for 的属性值是"username",这个<label>元素所含的标题文字与<input type="text" name="username" id="username">中的 id 属性值一致。

代码 2.15　通过<label>元素添加表单字段的标题文字

```
<!DOCTYPE html>
<html>
    <head>
        <meta charset="UTF-8">
        <title>元素 - label</title>
    </head>

    <body>
        <form name="loginForm" action="#" method="post">
            <label for="username">用户名</label>
            <input type="text" name="username" id="username"><br>
            <label for="password">密码</label>
            <input type="password" name="password" id="password"><br>
            <input type="submit" name="login" value="登录"><br>
        </form>
    </body>
</html>
```

在上面的用法中,<label>标题元素和<input>字段元素没有嵌套关系,两者完全通过 for 属性和 id 属性相关联。如果<label>元素中的 for 属性缺省,<label>元素可以包含一个字段元素,并为它添加标题文字。代码 2.15 中的用户名也可以写成下面的形式:

```
<label>用户名<input type="text" name="username" id="username"></label>
<label><input type="text" name="username" id="username">用户名</label>
```

其中标题文字既可以出现在字段之前,也可以出现在字段之后。在网页中,多选框所用的标题文字往往出现在多选框之后。

3. <input>及其不同类型的输入方法

HTML 5 为表单设计了许多不同类型的用户输入字段,<input>是其中一个主要的输入方法。<input>中的各种输入字段依靠 type 属性来区分,常见的 type 属性有 text(文本输入框)、password(密码)、radio(单选按钮)、checkbox(多选按钮)、hidden(隐藏字段)、file(文件上传)、reset(表单重置按钮)、submit(表单发送按钮)、button(按钮)、image(图像按钮)、number(数字)、range(数字范围)、date(日期)、time(时间)、datetime(日期与时间)、url(网址)、email(电子邮件)、tel(电话号码)等。代码 2.16 演示了其中大部分<input>类型的典型使用方法,并且演示了几个<input>类型的常用属性。

代码 2.16　各种类型的<input>

```
<!DOCTYPE html>
<html>
    <head>
```

```html
    <meta charset="UTF-8">
    <title>元素 - input</title>
    <script>
        function showWeight(packageWeight) {
            document.getElementById("showWeight")
                    .innerHTML = packageWeight;
        }
    </script>
</head>

<body>
    <form method="post" action="#">
        <label for="username">用户名</label>
        <input type="text" name="username" id="username" size="8"
          maxlength="7"><br>
        <label for="password">密码</label>
        <input type="password" name="password" id="password"><br>
        <label for="diliveryPostalRegular">送货方式-平邮</label>
        <input type="radio" name="delivery"
          id="diliveryPostalRegular"><br>
        <label for="diliveryExpress">送货方式-快递</label>
        <input type="radio" name="delivery"
          id="diliveryExpress"><br>
        <label for="diliveryInsurance">货运服务-保险</label>
        <input type="checkbox" name="deliveryService"
          id="diliveryInsurance"><br>
        <label for="diliveryEvening">货运服务-晚间投递</label>
        <input type="checkbox" name="deliveryService"
          id="diliveryEvening"><br>
        <label for="pickupDate">预约取件日期</label>
        <input type="date" name="pickupDate" id="pickupDate"><br>
        <label for="pickupTime">预约取件时间</label>
        <input type="time" name="pickupTime" id="pickupTime"><br>
        <span id="showWeight"></span>  
        <label for="favColor">选择包装颜色</label>
        <input type="color" name="favColor" id="favColor"><br>
        <label for="quantity">包裹数量</label>
        <input type="number" name="quantity" id="quantity"
          min="1" max="5"><br>
        <label for="phone">电话</label>
        <input type="tel" name="phone" id="phone"><br>
        <label for="email">电子邮件</label>
        <input type="email" name="email" id="email"><br>
        <label for="website">公司网站</label>
        <input type="url" name="website" id="website"><br>
        <input type="hidden" name="hidden" value="hiddenField">
        <input type="button" name="agree" value="同意服务条款">
        <input type="image" src="images/no.png" alt="不同意服务条款">
        <input type="reset" name="reset" value="重置">
```

```
              <input type="submit" name="login" value="登录">
           </form>
        </body>
    </html>
```

文本输入框通常使用 maxlength 属性来限制输入字符的个数。maxlength 属性能够简化表单的验证过程。文本输入框还可以用 size 属性来规定输入框的显示宽度，宽度与用户实际输入的字符数量无关。在网页设计时，CSS 能够更加精确地表现输入框的宽度。min 和 max 属性适用于数值类型(比如 type="number")的输入框，用于设置输入数值的下限和上限。

上面的代码演示了 4 种按钮创建方式，type 属性值分别是 reset、submit、button 和 image。这些属性值相对应的按钮类型分别是重置(清除所有已经输入的表单内容)、发送(表单)、(普通)按钮和图像按钮，其中的图像按钮和发送按钮一样，默认具有表单发送功能。

当用户点击 type 属性为 color 或者 file 的输入框时，浏览器会启动系统的调色板或者文件选择框。

💡 注意： HTML 5 中<input>元素新增加的类型并没有完全得到主流浏览器的支持。例如，在代码 2.16 中，当 type 属性值为 date、time 或者 color 时，Chrome 浏览器能够给出相应的提示，而 Firefox 浏览器只是把相应的字段当作普通的文本输入处理。

针对电话号码格式的输入框，当用户输入时，可能会按照浏览器能够识别的国家/地区信息自动加入(或显示)空格、括号、加号和减号等。是否添加、如何格式化用户输入等，由浏览器决定。同样，在支持 date 和 time 等类型的浏览器中，当处理用户输入时，浏览器可能会采用不同的方法限定输入格式。

图 2.11　各种<input>类型在 Chrome 浏览器中的初始显示方式

HTML 5 对于表单元素在屏幕上的显示方式没有具体规定。单选按钮、多选按钮(即复选框)、文本框、密码输入等在不同的浏览器上差别比较小，而日期、数字、网址、电子邮件等<input>类型在显示方式上的差别就会比较大。代码 2.16 在 Chrome 浏览器中的初始显示状态如图 2.11 所示。

HTML 5 中的一些<input>类型，如 email、number、url、date 和 time 等，具有输入验证功能。HTML 5 仅仅提供了以上字段验证过程的基本原则，具体到每一种浏览器中的实现在算法和错误提示方面差别较大。图 2.12 和 2.13 分别演示了部分字段在 Chrome 和 Firefox 浏览器中的错误提示信息。

4. 预定义的<input>文本输入格式

当<input>的字段类型为 email、url、number、date，以及 time 等时，一些主流浏览器已经按照 HTML 5 的要求实现了基本的字段有效性验证功能。虽然这些简单的客户端验证并不能取代客户端和服务器端数据验证，但是，这样的基本验证能力能够大大减少输入错误的可能性。类似于 HTML 5 为上述这些输入类型提供的内置数据验证能力，HTML 5 通过<input>元素的

pattern 属性为类型为 email、password、search、tel、text、url 等输入类型提供了同样基于 HTML 层面的数据验证的可能性。pattern 的属性值为一个由网页设计人员设计的正则表达式，浏览器将使用这个正则表达式来匹配用户输入到相应字段的字符串。正则表达式能够检测输入的字符是字母或者数字，以及它们的位数是否符合限定条件，字母的大小写，空格与符号等。

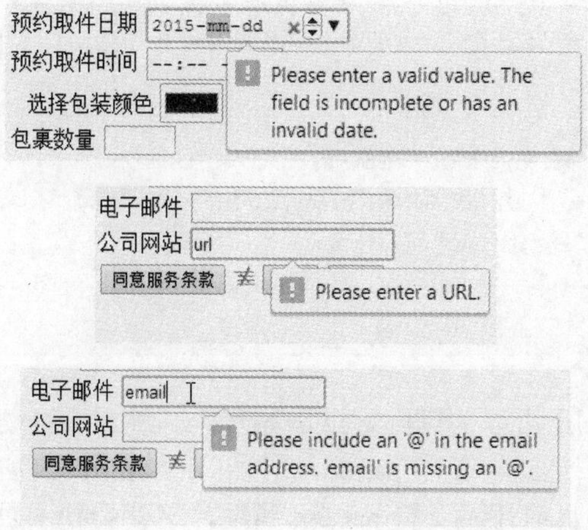

图 2.12　Chrome 浏览器对 date、email、url 类型的输入字段所给出的验证错误信息

图 2.13　Firefox 浏览器对 email 和 url 类型的输入字段所给出的验证错误信息

代码 2.17 演示了一些常见的应用实例，这段代码中的正则表达式能够分别用于检测数字输入、800 电话号码、中国 6 位数字的邮政编码、美国 5 位数字邮政编码(含 ZIP+4 扩展编码)、加拿大字母与数字混合式邮政编码、国际标准语言代码等。

代码 2.17　通过<input>元素的 pattern 属性限定数据输入格式

```
<!DOCTYPE html>
<html>
   <head>
     <meta charset="UTF-8">
     <title>input 元素 - pattern 属性</title>
   </head>

   <body>
     <form action="#" method="post" >
       <label for="number">数字</label>
       <input type="text" name="number" id="number" value=""
         pattern="[0-9]*" /><br>
       <label for="phone800">800 电话号码</label>
       <input type="text" name="phone800" id="phone800" value=""
         pattern="800 [0-9]*" /><br>
```

```
            <label for="postalCN">中国邮政编码</label>
            <input type="text" name="postalCN" id="postalCN" value=""
              pattern="[0-9]{6}"><br>
            <label for="postalUS">美国邮政编码</label>
            <input type="text" name="postalUS" id="postalUS" value=""
              pattern="^\d{5}(?:[-\s]\d{4})?$" /><br>
            <label for="postalCA">加拿大邮政编码</label>
            <input type="text" name="postalCA" id="postalCA" value=""
              pattern="[A-Z][0-9][A-Z] [0-9][A-Z][0-9]" /><br>
            <label for="langCode">ISO 语言代码</label>
            <input type="text" name="langCode" id="langCode" value=""
              pattern="[a-z]{2}">
        </form>
    </body>
</html>
```

使用同样的方法，我们还可以为国际标准国家代码、跳水比赛动作编码、产品序列号等很多输入验证场合设计正则表达式。使用 pattern 属性和正则表达式也有十分明显的缺陷。首先，主流浏览器，比如 Safari，目前还不支持 pattern 属性，这就会使网页上的数据验证失去作用；其次，HTML 5 并没有规定怎样来显示错误信息，因此验证过程产生的错误信息的显示样式、错误信息的文字描述，以及信息文字的本地化等情况都难于预见，这就会导致这种利用 pattern 属性的方案在对网页界面设计要求比较高的情况下并不适用。代码 2.17 在 Firefox 浏览器中的错误提示是把输入框的边框变成红色，但没有任何文字提示。

5. <input>元素中的常见布尔型属性

前面已经提到 HTML 5 中的布尔型属性的用法。HTML 5 中的布尔型属性不允许被直接赋予 true 或者 false。<input>元素拥有 4 个常用的布尔属性：readonly、disabled、required、checked，其中 checked 属性仅适用于单选和多选按钮。前 3 个属性的含义分别是只读、失效和必需。这些属性的字面含义已经清楚地说明了它们在网页表单中的作用，readonly(只读)表示相应的字段已经被赋值，该字段的值在网页上可见，但是用户无法更改。disabled(失效)意味着相应的字段暂时失效，浏览器通常会以灰色来表示此字段暂时无效。required(必需)属性作用在表单发送之前，如果相应的字段没有输入任何数据，这个属性会阻止发送表单。checked(已选择)属性代表相应的单选或者多选选项在网页加载时自动被选择。示例如代码 2.18 所示。

代码 2.18　<input>元素的 4 种常见的布尔型属性

```
<!DOCTYPE html>
<html>
    <head>
        <meta charset="UTF-8">
        <title>input 元素 - 布尔型属性</title>
    </head>

    <body>
        <form action="http://localhost/myService" method="post">
            <label for="f1">字段一</label>
```

```
    <input type="text" name="f1" id="f1" value="字段一"
      readonly /><br>
    <label for="f2">字段二</label>
    <input type="text" name="f2" id="f2" value="字段二"
      disabled /><br>
    <label for="f3">字段三</label>
    <input type="text" name="f3" id="f3" value=""
      required /><br>
    <label for="f4_1">选项一</label>
    <input type="radio" name="f4" id="f4_1" value="选项一">
    <label for="f4_2">选项二</label>
    <input type="radio" name="f4" id="f4_2" value="选项二"
      checked>
    <label for="f4_3">选项三</label>
    <input type="radio" name="f4" id="f4_3" value="选项三">
    <hr>
    <input type="submit" value="Submit">
  </form>
</body>
</html>
```

与其他基于 HTML 的数据验证一样，当浏览器发现一个被标记为 required 的字段没有任何输入数据时，会按照浏览器本身的处理程序显示如图 2.14 所示的错误信息。显示方法由浏览器决定。因此，这种基于 HTML 的验证不适用于对用户界面要求比较严格的应用场合，而基于 JavaScript 的客户端验证，或者服务器端验证则能够很好地与界面设计相融合。

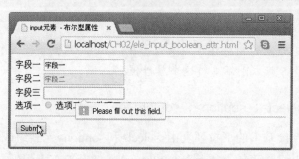

图 2.14　Chrome 浏览器发现 required 字段没有被赋值时的错误信息

6. <button>

前面代码 2.16 通过<input>元素的 type 属性演示了 4 种不同的按钮：

```
<input type="button" name="agree" value="同意服务条款" >
<input type="image" src="images/no.png" alt="不同意服务条款">
<input type="reset" name="reset" value="重置" >
<input type="submit" name="login" value="登录" >
```

type="reset"代表了一个"重置"按钮，用于清空表单；type="submit"代表了一个"发送"按钮，把表单中的用户输入发送到服务器；type="image"表现为一个"图形"按钮，它的作用相当于"发送"按钮；type="button"显示为一个没有赋予任何功能的普通按钮，通过 onclick

属性可以为其添加 JavaScript 处理程序，定制所需的功能。

上述按钮除了图形按钮以外，HTML 5 通过<button>元素提供了实现相同功能的方法。从代码 2.19 中可以看到，<button>元素也有一个 type 属性，属性值也同样可以使用 button、reset 和 submit。这些属性值所代表的含义与<input>元素中相应的属性值一致。如果<button>元素没有明确指明 type 属性，这个按钮会被默认为 type="submit"，即一个发送按钮。

代码 2.19　通过<button>元素实现 3 种按钮

```html
<!DOCTYPE html>
<html>
   <head>
      <meta charset="UTF-8">
      <title>元素 - button</title>
   </head>

   <body>
      <form action="http://localhost/myService" method="post">
         <label for="product">产品</label>
         <input type="text" name="product" id="product" value="" />
         <hr>
         <button type="button">按钮</button>
         <button type="reset">重置</button>
         <button type="submit">发送</button>
      </form>
   </body>
</html>
```

💡 注意：　WHAT 工作组的 HTML 5 版本允许在<button>元素中使用 type="menu"，而 W3C 的 HTML 5 版本则不支持这个属性值。

7. 下拉列表 - <select>、<option>、<optgroup>

网页表单中，一个最基本的下拉列表由<select>和<option>元素组成。<select>是一个下拉列表的容器，其中常用的属性有 size 和 multiple。size 属性表示下拉列表在网页中显示的选项个数，如果选项较多，这个列表就会自动显示一个垂直滚动条。multiple 属性表示如图 2.15 所示允许用户同时选择多个选项。在默认情况下，用户只能选择一个选项。<option>元素代表了下拉列表中的一个选项。被选择的<option>元素中，value 属性的值将被发送到服务器。

代码 2.20　一个被限定显示 6 个选项的多选列表

```html
<!DOCTYPE html>
<html>
   <head>
      <meta charset="UTF-8">
      <title>元素 - select/option</title>
   </head>

   <body>
```

```
        <form method="post" action="#">
            <select size="6" multiple>
                <option value="PVG">上海浦东国际机场</option>
                <option value="LHR">伦敦希思罗机场</option>
                <option value="JFK">纽约肯尼迪国际机场</option>
                <option value="YYZ">多伦多皮尔逊国际机场</option>
                <option value="NRT">东京成田国际机场</option>
                <option value="ICN">首尔仁川国际机场</option>
                <option value="BKK">曼谷素万那普机场</option>
            </select>
        </form>
    </body>
</html>
```

如果下拉列表中的选项需要按照某种规则分组，就要借助于<optgroup>元素。代码 2.21 演示了一个按照国家对机场选项进行分组的实例，运行结果如图 2.16 所示。

图 2.15　多选列表

图 2.16　在下拉列表中分组

<select>元素中用于指定列表长度的 size 属性，除了包括各个<option>选项外，也包括了用于分组的<optgroup>元素。

代码 2.21　下拉列表选项分组

```
<!DOCTYPE html>
<html>
    <head>
        <meta charset="UTF-8">
        <title>元素 - select/option/optgroup</title>
    </head>

    <body>
        <form method="post" action="#">
            <select size="10">
                <optgroup label="中国">
                    <option value="PEK">北京首都国际机场</option>
                    <option value="PVG">上海浦东国际机场</option>
                    <option value="SZX">深圳宝安国际机场</option>
```

```
                    </optgroup>
                    <optgroup label="美国">
                        <option value="JFK">纽约肯尼迪国际机场</option>
                        <option value="LGA">纽约拉瓜迪亚机场</option>
                        <option value="LAX">洛杉矶国际机场</option>
                    </optgroup>
                    <optgroup label="加拿大">
                        <option value="YYZ">多伦多皮尔逊国际机场</option>
                        <option value="YUL">蒙特利尔特鲁多国际机场</option>
                    </optgroup>
                    <optgroup label="日本">
                        <option value="NRT">东京成田国际机场</option>
                        <option value="KIX">大阪关西国际机场</option>
                    </optgroup>
                </select>
            </form>
        </body>
</html>
```

8. <textarea>

<textarea>元素会在网页上建立一个多行多列的输入框。如果说<input>元素当属性值为"text"时显示为一个用于输入简短字符串的文本输入框，那么<textarea>就是用于输入一段或几段文字的文本输入框。

<textarea>默认显示为 2 行 20 列。我们也可以通过 rows 和 cols 属性指定显示的行数和列数，cols 属性中的列数是以字符的平均宽度为单位的。如果需要精确地指定<textarea>在浏览器中的宽度和高度，应该使用 CSS 实现这个目标。

9. <fieldset>和<legend>

当一个表单含有很多输入项时，为了从内容上便于识别和使用这些字段，可以通过<fieldset>元素把这些输入字段划分为若干个字段组合。每一个字段组合都可以用<legend>元素添加一个标题。代码 2.22 演示了一个如图 2.17 所示的由两个字段组合而成的表单。同时使用<fieldset>和<legend>元素时需要注意的是，<legend>元素必须是<fieldset>的第一个子元素。

代码 2.22　通过<fieldset>元素为表单中的字段元素分组

```
<!DOCTYPE html>
<html>
    <head>
        <meta charset="UTF-8">
        <title>元素 - fieldset/legend</title>
    </head>

    <body>
        <form method="post" action="#">
            <fieldset>
                <legend>产品反馈</legend>
```

```
            <label for="model">产品型号</label>
            <input type="text" id="model"
             placeholder="请输入产品型号...">><br>
            <label for="feedback">反馈</label>
            <textarea id="feedback" rows="5" cols="30"
             placeholder="请输入您的意见和建议...">
            </textarea>
        </fieldset>
        <fieldset>
            <legend>联系信息</legend>
            <label for="customer">客户</label>
            <input type="text" id="customer" name="customer"><br>
            <label for="email">电邮</label>
            <input type="email" id="email" name="email"><br>
        </fieldset>
        <input type="submit" value="提交">
    </form>
  </body>
</html>
```

图 2.17　由<fieldset>划分出的字段组合与由<legend>代表的字段组合标题

2.2.6　多媒体

　　HTML 5 为了在浏览器中直接支持播放多媒体资源文件，新增了<audio>(音频)和<video>(视频)两个元素。HTML 5 网页播放多媒体文件不同于以往的多媒体播放模式，它不需要额外的插件，而是通过浏览器内置的媒体支持实现的。这种播放方式带来了便利，但是目前支持的媒体类型仍然十分有限，这同样也是一个明显的缺陷。当使用<audio>和<video>时，应当注意媒体资源的 MIME 类型与浏览器的兼容性(见表 2.3 中的多媒体资源 MIME 类型和浏览器兼容性)。当然，Safari 等浏览器也可以选择安装 vorbis 等插件实现对 ogg[①]的支持，这种通过插件实

_____

① ogg 原泛指 ogg 格式的音频和视频资源，ogg 音频和视频文件使用相同的文件扩展名，仅以 MIME 类型来区分这两种文件。按照 ogg 的新标准(2007)，音频文件使用扩展名 oga，视频文件使用扩展名 ogv。

现多媒体功能的方案不在 HTML 5 本身的范畴之内。<audio>和<video>元素的用法相似，这里简要介绍<video>元素的使用方法。

表 2.3　<audio>和<video>元素支持的多媒体资源类型

文件类型	多媒体类型	MIME	IE	Firefox	Chrome	Safari
MP3	音频	audio/mpeg	√	√	√	√
WAV	音频	audio/wav		√	√	√
OGA	音频	audio/ogg		√	√	
MP4	视频	video/mp4	√	√	√	√
WEBM	视频	video/webm		√	√	
OGV	视频	video/ogg		√	√	

　　<video>元素的典型用法是含有一个或者多个<source>元素，加上一行提示文字。每一个<source>元素对应着一个视频文件。浏览器会依次检测是否支持<source>元素中的多媒体资源，如果能够检测到被浏览器支持的多媒体资源，就会在浏览器上显示一个播放器，并根据<video>元素的 preload 属性决定是否预加载(在网页加载的同时进行加载)多媒体资源，如果浏览器不能检测到被支持的多媒体资源，就会显示<video>元素中的提示文字。这行文字通常用于提示用户所用的浏览器不能支持网站视频的多媒体资源类型，当浏览器能够播放<video>元素中列出的一个多媒体资源时，这行提示文字就会被忽略。代码 2.23 演示了<video>元素的典型用法。

　　代码 2.23　<video>元素的典型用法

```
<!DOCTYPE html>
<html>
   <head>
      <meta charset="UTF-8">
      <title>元素 - video</title>
   </head>

   <body>
      <video width="640" height="480" controls>
         <source src="video/greatwall.mp4" type="video/mp4">
         <source src="video/greatwall.ogv" type="video/ogg">
         您的浏览器不支持 video 标签。
      </video>
   </body>
</html>
```

　　<video>元素与<audio>元素有 4 个相同的布尔型属性：autoplay 是指当多媒体资源准备完成后立即播放；controls 是指在网页播放器上显示停止/播放等控制按钮；loop 表示循环播放；muted 的字面含义也很清楚，就是播放时静音。

2.2.7　HTML 5 标签的默认规则

　　格式良好(Well-formed)是 XML 保证文档语法有效性的一项基本要求。满足文档"格式良好"的其中一个要求是，每一个元素必须有成对出现的开始和结束标签(或者使用简写形式)。

XHTML 是 XML 的一种应用，它遵循了 XML 的形式良好要求。传统的 HTML 不必遵守这个规则，
、<hr>、<p>等 HTML 标签在代码编写过程中一般很少写成
、<hr />，或者用</p>标记一个段落的结束。HTML 5 文档不必遵循"形式良好"的要求，它对标签的缺省进行了详细的语法定义。网站开发人员在编写代码时，需要保障代码结构和合适的清晰，以及良好的可读性，没有必要熟记这些特殊的标签默认规则，只需要了解这些默认规则确实存在，并且掌握 HTML 5 语法验证方法就可以了。表 2.4 是根据 WHAT 工作组制定的 HTML 5 规范(草稿)对常用元素标签使用规则的简要概括。

表 2.4　HTML 5 常用元素标签的使用和默认规则

标签的使用和默认规则	标　签
允许单独省略开始或者结束标签，或者同时缺省两个标签的元素	\<html\>、\<head\>、\<body\>
结束标签可以省略的元素(每个元素分别有额外的附加条件限制)	\<dd\>、\<dt\>、\<li\>、\<p\>
不允许标签缺省的元素	\<a\>、\<abbr\>、\<address\>、\<article\>、\<audio\>、\<b\>、\<blockquote\>、\<cite\>、\<code\>、\<data\>、\<dfn\>、\<div\>、\<dl\>、\<em\>、\<footer\>、\<form\>、\<h1\> ~ \<h6\>、\<header\>、\<i\>、\<kbd\>、\<label\>、\<map\>、\<nav\>、\<ol\>、\<ul\>、\<samp\>、\<script\>、\<section\>、\<small\>、\<span\>、\<strong\>、\<style\>、\<sub\>、\<sup\>、\<time\>、\<title\>、\<u\>、\<video\>
结束标签必须缺省的元素	\<area\>、\<br\>、\<hr\>、\<img\>、\<input\>、\<link\>、\<meta\>、\<source\>

2.3　HTML 5 API

HTML 5 API 的范畴包括屏幕组件拖放功能(Drag and Drop)、Web 存储、地理位置信息(geolocation)、服务器端的消息发送、Web Worker(一种出于性能优化的目的，使一些消耗资源比较多 JavaScript 程序在后台运行的机制)、多媒体等。HTML 5 API 与 JavaScript 关联非常紧密，它既包括了 HTML 5 技术规范中定义的交互性技术，也包括了像 geolocation 这样从严格意义上来讲的非 HTML 5 技术。这里介绍其中两种常用的 API。

2.3.1　拖放功能

HTML 5 能够不依赖于 CSS 中的动画功能实现屏幕对象的拖动。在一些认证考试中会见到如图 2.18 所示的用拖放方式完成的填空题。

实现网页上对象的拖放，需要完成下面几个步骤。

(1) HTML 元素<div>和<img>等在默认方式下不具有被拖放的能力。为了具备这种能力，一个 HTML 元素必须被标准属性 draggable 标记，即 draggable="true"。这里显示的 draggable 属性值为 true，需要注意，这个属性值并不表示 draggable 是一个布尔型属性。事实上，draggable

是一个枚举型属性，它有 3 个有效的属性值：true 代表一个对象能够被拖动，反之属性值 false 表示一个对象不能被拖动，而 auto 表示能否拖动由浏览器决定。

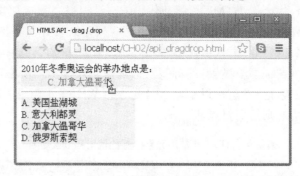

图 2.18　用拖放方式完成填空

（2）当一个<div>或者<img>被拖动时，这个被拖动的元素应该使用 ondragstart 属性捕捉 dragstart 事件。ondragstart 的属性值是一个带有 event 参数的事件处理程序。event 参数用于在拖放事件执行过程中传递数据。

（3）放置被拖动对象的目标区域有两种处理选择。一种方法是使用 dropzone 属性标记这个目标区域。dropzone 可以指定目标区域将要接受字符串还是图片文件；另一种方法是监听 dragenter 和 dragover 事件。这两种事件分别用于准备接受对象移入目标区域以及拖放完成时如何向用户显示。我们将在后面的实例中使用第二种选择。

（4）当对象放入目标区域时，drop 事件被触发。HTML 的元素和数据在默认情况下是不允许放入另一个元素的。为了实现元素拖放，必须改变元素的默认行为，event.preventDefault() 能够达到这样的目的。

（5）数据传递应该在“拖”和“放”两个动作发生时进行，可以传递一个字符串或者是文件。数据传递通过 event 中的 DataTransfer 对象完成。DataTransfer 编程接口向开发人员提供了以下属性和方法：dropEffect、effectAllowed、items(一个数据列表)、setDragImage()、types[]、getData()、setData()、clearData()、filelist。后面的实例将使用 setData()和 getData()方法传递被拖放的元素 id。

结合以上描述，我们可以得到代码 2.24。这段代码中的 CSS，将在第 3 章中介绍。有兴趣的读者可以参考 JavaScript 的 DOM 操作 API，以及 HTML 5 拖放 API 中更多的功能。

代码 2.24　HTML 5 API 拖放功能

```
<!DOCTYPE html>
<html>
    <head>
        <meta charset="UTF-8">
        <title>HTML5 API - drag / drop</title>
        <style>
            .answer {
                width: 200px;
                height: 20px;
                background-color: #EEEEEE;
            }
```

```
        </style>
        <script>
            function allowDrop(event) {
                event.preventDefault();
            }
            function dragStartHandler(event) {
                event.dataTransfer.setData("myAnswer", event.target.id);
            }
            function drop(event) {
                event.preventDefault();
                var data = event.dataTransfer.getData("myAnswer");
                event.target.innerHTML = "";
                event.target.appendChild(document.getElementById(data));
            }
        </script>
    </head>

    <body>
        2010 年冬季奥运会的举办地点是：
        <div class="answer" ondrop="drop(event)"
          ondragover="allowDrop(event)"></div>
        <hr>
        <div id="answer1" ondragstart="dragStartHandler(event)"
          draggable="true" class="answer">A. 美国盐湖城</div>
        <div id="answer2" ondragstart="dragStartHandler(event)"
          draggable="true" class="answer">B. 意大利都灵</div>
        <div id="answer3" ondragstart="dragStartHandler(event)"
          draggable="true" class="answer">C. 加拿大温哥华</div>
        <div id="answer4" ondragstart="dragStartHandler(event)"
          draggable="true" class="answer">D. 俄罗斯索契</div>
    </body>
</html>
```

2.3.2　地理位置信息

　　Geolocation(地理位置信息)是一种非常实用的技术，它可以帮助网站用户快速获得自己的地理位置信息，包括经度、纬度、海拔高度等。它也可以通过连续检测，帮助在移动物体中的用户，获得当前的经度、纬度和海拔高度信息，以及当前的速度与运动方向信息。

　　由于并不是所有的浏览器都支持 Geolocation，在使用这种技术之前，必须首先检测浏览器是否支持。对于不具有功能的浏览器，应该对用户提示恰当的错误信息。检测的方法是判断 navigator.geolocation 是否为空，现在的主流浏览器应该能够正确返回 geolocation 对象。

　　当获得 geolocation 对象后，就可以通过 geolocation 对象的 getCurrentPosition()方法获得当前的静态地理位置信息，或者通过 watchPosition()方法获得当前运动物体的动态位置信息。在真正使用这些 API 之前，先通过表 2.5 来认识这组 API 中的几个重要对象。

表 2.5　Geolocation API 中的重要数据对象

对　象	属性/方法	描　述
Coordinates (坐标)	latitude: double	纬度
	longitude: double	经度
	altitude: double	海拔高度
	accuracy: double	精度
	altitudeAccuracy: double	海拔精度
	heading: double	运动方向
	speed: double	速度
Position (位置)	coords: Coordinates 对象	坐标对象
	timestamp: DOMTimeStamp 对象	DOM 时间戳对象，表现为一个长整数，记录从 1970 年 1 月 1 日到获得 Position 对象之间的时间间隔(毫秒数)
PositionOptions (获取位置信息的参数)	enableHighAccuracy: boolean	可选项。表示要求获得更高的精度。使用时会影响程序响应时间
	timeout: long	单位为毫秒。设置尝试获取位置信息的最大等待时间
	maximumAge: long	可选项。单位为毫秒。如果与上次获取 Position 对象的时间间隔小于此属性值，将从缓存中返回位置信息
PositionError (错误信息)	code: short	错误代码，返回以下 3 个值中的一个。 1：权限被拒 2：位置信息无法获得 3：连接超时
	message: DOMString	错误信息

Geolocation 接口中定义了如下 3 个方法。

- getCurrentPosition()：用于获取静态地理位置信息。
- watchPosition()：用于获取移动物体的位置信息。
- clearWatch()：用于停止获取移动物体的位置信息。

下面以获取静态位置信息为例，介绍 Geolocation API 的使用方法。

getCurrentPosition()方法带有 3 个参数。这个方法可以表述为：

```
void getCurrentPosition(
  PositionCallback successCallback,
  optional PositionErrorCallback errorCallback,
  optional PositionOptions options);
```

getCurrentPosition()的第 2 和第 3 个参数可选，因此这个方法在使用时可能只带有一个参数，也可能带有两个或者 3 个参数。

在这 3 个参数中, 第 3 个参数带着一系列配置选项(参考表 2.5), 用户可以通过这个选项来预设连接超时的毫秒数, 或者要求获得更高的精度等。

第 1 和第 2 个参数都是回调函数。PositionCallback 回调函数带有一个 Position 对象作为参数。PositionErrorCallback 回调函数带有一个 PositionError 对象作为参数。

在最简单的情况下, 只需要为 getCurrentPosition()方法准备第一个回调函数就可以了。若查询当前地理位置信息的过程顺利完成, getCurrentPosition()的第 1 个参数中的回调函数被调用, 这个回调函数本身带有一个 Position 参数, 这个参数带有被检测到的当前地理位置信息。程序所要做的, 就是读出并处理 Position 参数中的坐标、时间戳等信息。

代码 2.25 演示了这样一个最基本的调用过程。

代码 2.25　查询静态物体的地理位置信息

```html
<!DOCTYPE html>

<html>
    <head>
        <meta charset="UTF-8">
        <title>HTML5 API - geolocation</title>
        <script>
            function getLocation() {
                if (navigator.geolocation) {
                    navigator.geolocation.getCurrentPosition(successCallback);
                } else {
                    resultDiv.innerHTML = "无法使用 Geolocation! ";
                }
            }
            function successCallback(position) {
                result = "经度: " + position.coords.longitude
                    + "<br>纬度: " + position.coords.latitude
                    + "<br>海拔: " + position.coords.altitude
                    + "<br>精度: " + position.coords.accuracy
                    + "<br>日期时间: " + position.timestamp;
                resultDiv.innerHTML = result;
            }
        </script>
    </head>

    <body>
        <button onclick="getLocation()">检测当前位置</button>
        <div id="myLocation"> </div>
        <script>
            var resultDiv = document.getElementById("myLocation");
        </script>
    </body>

</html>
```

2.4　HTML 5 的增强功能

2.4.1　定制属性 data-*

在某些时候，HTML 5 的元素需要按照网站或者应用程序的需要进行进一步归类。例如，一家航空公司在网站上对进港航班按照已到达、飞行中、延误、取消等不同的状态显示成不同的样式，这时，可以分别为不同的状态航班设计不同的 CSS 类，然后再把这些类赋予相应状态的航班。在这种情况下，CSS 类起到了对元素分类的作用。在一个更复杂的情况下，比如要设计一个图 2.19 那样的能够重复利用的、平时隐藏，需要的时候能从屏幕边缘打开的菜单，就不是一个 CSS 类能够解决的了。

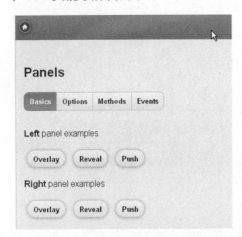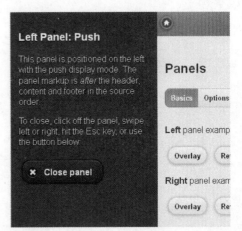

图 2.19　右图中深色部分常被用作隐藏式的导航菜单(来源：jQuery Mobile 网站)

设计复杂的组件，尤其是在建立一个新的 JavaScript 框架的情况下，对同一元素在功能上的分类就显得非常重要。图 2.19 中的深色部分，在 jQuery Mobile 框架中被称为 panel。对于这样一类新的屏幕元素，在 jQuery Mobile 中用 data-role="panel"标注。data-role 本身不是一个 HTML 5 中的属性，而是一个定制属性。同样，在 jQuery Mobile 框架中，还大量用到了定制属性，包括 data-mini、data-shadow、data-icon、data-theme 等。这里，"data-"前缀是这些定制属性的共同特点，因此，在文档中通常能够用"data-*"表示。

为了保证 HTML 文档的语法正确，HTML 5 中的定制属性除了必须使用"data-"作为前缀外，还需要满足两个条件：

- 在"data-"前缀的后面至少带有一个字符。
- 前缀后面的字符不可以出现 ASCII 大写字符。

本书将从第 5 章起，逐步介绍 HTML 5 定制属性在 jQuery Mobile 中的应用。

2.4.2　Web 设计的无障碍化与 WAI-ARIA 简介

网站设计无障碍化的目的，是为了方便残障人士使用计算机。在网页设计上，应该充分考虑有视觉障碍、听觉障碍、行动能力障碍人士的需要，为他们尽可能提供额外的替代方案。屏幕阅读就是这其中一个典型的应用范例。知名的英文屏幕阅读器 JAWS 便是一个具有代表性的产品。

屏幕阅读器在阅读网页时，需要判断网页内容在上下文环境中的关系，例如，需要识别按钮上的文字、表单输入框上的标题、图片内容提示、联系地址、表头、页头、页尾、链接、对话框、数据表格、列表、菜单、单选、多选、滚动条、滑动条等，阅读器对网页上的交互式内容与非交互式内容(完全用于显示)的处理方式有所不同。对于一个使用 HTML 5 编写代码的网页，HTML 5 中的元素注重语义，标签本身就能够说明网页的内容，因此，HTML 5 本身就对网页无障碍设计提供了支持。在设计和编写代码的实践中，应当注意为每幅图片添加 alt 属性(这是 HTML 5 语法要求必须做到的)，并且赋予 alt 属性值便于理解的文字。同样道理，HTML 标签中的 title 和 label 属性都应该被正确赋值。

上述方法能够帮助屏幕阅读器判断网页内容，以使阅读器能够正确地提示用户屏幕上的图片、列表、菜单、文本等。但是，如果遇到 HTML 5 中的<header>和<footer>等元素，就很难判断这两个元素是指整个网页的头尾部分、还是指网页上由<section>或者<article>构成的一个内容单元的头尾部分。另外，如果一个网页是由 HTML 5 之前的 HTML 语法编写，由于缺乏标签语义，屏幕阅读器会难以判断网页上内容的分类，影响阅读效果。

WAI-ARIA(Web Accessibility Initiative - Accessible Rich Internet Applications)是一个向网页阅读器提供分析帮助的工具。它独立于 HTML，HTML 5 对 WAI-ARIA 提供了支持。WAI-ARIA 1.0 正式技术规范于 2014 年 3 月由 W3C 发表。

WAI-ARIA 定义了一系列具有层次继承关系的"角色"，在 HTML 文档中通过"role"属性表示；WAI-ARIA 定义了一系列状态属性，在 HTML 文档中通过"aria-*"系列属性表示。角色(role)用于描述元素的类型。在网页文档中，一旦一个元素被 role 属性定义为某一种角色，这个角色定义就不应该被重新定义。

表 2.6 中的角色名称已经清楚地告诉屏幕阅读器当前文字或者屏幕组件的作用，这些提示信息将有助于残障人士通过屏幕阅读器了解屏幕内容。以前面提到的一个网页文档上有多组<header>和<footer>元素为例，借助 WAI-ARIA 的地标角色，可以帮助区分这些元素在网页上的作用。例如，一个作用于整个网页的<header>元素可以用 role="banner"标注，一个作用于整个网页的<footer>元素用 role="contentinfo"标注。

因此，一个网页最多只能有一个 banner 角色和一个 contentinfo 角色。而当<header>和<footer>元素在<section>等元素中使用时，应该分别用 role="heading"以及 role="complementary"标注，一个网页可以有多个 heading 和 complementary 角色。

上面的实例解决了 HTML 5 标签含义不够清晰时才会遇到的问题，但是，如果一个网页使用了语义相当清晰的导航元素<nav>，再用 WAI-ARIA 角色描述 role="navigation"，就会造成重复定义，甚至定义冲突。

为了解决相关的问题，WAI-ARIA 附加了 3 条在 HTML 文档中的使用规则(这些规则由 W3C 另行制定，不属于 WAI-ARIA 技术规范的一部分，目前仍然处于草稿阶段)。这 3 条规则可以简单总结如下。

- 规则一：如果 HTML 的元素和属性已经能够清晰地表达含义，应当直接使用 HTML 的元素和属性，而不要使用 WAI-ARIA 的角色和状态属性。

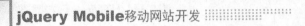
- 规则二：除非万不得已，不要改变 HTML 元素本身的语义。
- 规则三：交互式控件应该由键盘操作来完成。

表 2.6　WAI-ARIA 1.0 采用的角色分类

角色类别	角色描述	role 属性值
抽象角色 (Abstract Roles)	这一组为基础角色，用于构建整个角色继承关系的核心部分。网页上不允许直接使用这一组角色	command、composite、input、landmark、range、roletype、section、sectionhead、select、structure、widget、window
屏幕组件角色 (Widget Roles)	这一组角色用于标注屏幕组件(widgets)	屏幕组件组合(容器)： combobox、grid、listbox、menu、menubar、radiogroup、tablist、tree、treegrid 屏幕组件组合(容器)中的单独组件： alert、alertdialog、button、checkbox、dialog、gridcell、link、log、marquee、menuitem、menuitemcheckbox、menuitemradio、option、progressbar、radio、scrollbar、slider、spinbutton、status、tab、tabpanel、textbox、timer、tooltip、treeitem
文档结构角色 (Document Structure Roles)	这一组角色用于描述网页上的组织结构。这些组织结构通常是指网页上的非交互式内容	article、columnheader、definition、directory、document、group、heading、img、list、listitem、math、note、presentation、region、row、rowgroup、rowheader、separator、toolbar
地标角色 (Landmark Roles)	这一组角色用于描述网页上的导航地标	application、banner、complementary、contentinfo、form、main、navigation、search

2.4.3　离线访问

网站服务需要服务器的在线支持。如果服务器处于离线状态，客户端浏览器就会得到网络访问故障等错误信息。

HTML 5 除了可以用于开发网站(包括移动网站)，也能够用于开发混合式的移动应用程序，或其他基于 HTML 5 技术的应用程序。在这样的背景下，网页的离线访问就是一个非常重要的技术环节。

HTML 5 支持离线访问是通过浏览器的缓冲存储实现的。当一个被标记为允许离线浏览的网页被浏览器加载时，这个网页就会在浏览器的存储空间上建立一个副本，当下次访问同样的网址，而服务器处于离线状态或者存在网络接入故障时，这个副本就会在浏览器中显示，用户不会觉察到服务器离线或网络问题。这对于内容更新不太频繁的网站特别适用，而需要内容实时更新的网页则不应该使用这种技术。

1. 配置文件

当为一个网站设计离线访问时，首先要为这个网站建立一个 manifest 配置文件，用于描述允许或者不允许离线访问的资源。这个配置文件所在网站中的位置并不重要，只要用于离线访问的网页文件能够访问到这个配置文件即可。配置文件的扩展名通常使用 appcache 或者 manifest，扩展名同样也不重要，重要的是服务器必须以 MIME 类型 text/cache-manifest 解析配置文件。如果 Web 服务器不能正确地识别 HTML 5 离线访问配置文件，就无法解析配置文件中的语法。这时，就必须参考 Web 服务器的技术手册，添加对配置文件扩展名的支持。例如，在 Apache 服务器中，只要在.htaccess 文件中添加下面一行，配置文件的扩展名.appcache 就能够与 MIME 类型 text/cache-manifest 建立关联：

```
AddType text/cache-manifest .appcache
```

2. 配置文件的语法

配置文件的第一行必须是：CACHE MANIFEST。

在配置文件的第一行以后，可以选择配置 3 个功能单元。在最简单的情况下，配置文件内不定义任何功能单元。这样，文件中除了第一行以外，每一行通过相对路径定义一个网络资源(比如网页在服务器上的相对路径)，每一个网络资源都会在浏览器的缓存中建立一个副本。

除了直接在配置文件的第一行以后定义每个需要离线访问的资源外，还可以通过定义 3 个功能单元的方式，对离线访问做更加细致的配置。

- CACHE：在 CACHE 单元中，通过相对路径列出每一个需要离线访问的资源。
- NETWORK：在 NETWORK 单元中，通过相对路径列出所有只能通过网络才能访问的资源。路径描述允许使用 "*" 等通配符来匹配多个网络资源。在这一单元中列出的网页，即使存在本地副本，也会被忽略。
- FALLBACK：FALLBACK 单元中的每一行含有两个相对路径。当服务器处于离线状态，用户访问第一个相对路径中的网页等网络资源时，浏览器将返回第二个相对路径中网页(或者其他网络资源)的副本。

代码 2.26 是一个含有 3 个功能单元的配置文件的实例。这个文件通常放在一个便于网站所有网页访问的路径中，比如网站的根路径下。

代码 2.26　HTML 5 离线访问配置文件

```
CACHE MANIFEST

CACHE:
./CH02/index.html

NETWORK:
./CH02/api_*.html

FALLBACK:
./CH02/basic.html ./offline-error.html
```

3. 可以被离线访问的网页

每一个能够被离线访问的网页必须在\<html>元素中用 manifest 属性指向网站的离线配置文件，如代码 2.27 所示。这样才能使离线资源生效。

代码 2.27　离线网页

```
<!DOCTYPE html>
<html manifest="/jqmexample.appcache">
   <head>
      <meta charset="UTF-8">
      <title>离线网页</title>
   </head>
   <body>
      <p>欢迎访问本网页！请关闭 Web 服务器后再来试试。</p>
   </body>
</html>
```

经过上述配置后，网站中需要离线访问的网页就会具有让浏览器使用网页本地副本的能力。在网络下次接通以后，如果网页已经在服务器上有了更新，当浏览器再次访问该网页时，本地副本也会被更新。

2.5　HTML 5 代码的语法验证

本章介绍了部分常见的 HTML 5 元素的常规用法、HTML 5 中元素的嵌套关系、属性的适用条件、标签默认规则、即将废弃的元素和属性等，还有大量繁杂的语法细节。网页文档中语法的准确性，既能有利于降低网页的维护工作量，也能提高网页在不同浏览器中的兼容性。熟记每一个语法细节是非常困难的，这使得通过手工方式对 HTML 5 网页进行语法纠错将是十分困难的。幸好 W3C 为我们提供了验证 HTML 5 语法正确性的在线工具，能够帮助我们非常方便地验证和纠错 HTML 5 网页文件。

W3C 的 HTML 语法验证工具网址是：validator.w3.org。这个在线工具适用于 HTML 5 以及早期版本的 HTML 文件。它通过 3 种方式接受 HTML 文档。

- 如果网页已经在互联网上，可以向工具网站提交网页的网址。
- 直接上传网页文件。
- 利用拷贝/粘贴把网页文本内容直接发送到工具网站。

如果通过第 3 种方法提交网页文件，由于只是发送了网页文本的内容，工具网站会自动地把输入的数据转换成 UTF-8，网页文件的实际编码方式则无法核对。

下面这段代码含有语法错误，通过 W3C 的在线验证很容易发现其中的错误：

```
<html>
   <head>
      <meta charset="UTF-8" />
   </head>
```

```
<body>
    <form method="post" action="#">
        <fieldset>
            <legend>产品反馈</legend>
            <label for="model">产品型号</label>
            <input type="text" id="model"
              placeholder="请输入产品型号...."><br>
            <label for="feedback">反馈</label>
            <textarea id="feedback" rows="5" cols="30"
              placeholder="请输入您的意见和建议...."></textarea>
        </fieldset>
        <fieldset>
            <legend>联系信息</legend>
            <label for="customer">客户</label>
            <input type="text" id="customer" name="customer"><br>
            <label for="email">电邮</label>
            <input type="email" id="" name="email"><br>
        </fieldset>
        <input type="submit" value="提交">
    </form>
</html>
```

在线工具对上面的代码提示 9 条错误信息。第一条错误是缺少 DOCTYPE 声明。

DOCTYPE 用于通知浏览器，说明当前 HTML 文档所用的语法版本，如果这一行缺失，验证程序就无法判断适用的语法规则，当前会自动应用 HTML 4.01 Transitional 语法。这显然与文档所使用的 HTML 5 语法不符，因此首先需要更正这个错误。

在上述代码的第一行插入<!DOCTYPE html>后，重新验证这段代码，在线工具提示 3 条错误信息。第一条错误是<head>缺少必要的子元素，原来是<title>元素被遗漏了。在将来 jQuery Mobile 移动网站开发中，<head>部分的<title>元素对于移动设备并没有什么作用，但是出于 HTML 5 的语法要求，这个元素不能被省略。第二条和第三条错误信息是相关的。第二条错误信息提示用户<input type="email" id="" name="email">中的 id 属性值不可为空。由于此处 id 属性没有被赋值，这样就产生了第三条错误信息，<label for="email">电邮</label>无法为 for 属性找到匹配的 id 属性值。因此，只要再为<input type="email" id="" name="email">中的 id 属性赋予属性值"email"，网页文件的语法错误就全部改正了。

2.6　本　章　习　题

选择题(多选)

(1)　下列哪些元素属于 HTML 中的块级(block)元素？(　　　)

    A. <div>　　　　　　　　B. <span>　　　　　　　　C. <h1>

    D. <p>　　　　　　　　　E. <ul>　　　　　　　　　F. <b>

    G. <table>　　　　　　　H. <td>　　　　　　　　　I. <a>

(2) 下列哪些元素属于 HTML 中的内联(inline)元素？(   )

A. <div>   B. <span>   C. <h1>

D. <p>   E. <ul>   F. <b>

G. <table>   H. <td>   I. <a>

(3) data-role 在 HTML 5 中是一个有效属性。(   )

A. 对。这是 HTML 5 为 WAI-ARIA 预留的属性

B. 对。这是 HTML 5 为 jQuery 预留的属性

C. 对。这是 HTML 5 为 jQuery Mobile 预留的属性

D. 对。在 HTML 5 中，这是一个定制属性

E. 错。这个属性仅存在于 WHAT 版本的 HTML 5 规范中，还没有被 W3C 采用

F. 错。这个属性在 HTML 5 规范的草稿中根本不存在

(4) <address>用于(   )。

A. 联系人的地址   B. 电子邮件地址   C. 任何地址信息

D. 网站维护公司的地址   E. 公司网址

(5) <button>元素在不借助 JavaScript 的情况下可以用作发送按钮。(   )

A. 对。<button>在任何情况下都能起到发送按钮的作用

B. 对。仅仅在表单中起到发送按钮的作用

C. 错。<button>元素仅仅显示一个按钮，没有任何默认动作

(6) 定义网页标题的<title>元素应该包含在哪个元素中？(   )

A. <html>   B. <meta>   C. <head>   D. <header>

(7) 与<script src="js/myInitialization.js" defer="defer"></script>作用相同的是(   )。

A. <script src="js/myInitialization.js" defer></script>

B. <script src="js/myInitialization.js" defer=" "></script>

(8) 下列哪些元素可以在网页上创建超级链接？(   )

A. <a>   B. <map>   C. <area>   D. <usemap>

(9) 下列哪些是 HTML 5 中合法的语言代码？(   )

A. en   B. eng   C. english   D. en-gb

(10) 当把 HTML 源代码文本粘贴并且发送到 W3C 在线 HTML 验证程序中后，(   )。

A. 验证程序将无法区分源代码的 HTML 版本

B. 验证程序将无法区分 HTML 或者 XHTML

C. 验证程序将无法核对源文件的编码方式

D. 验证网站的 CSS 验证模块失效

jQuery Mobile

第 3 章
CSS 3 设计基础

本章导读：

除了 HTML 以外，CSS 是网站开发人员的另一项必备技术。与第 2 章一样，作为学习 jQuery Mobile 的预备知识，本章将从新手入门的角度，介绍 CSS 的语法特点和基本用法，并在此过程中逐步介绍 CSS 3 的特点以及它在跨设备、跨浏览器等需要符合现代设计理念等方面所做出的改进。在本书的后续章节中，CSS 将大量用于 jQuery Mobile 开发与定制，包括 CSS 3 中动画效果在移动设备上的使用等。

通过本章的学习，读者将掌握 CSS 的基本设计技巧，CSS 3 与 HTML 5 相辅相成的关系，CSS 3 在移动网站设计上的重要作用和原理。

掌握 CSS 3 将有助于理解 jQuery Mobile 框架本身的设计原理以及在应用开发中的各种定制技巧。对于已经熟悉 CSS 3 样式设计的读者，建议快速浏览本章。如果读者希望更详细地了解 CSS 3，可阅读这方面的专著。

3.1 CSS 简介

3.1.1 CSS 规范与版本

CSS(Cascading Style Sheets，层叠式样式表)是一种样式语言，它能够作用于 HTML、XML，以及各种 XML 的应用，包括 XHTML、SVG、XUL 等。在网站开发方面，CSS 提供了一种把样式附加到 HTML 文档中相应元素的方法，促进了网页中的数据与表现风格的分离。通过 CSS，HTML 文档中富含语义的标签就有了生命力，能够把网站设计者的丰富想象力展现出来。

CSS 的版本，更应该被称为级别(level)。至今已经发表过 4 个级别(含草稿和部分发表的版本)的 CSS 技术规范。Level 1 和 Level 2 为已经定稿并发布的正式标准。前者发表于 1996 年，它的目的是提供 HTML 网页样式。后者始于 1998 年[①]，着眼于在浏览器中展现 HTML 和 XML 文档。CSS Level 2 建立在前者 Level 1 之上，CSS Level 1 的样式在 CSS Level 2 中仍然有效。CSS Level 1 和 Level 2 规范已经不再维护。在 W3C 修订 CSS 2 期间，CSS 2.1 也已于 2007 年 7 月发表。CSS 2.1 改正了 CSS 2 中的一些错误，并删除、补充了部分 CSS 2 的内容。现在 CSS 2 已经被 CSS 2.1 取代，最新的 CSS 2.1 规范发布于 2011 年 6 月。

CSS 自 Level 3 起，不再以单一文档的形式发布，而是被分成很多模块，每个模块单独制定规范。截止到 2014 年 6 月，已经正式成为技术规范的有色彩、选择器、名称空间、媒体查询、样式属性等模块，接近完成的模块有背景和边界、多列布局等，处于草稿阶段的有基本用户界面、2D 图形变换、过渡效果等模块。CSS 3 与 CSS 2.1 兼容。CSS 3 相比较于前两个版本有相当大的提升。2D 图形变换是其中一个重要的变化，利用图形变换，能够在网页上不依赖于 Flash 或者其他动画技术实现简单的动画效果。媒体查询是 CSS 3 中另一个重大的变化。虽然媒体查询只是 CSS 3 众多模块中的一个，但是，它却是使响应式 Web 设计和渐进增强策略变成现实的基础，而这两种策略又为实现跨浏览器、跨硬件平台 Web 设计提供了理论和技术上的支持。

在 CSS 3 尚处于开发阶段时，CSS Level 4 已经进入了前期设计阶段。CSS 4 与 CSS 3 一样保持了多模块组织结构，其中 CSS 4 的选择器模块已经在 2013 年发布了第二版草稿。CSS 4 将在 CSS 3 的基础上继续扩展新的功能，包括预加载和服务器端的样式表等。

3.1.2 定义与引用样式规则

在第 2 章中，HTML 5 网页都是以浏览器的默认方式显示。大多数 HTML 5 标签没有精确的表现样式要求，当一个网页没有引用任何样式定义时，网页中的标签将以浏览器对这些标签预定义的默认样式表现出来。CSS 通过为特定的 HTML 单元赋予特定的样式，使 HTML 网页在浏览器中达到预期的表现要求。样式规则(CSS Rule Set)包含一系列样式声明，每一个样式声

[①] CSS 技术规范在正式发布后，又发表了若干修订版本。比如 CSS 2 有 1998 年 5 月的版本和 2008 年 11 月的版本。这些修订版保持了 Level 2 的版本号，有别于发表于 2011 年的 CSS 2.1。

明包括一个样式属性和对这个样式属性赋予的属性值。属性值既可以是单一值，也可以是多个属性值的组合(常用于样式声明的简化形式)。两个样式声明之间用分号 ";" 分隔。代码 3.1 是一个使用 CSS 的 HTML 网页。

代码 3.1　使用内联样式

```
<!DOCTYPE html>
<html>
    <head>
        <meta charset="UTF-8">
        <title>CSS Basic</title>
    </head>
    <body>
        <p>P1</p>
        <p style="font-size:2em; height:3em; background-color:#EEEEEE;">p2</p>
    </body>
</html>
```

在上面这个实例中，网页正文包含两个由<p>定义的段落。第一个段落没有应用任何样式，这个段落在浏览器中会以浏览器赋予的默认样式显示。第二个段落的<p>标签被直接通过 style 属性赋予三个样式声明。这三个样式声明中的样式属性分别代表了字体大小、段落高度，以及背景颜色。当这三个样式声明作用在<p>标签上时，这个段落将获得由 CSS 样式声明所规定的段落高度和段落背景色，而字体大小则被段落中的文字继承，如图 3.1 所示。如果样式规则通过 style 属性直接作用在指定的 HTML 元素单元上，这样的样式定义被称为内联(inline)样式。

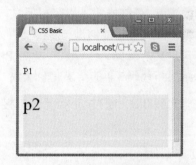

图 3.1　通过内联的 CSS 把样式赋予特定的元素单元

内联样式只能作用于相应的 HTML 标签范围内。样式也可以定义在 HTML 网页<head>部分的<style>元素中，被称作内部样式。由于内部样式不直接定义在特定的 HTML 标签内，在定义样式时，必须使用选择器，明确该样式定义的作用范围。代码 3.2 是一个使用内部样式的实例。

代码 3.2　在<style>中定义内部样式

```
<!DOCTYPE html>
<html>
    <head>
        <meta charset="UTF-8">
        <title>CSS Basic</title>
        <style>
            p {
                font-size: 2em;
                height: 5em;
                background-color: #EEEEEE;
```

```
        }
    </style>
</head>
<body>
    <p>p1</p>
    <p>p2</p>
</body>
</html>
```

内部样式定义体现了样式规则语法的完整使用方法。代码 3.2 与代码 3.1 有相同的三条样式声明，两条样式声明之间用分号 ";" 分隔。所有的样式声明都放置在一对大括号{}中。在大括号之前，是用于规定该样式规则作用范围的选择器。代码 3.2 中的选择器是 p，即作用于所有的<p>元素。因此，这条规则网页中的两个由<p>标签定义的段落都适用于这条样式规则。CSS 的样式选择器有比较复杂的规则，本书将在后续章节中做更详细的介绍。

内部样式使样式规则定义从 HTML 标签中独立出来。这样，HTML 代码结构更加清晰。从维护代码的角度看，后期样式改动无需直接修改 HTML 标签中的属性，降低了代码维护工作的难度。外部样式是指存在于 HTML 文档之外，并通过<link>元素链接到网页文档中的 CSS。通过外部样式，能够进一步降低样式规则与 HTML 网页的耦合度。如果把代码 3.2 中的 CSS 样式定义从网页文件中分离，就能够得到如代码 3.3 和 3.4 这样的结果，这两个文件的实际显示结果与代码 3.2 的结果完全一致。

代码 3.3　通过<link>元素链接外部样式

```
<!DOCTYPE html>
<html>
    <head>
        <meta charset="UTF-8">
        <title>CSS Basic</title>
        <link rel="stylesheet" type="text/css" href="css/myStyle.css">
    </head>
    <body>
        <p>p1</p>
        <p>p2</p>
    </body>
</html>
```

代码 3.4　一个简单的外部样式文件

```
p {
    font-size: 2em;
    height: 5em;
    background-color: #EEEEEE;
}
```

以上介绍了一个网页在浏览器中的显示可能会采用的 4 种样式：

● 浏览器默认样式。

● 内联样式。

- 内部样式。
- 外部样式。

浏览器的默认样式取决于浏览器厂商，而后三种样式可以由网站开发人员定制。在这一节的介绍中，内联样式、内部样式，以及外部样式都可以实现相同的样式定制效果，但是，在实际应用中，样式规则会远比这里使用的样例复杂，某一个特定的 HTML 单元可能会同时受到以上 4 种样式引用方式的影响，甚至加上第 5 种，通过 JavaScript 动态赋予的样式。在这种情况下，浏览器是依据样式优先级来选择合适的样式声明。样式优先级从高到低依次是内联样式表、内部样式表、外部样式表、浏览器默认样式。样式优先级跟这些种类的样式定义与 HTML 文档的紧密程度有关。

3.2 样式选择器

在代码 3.2 中，我们看到了一个非常简单的选择器 p，它能够匹配 HTML 文档中的元素。样式选择器的作用就是规定样式规则在 HTML 文档中的作用范围。代码 3.2 中的样式选择器只是 CSS 众多选择器类型中的一种。样式选择的基础是一套匹配规则，通过这些匹配规则，把样式声明应用到特定的 HTML 单元中。这一节将重点介绍 CSS 选择器的各种用法。CSS 迄今各个版本的选择器的基本用法也被用于 jQuery 的选择器中。熟悉 CSS 选择器既是设计开发桌面浏览器网站的基础，也是学习和开发 jQuery Mobile 的一个重要前提。

有关各种样式的细节，将在本章 3.3 节中再做详细介绍，本节将使用最直观的一些样式声明，仅用于演示样式选择器的作用范围。

3.2.1 简单选择器

简单选择器(Simple Selector)包括了元素选择器(类型选择器)、ID 选择器、类选择器、属性选择器、伪类等。

1. 元素选择器

元素选择器是根据元素名进行匹配的方案。如果没有额外的限制条件，HTML 文档中全部与元素选择器中的元素名称相同的元素都将被成功选择。代码 3.5 中的网页由一系列<div>、<span>，以及嵌套结构组成。在 HTML 文档<head>部分的<style>元素中，通过 div 和 span，直接把样式赋予文档中所有的同名元素。

代码 3.5 通过元素选择器把样式分别赋予文档中所有的<p>和<span>元素

```
<!DOCTYPE html>
<html>
    <head>
        <meta charset="UTF-8">
        <title>CSS Selector - Type</title>
        <style>
            div {
                background-color:#EEEEEE;
```

```
            }
        span {
            background-color:#AAAAAA;
        }
    </style>
</head>
<body>
    <div>div 1</div>
    <div>
        div 2
        <span>div 2 - span 1</span>
    </div>
    <div>
        <span>div 3 - span 1</span>  
        <span>div 3 - span 2</span>
    </div>
</body>
</html>
```

如图 3.2 所示，所有的 div 和 span 元素被分别设置成不同的背景色。

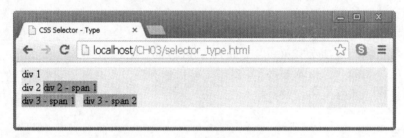

图 3.2　元素选择器作用于所有的同名元素

2. ID 选择器

ID 类型是 HTML 标记语言中的一个标准属性。在 HTML 5 中，同一个 id 属性值在一个特定的文档中仅能出现一次。以元素的 id 属性作为匹配条件，在定义样式规则时，选择符必须以 "#" 为前缀。代码 3.6 中的#div3 对应了以 div3 为标识的元素。由于 id 属性值在一个 HTML 文档中是唯一的，ID 选择器只能作用于指定的元素单元。这里所说的元素单元，不是一个正式的术语，而是指一个元素及其子元素。如果通过 ID 选择器定义的样式中含有能够被继承的样式，这些样式就可以作用于由 id 属性指定的元素及其子元素中。

代码 3.6　通过 ID 选择器把样式赋予唯一的一个元素单元

```
<!DOCTYPE html>
<html>
    <head>
        <meta charset="UTF-8">
        <title>CSS Selector - ID</title>
        <style>
            #div3 {
```

```
            background-color:#CCCCCC;
        }
    </style>
</head>
<body>
    <div id="div1">div 1</div>
    <div id="div2">
        <span>div 2 - span 1</span>
    </div>
    <div id="div3">
        <span>div 3 - span 1</span>  
        <span>div 3 - span 2</span>
    </div>
</body>
</html>
```

如图 3.3 所示，id 值为 div3 的 div 元素被成功地添加了背景色，同时，该样式也被嵌套在该 div 元素中的 span 元素继承。

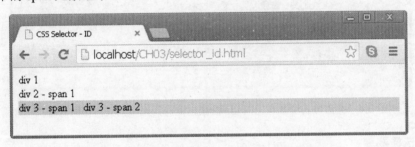

图 3.3　ID 选择器作用于指定的元素及其子元素

3. CSS 类选择器

在一个或者多个 HTML 文档中，当需要同时为多个元素单元赋予相同的样式时，应该把这些具有相同样式特征的元素单元归为一类，并在 HTML 文档中的标签中用标准属性 class 标识。在定义样式规则时，通过前缀 “.” 代表一个 CSS 类选择器。由类选择器定义的样式将与 HTML 文档中所有具有相同 class 属性值的元素单元相匹配。

代码 3.7 中使用了 CSS 类选择器.darkBackground。

代码 3.7　通过类选择器把样式赋予具有相同 class 属性值的元素单元

```
<!DOCTYPE html>
<html>
    <head>
        <meta charset="UTF-8">
        <title>CSS Selector - class</title>
        <style>
            .darkBackground {
                background-color:#CCCCCC;
            }
        </style>
```

```
    </head>
    <body>
        <div id="div1">div 1</div>
        <div id="div2" class="darkBackground">
            <span>div 2 - span 1</span>
        </div>
        <div id="div3">
            <span>div 3 - span 1</span>  
            <span class="darkBackground">div 3 - span 2</span>
        </div>
    </body>
</html>
```

因此，HTML 文档中的元素，不论是 div 还是 span，只要拥有 class 属性值 darkBackground，就同时获得了类选择器.darkBackground 定义的样式，如图 3.4 所示。

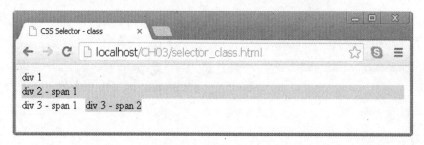

图 3.4　类选择器使具有相同 class 属性值的元素单元获得相同的样式

4. 属性选择器

CSS 3 中的属性选择器，用于匹配文档中元素的属性和属性值。通过属性选择器中的表达式，并根据元素标签中的属性与属性值来决定所赋予的样式。

属性选择器能够起到使 greetings="Happy New Year"和 greetings="Happy Birthday"设置成不同样式的作用。读者或者已经注意到这里的属性 greetings 在 HTML 5 中并不存在。由于 CSS 是一种可以广泛应用于 HTML、XML 以及 XML 的各种应用的样式语言，因此，CSS 的选择器的适用范围并不仅仅局限于 HTML，对于 XML 同样有效，属性 greetings 可以看作 XML 文档中的一个属性。

属性选择器在方括号[]中声明。例如，div[data-role=page]表示选择所有的<div>元素，并且要求被选择的<div>元素都拥有 data-role 属性，属性值为 page。这只是属性选择器的一种用法。CSS 3 把属性选择器的使用方法分为 4 种不同的情况，其中与名称空间相关的使用方法和与 DTD 相关的使用方法超出了本书的范围。

下面介绍与后续章节直接相关的两类属性选择器。

(1) 属性与属性值匹配

这一类型的属性选择器来源于 CSS 2，用于判断一个标签是否含有特定的属性，并且通过表达式实现属性值的匹配，详见表 3.1 中的描述。

表 3.1　属性选择器 - 选择属性名与属性值

选　择　器*	用　法　说　明
[att]	选择拥有属性 att 的元素，不论属性值是什么
[att=val]	选择拥有属性 att 并且属性值是 val 的元素
[att~=val]	选择拥有属性 att 的元素，如果属性值是以空格分隔的多个单词，其中一个单词必须是 val。如果 val 是一个空字符串，则这个选择符不会选择任何元素
[att|=val]	选择拥有属性 att 的元素，其属性值或者是 val，或者是以 val 开始的字符串。需要注意的是，这个属性选择表达式的本意并不是用于匹配子字符串，而是用于匹配语言(lang)或者相关属性中经常会出现在语言代码中的 "-" 字符

* 表中的 att 泛指属性名，val 泛指属性值。

代码 3.8 中有 5 个<div>元素，其中 4 个拥有属性 data-hello，这 4 个<div>元素满足属性选择器 div[data-hello]的要求，因此这 4 个<div>元素中的文字都被设置为红色；div[data-hello=hello]只能选择 data-hello 属性的值为 hello 的<div>元素。

代码 3.8　属性名与属性值匹配

```
<!DOCTYPE html>
<html>
    <head>
        <meta charset="UTF-8">
        <title>CSS Selector - attribute</title>
        <style>
            div[data-hello] {
                color: red;
            }
            div[data-hello=hello] {
                font-weight: bolder;
            }
            div[data-hello~=hello] {
                font-style: italic;
            }
            div[data-hello|=你好] {
                text-decoration: underline;
            }
        </style>
    </head>
    <body>
        <div data-greetings="hello">Greetings</div>
        <div data-hello="greetings">你好 hello</div>
        <div data-hello="hello">Hello</div>
        <div data-hello="你好">你好</div>
        <div data-hello="hello 你好">你好 hello</div>
    </body>
</html>
```

代码 3.8 中只有第 3 个<div>满足条件，其中的文字被设置为粗体；属性选择器 div[data-hello ~=hello]能够匹配 data-hello 属性的值为 hello，或者其中一个单词为 hello 的<div>元素，第 3 和第 5 个元素都能满足条件，其中的文字被设置为斜体；选择器 div[data-hello|=你好]能够匹配 data-role 属性值以"你好"开始的<div>元素，第 4 个<div>元素满足条件，其中的文字被加上了下划线。代码 3.8 在浏览器中的显示效果如图 3.5 所示。

图 3.5 通过属性名和属性值分别为<div>元素设置不同的样式

(2) 匹配属性值中的子字符串

在上一组源于 CSS 2 的属性选择器基础上，CSS 3 增加了 3 个属性选择器，用于匹配属性值中的子字符串。

表 3.2 是对这一组属性选择器的描述。

表 3.2 属性选择器 - 匹配属性值中的子字符串

选 择 器*	用法说明
[att^=val]	选择拥有属性 att 的元素，属性值必须以 val 开始。如果 val 是一个空字符串，则这个选择符不会选择任何元素
[att$=val]	选择拥有属性 att 的元素，属性值必须以 val 结尾。如果 val 是一个空字符串，则这个选择符不会选择任何元素
[att*=val]	选择拥有属性 att 的元素，属性值至少含有一个子字符串 val。如果 val 是一个空字符串，则这个选择符不会选择任何元素

* 表中的 att 泛指属性名，val 泛指属性值。

在代码 3.9 中，选择器 div[data-hello^=hello]能够选择所有 data-hello 属性值以 hello 开头的<div>元素，代码中的第一和第三个<div>被选择，并且其中的文字被设置为粗体；选择器 div[data-hello$=hello]能够选择所有 data-hello 属性值以 hello 结尾的<div>元素，代码中的第一和第二个<div>被选择，并且其中的文字被设置为斜体；选择器 div[data-hello*=hello]能够选择所有 data-hello 属性值中含有 hello 的<div>元素，全部 4 个<div>都满足条件，其中的文字被添加了下划线。

代码 3.9 属性值部分匹配

```
<!DOCTYPE html>

<html>
    <head>
```

```
    <meta charset="UTF-8">
    <title>CSS Selector - attribute</title>
    <style>
        div[data-hello^=hello] {
            font-weight: bolder;
        }
        div[data-hello$=hello] {
            font-style: italic;
        }
        div[data-hello*=hello] {
            text-decoration: underline;
        }
    </style>
</head>

<body>
    <div data-hello="hello">hello</div>
    <div data-hello="my_hello">Hello</div>
    <div data-hello="hello_greeting">Hello</div>
    <div data-hello="my_hello_greeting">Hello</div>
</body>
</html>
```

代码 3.9 在浏览器中的显示效果如图 3.6 所示。

3.2.2　伪类

首先需要明确，伪类(Pseudo-classes)是属于简单选择器的范畴。由于伪类种类比较繁杂，本书特意单独设立了一个小节。

伪类通过元素的内容、状态，以及行为特征等，把无法适用树状元素结构，也无法用其他简单选择器表达的特征归为一系列特殊的类别。伪类不需要在 HTML 标签中显式引用。在为伪类定义样式时，以冒号 ":" 开始，后接伪类名。如果需要，一些伪类在括号中带有参数。

图 3.6　属性值部分匹配为<div>
元素设置不同的样式

伪类分为以下几个大的类别：动态伪类(Dynamic Pseudo-classes)、目标伪类(Target Pseudo-classes)、语言伪类(Language Pseudo-classes)、用户界面元素伪类(UI Element States Pseudo-classes)、结构伪类(Structural Pseudo-classes)。下面简要介绍其中一些将在本书后续章节中使用的伪类。

1. 动态伪类

动态伪类又可再细分为链接伪类(Linking Pseudo-classes)和用户动作伪类(User Action Pseudo-classes)两个子类别。

动态伪类共有若干种情况，如表 3.3 所示。

表 3.3　几种动态伪类及其用法

子 类 别	伪 类	用法说明
链接伪类	:link	适用于还没有访问过的链接
	:visited	适用于用户已经访问过的链接
用户动作伪类	:hover	适用于鼠标等悬停于一个元素上方或从一个元素上方经过时
	:active	适用于用户按下并释放一个按钮或其他屏幕元素时
	:focus	适用于一个正在输入的表单字段，该字段通过键盘或者鼠标获得输入焦点时

代码 3.10 使用了以上几种动态伪类。

代码 3.10　使用动态伪类

```html
<!DOCTYPE html>
<html>
  <head>
    <meta charset="UTF-8">
    <title>Selector - Dynamic pseudo-classes</title>
    <style>
      a:link {
        text-decoration: none;
        color: LawnGreen;
      }
      a:visited {
        text-decoration: none;
        color: Brown;
      }
      input:hover {
        background-color: Moccasin;
      }
      input:focus {
        background-color: Olive;
      }
      button:active {
        background-color: FireBrick;
      }
    </style>
  </head>
  <body>
    <a href="http://www.yahoo.com">Yahoo!</a><br>
    <a href="http://hotmail.com">Hotmail</a><br>
    <input type="text"><br>
    <input type="text"><br>
    <button>按钮 1</button><br>
    <button>按钮 2</button><br>
  </body>
</html>
```

代码中的屏幕元素共分 3 组，以做比较。第一组为两个链接。在网页上，通常情况下，链接的默认显示方式是蓝色，外加下划线。而代码 3.10 中的两个链接已经通过:link 和:visited 去除链接文字上的修饰，因此，无论在什么时候，都不会显示下划线。当用户尚未访问时(或者访问历史已经从浏览器删除后)，链接文字显示为草绿色，而当用户访问以后，链接文字显示为棕色。这段代码中的两个表单输入字段用于比较:hover 和:active 在<input>上的作用，当鼠标悬浮于任意一个字段上时，该字段将被自动应用由:hover 定义的样式，背景色变为浅橘黄色，当鼠标按下以后，直到另一个元素被键盘按键事件或者鼠标按钮事件触发之前，表单输入字段一直处于聚焦状态，自动应用由:focus 定义的样式，背景色变为橄榄绿。屏幕上的两个按钮用于演示:active。:active 样式仅适用于鼠标按钮或者键盘按下，直到按钮或者键盘按键释放之前。

2. 结构伪类

结构伪类能够根据元素在树状文档结构中的关系等额外信息进行选择。当计算一个元素在文档结构中的位置时，文本(字符串)等非元素类节点将不被计算在内。元素位置索引以 1 为起点。表 3.4 列举了部分结构伪类及其用法说明。

表 3.4　部分结构伪类及其用法

伪　　类	用法说明
:root	代表文档的根元素。在 HTML 4 中，根元素固定为<html>
:nth-child()	用于在树状文档结构中匹配一些系列节点(元素)。能够成功匹配的节点必须拥有父节点，并且括号中的参数符合以下三种形式之一：①指定被选择的节点必须是父节点的第 n 个子节点，其中的 n 值是一个非零正整数；②odd(奇数)或者 even(偶数)；③采用 an+b 格式。其中 a 表示倍数，n 代表一个从 0 开始计算的计数器，b 代表偏移量，可以是正整数、0 或者负整数
:nth-last-child()	作用与:nth-child()伪类相反，代表倒数某个或者按照一定循环顺序的一系列节点。参数形式及含义与:nth-child()伪类相同
:first-child	与:nth-child(1)相同，表示第一个子节点
:last-child	与:nth-last-child(1)相同，表示倒数第一个子节点
:only-child	当一个元素是其父元素的唯一子元素时才能成功匹配
:empty	与不含任何子元素节点或者文本节点的元素匹配

代码 3.11 中的网页使用了一个简化的电影院座位图来演示表 3.4 中所有的伪类以及各种使用方法。

代码 3.11　使用结构伪类

```
<!DOCTYPE html>
<html>
   <head>
     <meta charset="UTF-8">
     <title>Selector - Structural pseudo-classes</title>
     <style>
        :root {
           background-color: MintCream;
```

```
        }
        td {
            border-style: solid;
            border-width: 1px;
            border-color: blue;
            width: 30px;
            height: 10px;
            text-align: center;
        }
        tr:nth-child(odd) {
            background-color: LightCyan;
        }
        tr:nth-child(even) {
            background-color: LightYellow;
        }
        td:nth-child(1) {
            background-color: blue;
        }
        td:nth-last-child(1) {
            background-color: blue;
        }
        /*
        td:first-child {
            background-color: red;
        }
        td:last-child {
            background-color: red;
        }
        */
        td:only-child {
            background-color: LightGreen;
        }
        td:empty {
            background-color: Peru;
        }
        td:nth-child(5) {
            background-color: green;
        }
        td:nth-child(6n+0) {
            background-color: pink;
        }
    </style>
</head>
<body>
    <table>
        <tr>
            <th colspan="10">座位图</th>
        </tr>
        <tr>
```

```
            <td>10</td><td>8</td><td>6</td><td>4</td><td>2</td>
            <td>1</td><td>3</td><td>5</td><td>7</td><td>9</td>
        </tr>
        <tr>
            <td>10</td><td>8</td><td>6</td><td>4</td><td>2</td>
            <td>1</td><td>3</td><td>5</td><td>7</td><td>9</td>
        </tr>
        <tr>
            <td>10</td><td>8</td><td>6</td><td>4</td><td>2</td>
            <td>1</td><td>3</td><td>5</td><td>7</td><td>9</td>
        </tr>
        <tr>
            <td colspan="10">走廊</td>
        </tr>
        <tr>
            <td>10</td><td>8</td><td>6</td><td>4</td><td>2</td>
            <td>1</td><td>3</td><td>5</td><td>7</td><td>9</td>
        </tr>
        <tr>
            <td>10</td><td>8</td><td>6</td><td>4</td><td>2</td>
            <td>1</td><td>3</td><td>5</td><td>7</td><td>9</td>
        </tr>
        <tr>
            <td>10</td><td>8</td><td>6</td><td>4</td><td>2</td>
            <td>1</td><td>3</td><td>5</td><td>7</td><td>9</td>
        </tr>
        <tr>
            <td colspan="10"></td>
        </tr>
    </table>
  </body>
</html>
```

在研究这段代码的过程中需要注意，背景色属性 background-color 可以被重复应用到多个元素，在这种情况下，按照样式加载顺序，最后被加载的样式将覆盖原先的样式。

首先，代码 3.11 中的:root 为整个网页添加了一层非常浅的背景色。

其次，通过 tr:nth-child(odd)和 tr:nth-child(even)分别为单数行和双数行设置不同的背景色。代码中的 td:nth-child(1)和 td:nth-last-child(1)分别为每一行中第一个和最后一个<td>元素设置背景色。在紧随其后的代码中，td:first-child 和 td:last-child 已经被加上注释，暂时不起作用。由于这两个伪类与在此之前的两个伪类作用相同，读者可以取消在代码中的注释，并在浏览器中验证匹配效果是否完全一致。td:only-child 能够在网页中成功匹配文档中的两个<td>元素。这两个<td>元素都是其父节点<tr>的唯一子元素，背景色被设置为浅绿色，不过，后一个被成功匹配的元素又被:empty 成功匹配，并把棕色设置为背景色。:empty 的匹配条件是一个元素不含有其他元素，所以网页文档中的<td colspan="10"></td>满足:empty 的匹配条件，如果在这个<div>元素中插入一些空格字符，则认为<div>元素中含有文本节点(虽然文本节点不属于标记语言中的元素)，这样:empty 的匹配条件不能满足，加入空格后的<div>元素将被应用由

td:only-child 伪类所指定的样式。td:nth-child(5)用于匹配每一行中第 5 个<td>元素，并设置背景色为绿色。td:nth-child(6n+0)使用了循环加上偏移量的格式，6n+0 的计算方法是在每一行中(每一个<tr>元素中)，依次用 n=0, 1, 2, 3, ...来计算 6n+0 的值，可以得到这样一个数列：0，6，12，18，...。由于每一行仅有 10 个<td>元素，而且起始序号为 1，因此每一行中只有序号为 6(第 6 个<td>元素)的元素被成功匹配。代码 3.11 的显示效果如图 3.7 所示。

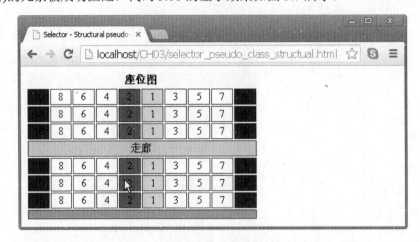

图 3.7　通过结构伪类对网页元素标签按照位置关系设置不同的样式

3.2.3　伪元素

伪元素(Pseudo-element)提供了一种文档语言无法直接表述的抽象概念，比如第一行、第一个字符，以及前后位置关系等。伪元素在使用时通过连续两个冒号 "::" 标识，后接伪元素名。连续的两个冒号能够帮助区分伪元素和伪类。CSS 3 目前保留了一个选择器中只能出现一个伪元素的限制，但是，CSS 工作组已经计划在将来的 CSS 版本中增加在一个选择器中使用多个伪元素的功能。表 3.5 列举了 CSS 3 中 4 个伪元素的含义。

表 3.5　CSS 3 中的伪元素

伪　类	用法说明
::first-line	选择指定元素中多行文字中的第一行。如果一个元素中的文字内容以格式标签 开始，真正的文字内容出现在格式标签 之后，这些文字也不被认为是第一行文字
::first-letter	选择指定元素标签中所含文字的第一个字母
::before 和::after	继承自 CSS 2.1，在指定元素的前面(或后面)插入内容

代码 3.12 对文档中的每一个段落<p>使用了首字符伪类::first-letter。

代码 3.12　首字符伪元素

```
<!DOCTYPE html>

<html>
   <head>
      <meta charset="UTF-8">
```

```
    <title>Selector - pseudo elements</title>
    <style>
        p::first-letter {
            font-size: x-large;
        }
    </style>
</head>

<body>
    <div>马丁·路德·金 -- I have a dream (节选)</div>
    <div>... </div>
    <p>Five score years ago, a great American, in whose symbolic
        shadow we stand today, signed the Emancipation Proclamation.
        This momentous decree came as a great beacon light of hope
        to millions of Negro slaves who had been seared in the
        flames of withering injustice. It came as a joyous daybreak
        to end the long night of their captivity. </p>
    <p>But one hundred years later, the Negro still is not free.
        One hundred years later, the life of the Negro is still
        sadly crippled by the manacles of segregation and the
        chains of discrimination. One hundred years later, the Negro
        lives on a lonely island of poverty in the midst of a vast
        ocean of material prosperity. One hundred years later, the
        Negro is still languished in the corners of American society
        and finds himself an exile in his own land. And so we've
        come here today to dramatize a shameful condition.</p>
    <div>... </div>
</body>

</html>
```

它能够使每一个段落的第一个字符以大字体输出，如图 3.8 所示。

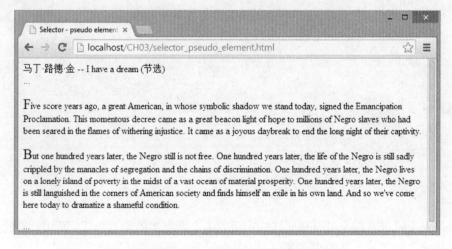

图 3.8　首字符伪类与段落中首个字符的匹配

3.2.4 选择器组合与组合选择器

1. 选择器组合

本书第 5 章将介绍 jQuery Mobile 网页的基本结构，我们将会看到在一个典型的 jQuery Mobile 网页页头中，网页的标题被放置在 h1~h6 的任何一个标签内。与平常所见的网页不同，在默认的 jQuery Mobile 网页的页头部分(data-role="header")，不论是 h1，还是 h6，其拥有的样式风格是一致的。根据在此之前的介绍，通过元素(类型)选择器，可以分别为 h1~h6 的 6 个元素标签单独定义相同的样式风格。很显然，虽然这样的方法可行，但是却显得十分笨拙，而且由于存在大量的冗余代码，降低了代码的可维护性。在这种情况下，使用选择器组合就是一个合理的选择。

选择器组合，就是把具有相同样式风格的选择器集合成一组，定义在一行，选择器之间以逗号“,”分隔。在选择器组合定义之下的样式声明适用于整个组合。下面，我们用代码 3.13 来演示一个简单的选择器组合。这段代码能够使 h1~h6 这 6 个元素的显示风格保持一致。

代码 3.13 通过选择器组合简化多个具有相同样式声明的 CSS 选择器

```html
<!DOCTYPE html>
<html>
    <head>
        <meta charset="UTF-8">
        <title>CSS Selector - grouping</title>
        <style>
            h1, h2, h3, h4, h5, h6 {
                font-weight: 300;
                font-size: 1.2em;
                padding-top: 3px;
                padding-bottom: 3px;
                margin: 0;
            }
        </style>
    </head>
    <body>
        <h1>h1</h1>
        <h2>h2</h2>
        <h3>h3</h3>
        <h4>h4</h4>
        <h5>h5</h5>
        <h6>h6</h6>
    </body>
</html>
```

选择器组合可以看作是具有相同样式声明的多个选择器的简写形式。简化以后的选择器组合功能与简化之前单独定义的样式表完全一致。但是，使用选择器组合要求所有参与的选择器必须是语法有效的，否则，只要其中有任何一个选择器使用了错误的语法，整个选择器组合就会失效。

2. 组合选择器－选择后代元素

HTML 文档中的元素可以像 XML 那样构建一个 DOM 树状结构。

在 DOM 树状结构中，元素之间的包含关系可以被看作是节点之间的层次关系。这样，HTML 文档中的元素之间的包含关系，就可以被理解为元素节点在一个层次结构中的前后代关系。外层元素为其所包含元素的前代元素(父节点和祖先节点)，被包含的元素就是其外层元素的后代元素(包括子节点和孙节点)。

CSS 提供了利用组合选择器，通过元素之间的层次关系进行选择的方法。代码 3.14 演示了三种与元素层次关系相关的组合选择器的用法。

代码 3.14　与元素前后代层次关系相关的组合选择器

```html
<!DOCTYPE html>
<html>
    <head>
        <meta charset="UTF-8">
        <title>CSS Selector - Combinator - Descendant combinator</title>
        <style>
            div p {
                font-size: x-large;
            }
            div > p {
                font-style: italic;
            }
            div * p {
                text-decoration: underline;
            }
        </style>
    </head>
    <body>
        <p>p 1</p>
        <div>
            <p>p 2</p>
        </div>
        <div>
            <section>
                <p>p 3</p>
            </section>
        </div>
    </body>
</html>
```

在这段代码中，第一个组合选择器 div p 含有两个元素 div 和 p 的组合，中间用空格分隔。空格是两个简单选择器的连接符。这个组合选择器表示选择<div>元素的所有<p>后代元素。第二个组合选择器 div > p 通过连接符 ">" 表示选择<div>元素的所有直接子元素<p>(不包含孙元素以及其他后代元素)。第三个组合选择器 div * p 通过连接符 "*" 表示选择<div>元素的非直接后代元素<p>(即不包括直接子元素)。

以上三组组合选择器，分别把被选择的元素中的文字样式设置为大字体、斜体和带下划线的文字。图3.9直观地演示了上述组合选择器的实际选择结果。

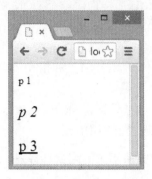

图3.9 利用组合选择器，按照元素
层次关系赋予不同的样式

3. 组合选择器 - 选择同级元素

CSS组合选择器除了选择后代元素外，还可以选择同级元素。同级元素拥有相同的父元素，在组合选择器中通过波浪线连接符"~"或者加号连接符"+"实现不同的选择逻辑。代码3.15演示了这两种组合选择器的使用方法。

代码3.15 与同级元素相关的组合选择器

```html
<!DOCTYPE html>
<html>
    <head>
        <meta charset="UTF-8">
        <title>CSS Selector - Combinator - Sibling</title>
        <style>
            p ~ div {
                font-size: x-large;
            }
            p + div {
                font-style: italic;
            }
            p[id=p2] + div {
                text-decoration: underline;
            }
        </style>
    </head>
<body>
    <p id="p1">P 1</p>
    <div>Div 1</div>
    <div>Div 2</div>
    <div>Div 3</div>
    <p id="p2">P 2</p>
```

```
        <div>Div 4</div>
        <div>Div 5</div>
        <div>Div 6</div>
    </body>
</html>
```

上述代码中出现了三个组合选择器，分别把被选择的元素的样式设置为大字体、斜体和带下划线的文字。

第一个选择器使用了波浪线连接符，表示选择所有出现在\<p\>元素以后的\<div\>元素。

第二个选择器使用了加号连接符，表示选择紧跟在所有\<p\>元素后面的(一个)\<div\>元素。

第三个选择器比较特殊，它在组合连接符中混合了属性选择器。使用属性选择器，可以在组合选择器中，对被选择的条件设置额外的限定条件。这个组合选择器选择 id 值为 p2 的\<p\>元素后紧跟的\<div\>元素。组合选择器的使用方法比较灵活，除了通过属性选择器，实现对被选择的元素更加精确地定位，还可以通过多个连接符，在复杂的层次结构或者同级元素中，实现更加复杂的选择逻辑。

代码 3.15 的实际运行结果如图 3.10 所示。

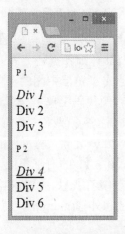

图 3.10　利用组合选择器，按照元素与其他同级元素的位置关系，设置不同的样式

3.3　基　本　样　式

3.3.1　Box 模型

1. Box 模型与矩形嵌套结构

一个 HTML 元素和它所包含的内容，不论是一个简单的字符串、一个图片，或者是一个文章段落，在浏览器中都会被显示在一个矩形的区域中。这个矩形区域又被嵌套在三个矩形方框中，它们把实际显示的内容以及周边区域从里向外分为内容区、内框(padding)、边框(border)、和外框(margin)。内容区的大小由 width 和 height 属性确定。

以上矩形嵌套结构可以通过图 3.11 加以说明。

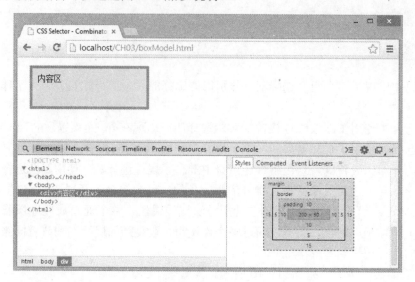

图 3.11　基本 Box 模型

图 3.11 为通过 Chrome 浏览器内置的开发工具(可以通过快捷键 F12 打开)观察代码 3.16 中的<div>元素在浏览器中的表现方式及其详细数据。开发工具由三部分组成，上方为浏览器的主窗口，显示了当前的网页。当我们点击浏览器中间的菜单上的 Elements 选项后，浏览器的左下角就会显示网页的源代码。当我们在源代码上单击任意一个元素时，这个元素的 Box 模型就会出现在浏览器窗口的右下角的 Styles 标签页(或称"选项卡")中。

代码 3.16 的<body>部分仅有一个<div>元素。网页上的样式表对<div>元素设置的 width 和 height 属性仅作用于<div>的内容，在图 3.11 的右下角中以蓝色表示，并在蓝色区域中标示了该区域的大小。在蓝色区域的外围，围绕着灰绿、橙黄和浅红色矩形框。这三种颜色分别表示该<div>的内框(padding)、边界(border)和外框(margin)。每个区域都标示了相应样式的参数值。

代码 3.16　基本 Box 模型

```
<!DOCTYPE html>
<html>
    <head>
        <meta charset="UTF-8">
        <title>CSS Selector - Combinator - Sibling</title>
        <style>
            div {
                margin:          15px;
                padding:         10px;
                border-style:    solid;
                border-width:    5px;
                border-color:    grey;
                height:          50px;
                width:           200px;
                background-color:  #DDDDDD
            }
```

```
        </style>
    </head>
    <body>
        <div>内容区</div>
    </body>
</html>
```

Box 模型除了上面提及的嵌套矩形结构外，还包括了网页内容的显示与隐藏、滚屏、屏幕元素定位，以及对矩形显示区域大小变化与限制等。Box 模型的理论包括基本 Box 模型和弹性 Box 模型。下面将分别介绍 Box 模型中的几组属性。

2. width 和 height(宽度与高度)

一个元素内容的宽度和高度分别用属性 width 和 height 表示。属性 width 和 height 用于设置一个元素的内容区域，不包括一个元素的内框、边界和外框。在使用属性 width 和 height 的同时，还可设置 min-width(最小宽度)、max-width(最大宽度)、min-height(最小高度)、max-height(最大高度)等属性。当上述 4 个属性与 width 和 height 不一致时，将优先采用上述 4 个属性。

样式属性 width 和 height 在默认情况下由浏览器自动计算并设定一个值，也能够从其父元素继承。当为一个元素设定 width 和 height 属性的具体参数时，可以使用百分比，并以包含当前元素的块级元素(参看 2.2.4 小节中有关块级元素和内联元素的描述)的 width 或者 height 为参照。也可以使用 cm(厘米)、in(英寸)、pt(相当于 1/72 英寸)、pc(相当于 12pt)、px(屏幕上的像素点)、em(当前的字符大小)作为单位。

3. padding 和 margin(边距)

padding 和 margin 分别代表了一个元素在 Box 模型中的内框和外框。一个矩形区域有 4 条边，CSS 允许为内框或者外框的每一条边单独设置。例如，margin-top、margin-right、margin-bottom、margin-left，通过后缀来表达对具体的某一条边进行设置。padding 也能够通过同样的 4 个后缀实现相应的功能。

padding 和 margin 属性是上述 4 个带有后缀属性的简写形式。当这两个属性的属性值仅有一个值时，表示内框或者外框的每一条边都具有相同的宽度；当带有两个值时，第一个值代表上边和下边，第二个属性值代表左边和右边；当带有 3 个值时，这 3 个值分别代表上、右、下边；而当带有 4 个属性值时，这 3 个值分别代表上、右、下、左边。

4. border(边框)

在默认情况下，一个元素的边框宽度为 0，即边框不可见。

当一个元素需要显示边框时，它的 border-style 属性必须被设置为除了 none 和 hidden 以外的可见类型，如表 3.6 所示。

在设置了 border-style 属性，使边框变为可见以后，还可以通过 border-width 属性设置边框的宽度，通过 border-color 属性设置边框的颜色。CSS 同样有各种单独为 4 条边框中的某一条单独设置样式的属性。

border 属性能够作为简写方式集成多个属性的功能，这些属性的用法非常简单和直观，这里不再赘述。

表 3.6　边框的样式

边框样式示意图	描　述
none / hidden	边框宽度为 0
dotted	点线边框
dashed	虚线边框
solid	实线边框
groove	凹槽边框
ridge	垄状边框
inset	立体内嵌边框
outset	立体突出边框
double	双实线。边框宽度等于两条实线以及中间空隙宽度的总和

5. display 与 visibility(显示样式与可见性)

属性 display 用于指定一个元素的显示方式，它拥有众多属性值。表 3.7 列举了部分常见的属性值。

表 3.7　display 属性的常见属性值

属 性 值	用法说明
inline	把一个元素显示为如<span>那样的内联方式
block	把一个元素显示为如<div>或者<p>那样的"块级"元素方式
table	使一个元素拥有类似<table>那样的表现方式
flex	使一个元素成为"块级"弹性(flex)容器
inherit	从父元素继承本属性
none	完全不显示一个元素

对于一个"块级"元素，例如<div>，我们可以通过设置 display 属性值为 block 或者 none 来显示或者隐藏该元素。

属性 visibility 通过属性值 hidden(隐藏)和 visible(可见)设置一个屏幕元素是否显示。这两组属性在功能上相似。代码 3.17 演示了这两组属性的不同作用。理解这种差别，对于 Web 和移动 Web 开发都非常重要。

代码 3.17　两种用于显示/隐藏的方法比较

```html
<!DOCTYPE html>

<html>
    <head>
        <meta charset="UTF-8">
        <title>Show- Hide</title>
        <style>
            div {
                border-style:   solid;
                border-width:   1px;
                width:          100px;
                height:         30px;
                text-align:     center;
            }
        </style>
    </head>

    <body>
        <div id="div1">Div 1</div>
        <div id="div2">Div 2</div>
        <div id="div3">Div 3</div>
        <div id="div4">Div 4</div>
        <hr>
        <button onclick="div2Hidden()">Div 2 - visibility:hidden</button><br>
        <button onclick="div2Visible()">Div 2 - visibility:visible</button><hr>
        <button onclick="div3None()">Div 3 - display:none</button><br>
        <button onclick="div3Block()">Div 3 - display:block</button>
        <script>
            var eleDiv2 = document.getElementById("div2");
            var eleDiv3 = document.getElementById("div3");
            function div2Hidden() {
                eleDiv2.style.visibility = "hidden";
            }
            function div2Visible() {
                eleDiv2.style.visibility = "visible";
            }
            function div3None() {
                eleDiv3.style.display = "none";
            }
            function div3Block() {
                eleDiv3.style.display = "block";
            }
        </script>
    </body>
</html>
```

代码 3.17 中，有 4 个垂直排列的<div>元素和两组用于动态控制显示与隐藏的按钮。这两组按钮分别使用了 visibility 和 display 属性。

如图 3.12 所示，每个按钮上都标明了将在哪一个<div>元素上改变属性值。当按钮被按下以后，相应按钮上的动作由 click 事件触发，onclick 属性用于引用与按钮相关的事件处理程序。这段代码同时也是通过 JavaScript 程序动态改变元素样式属性的实例。

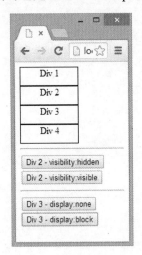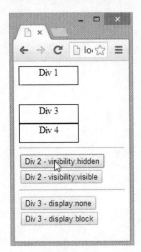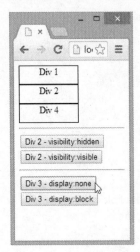

图 3.12　使用两种不同的隐藏方式

图 3.12 中的 3 个截屏分别代表了代码 3.17 在浏览器中的初始状态、div2 被隐藏和 div3 被隐藏时的画面。

从这 3 幅截屏中很清楚地看到，当一个元素的 visibility 属性被设置为 hidden 时，该元素被隐藏。该元素在原先所在的位置被保留，因此在图中能够看到 div2 的位置出现了空白。而当一个元素的 display 属性被设置为 none 时，该元素仿佛不存在，在图 3.12 中可以看到 div4 位置上移的情况。

6. position(定位)

HTML 代码在结构上具有层次关系。这种层次关系转换到浏览器中，就变成了屏幕元素之间的包含关系，也就是父元素是子元素的容器，子元素定位在父元素中。这样的关系其实在视觉效果上并不是绝对的。一个元素在屏幕上的定位首先取决于 position 属性，然后再通过 top、bottom、left、right 等属性具体确定显示位置。

表 3.8 列举了 position 属性的 4 种主要定位方式。

表 3.8　通过 position 实现的 4 种定位方式

属 性 值	用 法 说 明
static	默认值。元素按照其在 HTML 文档中的顺序显示
relative	以该元素本应所在的默认位置为参照，按照 top、left 等元素进行位置调整
absolute	以非 static 的前辈元素为参照，按照 top、left 等元素进行位置调整
fixed	以浏览器窗口为参照，按照 top、left 等元素进行位置调整

代码 3.18 演示了通过 position 属性实现的 4 种定位方式。

代码 3.18 通过 position 属性实现 4 种定位方式

```
<!DOCTYPE html>
<html>
    <head>
        <meta charset="UTF-8">
        <title>Positioning</title>
        <style>
            .externalContainer {
                position:       relative;
                width:          400px;;
                height:         300px;
                border-style:   solid;
                border-width:   1px;
            }
            .internalContainer {
                position:       static;
                width:          80%;
                height:         45%;
                border-style:   dashed;
                border-width:   1px;
            }
            .obj {
                border-style:   solid;
                border-width:   1px;
                width:          100px;;
                height:'         50px;
                background-color: #EEEEEE;
                top:            50px;
                left:           150px;
                text-align:     center;
            }
        </style>
    </head>
    <body>
        <div class="externalContainer">
            <div class="internalContainer">
            </div>
            <div class="internalContainer">
                <div class="obj" style="position:static;">
                    static
                </div>
                <div class="obj" style="position:relative;">
                    relative
                </div>
                <div class="obj" style="position:absolute;">
                    absolute
                </div>
```

```
                <div class="obj" style="position:fixed;">
                    fixed
                </div>
            </div>
        </div>
    </body>
</html>
```

　　这段代码中的网页基本结构分为父元素容器和子元素容器两层，它们分别被赋予externalContainer 和 internalContainer 类，父元素和子元素都有边界线标示其本身的显示范围。父元素具有 position 属性值 relative，而子元素被定义为以 position 属性值 static 的方式定位其中的元素。第二个被赋予 CSS 类 internalContainer 的子元素中含有 4 个<div>元素，每一个被赋予 obj 类的<div>元素被分别赋予 4 个 position 属性值中的一个。另外，这 4 个<div>元素都通过 CSS 类被分别赋予了相同的 top 和 left 属性。

　　第一个<div>元素的 position 属性值为 static，它按照这个元素在 HTML 文档中的出现顺序被显示在第二个 internalContainer 容器的开始位置，而这个元素的 top 和 left 属性将不被采用。第二个<div>元素的 position 属性值为 relative，它以这个元素的默认位置为参照点(假如 position 属性默认或者属性值为 static)。一个"块级"元素在默认情况下显示在前一个元素的下方左侧开始位置。以这个默认位置为参照，按照 top 和 left 属性值偏移，距离本身默认位置的顶部和左侧各留出相应的空间。第三个<div>元素的 position 属性值为 relative，它以非 static 的前辈元素为参照。由于这个元素的容器被赋予了 CSS 类 internalContainer，这个类的 position 属性值为 static，不能够作为参照点，因此需要外层元素中拥有 position 属性值为非 static 的元素，这样就找到了 CSS 类被标记为 externalContainer 的元素。

　　在图 3.13 中，需要注意的是，第三个<div>元素的位置是以 externalContainer 元素为参照，而不是以第一个 internalContainer 元素为参照。第 4 个<div>元素的 position 属性值为 fixed，它以浏览器窗口的位置为参照，而不受这个元素的前辈元素的影响。

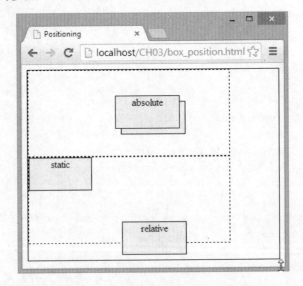

图 3.13　实现 4 种 position 定位方式

7. z-index(纵深层次)

前面提及的屏幕定位是针对于在同一个平面而言的,当网页上出现弹出菜单等局部屏幕被遮盖的现象时,就会涉及网页的多层结构问题。这里指的"多层结构",并不是在前两章中提到的一个 HTML 文件同时包含若干页面,而是指在同一个页面中存在若干层次,其中每一个层次可能覆盖整个浏览器窗口,也可能只涉及到屏幕中间的很小一个部分。这些层次通常并不同时显示在网页上。当某一层显示在浏览器中时,可能覆盖整个浏览器窗口,其他层不可见,也可能通过使本身这一层半透明的方法,使其他层即使被遮盖,但仍然可见。

网页的多层结构由 CSS 属性 z-index 实现。z-index 采用整数作为属性值,数值越大,表明这一层所处的位置越高,越靠近用户。在一个网页中,z-index 值可以通过 JavaScript 动态改变,以达到动态切换各层、显示不同的内容,并保留原有的网页内容的目的。z-index 也可用于网页的全部或者局部遮盖的目的。

本章将介绍如何设置透明度,通过实例再次详细讲解 z-index 属性的应用方法。

8. 再谈长度和宽度

本章在前面已经介绍了使用 width 和 height 属性指定宽度和高度的方法。这两个属性值既可以使用固定值确定一个 HTML 元素的显示大小,也可以利用百分比来规定显示大小与所在容器的大小比例。

在代码 3.19 中,有三幅相同的图片,第一幅图片通过 width:400px;使图片的显示宽度固定为 400px,而不是图片本身的大小。样式声明 height:auto;使图片的显示高度自动调整。当图片的显示宽度被 CSS 确定以后,图片的高度会根据显示宽度的调整比例进行相应的自动调整,而确保图片不会出现长/宽比例失调。这段代码中的第二幅图片通过 width:100%使图片能够按照浏览器窗口的大小自动匹配。这时候会出现两种情况:第一种情况是当这幅图片显示在几个窗口大小不同的浏览器时,图片能够分别按照浏览器窗口的宽度自动调整;第二种情况是如果这个网页显示在一个浏览器中,这时人为地改变浏览器窗口的大小,浏览器中显示的图片会根据浏览器窗口的动态变化而自动匹配。

代码 3.19　显示宽度自动调整演示

```
<!DOCTYPE html>
<html>
    <head>
        <meta charset="UTF-8">
        <title>max-width</title>
    </head>
    <body>
        <p>
            世界上最高的液压升降船闸,位于加拿大安大略省彼得堡市。
            船闸建成于 1904 年,现今仍然能够正常运行。
        <p>
            <img src="images/Peterborough_Lift_Lock.jpg"
              alt="加拿大彼得堡船闸"
              style="width:400px; height:auto;">
            <hr>
```

```
      <img src="images/Peterborough_Lift_Lock.jpg"
       alt="加拿大彼得堡船闸"
       style="width:100%; height:auto;">
      <hr>
      <img src="images/Peterborough_Lift_Lock.jpg"
       alt="加拿大彼得堡船闸" style="width:100%;
       max-width:640px; height:auto;">
   </body>
</html>
```

如果一幅图片能够在手机等窄屏设备中以 100%的宽度正常显示，但是这种方式在平板电脑等宽屏设备上往往就不适用，否则会出现图片过大，对其他网页内容在布局上造成压迫感的情况，这时就需要对图片的显示大小进行适当的限制。

代码 3.19 中的第三幅图片使用了 max-width(最大宽度)属性，当图片的显示宽度达到了预先设定的值以后，图片就不会继续增大。

在 CSS 中，除了 max-width 以外，还有 max-height(最大高度)、min-width(最小宽度)、min-height(最小高度)等属性，用于完成相应的功能。

9. float(浮动)

float 属性就像它的字面含义——漂浮。当一个 HTML 元素被设置了 float 属性以后，它的位置就不再像原先那样按照从上到下、从左到右的顺序排列。代码 3.20 演示了利用 float 属性使 HTML 元素"浮动"到某一个位置的方法。

代码 3.20　float 属性定位

```
<!DOCTYPE html>
<html>
   <head>
      <meta charset="UTF-8">
      <title>Float</title>
      <style>
         #container {
            border-style:    dashed;
            border-width:    1px;
            border-color:    black;
            width:           400px;
            height:          80px;
         }
         div>div {
            border-style:    solid;
            border-width:    1px;
            border-color:    black;
            width:           80px;
            height:          40px;
         }
      </style>
   </head>
```

```
    <body>
        <div id="container">
            <div id="d1" style="float:right">Div 1</div>
            <div id="d2" style="float:right">Div 2</div>
            <div id="d3" style="float:left">Div 3</div>
        </div>
    </body>
</html>
```

显示效果如图 3.14 所示。

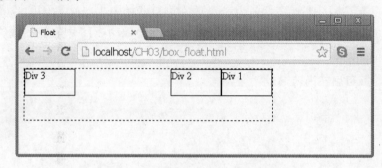

图 3.14　float 属性改变了默认的定位方式

代码 3.20 中，有 3 个<div>元素，分别被标识为 s1、s2 和 s3。这 3 个"块级"元素在默认情况下会依次从上到下显示(块级元素默认显示在新的一行中)。当这 3 个块级元素被赋予 float 属性后，它们就会像内联元素一样显示在一行中。第一个<div>元素按照 float:right 的要求漂浮到这一行的右边，第二个<div>元素同样按照 float:right 的要求漂浮到这一行的右边。由于第一个<div>元素已经漂浮到最右边的位置，因此第二个<div>元素就浮动到这一行右边第一个有效的位置，即第一个<div>元素的左边。第 3 个<div>元素按照 float:left 的要求，漂浮到这一行的左边。

说到 float 属性的实际应用，不得不提及在传统网站开发中经常用到的以<table>表格为基础的网页布局设计方法。基于<table>的网页布局，比较容易实现屏幕上各显示元素的精确定位。但是，这种设计模式在布局上具有相当强的"刚性"，虽然在传统 Web 设计中成功，却无法在移动 Web 设计上取得同样的成效。由于移动设备屏幕的多样化，移动 Web 在设计中应该尽量避免屏幕滚动，尤其应该避免网页的水平滚动。这样，基于<table>的设计模式明显违背了自适应的设计策略。现在，Web 设计的无表化(tableless)已经成为趋势，float 属性就是实现这一设计目标的一个有效方法。在 jQuery Mobile 开发过程中，我们虽然不会经常直接使用 float 属性，但是仍然能够感受到 float 属性无处不在，它已经被运用在 jQuery Mobile 系统之中了。

10. overflow(网页局部滚动)

网页上的文字或者图片，往往被包含在一个<div>或者其他元素中。当一个<div>的宽度和高度被限定，而<div>中的内容超出了<div>元素的范围，从而形成了溢出现象时，这时就可能会出现几种情况：或许显示的内容超出了<div>元素被限定的范围；或许内容被截断；或许<div>中出现滚动条，使所有的内容都可被访问到。overflow 属性能够应对以上几种情况，表 3.9 列举了 overflow 属性的几个常见属性值。

表 3.9　通过 overflow 实现的 4 种溢出处理方式

属 性 值	用法说明
visible	默认值。内容不会被截断，而是在超出被限定的矩形范围以外的位置显示
hidden	严格遵守被限定的显示范围，溢出的内容被截断
scroll	严格遵守被限定的显示范围，溢出的内容被截断，但是增加了滚动条用于访问溢出的内容
auto	严格遵守被限定的显示范围，当溢出现象发生时，才会增加滚动条，用于访问溢出的内容

代码 3.21 演示了 overflow 属性值为 auto 时，浏览器如图 3.15 中右侧的截屏所示，自动为溢出的内容添加滚动条时的情形。而在默认情况下，就会像图 3.15 中左侧的截屏那样，内容溢出了所限定的显示范围。

代码 3.21　网页局部内容滚动

```html
<!DOCTYPE html>
<html>
    <head>
        <meta charset="UTF-8">
        <title>Overflow</title>
        <style>
            .textContainer {
                border-style:    groove;
                border-width:    3px;
                border-color:    blue;
                width:           280px;
                height:          350px;
                text-align:      left;
                font-size:       95%;
                overflow:        auto;
            }
        </style>
    </head>
<body>
    <div class="textContainer">
        <p>我愿是溪流</p>
        <p>裴多菲</p>
        <p>我愿是一条激流，是山间的小河，穿过崎岖的道路，从山岩中间流过。
        只要我的爱人，是一条小鱼，在我的浪花里，愉快地游来游去；</p>
        <p>我愿是一片荒林，座落在河流两岸，我高声呼叫着，同暴风雨作战。
        只要我的爱人，是一只小鸟，停在枝头上鸣叫，在我的怀里作巢；</p>
        <p>我愿是城堡的废墟，耸立在高山之颠，即使被轻易毁灭，我也毫不懊丧。
        只要我的爱人，是一根常青藤，绿色枝条恰似臂膀，沿着我的前额，
        攀援而上；</p>
        <p>我愿是一所小草棚，在幽谷中隐藏，饱经风雨的打击，屋顶留下了创伤。
        只要我的爱人，是熊熊的烈火，在我的炉膛里，缓慢而欢快地闪烁；</p>
        <p>我愿是一块云朵，是一面破碎的大旗，在旷野的上空，疲倦地傲然挺立。
        只要我的爱人，是黄昏的太阳，照耀着我苍白的脸，映出红色的光艳。</p>
```

```
        </div>
    </body>
</html>
```

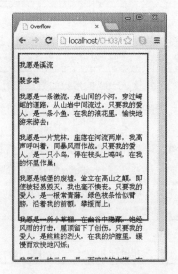

图 3.15　overflow 属性值分别为 visible 和 auto 时的显示效果对比

3.3.2　字符与文本

1. 字体

CSS 中的字体涉及字体类型、字体样式、字体大小等因素。表 3.10 列举了 CSS 中与字体相关的属性和常用属性值。

表 3.10　CSS 中与字体相关的常用属性

属　　性	属 性 值	含义与用法说明
font-size	xx-small	设置字体大小。按照属性值的排列顺序，含义分别为非常小、比较小、小、中等、大、比较大、非常大
	x-small	
	small	
	medium	
	large	
	x-large	
	xx-large	
	inherit	这一组属性值与父元素中的字体大小有关。inherit 表示继承自父元素；smaller 和 larger 分别表示与父元素中的字体相比，比较小或者比较大；或者采用与父元素中字体大小相对应的百分比
	smaller	
	larger	
	%	
	长度	使用绝对长度指定字体大小。单位可以采用 px、em、cm 等

续表

属 性	属 性 值	含义与用法说明
font-weight	normal	默认值
	bold	设置字形粗细。按照属性值的排列顺序，含义分别为粗、比较粗、比较细
	bolder	
	lighter	
	数字	指定 100~900 之间(包含)，并且是 100 的倍数的数，表示字形粗细的相对关系。400 等同于属性值 normal
font-style	normal	默认值
	italic	这两个属性值都表示斜体。这两种斜体风格与字体设计有关。italic 可能被显示为与默认字体不同的字体类型,而 oblique 则是真正保持字体原貌的斜体字形。不是所有的字体都具有 italic 字形，在这种情况下，文字可能被显示为 oblique
	oblique	
font-variant	normal	默认值
	small-caps	小写字母被自动转换成大写，并以比正常大写字母略小的方式显示

2. 文本

CSS 中的文本涉及文本对齐、行高、换行、字间距、行间距、文字缩进等因素。表 3.11 列举了 CSS 中与文本相关的属性与常用属性值。

表 3.11　CSS 中与文本相关的常用属性

属 性	属 性 值	含义与用法说明
text-align	left	设置字体对齐方式。含义分别为左对齐、右对齐、居中对齐、两端对齐
	right	
	center	
	justify	
line-height	normal	默认值
	%	与当前字体大小的百分比
	长度	以 px、cm 等单位表示的固定行高
	数字	与当前字符大小的倍数关系，比如 1 倍行高、2 倍行高等
word-break	normal	默认值
	break-all	允许在一个单词中间换行
	keep-all	禁止在一个单词中间换行

在表 3.11 中，关于单词词间换行的属性 word-break 是使用中文的开发人员容易忽略的一个重要属性，这个属性在英语等以字母/单词为基础的语言中，在手机等窄屏幕上处理超长单词时需要用到。代码 3.22 演示了 word-break 属性值对于长单词和长数值的处理方法。读者应当对照图 3.16，观察当属性值分别为 keep-all 和 break-all 时对实际显示效果的影响，尤其需要注

意的是显示范围边界、在单词中间的换行，以及显示范围溢出等情况。

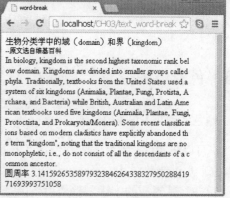

图 3.16　word-break 属性值分别为 keep-all 和 break-all 时对换行操作的影响

代码 3.22　word-break 属性演示

```
<!DOCTYPE html>
<html>
    <head>
        <meta charset="UTF-8">
        <title>word-break</title>
        <style>
            div {
                width: 370px;
            }
        </style>
    </head>
    <body>
        <div>
            <div>生物分类学中的域(domain)和界(kingdom)</div>
            <div style="font-size:smaller;">--原文选自维基百科</div>
        </div>
        <div style="word-break:keep-all">
            In biology, kingdom is the second highest taxonomic rank
            below domain. Kingdoms are divided into smaller groups
            called phyla. Traditionally, textbooks from the United
            States used a system of six kingdoms (Animalia, Plantae,
            Fungi, Protista, Archaea, and Bacteria) while British,
            Australian and Latin American textbooks used five
            kingdoms (Animalia, Plantae, Fungi, Protoctista, and
            Prokaryota/Monera). Some recent classifications based
            on modern cladistics have explicitly abandoned the term
            "kingdom", noting that the traditional kingdoms are not
            monophyletic, i.e., do not consist of all the descendants
            of a common ancestor.
        </div>
```

```
      <div style="word-break:keep-all">
          圆周率 3.14159265358979323846264338327950288419716939937510588
      </div>
   </body>
</html>
```

3.3.3　色彩与图形

1. 颜色名称与 RGB 颜色值

CSS 可以将 RGB 颜色值或者预定义的颜色名称用于样式声明。RGB 颜色值是以"#"开始的六位十六进制数，其中每两位一组，分别代表红绿蓝三种颜色，每一种颜色的十六进制值从#00 到#FF，其对应的十进制整数值范围是从 0 到 255。#000000 为黑色，#FFFFFF 为白色。

CSS 3 的色彩模块(技术规范)定义了 16 种基本颜色名称及其颜色值，而被广泛采用的 CSS 颜色名称大约有 140 个左右。这些颜色名称使常用颜色便于在 Web 开发中直接使用。

表 3.12 仅列举了 CSS 中很小一部分常用颜色名称和十六进制颜色值。

表 3.12　CSS 中常用的颜色名和颜色值

CSS 颜色名称	颜　色	颜　色　值	CSS 颜色名称	颜　色	颜　色　值
White	白	#FFFFFF	LightPink	浅粉红	#FFB6C1
WhiteSmoke	烟白	#F5F5F5	Pink	粉红	#FFC0CB
Snow	雪白	#FFFAFA	Violet	紫罗兰	#EE82EE
SeaShell	贝壳白	#FFF5EE	DarkViolet	深紫罗兰	#9400D3
Yellow	黄	#FFFF00	Purple	紫	#800080
YellowGreen	黄绿	#9ACD32	Green	绿	#008000
Gold	金黄	#FFD700	SeaGreen	海绿	#2E8B57
Brown	棕	#A52A2A	DarkGreen	深绿	#006400
Wheat	小麦	#F5DEB3	Red	红	#FF0000
Chocolate	巧克力	#D2691E	DarkRed	深红	#8B0000
Orange	橙	#FFA500	LightGray	浅灰	#D3D3D3
OrangeRed	橙红	#FF4500	DarkGray	深灰	#A9A9A9
DarkOrange	深橙	#FF8C00	Black	黑	#000000

2. 文本颜色

CSS 中的 color 属性规定了文本的颜色，当使用 color 属性为一段文本设置颜色时，只需要为文本所在的容器指定 color 属性即可。

3. 背景颜色

背景颜色可以是指整个网页的背景颜色，也可以是网页的一个部分的背景颜色，比如<div>的背景颜色。一个基本的背景颜色设置通过 CSS 的 background-color 属性实现。background-color

的属性值允许使用十六进制颜色值，或者是 CSS 中预先定义的颜色名称。

背景颜色除了使用单一颜色外，还可以通过 CSS 3 中新增加的渐变功能实现各种不同的背景颜色变换。CSS 3 支持线性和放射状两种渐变形式，而线性渐变又包含了水平、垂直、对角线及其不同的方向等多种渐变方式。

代码 3.23 在三个单独的<div>中分别演示三种不同的线性渐变方向。

代码 3.23　背景颜色线性渐变

```
<!DOCTYPE html>
<html>
    <head>
        <meta charset="UTF-8"><title>Background - Color - Gradients</title>
        <style>
        .container {
            width:          200px;
            height:         100px;
            border-style:   solid;
            border-width:   1px;
            float:          left;
        }
        .fromTop {
            background: -webkit-linear-gradient(white, gray);
            background: -o-linear-gradient(white, gray);
            background: -moz-linear-gradient(white, gray);
            background: linear-gradient(white, gray);
        }
        .fromLeft {
            background: -webkit-linear-gradient(left, white, gray);
            background: -o-linear-gradient(right, white, gray);
            background: -moz-linear-gradient(right, white, gray);
            background: linear-gradient(to right, white, gray);
        }
        .fromTopLeft {
            background: -webkit-linear-gradient(top left, white, gray);
            background: -o-linear-gradient(bottom right, white, gray);
            background: -moz-linear-gradient(bottom right, white, gray);
            background: linear-gradient(to bottom right, white, gray);
        }
        </style>
    </head>
    <body>
        <div>
            <div class="container fromTop">上 --> 下</div>
            <div class="container fromLeft">左 --> 右</div>
            <div class="container fromTopLeft">左上 --> 右下</div>
        </div>
    </body>
</html>
```

运行效果如图 3.17 所示。

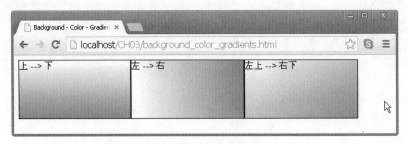

图 3.17   线性渐变的效果

这里的 CSS 样式声明有以下特点：

- 在本书中第一次使用了带有浏览器前缀的 CSS 属性，如-webkit-、-o-和-moz-。
- linear-gradient()是正式的 CSS 语法，这一行必须放在所有带有浏览器前缀的属性之后。
- linear-gradient()带有若干参数，如果方向参数缺省，则默认为自上而下渐变。
- linear-gradient()的参数中至少需要注明两种颜色，如果颜色多于两个，就会产生多种颜色连续渐变的光谱效果。
- 必须注意——方向值参数在带有不同的浏览器前缀的 CSS 属性中的使用方法不同。

本书中还将使用更多带有浏览器前缀的 CSS 属性。这些前缀已经能够说明它们所适用的浏览器，比如-webkit-适用于 Safari 等以 WebKit 为核心的浏览器，-o-适用于 Opera 浏览器，而-moz-适用于 Firefox 浏览器。这些特殊前缀的产生背景是当 CSS 相关技术规范还没有形成标准化以前，浏览器的开发商已经开始着手进行相关新标准的实验和测试，为了区别于将来正式的 CSS 属性，浏览器厂商在相应的属性之前加上了浏览器前缀。因此，这些带有前缀的属性只是一个临时方案。随着 CSS 的标准化，这些特殊属性也将随之逐步淘汰。在本书的写作过程中，Chrome 浏览器已经能够正确处理 linear-gradient 属性，而不再需要-webkit-前缀。

4. 透明度

当网页上有两个可见元素出现叠加时，可以通过 opacity 属性设置元素的透明度，以达到不同的显示效果。当 opacity 属性值为 1 时，表示完全不透明，当 opacity 属性值为 0 时，表示完全透明。

透明意味着存在着重叠。本书 3.3.1 小节中介绍过与纵深层次相关的 z-index 属性，下面通过代码 3.24 来演示 opacity 属性的使用方法以及一个非常实用的 z-index 属性应用技巧。

代码 3.24   屏幕遮盖与透明

```
<!DOCTYPE html>
<html>
   <head>
      <meta charset="UTF-8">
      <title>Background - Color - Opacity</title>
      <style>
         #html, body {
            padding:        0;
            margin:         0;
```

```
            width:          100%;
        }
        #dimOverlay {
            position:       fixed;
            height:         100%;
            width:          100%;
            top:            0px;
            left:           0px;
            background-color: black;
             opacity:       0.5;
            display:        none;
        }
        #popupDiv {
            position:       absolute;
            height:         100px;
            width:          300px;
            background-color: white;
            opacity:        0.8;
            display:        none;
            text-align:     center;
            top:            50%;
            left:           50%;
            margin-top:     -50px;
            margin-left:    -150px;
        }
    </style>

    <script>
        function dim() {
            var overlayDiv = document.getElementById("dimOverlay");
            overlayDiv.style.zindex = 1000;
            overlayDiv.style.display = "block";
            var popup = document.getElementById("popupDiv");
            popup.style.zindex = 1050;
            popup.style.display = "block";
        }
        function removeDim() {
            var overlayDiv = document.getElementById("dimOverlay");
            overlayDiv.style.display = "none";
            var popupDiv = document.getElementById("popupDiv");
            popupDiv.style.display = "none";
        }
    </script>
</head>
<body>
    <div id="main">
        <img src="images/Peterborough_Lift_Lock.jpg"
        alt="加拿大彼得堡船闸"
        style="width:400px; height:auto;">
```

```
        <hr>
        <button onclick="dim()">请点击</button>
    </div>

    <div id="dimOverlay"> </div>
    <div id="popupDiv">
        <button onclick="removeDim()"
          style="position:relative;top:30px;">恢复</button>
    </div>
  </body>
</html>
```

代码 3.24 实现了一个如图 3.18 所示的屏幕遮盖功能。当用户按下第一个画面中的按钮以后，整个浏览器窗口像是被黑色半透明玻璃遮盖了。由于原始屏幕已经被新增加的一层遮挡，原来屏幕上的按钮、链接等都将无法收到用户的鼠标点击事件，原来的屏幕暂时失去了作用，直到用户在第二个屏幕的弹出框中单击"恢复"按钮，屏幕才会回到初始状态。

整个网页在纵深方向上一共分为三层，在网页代码中表现为三个并列的<div>，其中后两个在初始状态下不可见(display: none;)。当"请点击"按钮被按下时，后两个<div>被 JavaScript 程序同时设置为可见，并被分别赋予 z-index 属性 1000 和 1050。在正常情况下，网页的默认 z-index 不会超过 999(采用某些 JavaScript 框架的网页除外)，因此，当一个用户自定义的<div>的 z-index 值大于或等于 1000 时，可以确保这些层能够被显示在原有的网页内容之上，遮盖原有的网页内容，而不是被原有的网页内容所遮盖。在这三层中，网页加载时显示的这一层处于最底层，黑色半透明层处于中间，而"恢复"按钮所在的这一层处于最高层位置。图 3.18 中的第二个画面演示了这三层的叠加与覆盖关系。

后两层的 opacity 值被分别设置为 0.5 和 0.8，其效果同样可以从图 3.18 的第二个画面上看到，opacity 值越大，透明度越低。

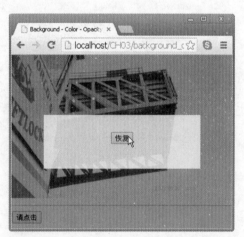

图 3.18 遮盖关系、透明度的设置与实际应用效果

5. 背景图片

一幅图片可以通过<img>标签来显示，也可以通过 CSS 的 background-image 属性显示在一

个容器元素的背景上。如果图片大于容器的大小，图片会自动沿着水平方向(X 轴)或者垂直方向(Y 轴)重复，直到铺满容器。图片的重复由属性 background-repeat 控制，属性值及其含义如表 3.13 所示。

表 3.13　通过 background-repeat 实现的背景图片重复方式

属 性 值	用法说明
repeat	默认值。背景图片同时沿着水平方向和垂直方向重复显示
repeat-x	背景图片水平重复
repeat-y	背景图片垂直重复
no-repeat	背景图片无重复

除了用于在浏览器窗口背景或者网页的局部背景上显示一幅图片外，当 CSS 3 中有关渐变的功能还没有出现的时候，通过背景图片也能够实现类似的功能。如果想要实现浏览器窗口从白色到灰色，自上而下的渐变效果，就可以准备一个宽度为 1px 的细长图片，图片的颜色按照从白色到灰色，自上而下渐变，与希望得到的屏幕背景渐变效果一致。然后把 background-repeat 属性的值设置为 repeat-x，使图片仅仅沿着水平方向重复，直到铺满全部浏览器宽度。在垂直方向上，由于图片不是由单一颜色构成，无法在垂直方向上重复，又由于浏览器窗口往往超过图片的高度，这样就造成了屏幕底部没有被图片覆盖的地方出现大片空白。为了解决这个问题，我们必须把网页的底色设置为与渐变图片的底部颜色一致，这样，就可以实现正中渐变颜色的底部与网页底色的无缝对接。

代码 3.25 通过一个非常简单的网页演示了上述实际应用。

代码 3.25　通过背景图片实现的背景渐变

```
<!DOCTYPE html>

<html>
    <head>
        <meta charset="UTF-8">
        <title>Background - Image - Gradients</title>
        <style>
            body {
                min-width:        500px;
                min-height:       500px;
                background-image: url('images/gray_gradient.bmp');
                background-repeat: repeat-x;
                background-color: gray;
            }
        </style>
    </head>
    <body>
    </body>
</html>
```

3.4 图形变换与动画效果

3.4.1 二维变换

变换(transform)或者称为变形，是使显示在浏览器中的一个 HTML 单元产生位置改变、旋转、缩放、倾斜等不同的显示效果。变换分为二维和三维两种。二维变换的所有显示效果都发生在同一个平面上。

在本书的写作过程中，标准的二维变换 CSS 语法还没有被所有的主流浏览器支持。Opera 和 Firefox 已经能够正确处理二维变换的标准属性，而 Chrome 还需要使用带有浏览器前缀的特有属性。当读者在使用 CSS 开发屏幕元素变换功能时，需要注意浏览器对 CSS 标准语法的支持度，并根据项目的需求，在所有的目标浏览器上做一个完全测试。

代码 3.26 演示了 CSS 二维变换中的主要功能。

代码 3.26 二维变换演示

```
<!DOCTYPE html>
<html>
    <head>
        <meta charset="UTF-8">
        <title>2D Transforms</title>
        <style>
            div {
                width:              150px;
                height:             100px;
                background-color:   lightGray;
                cursor:             pointer;
            }
            .translateRight {
                -webkit-transform: translate(150px,0px);
                transform: translate(150px,0px);
            }
            .rotate30 {
                -webkit-transform: rotate(30deg);
                transform: rotate(30deg);
            }
            .rotate45 {
                -webkit-transform: rotate(45deg);
                transform: rotate(45deg);
            }
            .rotateM60 {
                -webkit-transform: rotate(-60deg);
                transform: rotate(-60deg);
            }
            .scale80Percent {
```

```
            -webkit-transform: scale(0.9,0.9);
            transform: scale(0.9,0.9);
        }
        .scaleDoubleWidth {
            -webkit-transform: scale(2,1);
            transform: scale(2,1);
        }
        .skew {
            -webkit-transform: skew(40deg,10deg);
            transform: skew(40deg,10deg);
        }
    </style>
</head>
<body>
    <div id="obj" onclick="back()">CSS 二维变换</div>
    <button onclick="translateRight()">右移</button>
    <br>
    <button onclick="rotate30()">旋转 30 度</button>
    <button onclick="rotate45()">旋转 45 度</button>
    <button onclick="rotateM60()">旋转-60 度</button>
    <br>
    <button onclick="scale80Percent()">缩小 20%</button>
    <button onclick="scaleDoubleWidth()">宽度加倍</button>
    <br>
    <button onclick="skew()">倾斜</button>
    <script>
        var obj = document.getElementById("obj");
        function back() {
            obj.className = " ";
        }
        function translateRight() {
            obj.className = "translateRight";
        }
        function rotate30() {
            obj.className = "rotate30";
        }
        function rotate45() {
            obj.className = "rotate45";
        }
        function rotateM60() {
            obj.className = "rotateM60";
        }
        function scale80Percent() {
            obj.className = "scale80Percent";
        }
        function scaleDoubleWidth() {
            obj.className = "scaleDoubleWidth";
        }
        function skew() {
```

```
                obj.className = "skew";
            }
        </script>
    </body>
</html>
```

代码 3.26 定义了 4 组(每组一行)、一共 7 个按钮。每个按钮通过 JavaScript 动态赋予一个 <div>相应的 CSS 类，每一组按钮对应了一个二维变换功能。这 4 组按钮分别代表了位移、旋转、缩放和倾斜，真正实现二维变换功能的是定义在 CSS 类中的 transform 属性。根据需要实现的变换功能，每一个 transform 属性又带有不同的方法，同时，这些方法中的参数具体描述了变换的程度。以 transform: translate(150px, 0px);为例，transform 属性表示变换，translate()方法表示平面位移，translate()方法中的两个参数分别说明在 X 轴和 Y 轴上的偏移量。

二维变换是指在一个平面上的图形变化，如果一个二维变换方法带有两个参数，通常分别是指在 X 轴和 Y 轴上的偏移量、旋转角度，或者缩放倍数。而像 rotate(45deg)这样，rotate() 方法中的参数是指如图 3.19 所示的顺时针旋转的角度。

图 3.19　转动 45 度

3.4.2　三维变换

三维变换是在以 X 轴和 Y 轴为基础的二维变换基础上，增加了对 Z 轴的支持，使图形变换从一个平面转移到立体空间。例如，rotateX()方法是使图形环绕 X 轴在立体空间旋转，而不是像二维变换那样，在同一个平面上旋转。与二维变换类似，三维变换同样实现了位移、旋转、缩放等功能，但是，三维变换在相关 CSS 属性及其参数的使用上，远比二维变换复杂，尤其是三维变换中 CSS 属性的简写形式。这里介绍三维变换中与 jQuery Mobile 定制相关的一部分基本的变换功能。代码 3.27 演示了一个由<div>构成的图形环绕 X 轴转动的实例。

代码 3.27　环绕 X 轴转动

```
<!DOCTYPE html>
<html>
    <head>
        <meta charset="UTF-8">
        <title>3D Transforms - RotateX</title>
```

```
        <style>
            div {
                width:          150px;
                height:         100px;
                background-color:  lightGray;
                cursor:         pointer;
            }
            .rotateX30 {
                -webkit-transform:  rotateX(30deg);
                transform:          rotateX(30deg);
            }
            .rotateX60 {
                -webkit-transform:  rotateX(60deg);
                transform:          rotateX(60deg);
            }
            .rotateX150 {
                -webkit-transform:  rotateX(150deg);
                transform:          rotateX(150deg);
            }
        </style>
    </head>
    <body>
        <div id="obj" onclick="back()">CSS 三维变换<br>演示</div>
        <button onclick="rotateX30()">围绕 X 轴转 30 度</button>
        <button onclick="rotateX60()">围绕 X 轴转 60 度</button>
        <button cnclick="rotateX150()">围绕 X 轴转 150 度</button>
        <br>
        <script>
            var obj = document.getElementById("obj");
            function back() {
                obj.className = " ";
            }
            function rotateX30() {
                obj.className = "rotateX30";
            }
            function rotateX60() {
                obj.className = "rotateX60";
            }
            function rotateX150() {
                obj.className = "rotateX150";
            }
        </script>
    </body>
</html>
```

　　这段代码的核心是 transform: rotateX(60deg); 这是环绕 X 轴转动的标准语法，Chrome 浏览器还需要加上-webkit-前缀。图 3.20 显示了当一个<div>环绕以这个图形中部的水平线为 X 轴转动 60 度以后的实际效果，图形中的文字也随着图形的转动发生变形。当我们使图形转动到 90

度和 180 度这个区间时，图形中的文字会出现颠倒现象。如果把代码 3.27 中的 rotateX()方法替换为 rotateY()方法，并修改转动角度，可以得到如图 3.21 所示的转动效果。

图 3.20　围绕 X 轴转动 60 度　　　　　图 3.21　围绕 Y 轴转动 45 度

三维变换中还有很多方法。这些方法的共同点都是以三维坐标系的三条轴为依据产生的变换效果。其他三维变换方法这里不再详细介绍。

3.4.3　过渡效果

CSS 过渡效果是指一个或者多个 CSS 属性在从一种状态逐渐转变为另外一种状态的过程中所产生的显示效果。过渡效果与前面两个小节中介绍的静态变换效果不同，网页用户能够观察到明显的动态变化过程。过渡效果也与 CSS 渐变效果不同，CSS 渐变效果是指在网页空间上的静态演变，而过渡效果则是指在一定时间范围内的动态渐进变化过程。

实现 CSS 过渡效果需要具备以下两个要素：

● 通过 CSS 选择器指定特定目标元素。
● 目标元素某一个(或某几个)属性的初始(默认)状态和过渡效果的终止状态。

代码 3.28 体现了上述两个基本条件。这段代码的目的，是当鼠标移动到网页上指定的<div>元素以后，元素的宽度在 3 秒钟时间范围内，从 100px 持续渐进加大到 150px。网页用户应该在支持过渡效果的浏览器上看到平滑的宽度变化过程。虽然这段代码为了把注意力集中到 CSS 语法上，只是使用了元素选择器"div"选择该网页中的所有<div>元素，但由于这个网页仅包含一个<div>元素，因此不会造成混淆。在真实项目开发环境下，一个网页会包含多个<div>和其他元素，这时，应该选用合理的 CSS 选择器来选择需要实现过渡效果的特定元素。

首先，代码 3.28 在元素选择器"div"中规定了网页中<div>元素的默认(初始)样式风格，其中包括初始宽度 width: 100px;，并通过 transition: width 3s;规定使用该选择器的所有元素都具有过渡效果，过渡效果发生在被选择元素的 width 属性上，过渡效果从开始到结束会持续 3 秒。

其次，通过伪类:hover 规定当鼠标移动到被选择的<div>元素上时，<div>的宽度为 150px。从以上描述可以看到，这段代码通过 CSS 选择器指定了需要实现过渡效果的元素，规定了过渡发生的属性 width 及其始末状态 100px 和 150px。这样，当鼠标移动到网页上的一个<div>元素上方以后，这个<div>元素的宽度就会在 3 秒钟左右从 100px 平滑增加，直到宽度达到 150px 为止。

代码 3.28　单一 CSS 属性的过渡效果

```html
<!DOCTYPE html>
<html>
    <head>
        <meta charset="UTF-8">
        <title>Transition - 单一CSS属性过渡效果</title>
        <style>
            div {
                width:             100px;
                height:            100px;
                background-color:  lightGray;
                transition:        width 3s;
                -webkit-transition: width 3s;
            }
            div:hover {
                width:             150px;
            }
        </style>
    </head>
    <body>
        <div> </div>
    </body>
</html>
```

代码 3.28 演示了发生在单一 CSS 属性上的过渡效果。在很多情况下，网页上的过渡效果需要同时发生在两个或更多的 CSS 属性上。代码 3.29 演示了 width、height、background-color 三个 CSS 属性同时在 3 秒钟时间范围内发生过渡的效果。

代码 3.29　多重 CSS 属性的过渡效果

```html
<!DOCTYPE html>
<html>
    <head>
        <meta charset="UTF-8">
        <title>Transition - 多重CSS属性过渡效果</title>
        <style>
            div {
                width:             100px;
                height:            100px;
                background-color:  #EEEEEE;
                transition:        width 3s,
                                   height 3s,
                                   background-color 3s;
                -webkit-transition: width 3s,
                                   height 3s,
                                   background-color 3s;
            }
            div:hover {
```

```
            width:              150px;
            height:             150px;
            background-color:   #333333;
        }
    </style>
</head>
<body>
    <div> </div>
</body>
</html>
```

对比代码 3.29 和代码 3.28，最明显的变化是代码 3.29 中的 transition 属性值使用了如下语法：width 3s, height 3s, background-color 3s；这个语法相当于把代码 3.28 中用于单一属性的属性值通过逗号连接，形成一个多重属性值的组合。运行代码 3.29，当把鼠标移动到<div>元素所在图形的上方时，图形的宽度、高度和颜色同时都在 3 秒钟左右完成了从初始状态到最终状态的渐进演变。

综合代码 3.28 和代码 3.29，两段代码都出现了如 width 3s 这样的语法。其实，这是过渡效果的一种简写形式。完整的形式可以同时包含 4 个属性值：

```
transition:   参与过渡效果的属性名, 过渡效果持续时间, 速度变化, 延迟;
```

代码 3.28 和代码 3.29 都只用到了上述 4 个属性值中间的前两个，代码 3.30 同时使用了 4 个属性值，分别代表 4 个过渡特性。

代码 3.30　同时使用 4 个过渡特性

```
<!DOCTYPE html>
<html>
    <head>
        <meta charset="UTF-8">
        <title>Transition - Full Control</title>
        <style>
            div {
                width:              400px;
                height:             60px;
                background-color:   lightGray;
                transition:         height 4s ease-out 1s;
                -webkit-transition: height 4s ease-out 1s;
            }
            div:hover {
                height:             600px;
            }
        </style>
    </head>
    <body>
        <div> </div>
    </body>
</html>
```

上述 4 个属性值也可以依次分别由属性 transition-property、transition-duration、transition-timing-function 和 transition-delay 表示。

其中，属性 transition-delay 代表延迟。当属性 transition-delay 被设置一个时间值以后，过渡效果不会立即发生，而是需要等待延迟的时间结束，才会开始过渡效果。

在默认情况下，过渡效果以较慢的速度开始，中途加速，并以较慢的速度结束。这样的速度变化可以通过属性 transition-timing-function 来改变。属性 transition-timing-function 的属性值的核心是数学上的贝塞尔曲线(Cubic Bézier Curve，或译为贝兹曲线)，并把曲线映射为过渡效果以及下一小节将要介绍的动画效果中的完成进度。图 3.22 中的曲线代表了默认状况下的动画完成进度规律。贝塞尔曲线通

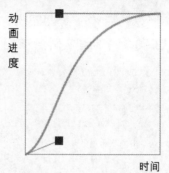

图 3.22　CSS 中 ease 所代表的贝塞尔曲线
(时间与动画进度百分比)

过 4 个点来定义曲线的几何图形。CSS 3 提供了 cubic-bezier(n,n,n,n)方法，参数值需要通过数学运算得到。除了通过数学方法精确定义速度变化以外，CSS 3 还为 transition-timing-function 属性同时预定义了如表 3.14 中列举的 5 个常用的进度特性。

表 3.14　通过 transition-timing-function 设置过渡效果的进度变化特性

属 性 值	用法说明
ease	默认值。慢速开始，中途加速，慢速结束
linear	匀速
ease-in	慢速开始
ease-out	慢速结束
ease-in-out	慢速开始，慢速结束

3.4.4　动画效果

CSS 动画效果综合了前面介绍的变换和过渡效果，实现图形在浏览器中的翻转、移位、跳跃等动作，这些动画效果能够取代一部分过去由 Flash 或者 JavaScript 产生的动画效果。

CSS 动画必须具备以下几个要素：
● 通过 CSS 选择器指定目标元素。
● 动画效果的名称。
● @keyframes 规则。
● 通过@keyframes 规则规定目标元素的某一个(或某几个)属性的初始状态和动画效果的终止状态。

代码 3.31 完成了一幅图片从浏览器窗口的上方滑动进入浏览器，并且最终停留在浏览器窗口中的一个动画效果。与过渡效果相似，首先需要通过 CSS 选择器，选择需要添加动画效果的 HTML 元素，然后为被选择的目标元素指定动画名称。属性 animation-name 的值必须匹配

一个@keyframes 规则，而真正的动画效果都定义在@keyframes 规则中。代码 3.31 中的
@keyframes 规则通过 from 和 to 定义了动画的开始和结束状态。这段代码中，一个需要注意的
地方，就是目前需要为 Chrome 浏览器在@keyframes 关键字前面添加-webkit-前缀。

代码 3.31　动画实例 - 下拉

```html
<!DOCTYPE html>
<html>
    <head>
        <meta charset="UTF-8">
        <title>Animation - SlideDown</title>
        <style>
            img {
                width:    100%;
                height:   auto;
            }
            #div1 {
                -webkit-animation-name:        slideDown;
                -webkit-animation-duration:     10s;
                animation-name:                slideDown;
                animation-duration:             10s;
            }
            @-webkit-keyframes slideDown {
                from { -webkit-transform: translateY(-100%); }
                to   { -webkit-transform: translateY(0); }
            }
            @keyframes slideDown {
                from { transform: translateY(-100%); }
                to   { transform: translateY(0); }
            }
        </style>
    </head>
    <body>
        <div id="div1">
            <img src="images/whale_02.jpg" alt="killer whale">
        </div>
    </body>
</html>
```

CSS 动画效果与过渡效果中使用的很多属性十分相像，使用时也能更改这些属性的
transition-或者 animation-前缀。例如，代码 3.32 中使用的 animation-timing-function 属性，它的
作用与过渡效果的 transition-timing-function 属性的作用是十分相近的。代码 3.32 模拟了一个篮
球自由落体并落地弹回这样一个过程。这段代码中的 animation-iteration-count 属性可以为动画
效果指定发生的次数，也可以像代码中那样指定为 infinite，即无限循环。

代码中的 animation-timing-function 属性值使用了 CSS 中的 cubic-bezier(n,n,n,n)方法，模拟
了自由落体中的加速过程。animation-direction 属性用于指定动画效果的方向特性，表 3.15 列
举了 animation-direction 属性的 4 个常用属性值。由于该属性被赋予属性值 alternate，动画在第

1、3、5…次按照@keyframes 规则中的正常顺序运行，而第 2、4、6…次以@keyframes 规则所规定相反顺序执行，这样，当篮球落地以后，从地面弹起的减速效果正好与第一次动画运行时的自由落体效果相反。

表 3.15　通过 animation-direction 设置过渡效果的方向特性

属 性 值	用法说明
normal	默认值。按照@keyframes 规则运行动画过程
reverse	按照@keyframes 规则的逆向顺序运行动画过程
alternate	动画在奇数次以正常方式运行，在偶数次以逆向方式运行
alternate-reverse	动画在偶数次以正常方式运行，在奇数次以逆向方式运行

代码 3.32　动画实例 - 自由落体与弹回

```html
<!DOCTYPE html>
<html>
    <head>
        <meta charset="UTF-8">
        <title>Animation - Bounce</title>
        <style>
            #div1 {
                position: relative;
                -webkit-animation-name:          bounce;
                -webkit-animation-duration:        1s;
                -webkit-animation-iteration-count: infinite;
                -webkit-animation-direction:       alternate;
                -webkit-animation-timing-function:
                  cubic-bezier(0.515, 0.180, 0.900, 0.470);
                animation-name:                    bounce;
                animation-duration:                1s;
                animation-iteration-count:          infinite;
                animation-direction:                alternate;
                animation-timing-function:
                  cubic-bezier(0.515, 0.180, 0.900, 0.470);
            }
            @-webkit-keyframes bounce {
                from   { top:   0px; }
                to     { top:  400px; }
            }
            @keyframes bounce {
                from   { top:   0px; }
                to     { top:  400px; }
            }
        </style>
    </head>
    <body>
      <div id="div1">
```

```
        <img src="images/basketball.jpg" alt="篮球">
      </div>
    </body>
</html>
```

3.5　CSS 与输出设备

3.5.1　设备类型简介

随着技术的发展，一个网页不再仅仅是只能在桌面浏览器中输出，网页也可以通过打印机、电视、传真机、移动设备等输出。不同的输出设备具有不同的物理特性，它们对网页的表现能力往往很不相同。为了适应各种不同的输出设备，自 CSS 2 起，增加了媒体类型(Media Type)功能，即对输出设备的支持。这样，一个网页可以根据输出设备的不同而采用不同的样式规则，使输出效果达到最佳。CSS 2.1 定义了如下媒体类型，见表 3.16。

表 3.16　CSS 支持的媒体类型

媒体类型	设备说明
all	适用于所有设备
braille	盲文输出设备
embossed	盲文打印机
handheld	手持设备、移动设备
print	打印机
projection	投影仪
screen	彩色显示器
speech	语音输出设备
tty	电传打字机
tv	电视机(彩色、低分辨率、具有声音输出功能、屏幕滚动功能有限)

CSS 对媒体类型的支持通过@media 规则实现。@media 规则是针对于某种特定输出设备制定的一系列样式规则的集合。只要把与输出设备相关的样式表定义在针对某种输出设备的@media 规则范围内，这样的样式表的使用范围就只限于某种特定的输出设备了。

代码 3.33 演示了一个经典的针对不同输出类型的设备而采用不同样式表的实例。

代码 3.33　使用@media 规则

```
<!DOCTYPE html>
<html>
    <head>
        <meta charset="UTF-8">
        <title>Media Type</title>
        <style>
```

```
        div {
            width:          100%;
        }
        .content {
            min-height:     150px;
            background-color: lightGray;
        }
        @media screen {
            .title {
                height:          50px;
                background-color:  black;
                color:           white;
            }
        }
        @media print {
            .title {
                height:          50px;
                background-color:  white;
                color:           black;
            }
        }
    </style>
  </head>
  <body>
    <div class="title">标题</div>
    <div class="content">内容</div>
  </body>
</html>
```

这段代码在网页上分为两个区域：标题和内容。其中内容区的样式，在任何输出设备上都是一致的，都是浅灰色背景、黑色的文字，而这个网页文件的标题部分，在不同的输出设备上，会表现为不同的样式。

当这个网页文件在浏览器中显示时，标题的背景色是黑色，而文字是白色的，如图 3.23 所示。当这个网页文件在打印机输出时，标题的背景则采用白色，文字是黑色的。

图 3.23　通过@media screen 指定标题在计算机屏幕上输出的样式

注意：　很多浏览器在打印输出时会隐藏背景颜色和背景图片。代码 3.33 要求浏览器中的相关设置必须保证背景颜色能够被打印机输出。图 3.24 中，箭头所指的是 Chrome 浏览器的相关设置。图 3.24 右侧显示的是网页文件的打印预览。

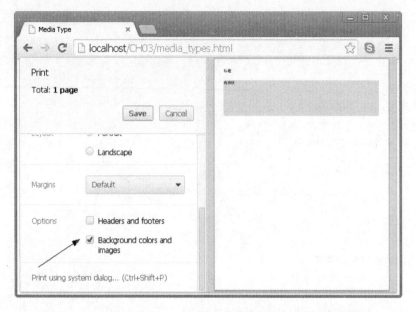

图 3.24　通过@media print 指定标题在打印机上输出的样式

3.5.2　媒体查询简介

CSS 2 和 CSS 2.1 对于媒体类型的支持使不同类型的设备获得不同的样式特性[①]。比如代码 3.33 中，通过@media 规则为计算机和打印机设置不同的样式风格。但是在实际应用中，媒体类型除了 screen 和 print 以外的其他类型都很受限制，并没有真正得到广泛应用。尤其是在手机等移动设备方面，由于移动设备之间的屏幕大小和分辨率差别很大，而且又可以垂直或者水平方向放置，无法为所有的 handheld 类型的设备设计统一的样式表，这样的设备物理特性问题在 CSS 3 中的媒体查询技术下得到了极大的改善。

媒体查询(Media Queries)，目前还没有一个确切的中文术语，而且从字面上也很难直接翻译，这里暂且使用"媒体查询"这个非正式的名称。媒体查询是 CSS 3 系列技术中已经正式发布的一个模块，它采用了在 HTML 4 中保留下来的 media 属性，然而媒体查询技术采用了不同于 HTML 4 的解析规则。由于目前 HTML 5 并没有形成最终的版本，媒体查询技术可以用在 HTML 5 中，但是它并不针对于 HTML 5。

媒体查询技术在语法上既可以通过 media 属性定义，也可以通过@media 规则或者@import 规则定义。而媒体查询中的"查询"则是由零或多个表达式来实现的。查询的范围包括屏幕显示区的宽度/高度(对于计算机屏幕和移动设备中的浏览器，高度和宽度包含滚动条)、设备显示区的宽度和高度、屏幕分辨率、设备放置方向等。

下面通过两个实例来演示媒体查询的基本使用方法。

代码 3.34 用于演示对于屏幕宽度的判断，并根据屏幕宽度应用不同的样式风格。代码中使用了@media only screen and (max-width: 600px)和@media only screen and (min-width: 600px)两

---

① 此处区分 CSS 2 和 CSS 2.1 是因为这两个版本对媒体类型的分类略有不同。CSS 2 中的 aural 类型在 CSS 2.1 中被淘汰，并被 CSS 2.1 中的 speech 类型取代。

组规则。很明显，这两组规则都是针对于 screen 类型输出设备的，并且第一组规则适用于屏幕最大宽度为 600px(屏幕宽度小于 600px)的设备，而第二组规则适用于屏幕最小宽度为 600px(屏幕宽度大于 600px)的设备。在两组不同的规则中，小屏幕的导航部分(navigation)使用了样式 clear: both; CSS 中的 clear 属性用于规定在当前元素的左右两侧是否允许具有 float 属性的元素存在。clear: both;表示当前元素的左右两侧不允许有"浮动"着的其他元素。

代码 3.34 在@media 规则中使用了 only 关键字。only 是一个可选的关键字，如果使用，应该出现在规则表达式的最前面。only 关键字的作用，是使不支持媒体查询的浏览器忽略掉在媒体查询规则中定义的样式风格。

代码 3.34　根据屏幕宽度实现具有自适应能力的网页布局

```
<!DOCTYPE html>
<html>
    <head>
        <meta charset="UTF-8">
        <title>Media Queries - 宽度</title>
        <style>
            .title {
                float:       left;
                min-height:  150px;
            }
            @media only screen and (max-width: 600px) {
                .title>img {
                    width:          100%;
                    height:         auto;
                }
                .navigation {
                    clear:          both;
                }
                .menu {
                    background-color: lightGray;
                }
            }
            @media only screen and (min-width: 600px) {
                .title>img {
                    max-width:      504px;
                    height:         auto;
                }
                .navigation {
                    float:          right;
                }
                .menu {
                    background-color: white;
                    border-bottom:   thick solid gray;
                }
            }
        </style>
```

```
    </head>
    <body>
        <div>
            <div>加拿大旅游</div>
            <div>
                <div class="title">
                    <img src="images/forest.jpg"
                        alt="森林(Dorset Ontario)">
                </div>
                <div class="navigation">
                    <div class="menu"><a href="#">秋季赏枫</a></div>
                    <div class="menu">文化古迹</div>
                    <div class="menu">游乐场</div>
                    <div class="menu">度假村</div>
                    <div class="menu">游轮</div>
                    <div class="menu">文化节</div>
                </div>
            </div>
        </div>
    </body>
</html>
```

媒体查询的查询条件，包括 width 和 device-width 关键字，两者都允许使用 max-和 min-前缀。前者可用于计算机浏览器的应用环境下，当用户改变浏览器窗口的大小时，就会根据当前浏览器窗口的大小，通过媒体查询规则，随时触发样式风格的改变。后者与设备显示区相关，更多的是应用在移动设备等显示窗口大小固定的环境下。

图 3.25 中的两个画面，反映了当浏览器窗口大小改变以后，自动触发的页面布局变化。相关的编程技巧在自适应的网页设计策略中经常使用。

图 3.25　通过媒体查询实现网页布局和样式风格自适应

代码 3.35 演示了一个按照设备放置的水平(landscape)、垂直(portrait)方向采用不同的样式风格的实例。方向性判断的依据是输出设备的宽度和高度的比例。如果输出设备是桌面浏览器，用户随时可以改变窗口比例，进行模拟测试。而当输出设备是手机等移动设备时，由于显示窗口的物理大小固定(个别智能手机的显示窗口也能随时由用户改变)，就能通过宽度和高度的比例判断设备当前的放置位置。

代码 3.35　设备放置方向性查询

```html
<!DOCTYPE html>
<html>
    <head>
        <meta charset="UTF-8">
        <title>Media Queries - 方向</title>
        <style>
            div {
                width:      200px;
                min-height: 120px;
            }
            @media screen and (orientation: landscape) {
                .portrait {
                    display:        none;
                }
                .landscape {
                    display:        block;
                }
            }
            @media screen and (orientation: portrait) {
                .portrait {
                    display:        block;
                }
                .landscape {
                    display:        none;
                }
            }
        </style>
    </head>
    <body>
        <div class="portrait">竖直放置</div>
        <div class="landscape">水平放置</div>
    </body>
</html>
```

3.6　本章习题

1. 选择题(多选)

(1) ::first-paragraph 是一个(　　)。

    A. 伪类　　　　　B. 伪元素　　　　　　　C. 伪属性　　　　　D. 以上都不对

(2) 在下面的网页中，哪一个或哪些字母显示为蓝色？(　　)

```html
<!DOCTYPE html>
<html>
```

```
<head>
    <meta charset="UTF-8">
    <title>CSS Selector</title>
    <style>
        div * div {
            color: blue;
        }
    </style>
</head>
<body>
    <div>A</div>
    <div>
        <div>B</div>
        <div>
            <div>C</div>
        </div>
    </div>
</body>
</html>
```

    A. A   B. B   C. C   D. 以上都不对

(3)　padding: 10px 20px;与下列哪一组代码作用相同? (　　　　)

    A.

```
padding-right:  10px;
padding-top:    20px;
padding-left:   0px;
padding-bottom: 0px;
```

    B.

```
padding-right:  10px;
padding-top:    20px;
padding-left:   10px;
padding-bottom: 20px;
```

    C.

```
padding-right:  20px;
padding-top:    10px;
padding-left:   20px;
padding-bottom: 10px;
```

    D.

```
padding-right:  20px;
padding-top:    0px;
padding-left:   10px;
padding-bottom: 0px;
```

(4)　当对一个<div>元素设置了如下样式以后,该<div>元素的边框(border)将在浏览器中显示为(　　　)。

```
border-width: 1px;
border-color: red;
```

　　A. 红色实线　　　B. 红色虚线　　　C. 黑色实线　　　D. 不显示边框

　(5) 当一个样式规则中某一个样式声明既包含标准 CSS 属性，也包含浏览器厂商特有的属性时，应当(　　)。

　　A. 把 WebKit 浏览器的特有属性放在最前面

　　B. 把标准 CSS 属性放在最后

　　C. 任意顺序

　(6) 下列哪一种方法能够把一个宽度和高度都不为 0 的<div>元素全隐藏(不在屏幕上留有痕迹)? (　　)

　　A. visibility: hidden;　　　　　　　B. visibility: none;

　　C. display: hidden;　　　　　　　　D. display: none;

　(7) 下列哪一种方法是以浏览器窗口为参照物的? (　　)

　　A. position: static;　　　　　　　　B. position: fixed;

　　C. position: relative;　　　　　　　D. position: absolute;

　(8) 在下列表达式中，哪一个(或哪些)能够找到一个指定元素的第一个子节点? (　　)

　　A. :first-child　　　　　　　　　　B. :nth-last-child(1)

　　C. :first　　　　　　　　　　　　　D. :children(1)

2. 编程题

编写一个网页，要求满足下列条件:

● 当网页在浏览器中打开时，分别在浏览器窗口的最上方和最下方显示两个相同高度(45px)和宽度(100%)的<div>元素。

● 两个<div>元素的高度(45px)和宽度(100%)，以及显示位置不会随着浏览器窗口大小的改变而改变。

● 两个<div>与浏览器边框之间没有空隙。

● 在网页上部的<div>元素中包含一个<h1>元素，并在<h1>元素中显示 "Hello World"。

● 如果把上面的<h1>替换为<h2>～<h6>中的任何一个元素，要求保持 "hello World" 字体大小不变。

jQuery Mobile

第 4 章
jQuery 入门

本章导读：

　　jQuery 是 jQuery Mobile 的基础，jQuery Mobile 依赖于 jQuery。jQuery 的基本应用方法同样适用于 jQuery Mobile 的开发。

　　作为学习 jQuery Mobile 的预备知识，本章将着重介绍 jQuery 的基本编程技巧，起到从 HTML 5、CSS 3 网站开发向 jQuery Mobile 开发过渡的作用。

　　在学习本章的过程中，读者需要对比本书的第 3 章，理解 jQuery 选择器在哪些方面扩展了 CSS 选择器的功能，并且理解 jQuery 的特效和事件处理方法，以及网页加载过程中的时序问题。

4.1 jQuery 的基本使用方法

jQuery 是一个小巧、快速、功能丰富的 JavaScript 程序库。jQuery 通过简单易用的 API，能够使网页的 HTML 文档遍历、文档内容的处理、事件处理、Ajax、动画等功能变得非常容易实现。在这一节中，我们将通过一些简单的实例，使读者对 jQuery 的基本概念有一个快速的了解，熟悉 jQuery 的基本使用方法，并在这一过程中理解 jQuery 是怎样简化一些通常需要复杂 JavaScript 编程才能解决的问题的。这一节的内容只是简要介绍 jQuery 的基本工作方式和基本编程结构，后续章节中将会更深入地探讨 jQuery 编程的各种技巧。

在这本节中，我们将看到 jQuery 这个单词在不同的上下文中具有不同的含义，它可能是指 jQuery 系统本身，也可能是指 jQuery 系统中的全局方法 jQuery()和由此创建的 jQuery 对象，还可能是指 jQuery 系统中 jQuery 对象的属性$().jquery。读者在阅读本节时应注意区分。

4.1.1 jQuery 程序的基本组织结构

1. 加载 jQuery 程序库

jQuery 是一个 JavaScript 程序库(library)，每一个使用 jQuery 的网页都必须加载 jQuery 框架。在本书的实例中，能够经常看到下面这行代码：

```
<script src="js/jquery-1.10.1/jquery-1.10.1.min.js"></script>
```

这是在网页中加载外部 JavaScript 文件的标准方法。jQuery 软件包下载以后，可以得到两个 JavaScript 文件。这两个文件的作用是一致的。文件名中带有 min 的是去除空格和换行符的紧凑版本。紧凑版本的文件比较小，使 jQuery 软件库的加载速度相对比较快，适用于产品环境。在开发 jQuery 程序时，如果需要观察 jQuery 的调用过程，则可以考虑选用含有格式字符的版本。读者在做相关编程练习时，可以使用其中任何一个 JavaScript 文件。

> 📖 说明： 在本书的写作过程中，jQuery 1.1 和 2.1 已经发布。由于本书所采用的 jQuery Mobile 1.4.2 建议使用 jQuery 1.10 或者 2.0，并且 jQuery 2.0 与 jQuery 1.10 的 API 是一致的，主要的区别是 jQuery 从 2.0 起不再支持 IE 6/7/8 等已经较少使用的浏览器，为了保持内容的一致性，本书采用 jQuery 1.10。

2. 问题的引出 - 网页加载过程中的时序问题

一个带有 JavaScript 程序的网页，通常是在网页的<head>部分通过<script>标签引用外部 JavaScript 文件或者定义 JavaScript 程序片段。

但是，在本书的第 3 章中，我们看到一些实例中的 JavaScript 程序片段被定义在网页<body>部分的末尾。这种<script>标签的使用方法在 HTML 5 中是允许的，但是这些实例为什么不采用通常的方法，把 JavaScript 程序片段定义在<head>部分中呢？

下面先来看一下代码 4.1，观察这段代码中的两个 JavaScript 程序片段，分别定义在不同的位置时，会对整个网页产生什么不同的影响。

代码 4.1　说明网页加载中时序问题的简单演示

```html
<!DOCTYPE html>
<html>
<head>
    <title>网页加载时序问题</title>
    <meta charset="utf-8" />
    <!--
    <script>
        var greetingDiv = document.getElementById("greetings");
        alert(greetingDiv.innerHTML);
    </script>
    -->
</head>
<body>
    <div id="greetings">你好, jQuery! </div>
    <!--
    <script>
        var greetingDiv = document.getElementById("greetings");
        alert(greetingDiv.innerHTML);
    </script>
    -->
</body>
</html>
```

　　上述网页含有两段注释，其中分别包含两段相同的 JavaScript 程序。如果首先去除附加在第一段 JavaScript 程序上的注释，重新在浏览器中加载网页，结果可能与没有去掉注释以前相比没有任何变化。程序中的 alert() 本应该弹出一个警告窗口，但是它并没有发挥作用。这样的结果暗示了程序在运行过程中出现了错误。如果把 alert(greetingDiv.innerHTML); 改为 alert(greetingDiv); 重新加载网页之后，我们可以看到，警告窗口出现了，其中的信息是 null。

　　原来，document.getElementById("greetings"); 并没有从网页中找到 id 值为 "greetings" 的 HTML 元素。但是，如果只去除附加在第二段 JavaScript 程序上的注释，重新在浏览器中加载网页，网页会自动弹出警告框，并在警告框里显示 "你好，jQuery！"。这说明 id 值为 "greetings" 的 HTML 元素已经在 JavaScript 程序中被成功找到。

　　从上面这个例子中可以清楚地看到，JavaScript 程序在网页文档中被定义的位置，能够影响到程序的实际运行结果。当网页的 <head> 部分被加载到浏览器以后，<head> 中的 JavaScript 程序随即执行。但在这个时候，网页中的 <div id="greetings">你好，jQuery！</div> 还没有被加载进入浏览器，所以就出现了第一种情况，搜索 id="greetings" 的 HTML 元素失败。而当 JavaScript 程序被定义在 <body> 部分的末尾时，<div id="greetings">你好，jQuery！</div> 已经先于 JavaScript 程序被加载，因此在第二种情况下，JavaScript 程序顺利找到了 id 值为 "greetings" 的 HTML 元素，并且成功获取了这个元素的内容。

　　上述实例演示了网页中的 HTML 内容和网页中的 JavaScript 程序在浏览器加载过程中的时间顺序，同时说明了 JavaScript 程序中的一些功能必须在网页中 HTML 内容被浏览器加载以后才能运行的重要性。为了实现这个目的，把 JavaScript 代码片段定义在 <body> 的末尾，就是为了实现这个目的的方法之一。JavaScript 还有其他编程技巧，比如使用 window.onload 就是另外一个选项。但是第二个选项有一个难以解决的问题，当网页还需要加载如图片等资源文件时，这个选项要等到外部资源文件全部加载以后，才能处理网页中的 JavaScript 程序，而不是在网页文档加载以后立即运行。这个方案会造成 JavaScript 程序运行延迟。幸运的是，jQuery 已经很好地解决了这个问题。利用 jQuery，可以把代码 4.1 改写为代码 4.2 的形式。

代码 4.2　在 jQuery 中处理网页加载的时序问题

```
<!DOCTYPE html>
<html>
<head>
    <title>jQuery 网页加载时序</title>
    <meta charset="utf-8" />
    <script src="js/jquery-1.10.1/jquery-1.10.1.min.js"></script>
    <script>
        jQuery(document).ready(function() {
            alert(jQuery("#greetings").text());
        });
    </script>
</head>
<body>
    <div id="greetings">你好，jQuery! </div>
</body>
</html>
```

代码 4.2 使用了 jQuery，并通过 jQuery(document).ready(function() { ... });这样的结构，让定义在 ready()方法中的 JavaScript 程序在网页文档被浏览器加载后立即运行。这样，不论 JavaScript 程序定义在\<head>还是\<body>部分，网页文档的加载状态由 jQuery 负责，程序员就不必再为加载时序问题操心了。

3. jQuery 的典型语法结构

在上一单元中，我们看到了使用 jQuery 过程中的一个基本的应用结构：

```
jQuery(document).ready(function() {
    ...
});
```

这个结构由 3 个部分组成：
● jQuery()方法。
● 选择器。
● 一段对应于被选择的 HTML 元素的事件处理程序或者 jQuery 预先定义的动作，例如 hide()。

jQuery()是整个 jQuery 体系的核心，一个全局性的方法，所有的 jQuery 操作都在 jQuery()方法中进行。jQuery 系统为方法名 jQuery 定义了一个别名 "$"，使编程过程中不至于出现过多的 "jQuery"，便于程序阅读和维护。当使用 "$" 替换代码 4.2 中的 "jQuery" 以后，就形成了代码 4.3，这就是我们经常见到在网页中的 jQuery 程序的典型书写格式。

代码 4.3　使用$简化 jQuery 程序

```
<!DOCTYPE html>
<html>
<head>
    <title>jQuery 网页加载时序</title>
    <meta charset="utf-8" />
    <script src="js/jquery-1.10.1/jquery-1.10.1.min.js"></script>
    <script>
        $(document).ready(function() {
            alert($("#greetings").text());
        });
    </script>
</head>
<body>
    <div id="greetings">你好, jQuery! </div>
</body>
</html>
```

代码 4.2 和代码 4.3 完全等价。由于 ready()在 jQuery 中的特殊性，它还有一个更为简短的形式。代码 4.3 中的粗体字部分可以改写如下，代码的含义没有任何改变：

```
$(function() {
    alert($("#greetings").text());
});
```

从代码 4.3 中可以看到，jQuery 程序组织结构中，另外两个部分选择器和事件处理程序可以嵌套出现。关于 jQuery 选择器和事件处理，本章将陆续详细介绍。

4.1.2　jQuery 的属性

在 jQuery 中，有两种 jQuery 系统属性(properties)：通过 jQuery()创建的 jQuery 对象的属性和 jQuery 全局属性。在一段程序中很容易识别这两类属性。jQuery 对象的属性首先需要实例化 jQuery 对象，这个步骤与在其他面向对象的编程中基本一致。在 jQuery 中，通过 jQuery()(或者$()，两者含义相同)，或者通过类似$("#greetings")等的方法获得 jQuery 对象。使用 jQuery 全局属性则不需要首先获得一个 jQuery 对象。

我们已经提到了几次"jQuery 对象"这个概念。初次接触 jQuery 的程序员经常把 jQuery 对象等同于 DOM 对象。实际上，jQuery 对象比 DOM 对象复杂得多。它除了具有 DOM 的特性外，还包含了处理浏览器兼容性和简化编程的功能。

jQuery 中的这两组属性在网页设计中通常不直接使用，而且其中的一些属性的目的是为 jQuery 系统内部使用，但是，了解这些系统属性对于调试和分析某些程序中的疑难问题还是很有帮助的。下面介绍其中几个属性的经典使用方法。

1. jquery

jquery 属性用于获取当前正在使用中的 jQuery 系统的版本。它是 jQuery 对象的一个属性。

在使用这个属性之前，需要获得 jQuery 对象。

代码 4.4 演示了 jquery 属性的使用方法：$().jquery; 在浏览器中运行这个网页，就能够在网页上看到正在使用中的 jQuery 系统的版本号。

代码 4.4　通过$().jquery;获取 jQuery 系统的版本号

```html
<!DOCTYPE html>
<html>
<head>
    <title>jQuery 属性</title>
    <meta charset="utf-8" />
    <script src="js/jquery-1.10.1/jquery-1.10.1.min.js"></script>
    <script>
        $(document).ready(function() {
            var jqVer = $().jquery;
            $("#info").text("您正在使用 jQuery " + jqVer);
        });
    </script>
</head>
<body>
    <div id="info"></div>
</body>
</html>
```

2. length

通过 jQuery 选择器可以得到一个包含所有被选择的 HTML 元素的 jQuery 对象。length 属性代表了一个 jQuery 对象中元素的个数。它是 jQuery 对象的一个属性。在使用这个属性前，需要首先获得 jQuery 对象。代码 4.5 演示了 length 属性的使用方法。

代码 4.5　通过 length 属性读取按照 jQuery 选择器规则返回的元素个数

```html
<!DOCTYPE html>
<html>
<head>
    <title>jQuery 属性</title>
    <meta charset="utf-8" />
    <script src="js/jquery-1.10.1/jquery-1.10.1.min.js"></script>
    <script>
        $(document).ready(function() {
            var count = $(".myBlock").length;
            $("#info").text("这个网页中含有" + count
                + "个具有 CSS 类 'myBlock' 的<div>元素。");
        });
    </script>
    <style>
        .myBlock {
            width:          100px;
            height:         20px;
```

```
            background-color: yellow;
        }
    </style>
</head>
<body>
    <div id="info"></div>
    <div class="myBlock">DIV 1</div>
    <div class="myBlock">DIV 2</div>
</body>
</html>
```

3. jquery.fx.off

jquery.fx.off 是一个全局属性，它不需要事先获得一个 jQuery 对象。在使用时，这个属性经常被简写为$.fx.off，含义是禁止所有的动画特效。它只两个属性值，即 true 和 false。true 表示禁止所有的动画特效，false 表示允许动画特效。代码 4.6 演示了$.fx.off 属性的用法。

代码 4.6　通过 jQuery 全局属性配置动画特效

```
<!DOCTYPE html>
<html>
<head>
    <title>jQuery 属性</title>
    <meta charset="utf-8" />
    <script src="js/jquery-1.10.1/jquery-1.10.1.min.js"></script>
    <script>
        $(document).ready(function() {
            $("#enableAnimation").click(function() {
                $.fx.off = false;
            });
            $("#disableAnimation").click(function() {
                $.fx.off = true;
            });
            $("#action").click(function() {
                $("#whale").slideToggle();
            });
        });
    </script>
</head>
<body>
    <button id="enableAnimation">允许动画特效</button>
    <button id="disableAnimation">禁止动画特效</button>
    <button id="action">动画</button>
    <hr>
    <img id="whale" src="images/whale_01.jpg" alt="鲸"
        width="504" height="376">
</body>
</html>
```

当$.fx.off 属性的属性值被改变以后，新的配置立即生效。因此，当我们运行代码 4.6，并且按下"禁止动画特效"或者"允许动画特效"按钮以后，再按下"动画"按钮，就能够分别看到图片的显示/隐藏，或者下拉/上移(动画)两种不同的显示效果。

4.2　jQuery 选择器

jQuery 选择器在程序中用法十分简单，它的基本格式是：$("选择器")。jQuery 选择器来源于 CSS 选择器，同时又添加了相当多的选择方法，使 jQuery 选择器的功能非常强大。jQuery 选择器具有相当繁杂的分类。有些类别又可细分出许多子类别，比如过滤器中包括了基本过滤器、内容过滤器、子元素过滤器，以及可见性过滤器等，我们很难在有限的篇幅中介绍这么多 jQuery 选择器的编程技巧。这一节将介绍 jQuery 中一些常见的，并且在 jQuery Mobile 开发中也会经常使用到的选择器。

4.2.1　基本选择器

1. 元素选择器

本书第 3 章中的实例代码 3.5 演示了如何通过 CSS 元素选择器，分别把样式赋予<div>和<span>元素。jQuery 元素选择器的语法与 CSS 元素选择器的语法是一致的，都是直接引用元素标签。代码 4.7 的显示效果与代码 3.5 的显示效果完全一致。但是这两段代码的实现原理不同。由于代码 4.7 使用了 jQuery，HTML 元素的样式是在 HTML 文档在浏览器中被加载以后，才由 JavaScript 程序添加的。

代码 4.7　通过 jQuery 选择器为 HTML 元素添加样式

```html
<!DOCTYPE html>
<html>
    <head>
        <meta charset="UTF-8">
        <title>jQuery Selector - Type</title>
        <script src="js/jquery-1.10.1/jquery-1.10.1.min.js"></script>
        <script>
            $(document).ready(function() {
                $("div").css("background-color", "#EEEEEE");
                $("span").css("background-color", "#AAAAAA");
            });
        </script>
    </head>
    <body>
        <div>div 1</div>
        <div>
            div 2
            <span>div 2 - span 1</span>
        </div>
```

```
      <div>
          <span>div 3 - span 1</span>  
          <span>div 3 - span 2</span>
      </div>
   </body>
</html>
```

2. ID 选择器和类选择器

jQuery 中的 ID 选择器和类选择器所使用的语法与 CSS 中相应的语法是一致的，都是由前缀 "#" 代表一个与 HTML 元素的 id 属性值相匹配的选择器，由前缀 "." 代表与 HTML 元素的 class 属性值相匹配的选择器。相应 HTML 代码片段为：

```
<div class="greetings">
   <div id="hello">Hello World!</div>
</div>
```

通过$(".greetings")和$("#hello")分别选择拥有 greetings 类和 id 值 hello 的两个元素。这里，#hello 是 jQuery 的 ID 选择器，它被包含在 jQuery 方法调用$()中。

3. 多重选择器

jQuery 是一组由逗号 "," 分隔的选择器，其中每一个成员选择器可以是 ID 选择器，或者是 CSS 类选择器，也可以是其他更为复杂的选择器。每一个选择器不依赖于其他选择器。多重选择器的选择结果，相当于是每一个选择器选择结果的并集。

下面的表达式中有 3 个并列的选择器，分别代表选择所有的<span>元素，选择含有 greetings 类的<div>元素，选择拥有 id 属性值为 myButton 的元素：

```
$("span, div.greetings, #myButton")
```

这个 jQuery 多重选择器的选择结果是这 3 个选择器单独选择后结果的组合。

4.2.2　属性选择器

CSS 已经定义了大量与 HTML 元素的属性值相关的选择器，但是，这些选择器在旧版的浏览器中极有可能缺少足够的支持，使 CSS 选择器不能按照预想的方式工作。jQuery 扩展了 CSS 中的属性选择器，并且提高了属性选择器跨浏览器的支持度。属性选择器的表达式包含在一对方括号[]中。表 4.1 列举了 jQuery 1.10 中的所有的属性选择器表达式及其含义。

表 4.1　属性选择器的表达式及其含义

选择器的表达式	说　　明
[属性名]	选择所有拥有指定属性名的 HTML 元素
[属性名="字符串"]	选择所有拥有指定属性名的 HTML 元素，并且属性值与指定的字符串相符
[属性名!="字符串"]	选择不拥有指定的属性，或者拥有指定的属性，但是属性值与指定的字符串不相符的 HTML 元素

选择器的表达式	说　明
[属性名^="字符串"]	选择所有拥有指定的属性，并且属性值是以指定的字符串开头的元素
[属性名$="字符串"]	选择所有拥有指定的属性，并且属性值是以指定的字符串结尾的 HTML 元素
[属性名*="字符串"]	选择所有拥有指定的属性，并且指定的字符串是属性值的一部分的 HTML 元素
[属性名~="字符串"]	选择所有拥有指定的属性，并且指定的字符串是属性值的一个由空格分隔的单词的 HTML 元素
[属性名|="字符串"]	选择所有拥有指定的属性的 HTML 元素，属性值或许与指定的字符串匹配，或许由指定的字符串加上连接符 "-" 开始
[属性名 1="字符串 1"] [属性名 2="字符串 2"]	多重属性选择器。被选择的 HTML 元素必须满足所有的属性选择条件

代码 4.8 演示了 jQuery 中属性选择器的一种用法。

代码 4.8　通过 jQuery 属性选择器为特定的 HTML 元素添加样式

```
<!DOCTYPE html>
<html>
  <head>
    <meta charset="UTF-8">
    <title>jQuery Selector - Type</title>
    <script src="js/jquery-1.10.1/jquery-1.10.1.min.js"></script>
    <script>
      $(document).ready(function() {
          $("input[required]").css("background-color", "yellow");
      });
    </script>
  </head>
  <body>
    <form name="register" method="post" action="#">
      <label for="customer">顾客: </label>
      <input name="customer" id="customer" required><br>
      <label for="email">电子邮件: </label>
      <input name="email" id="email" required><br>
      <label for="phone">电话: </label>
      <input name="phone" id="phone" required><br>
      <label for="address">地址: </label>
      <input name="address" id="address"><br>
      <input type="submit" value="注册">
    </form>
  </body>
</html>
```

input[required]表示选择所有<input>元素中带有属性 required 的元素，required 属性的属性值并不作为选择的依据。当选择表达式 input[required]被用于$()以后，jQuery 就会返回一个包含所有被选择元素的 jQuery 对象。对所有被选择元素添加 CSS 样式由 jQuery 的 css()方法实现。

4.2.3　过滤器

过滤器是 jQuery 选择器中比较复杂的一个类别，下面介绍基本过滤器、内容过滤器、子元素过滤器这 3 个子类别中比较常用的过滤器。

1. 基本过滤器

通过 jQuery 选择器返回的 jQuery 对象包含了一系列被选择的 HTML 元素，这些元素具有以 0 开始的索引值。

基本过滤器的一个基本用法，与通过 jQuery 选择器返回的 jQuery 对象中所包含的被选择的元素的排序有关。另外，基本过滤器也带有一些简单的逻辑运算功能。表 4.2 列举了常用的基本过滤器。

表 4.2　常用的基本过滤器及其含义

过 滤 器	说　　明
:eq() :gt() :lt()	与索引值相关的过滤器。分别选择等于、大于，或者小于指定索引值的 HTML 元素
:even :odd	与索引值相关的过滤器。分别选择索引值为偶数或者奇数的 HTML 元素
:first :last	对象 jQuery 所包含的 HTML 元素中，分别选择第一个，或者最后一个元素
:not()	其参数是一个 jQuery 选择器。将选择与参数中选择器不能成功匹配的元素
:header	选择<h1> ~ <h6>
:root	文档的根元素。在 HTML 文档中，根元素是指<html>

> 注意：　:odd 和:even 过滤器选择元素索引值分别为奇数和偶数的 HTML 对象。这里的奇数和偶数，是指元素在 jQuery 队列中的索引值。由于索引值以 0 为起点，索引值为 1 的元素实际上是在全部返回的 HTML 元素中排在第二位，在视觉上处于偶数位置。

代码 4.9 演示了 6 种基本过滤器的用法，包括选择第一个元素、最后一个元素，所有奇数位置的元素，所有偶数位置的元素，索引值大于指定值的元素，以及所有<h1> ~ <h6>这一类的元素。

代码 4.9　利用基本过滤器对 jQuery 对象中的元素按照索引值再次进行选择

```
<!DOCTYPE html>
<html>
    <head>
        <meta charset="UTF-8">
        <title>jQuery Selector - Basic Filter</title>
        <script src="js/jquery-1.10.1/jquery-1.10.1.min.js"></script>
```

```
    <style>
        div>div {
            width:       60px;
            float:       left;
            border-style: solid;
            border-width: 1px;
            text-align:  center;
        }
    </style>
    <script>
        $(document).ready(function() {
            // 为第一个和最后一个元素添加背景色
            $("#test1>div:first")
              .css("background-color", "lightGreen");
            $("#test1>div:last")
              .css("background-color", "lightPink");
            // 设置索引值为奇数的元素的背景色为浅蓝，
            // 索引值为偶数的元素的背景色为橄榄色
            $("#test2>div:odd")
              .css("background-color", "lightBlue");
            $("#test2>div:even").css("background-color", "olive");
            // 为索引值大于 3 的元素添加背景色
            $("#test3>div:gt(3)").css("background-color", "gold");
            // 设置<h1> ~ <h6>元素
            $(":header").css("color", "blue");
        });
    </script>
</head>
<body>
    <h1>h1</h1>
    <div id="test1">
        <div>0</div><div>1</div><div>2</div><div>3</div><div>4</div>
        <div>5</div><div>6</div><div>7</div><div>8</div><div>9</div>
    </div>        <br>
    <h2>h2</h2>
    <div id="test2">
        <div>0</div><div>1</div><div>2</div><div>3</div><div>4</div>
        <div>5</div><div>6</div><div>7</div><div>8</div><div>9</div>
    </div>        <br>
    <h3>h3</h3>
    <div id="test3">
        <div>0</div><div>1</div><div>2</div><div>3</div><div>4</div>
        <div>5</div><div>6</div><div>7</div><div>8</div><div>9</div>
    </div>
</body>
</html>
```

在这段代码中，jQuery 选择器表达式实际上是混合使用了 CSS 组合选择器的语法(参见本书第 3 章，第 3.2.4 小节)。例如，表达式#test2>div:even 的含义是指 id 值为"test2"的元素的所有直接子元素<div>中，索引值序号为偶数的所有元素。

图 4.1 表现了代码 4.9 中的基本过滤器的实际作用。

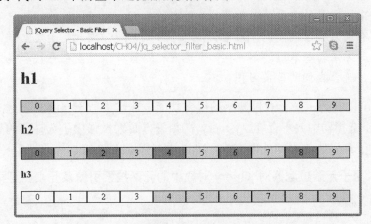

图 4.1　元素索引值与基本过滤器的作用

图中的 3 行<div>元素分别演示了 6 个基本过滤器的 3 种用法。这 6 个过滤器中的前 5 个，比如#test2>div，都能够通过一个 jQuery 对象返回整个一行元素。所有返回的被选择的元素已经在 jQuery 对象中有了一个固定的索引值。索引值不会随着网页内容的动态变化而发生改变。基本过滤器依附在前面的选择器表达式之上，仅仅是在返回的结果集中进行进一步筛选。图 4.1 中的每一个方框所代表的<div>元素中都有一个数字，这个数字表示当前<div>元素在整个一行元素中的索引值。前面已经特别指出，元素的索引值在 jQuery 对象中是以 0 开始的，而不是以 1 开始的。在实际开发中，有关奇数位置和偶数位置是经常产生混淆的地方，可对照程序代码和实际演示效果仔细观察过滤器的筛选效果。

2. 子元素过滤器

有了 CSS 选择器和 jQuery 基本过滤器的编程经验，子元素过滤器就变得非常容易理解了。子元素过滤器的基本用法，是在一个元素的子元素中，按照元素所在位置的索引值，或者子元素所属的元素类别，进行进一步的过滤。常用的子元素过滤器及其含义如表 4.3 所示。

表 4.3　常用的子元素过滤器及其含义

过　滤　器	说　明
:first-child :last-child	选择的元素必须是父元素的第一个或者最后一个子元素
:nth-child() :nth-last-child()	分别选择第 n 个子元素或者倒数第 n 个子元素
:first-of-type :last-of-type	分别选择第一个或者最后一个指定类型的子元素
:nth-of-type() :nth-last-of-type()	分别选择第 n 个或者倒数第 n 个指定类型的子元素
:only-child :only-of-type	被选择的子元素或者指定类型的子元素，必须是其父元素的唯一子元素

💡 **注意:** 子元素过滤器和基本过滤器一样,都使用了元素的索引值。但是,在子元素过滤器中,元素的索引值是按照:nth 计算的。jQuery 使:nth 的计算方法严格遵循 CSS 中有关索引值的惯例,且索引值从 1 开始计算。因此,子元素过滤器中索引值的计算方法与基本过滤器不同,子元素过滤器对于元素在奇数和偶数位置的处理方式,符合我们的日常习惯。

从表 4.3 中可以看到,子元素过滤器的很多功能,非常类似于 XPath 表达式的选择功能,这些功能在 CSS 选择器中并不存在,jQuery 在相关方面大大强化了选择器的处理能力。有关子元素选择器对于索引值的不同处理方式,可以通过代码 4.10 来加以验证。

代码 4.10 用子元素过滤器对 jQuery 对象中的元素按索引值及元素类型再次进行选择

```html
<!DOCTYPE html>
<html>
  <head>
    <meta charset="UTF-8">
    <title>jQuery Selector - Child Filter</title>
    <script src="js/jquery-1.10.1/jquery-1.10.1.min.js"></script>
    <style>
      div>div, span {
        display:       block;
        width:         60px;
        float:         left;
        border-style:  solid;
        border-width:  1px;
        text-align:    center;
      }
    </style>
    <script>
      $(document).ready(function() {
        // 为父元素第一个子元素(<div>类型)和最后一个出现
        // 的子元素(<span>类型)添加背景色
        $("#test1>div:first-child")
          .css("background-color", "lightGreen");
        $("#test1>span:first-child")
          .css("background-color", "red");
        $("#test1>span:last-of-type")
          .css("background-color", "lightPink");
        // 设置第一个子元素的背景色为浅蓝,
        // 第三个<span>子元素的背景色为橄榄色
        $("#test2>div:nth-child(1)")
          .css("background-color", "lightBlue");
        $("#test2>span:nth-of-type(3)")
          .css("background-color", "olive");
        // 设置索引值为偶数的<div>子元素的背景色为金黄色
        $("#test3>div:nth-child(even)")
          .css("background-color", "gold");
      });
```

```
        </script>
    </head>
    <body>
        <div id="test1">
            <div>1-div</div><div>2-div</div><div>3-div</div>
            <span>4-span</span><span>5-span</span><span>6-span</span>
            <div>7-div</div><div>8-div</div><div>9-div</div>
        </div>
        <br><br>
        <div id="test2">
            <div>1-div</div><div>2-div</div><div>3-div</div>
            <span>4-span</span><span>5-span</span><span>6-span</span>
            <div>7-div</div><div>8-div</div><div>9-div</div>
        </div>
        <br><br>
        <div id="test3">
            <div>1-div</div><div>2-div</div><div>3-div</div>
            <span>4-span</span><span>5-span</span><span>6-span</span>
            <div>7-div</div><div>8-div</div><div>9-div</div>
        </div>
    </body>
</html>
```

代码 4.10 的实际显示效果如图 4.2 所示。

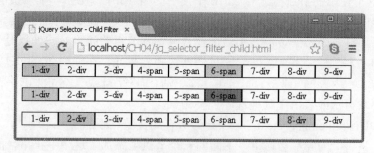

图 4.2　子元素过滤器对于元素索引值的处理方式

以代码 4.10 中第一个子元素过滤器表达式为例，#test1>div:first-child 的含义是指在 id 值为 #test1 的元素的所有直接子元素中，找到第一个子元素并且元素类型是<div>。在图 4.2 的第一行元素中，我们能够看到第一个元素被添加了浅绿色背景，表示以上选择表达式成功匹配了相应的子元素。代码 4.2 中的第三个表达式$("#test1>span:last-of-type")是指在 id 值为 "#test1" 的元素的所有直接子元素中，找到最后一次出现的<span>子元素。在图 4.2 中，我们能够在第一行元素中看到背景色被设置为浅粉红的元素，表示这个表达式也能够成功匹配。但是图 4.2 的第一行元素中，没有出现背景色被设置为红色的元素。这个结果表示代码中的第二个表达式$("#test1>span:first-child")没有成功匹配任何子元素。过滤器:first-child 在这个表达式中的含义是指在 id 值为 "#test1" 的元素的所有直接子元素中，查找<span>元素，并且这个元素是其父元素的第一个子元素。虽然该行代码中有三个<span>元素，但是它们并不是父元素的第一个子元素，因此无法成功匹配。这一组三个表达式，解释了一个指定类型的第一次出现的子元素和一个指定类型并且是第一个子元素的区别。

在使用子元素过滤器的时候，必须注意到这一类过滤器使用的索引值是以 1 开始的。过滤器 nth-child()中的参数可以使用整数索引值，也可以使用 odd 或者 even，分别代表在子元素集合中的奇数和偶数位置。

从上述实例中可以看到，:first-child 和:nth-child(1)的实际作用是一致的。

3. 内容过滤器

在 jQuery 1.10 中，一共有 4 种内容过滤器。内容过滤器与 HTML 元素中的内容相关。一个 HTML 元素的内容，既可以指一个元素所包含的文本内容，也可以指一个元素所包含的子元素及所有的后代元素。表 4.4 列举了这 4 种内容过滤器的含义。

表 4.4　内容过滤器及其含义

过 滤 器	说 明
:contains(字符串)	参数为一个字符串。所有包含指定的字符串内容的元素将被选择
:has(选择器)	参数为一个选择器。该过滤器返回的元素将至少包含一个由选择器参数所返回的元素
:empty	选择所有不包含子节点(包括文本节点)的元素
:parent	被选择的元素至少含有一个节点(元素节点或者文本节点)

表 4.4 中，过滤器说明使用了"节点"这一概念。这个概念通常用在与 XML 有关的 XPath 或者 DOM 中。这里使用的节点概念与 XML 中使用的概念相似。比如一个元素节点<div></div>是一个不含内容的空元素，而<div> </div>，则认为是含有一个文本节点的元素，文本节点的内容是一个空格字符。:empty 过滤器不会选择含有文本节点的元素，即使只是一个空格字符，也是一个有效的文本节点，不会被:empty 过滤器选中。因此，在使用:empty 过滤器的网页中，要严格控制含有文本内容的元素，防止不恰当地添加空格字符或者不可见的字符，造成网页不能按照预期的要求显示或者出现其他程序逻辑错误。

代码 4.3 中的$("td:empty").text("---");会为所有的空节点添加字符串"---"，可是，在图 4.3 的实际效果中，只有"国际都会城市"下面的一个节点被添加了这个字符串，而"亚洲都会城市"节点下面的三个空格却没有被添加，原因就是相应元素在源代码中含有空格字符，因此不再被认为是空节点。

代码 4.11　内容过滤器演示

```
<!DOCTYPE html>

<html>
    <head>
        <meta charset="UTF-8">
        <title>jQuery Selector - Content Filter</title>
        <script src="js/jquery-1.10.1/jquery-1.10.1.min.js"></script>
        <style>
            table, td {
                border:        1px solid black;
            }
```

```
                td {
                    width:        12em;
                    text-align:   center;
                }
        </style>
        <script>
            $(document).ready(function() {
                $("td:contains('香港')")
                  .css("background-color", "lightGreen");
                $("td:empty").text("---");
                $("td:parent").css("border-style", "dashed");
            });
        </script>
    </head>

    <body>
        <table>
            <tr>
                <td colspan="4">世界都会城市</td>
            </tr>
            <tr>
                <td>纽约</td><td>伦敦</td><td>巴黎</td><td>悉尼</td>
            </tr>
            <tr>
                <td>多伦多</td><td>东京</td><td>法兰克福</td><td>洛杉矶</td>
            </tr>
            <tr>
                <td>北京</td><td>香港特别行政区</td><td>上海</td><td></td>
            </tr>
            <tr>
                <td colspan="4">亚洲都会城市</td>
            </tr>
            <tr>
                <td>北京</td><td>东京</td><td>香港</td><td>曼谷</td>
            </tr>
            <tr>
                <td>上海</td><td>深圳</td><td>雅加达</td><td>大阪</td>
            </tr>
            <tr>
                <td>利雅得</td><td> </td><td> </td><td> </td>
            </tr>
        </table>
    </body>
</html>
```

　　:contains()过滤器使用参数中的字符串与元素节点中的文本相比较,从图 4.3 中很明显地看到,:contains()允许部分匹配,只要元素节点中的文字包含指定的字符串,就能满足匹配条件。但是,:contains()在英语等使用字母的环境下却是比较严格的,字母的大小写必须相符。这一点需要特别注意。

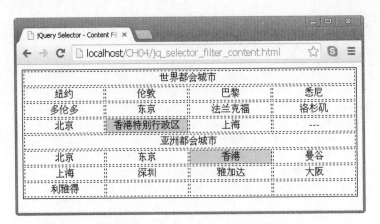

图 4.3 :contains()、:empty 和:parent 过滤器的演示效果

4.2.4 继承关系选择器

jQuery 中的继承关系选择器与 CSS 组合选择器的语法非常相似，两者使用的连接字符是一致的，在对选择器的解释上稍有差别。熟悉 CSS 组合选择器的读者会很容易理解 jQuery 继承关系选择器。下面将通过表 4.5 对 jQuery 继承关系选择器做简要的说明。

表 4.5 继承关系选择器及其含义

选 择 器	说 明
父元素选择器 > 子元素选择器	子元素选择器，连接符为">"，选择父元素的直接子元素。父元素选择器为任何有效的 jQuery 选择器。子元素选择器用于筛选子元素
祖先元素选择器 后代元素选择器	后代元素选择器，连接符为空格，选择祖先元素的所有符合后代元素选择器的后代元素。祖先元素选择器为任何有效的 jQuery 选择器。后代元素选择器用于筛选后代元素
子元素选择器 + 兄弟元素选择器	直接相邻的兄弟元素选择器，连接符为"+"。子元素和兄弟元素拥有同一个父元素。被选择的兄弟元素必须紧跟在由子元素选择器所匹配的子元素后面
子元素选择器 ~ 兄弟元素选择器	兄弟元素选择器，连接符为"~"。子元素和兄弟元素拥有同一个父元素。所有出现在由子元素选择器所匹配的子元素后面的兄弟元素都将被选中

4.2.5 表单选择器

表单选择器是指对表单(<form>元素)中的元素、元素子类型，以及元素的当前状态作为条件进行选择的选择器。表单中的元素包括<input>、<textarea>、<button>、<select>等。表单元素的子类型是指<input>元素的各种 type 属性。表单元素的当前状态是指一个元素是否获得输入焦点，一个选择按钮是否处于被选择的状态，或者一个表单元素当前是否处于失效状态等。

表 4.6 列举了 jQuery 1.10 支持的所有表单选择器及其含义。

表 4.6　表单选择器及其含义

选 择 器	说 明
:button	选择所有的\<button\>元素和 type 属性为"button"的\<input\>元素。:button 是 jQuery 对 CSS 选择器的扩展。如果直接在 jQuery 中使用 CSS 选择器的语法，$(":button")与$("button, input[type='button']")作用相同
:input	选择所有的\<input\>、\<button\>、\<textarea\>和\<select\>元素
:checked	用于判断表单中单选或者多选按钮被选中的状态，或者\<select\>列表中被选择的选项。对于\<select\>元素，建议使用:selected 选择器
:disabled	选择表单元素中利用 disabled 属性正处于失效状态表单元素。:disabled 选择器应该仅用于支持 disable 属性的 HTML 元素
:text: checkbox :radio :file :password :reset :submit :image	分别用于选择 type 属性为"text"、"checkbox"、"radio"、"file"、"password"、"reset"、"submit"、和"image"的\<input\>元素
:enabled	选择所有没有处于失效状态的表单元素。:enabled 选择器应该仅用于支持 disable 属性的 HTML 元素。从逻辑上，:enabled 选择器是与:disabled 互补的选择器，实际上，:enabled 选择器只能选择 disabled 属性的属性值为 false 的表单元素，所以:not([disabled])不会选择拥有属性 disabled="disabled"的表单元素
:focus	选择一个获得焦点的表单元素
:selected	选择\<select\>列表中被选择的\<option\>元素

表单选择器都是针对常用的表单元素及其状态变化的。这些选择器的含义比较容易理解。但是，使用表单选择器的时候，需要注意网页加载的时序，及表单元素状态改变的触发条件。

代码 4.12 演示了一个简单的表单选择器的实际应用案例。

代码 4.12　表单选择器对表单状态变化的响应

```
<!DOCTYPE html>
<html>
   <head>
      <meta charset="UTF-8">
      <title>jQuery Selector - Form</title>
      <script src="js/jquery-1.10.1/jquery-1.10.1.min.js"></script>
      <script>
         $(document).ready(function() {
            $("input").click(function() {
               $("input:focus").css("background-color", "yellow");
```

```
                    $("input:not(:focus)")
                       .css("background-color", "white");
                });
            });
        </script>
    </head>
    <body>
        <form name="register" method="post" action="#">
            <label for="customer">顾客: </label>
            <input type="text" name="customer" id="customer" required>
            <br>
            <label for="email">电子邮件: </label>
            <input type="text" name="email" id="email" required>
            <br>
            <label for="phone">电话: </label>
            <input type="text" name="phone" id="phone" required>
            <br>
            <label for="address">地址: </label>
            <input type="text" name="address" id="address">
            <br>
            <input type="submit" value="注册">
        </form>
    </body>
</html>
```

这段代码使用了一个简单的表单。jQuery 将通过表单选择器动态地为获得焦点的表单元素添加背景颜色。当网页加载到浏览器中时，网页表单中的元素还没有获得焦点，因此，默认的表单背景色是白色。表单元素的状态改变是由鼠标点击触发的，为了及时响应鼠标事件，代码中使用了 click()方法来响应鼠标点击。每当鼠标点击时，click()中的处理程序就开始工作。这个时候，会用到两个 jQuery 表单选择器。第一个表单选择器是$("input:focus")，这个选择能够返回当前获得焦点的所有<input>元素，然后对返回的表单元素添加背景颜色；第二个表单选择器是$("input:not(:focus)")，这个选择器能够返回当前没有获得焦点的所有<input>元素。它能够使失去焦点的表单元素回到默认的样式。通过这两个表单选择器，能够确保表单中只有获得焦点的元素才会被添加背景颜色。

4.3 jQuery 网页特效

jQuery 网页特效是通过综合运用 JavaScript 和 CSS 实现的。理解本书第 3 章中的各种 CSS 变换效果对于理解 jQuery 框架中的网页特效非常有帮助。同样，深刻理解 CSS 中的各种效果，将同样有助于理解 jQuery Mobile 中的各种定制方法。

4.3.1 基本特效

jQuery 的基本网页特效是指一个网页元素的显示、隐藏，以及显示/隐藏切换 3 个基本动作。这 3 个基本动作对应的 jQuery 方法分别是 show()、hide()和 toggle()。网页特效的目标对象通过 jQuery 选择器获得。

代码 4.13 通过网页上的 3 个按钮分别演示三种基本网页特效。

代码 4.13 jQuery 基本网页特效

```
<!DOCTYPE html>
<html>
<head>
    <title>jQuery Effects - Basic</title>
    <meta charset="utf-8" />
    <script src="js/jquery-1.10.1/jquery-1.10.1.min.js"></script>
    <script>
        $(document).ready(function() {
            $("#show").click(function() {
                $("#n1").show();
            });
            $("#hide").click(function() {
                $("#n1").hide();
            });
            $("#toggle").click(function() {
                $("#n1").toggle();
            });
        });
    </script>
</head>
<body>
    <button id="show">显示</button>
    <button id="hide">隐藏</button>
    <button id="toggle">显示/隐藏</button>
    <hr>
    <img id="n1" src="images/n1.jpg" alt="n1" width="129" height="60">
    <img id="n2" src="images/n2.jpg" alt="n2" width="120" height="60">
</body>
</html>
```

代码 4.13 的实际效果如图 4.4 所示。网页在初始状态下显示两幅图片，分别用数字标识。网页上"隐藏"按钮的功能是将第一幅图片隐藏，而"显示"按钮是将第一幅画面恢复成显示状态，网页上的"显示/隐藏"按钮实现了切换功能，不论图片当前是隐藏还是显示状态，切换按钮都能使图片转换成另外一种状态。

图 4.4 被选择的 HTML 元素处于显示和隐藏两种各种状态时的对比

通过代码 4.13 中的网页基本特效演示，我们可以明显地体会到 jQuery 使 JavaScript 和 CSS 编程大大简化了。假设不使用 jQuery 框架，代码 4.13 中的 3 个按钮将通过以下方法实现。

首先，需要通过 document.getElementById()方法获得目标元素，对目标元素通过 JavaScript 程序片段添加 CSS 样式。这个步骤同时需要编写 JavaScript 和 CSS 代码。显示与隐藏的切换功能需要 JavaScript 程序保留当前的图片显示状态，或者动态查询图片的当前样式属性，然后按照获取的图片当前显示状态来决定需要为目标元素添加哪一种 CSS 样式。而当使用了 jQuery 以后，获取目标元素只需要通过 jQuery 选择器来实现。另外，我们也不再需要保留或查询图片的当前显示状态，不再需要编写 CSS 样式代码。所有上述这些功能，都可以通过 3 个简单的 jQuery 方法来实现。

4.3.2 淡入淡出

淡入淡出是 jQuery 的一种动画特效。这一组特效通过 3 个方法实现：fadeIn()、fadeOut()、fadeToggle()。

我们先通过代码 4.14 来看淡入淡出特效在默认条件下的显示效果。

代码 4.14 默认条件下的淡入淡出特效

```html
<!DOCTYPE html>
<html>
<head>
    <title>jQuery Effects - Fading</title>
    <meta charset="utf-8" />
    <script src="js/jquery-1.10.1/jquery-1.10.1.min.js"></script>
    <script>
        $(document).ready(function() {
            $("#fadeIn").click(function() {
                $("#n1").fadeIn();
            });
            $("#fadeOut").click(function() {
                $("#n1").fadeOut();
            });
            $("#fadeToggle").click(function() {
                $("#n1").fadeToggle();
            });
        });
    </script>
</head>
<body>
    <button id="fadeIn">淡入</button>
    <button id="fadeOut">淡出</button>
    <button id="fadeToggle">淡入/淡出</button>
    <hr>
    <img id="n1" src="images/n1.jpg" alt="n1" width="129" height="60">
</body>
</html>
```

淡入淡出是在显示/隐藏的基础之上加上了变化过程，达到动画效果的目的。从中文的"淡入淡出"或者 jQuery 的方法名 fadeIn()和 fadeOut()都很容易理解这一组 jQuery 方法的作用。在运行代码 4.14 的过程中，我们看到变化过程在一个比较短的时间内完成。jQuery 为这个动画过程设置的默认值是 400 毫秒。如果需要改变动画效果的速度，可以通过以下方法来完成。

以 fadeIn()为例，这个方法可以带有一个代表动画过程时间的参数：

```
$("#n1").fadeIn("fast");   // 动画过程：200 毫秒

$("#n1").fadeIn("slow");  // 动画过程：600 毫秒

$("#n1").fadeIn(2000);   // 由网页开发人员指定的动画过程，这里被设置为 2000 毫秒
```

另外，jQuery 提供了通过额外的 JavaScript 回调方法(callback)，为 fadeIn()和 fadeOut()特效完成以后提供相应的处理功能。当采用这种功能时，fadeIn()相应的调用方式就变成为：

```
.fadeIn([duration][, callback])
```

在上述使用方法中出现了两个参数。其中的 duration，是指特效动画完成过程所需的时间，可以采用毫秒值，也可以使用 slow 或者 fast 等在 jQuery 中已经预先定义的常数。第 2 个参数 callback 是一个 JavaScript 回调方法。

代码 4.15 演示了定义回调方法的编程方法。回调方法并不需要像其他 JavaScript 方法那样在程序中显式调用，而是在当条件满足时由系统自动调用。

代码 4.15   fadeIn()和 fadeOut()中处理程序的用法

```html
<!DOCTYPE html>
<html>
<head>
    <title>jQuery Effects - Fading (callback)</title>
    <meta charset="utf-8" />
    <script src="js/jquery-1.10.1/jquery-1.10.1.min.js"></script>
    <script>
        $(document).ready(function() {
            $("#fadeIn").click(function() {
                $("#n1").fadeIn("slow", function() {
                    $("#info").text("fadeIn()完成");
                });
            });
            $("#fadeOut").click(function() {
                $("#n1").fadeOut("slow", function() {
                    $("#info").text("fadeOut()完成");
                });
            });
        });
    </script>
    <style>
        #info {
            width:            200px;
            background-color:  lightBlue;
```

```
    }
    </style>
</head>
<body>
    <button id="fadeIn">淡入</button>
    <button id="fadeOut">淡出</button>
    <br>
    <div id="info">状态信息</div>
    <hr>
    <img id="n1" src="images/n1.jpg" alt="n1" width="129" height="60">
</body>
</html>
```

在代码 4.15 的 fadeIn()和 fadeOut()中分别定义了一个作为参数的 JavaScript 方法,方法在 fadeIn()或者 fadeOut()的特效动作完成时被触发。

代码 4.15 中的处理程序实现了如图 4.5 所示的在网页上的固定位置输出特效完成状态的功能。在实际网站项目开发过程中,还可以通过自定义的处理程序调用其他相关的 JavaScript 方法,从而实现仅仅在特效动作完成的时候才开始执行另一个功能的作用。

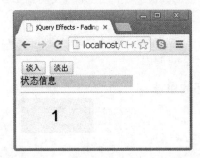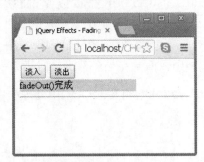

图 4.5　fadeOut()动作结束后,由处理程序输出当前状态

4.3.3　滑动

我们实际上在代码 4.6 中已经通过 slideToggle()使用了滑动特效。slideToggle()是一个实现 HTML 元素在网页上向上/向下滑动切换的方法。与淡入淡出特效类似,slideToggle()对应于 slideUp()和 slideDown()方法。

代码 4.16 演示了滑动特效的编程方法,从中可以看出,这一节所介绍的三种 jQuery 特效在编程方法上是一致的。

代码 4.16　滑动特效演示程序

```
<!DOCTYPE html>
<html>
<head>
    <title>jQuery events - Sliding</title>
    <meta charset="utf-8" />
    <script src="js/jquery-1.10.1/jquery-1.10.1.min.js"></script>
    <script>
```

```
        $(document).ready(function() {
            $("#slideUp").click(function() {
                $("#whale").slideUp();
            });
            $("#slideDown").click(function() {
                $("#whale").slideDown();
            });
            $("#slideToggle").click(function() {
                $("#whale").slideToggle();
            });
        });
    </script>
</head>
<body>
    <button id="slideUp">向上滑动</button>
    <button id="slideDown">向下滑动</button>
    <button id="slideToggle">向下/向上滑动</button>
    <hr>
    <img id="whale" src="images/whale_01.jpg" alt="鲸"
        width="504" height="376">
</body>
</html>
```

　　基本特效、淡入淡出特效，以及滑动特效在调用相应的 jQuery 方法上除了可以使用不带参数的方法、带有动画完成周期作为参数的方法，带有回调方法的参数的方法，还有一种编程方式，就是一种同时集合了多种参数选项的方法。当使用这种方法时，把所有需要用到的参数集成到一个 JavaScript 对象中，这个 JavaScript 对象含有一个或多个键值对，在 jQuery 和 JavaScript 中被称为 PlainObject。每一个键对应了一个选项，例如，代表动画过程周期的 duration，代表动画特效开始的 start，以及代表动画特效结束的 complete 等。这些键所对应的键值，按照 jQuery API 的定义，可以是一个普通的单一参数值，也可以是一个回调方法作为键值。由于这个 JavaScript 对象可以包含所有可能的选项，其中作为参数的各种回调方法又具有各自的参数定义，因此，在实际编程中，这个 PlainObject 选项集合可能非常简单，也可能非常复杂。

　　这里通过演示代码 4.17 中的 duration、start 和 complete 选项，来简要介绍这种使用选项集合的编程方式。

代码 4.17　使用选项集合的编程方式调用 jQuery 特效

```
<!DOCTYPE html>
<html>
<head>
    <title>jQuery events - Sliding</title>
    <meta charset="utf-8" />
    <script src="js/jquery-1.10.1/jquery-1.10.1.min.js"></script>
    <script>
        $(document).ready(function() {
            $("#slideToggle").click(function() {
                $("#whale").slideToggle({
```

```
            duration: 1000,
            start: function() {
                $("#info").text(new Date().getTime() + " - 开始");
            },
            complete: function() {
                $("#info").text(new Date().getTime() + " - 完成");
            }
        });
    });
});
    </script>
</head>
<body>
    <input type="button" id="slideToggle" value="向下/向上滑动">
    <br>
    <div id="info">状态信息</div>
    <hr>
    <img id="whale" src="images/whale_01.jpg" alt="鲸"
     width="504" height="376">
</body>
</html>
```

代码 4.17 中的 slideToggle()方法只使用了一个 JavaScript 对象作为参数。这个 JavaScript 对象中包含了 3 个键值对，键值对之间用 "，" 分隔。在这 3 个键值对中，duration 所对应的值是一个常数，而 start 和 complete 所对应的值分别是一个 JavaScript 方法。每一个键值对描述了 jQuery 特效的一个属性，或者一个满足相应条件才会触发的回调方法。所有的键值对在 JavaScript 对象中形成的集合，构成了 jQuery 特效的所有选项。

4.4 jQuery 的事件处理

4.4.1 鼠标事件和键盘事件

熟悉 JavaScript 的读者都会了解 JavaScript 中与鼠标和键盘相关的事件处理，例如 click、mouseover、mouseout、keydown、keyup、keypress 等。jQuery 对上述事件进行了进一步包装和扩展，形成了具有 jQuery 特色的处理方式。jQuery 在扩展 JavaScript 中的事件处理过程中，并没有改变事件的含义，即在 JavaScript 编程中所说的 click 等事件与 jQuery 中的相应事件的含义是一致的。通过与 jQuery 选择器的综合应用，jQuery 中的事件处理方法使程序结构更加轻巧、简化。

1. 鼠标事件的处理

jQuery 的鼠标事件处理程序包括下列方法：click()、dblclick()、focusout()、mousedown()、mouseup()、hover()、mouseenter()、mouseleave()、mousemove()、mouseout()、mouseover()。

以其中最常用的 click 事件为例，click 代表了鼠标单击事件。jQuery 中的 click()方法包含了 JavaScript 中通过 HTML 的 onclick 属性所具有的把 click 事件绑定到一个特定的 HTML 元素的作用。

代码 4.18 将在网页上显示两个按钮，第一个按钮通过 jQuery 的 click()响应按钮单击事件，第二个按钮通过 HTML 的 onclick 属性绑定一段 JavaScript 的事件处理方法。当单击任何一个按钮以后，网页上会弹出信息提示，说明当前的事件处理是通过常规的 JavaScript 程序还是 jQuery 事件响应方法完成的。

代码 4.18　JavaScript 与 jQuery 对于鼠标单击事件的响应方法对比

```html
<!DOCTYPE html>
<html>
  <head>
    <title>jQuery Events - Click</title>
    <meta charset="utf-8" />
    <script src="js/jquery-1.10.1/jquery-1.10.1.min.js"></script>
    <style>
      input[type='button'] {
        width:   150px;
      }
    </style>
    <script>
      $(document).ready(function() {
        $("#field1").click(function(event) {
          alert("jQuery");
        });
      });
      function clickHandler1() {
        alert("JavaScript");
      }
    </script>
  </head>
  <body>
    <input type="button" id="field1" name="field1"
      value="jQuery : click()">
    <br>
    <input type="button" id="field2" name="field2"
      value="JavaScript : onclick()"
      onclick="clickHandler1()">
  </body>
</html>
```

代码 4.18 演示了在 jQuery 中为一个 HTML 元素绑定事件处理程序的典型方法。首先通过 jQuery 选择器找到需要绑定事件处理程序的 HTML 元素，然后对找到的 HTML 元素应用 jQuery 的 click()方法。

除了上述最基本的使用方法以外，click()还有下面这样带有一个 JavaScript 方法作为参数的调用方法：

```
click(handler)
```

　　在这样调用方式下，handler 是一个 JavaScript 方法，并且这个方法带有一个已经在 jQuery 中定义的 event 对象作为 handler 方法的参数。请注意这里讲到的两个方法的关系以及每个方法所使用的参数，其中 event 对象是 handler 方法的参数，而 handler 方法是 click()方法的参数。

　　代码 4.19 比较清楚地表现了这两个方法的关系。

代码 4.19　在 click()方法中使用另一个 JavaScript 方法作为参数

```html
<!DOCTYPE html>
<html>
   <head>
      <title>jQuery Events - Click</title>
      <meta charset="utf-8" />
      <script src="js/jquery-1.10.1/jquery-1.10.1.min.js"></script>
      <style>
         img {
            width:   200px;
            height:  auto;
         }
         input {
            width:   100px;
         }
      </style>
      <script>
         $(document).ready(function() {
            $("form>*").click(function(event) {
               var targetId = event.target.id;
               $("#info").text(targetId + "被鼠标单击");
            } );
         });
      </script>
   </head>
   <body>
      <form>
         <input type="text" id="field1" name="field1"
          placeholder="field1" value="">
         <input type="text" id="field2" name="field2"
          placeholder="field2" value=""> <br>
         <img id="whale_img" src="images/whale_01.jpg" alt="鲸"> <br>
         <input type="button" id="button1" name="button1"
          value="Button"> <br>
      </form>
      <input type="text" id="field3" name="field3"
       placeholder="field3" value=""> <br>
      <hr>
      <div id="info">状态提示...</div>
   </body>
</html>
```

代码 4.19 的运行效果如图 4.6 所示。程序中使用了 jQuery 选择器表达式 "form>*"，这个表达式表示选择<form>元素的所有子元素。当鼠标单击网页上方的两个文本框，或者图片，或者图片下面的按钮时，网页会在屏幕下方显示被单击的 HTML 元素的 id 值。但是当鼠标单击按钮下面的文本框时，屏幕底部的提示信息并没有改变。这说明按钮下面的文本框并没有与 jQuery 的 click()相关联。原因十分简单，因为这个文本框在网页文档中位于<form>元素之外，它没有被 jQuery 选择器选中。代码 4.19 中的另一个特点是这段程序使用了 event 参数，并通过 event 参数获得了被单击的 HTML 元素的 id 值。

图 4.6　通过 event 参数获得被单击的 HTML 元素的 ID 值

jQuery 的 click()方法除了能够监听到一个 HTML 元素上所发生的单击事件以外，还可以模拟出一个单击效果，即由 click()方法来单击一个指定的 HTML 元素。下面通过代码 4.20 来简要介绍这种使用方法。这种由程序来触发一个事件的技巧，也同样适用于其他鼠标和键盘事件，在后续章节中将不再重复介绍。

代码 4.20　由程序触发的事件

```
<!DOCTYPE html>
<html>
  <head>
    <title>jQuery Events - Click</title>
    <meta charset="utf-8" />
    <script src="js/jquery-1.10.1/jquery-1.10.1.min.js"></script>
    <script>
      $(document).ready(function() {
        $("#start").click(function() {
          $("#field1").click().val("你好, jQuery!");
          setTimeout(function() {
            $("#button1").click();
          }, 2000);
        });
        //
        $("#field1").click(function() {
          $("#field1").css("background-color", "yellow");
        });
      });
    </script>
  </head>
  <body>
    <input type="text" id="field1" name="field1" value=""> <br>
    <button id="button1" onclick="alert('发送按钮被单击')">发送</button>
    <br>
```

```
        <button id="start">开始</button>
    </body>
</html>
```

代码 4.20 在浏览器中显示为如图 4.7 所示的一个文本框和两个按钮，但是这段程序隐含的事件触发过程却要比屏幕界面复杂得多。当用户单击屏幕上的文本框时，文本框的事件响应程序会把文本框的背景色设置为黄色。当用户点击"发送"按钮时，屏幕会弹出一条提示信息。

以上的事件触发过程与代码 4.18 中的使用方法基本一致。这段程序的特点是当用户单击"开始"按钮以后，由程序代码$("#field1").click()在相

图 4.7 代码 4.20 在浏览器中的初始状态

应的元素上做出了单击动作，该单击动作产生的效果与用户手动单击是一样的，都会被绑定到文本框的事件处理程序获得，并设置文本框的背景色。在"开始"按钮的 click()响应程序中，除了由程序单击了文本框，还通过 JavaScript 的 setTimeout()方法设置了 2 秒钟的延时，当延时结束后，立即在"发送"按钮上通过$("#button1").click();再次触发单击事件。因此，这段程序的执行过程是在前后两秒钟的时间间隔上依次由程序单击了文本框和"发送"按钮，由此用户只需要单击"开始"按钮， 就能够得到手动单击文本框和"发送"按钮相同的效果。

2. 键盘事件的处理

jQuery 的键盘事件处理程序包括下列方法：focusout()、keydown()、keypress()、keyup()。

键盘事件很容易理解，例如，keydown 和 keyup 就是分别代表了键盘中的一个键按下或者抬起的状态。

代码 4.21 演示了程序对这两种键盘状态的响应。每当用户在网页上的文本框中按下或者释放一个键时，jQuery 就会把键盘状态输出到屏幕上。

代码 4.21 keydown 和 keyup 事件的响应程序

```
<!DOCTYPE html>
<html>
    <head>
        <title>jQuery Events - keydown | keyup</title>
        <meta charset="utf-8" />
        <script src="js/jquery-1.10.1/jquery-1.10.1.min.js"></script>
        <style>
            input[type='button'] {
                width:   150px;
            }
        </style>
        <script>
            $(document).ready(function() {
                $("#field1").keydown(function() {
                    $("#info").text("keydown");
                });
```

```
            $("#field1").keyup(function() {
                $("#info").text("keyup");
            });
        });
    </script>
    </head>
    <body>
        <input type="text" id="field1" name="field1" value="" >
        <br>
        <div id="info">键盘事件...</div>
    </body>
</html>
```

4.4.2　表单事件

表单事件是针对发生在<form>及其内部所包含的各种表单元素上的状态变化，主要表现在元素焦点的获得或者失去，表单元素内容的变化，表单的发送状态等。这些状态改变在 jQuery 中通过以下方法来代表：blur()、change()、focus()、focusin()、select()、submit()。

1. 事件触发的时间点问题

从字面上很容易理解上述 jQuery 方法的含义。blur()通常发生在表单元素失去焦点的时候，而 change()是指<input>元素的值发生变化的时候。使用表单事件时，应该注意到每一个方法的制约条件。Change 事件发生在<input>、<textarea>和<select>等表单元素上。当用户改变了<select>下拉列表中的选项，或者改变了单选或者多选按钮的当前值时，change()方法会被立即触发，而对于文本字段等，则需要等到文本框失去输入焦点以后才会触发 change()方法。

代码 4.22 演示了 change 事件触发在时间点上的不同。

代码 4.22　change 事件触发条件演示

```
<!DOCTYPE html>
<html>
    <head>
        <title>jQuery Events - Form - change</title>
        <meta charset="utf-8" />
        <script src="js/jquery-1.10.1/jquery-1.10.1.min.js"></script>
        <script>
            $(document).ready(function() {
                $("select").change(function() {
                    $("#info1").text(new Date().getTime()
                        + " - <select>下拉列表触发 change()");
                });
                $("input[type='checkbox']").change(function() {
                    $("#info1").text(new Date().getTime()
                        + " - 多选按钮触发 change()");
                });
                $("input[type='text']").change(function() {
```

```
                    $("#info1").text(new Date().getTime()
                        + " - 文本输入完成");
                });
                $("input[type='text']").keypress(function() {
                    $("#info2").text(new Date().getTime()
                        + " - 字符输入完成");
                });
            });
        </script>
    </head>
<body>
    <form>
        <select>
            <option>1</option>
            <option>2</option>
            <option>3</option>
            <option>4</option>
        </select>
        <br>
        选项 1: <input type="checkbox" name="choice"
                value="choice_v1"><br>
        选项 2: <input type="checkbox" name="choice"
                value="choice_v2"><br>
        选项 3: <input type="checkbox" name="choice"
                value="choice_v3">
        <br>
        <input type="text"><br>
        <div id="info1">表单事件 ..</div>
        <div id="info2">键盘事件 ..</div>
    </form>
</body>
</html>
```

代码 4.22 在下拉列表、多选按钮和文本输入框
上分别绑定了 change 事件。运行这段程序，我们可
以看到 change 事件在不同的表单元素上会有不同
的触发条件。又由于 change 事件在文本框上要等到
文本输入完成，并且输入焦点移出文本框以后才会
触发，如果需要跟踪每一次按键动作，就需要在文
本框上绑定键盘事件 keypress。代码 4.22 同样演示
了对键盘事件的处理，若文本输入还在进行中，就
会得到如图 4.8 所示的演示结果。图中，当每一次
按键动作完成时，都会提示字符输入完成，但是，
只要输入焦点仍处于文本输入框之内，就不会触发
文本框的 change 事件。

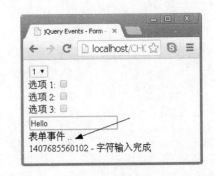

图 4.8 表单的 change 事件与键盘的
keypress 事件比较

2. 表单元素的输入焦点与气泡上浮效应

blur 事件比较容易与鼠标事件中的 focusout 事件混淆，两者都发生在元素失去焦点以后。两者的主要区别是，鼠标事件 focusout 具有气泡上浮(bubble)的特点，当被 jQuery 选择器选中的元素中的一个子元素失去焦点的时候，被选中的元素本身也会间接触发 focusout 事件，而表单事件 blur 只能作用在被选择的元素上。也就是说，blur 事件没有气泡上浮的效应。

代码 4.23 演示了 blur 和 focusout 两种事件的不同。

代码 4.23 blur 事件气泡效应的演示

```html
<!DOCTYPE html>
<html>
    <head>
        <title>jQuery Events - Form - blur</title>
        <meta charset="utf-8" />
        <script src="js/jquery-1.10.1/jquery-1.10.1.min.js"></script>
        <script>
            $(document).ready(function() {
                $("div#d1").focusout(function() {
                    $("#info_div_focusout").text(new Date().getTime()
                        + ' - <div id="d1"> : focusout');
                });
                $("div#d2").blur(function() {
                    $("#info_div_blur").text(new Date().getTime()
                        + ' - <div id="d2"> : blur');
                });
                $("input").blur(function(event) {
                    var targetId = event.target.id;
                    $("#info_input_blur").text(new Date().getTime()
                        + ' - <input> : blur - ' + targetId);
                });
            });
        </script>
    </head>
    <body>
        <div id="d1">
            <input type="text" id="input1"><br>
            <input type="text" id="input2"><br>
        </div>
        <div id="d2">
            <input type="text" id="input3"><br>
            <input type="text" id="input4"><br>
        </div>
        <p>&lt;div&gt;状态变化</p>
        <div id="info_div_focusout"></div>
        <div id="info_div_blur"></div>
        <p>&lt;input&gt;状态变化</p>
        <div id="info_input_blur"></div>
```

```
    </body>
</html>
```

代码 4.23 通过从上到下 4 个文本输入框来演示当文本框失去输入焦点以后的事件触发状态。这4个文本输入框分为两组,第一组两个文本框,包含在一个<div>元素中,用于监听 focusout 事件，第二组两个文本框，包含在另一个<div>元素中，用于监听 blur 事件。当第一组的两个文本框失去输入焦点以后，包含这两个文本框的<div>元素因为 focusout 事件的上浮效应，从而触发了 focusout()方法。而当第二组的两个文本框失去输入焦点以后，包含着两个文本框的<div>元素由于 blur 事件不具有上浮效应，不能监听到内部所包含的元素发生了 blur 事件。如果我们直接在<input>元素上监听 blur 事件，每当文本框失去输入焦点以后，相应的<input>元素上都会立即触发 blur()方法。

4.4.3 浏览器事件

jQuery 的浏览器事件处理程序包括下列处理方法：error()、scroll()、resize()。

jQuery 的 resize 和 scroll 事件可以发生在一个 HTML 元素上,也可以发生在浏览器窗口上。这两个事件分别代表了一个元素或者浏览器窗口的大小变化或者屏幕滚动。

代码4.24演示了这两种事件,其中既可以通过一般的jQuery 选择器表达式选择一个HTML 元素，也可以通过$(window)选择当前的浏览器窗口。当在浏览器中运行代码 4.24 时，屏幕上将按照 resize 和 scroll 发生的对象做出相应的提示。

代码 4.24　浏览器事件演示

```
<!DOCTYPE html>
<html>
    <head>
        <title>jQuery Events - Browser - resize | scroll</title>
        <meta charset="utf-8" />
        <script src="js/jquery-1.10.1/jquery-1.10.1.min.js"></script>
        <script>
            $(document).ready(function() {
                $(window).resize(function() {
                    $("#info").text(new Date().getTime()
                        + " -- 浏览器发生了 resize 事件");
                });
                $(window).scroll(function() {
                    $("#info").text(new Date().getTime()
                        + " -- 浏览器发生了 Scroll 事件");
                });
                $("#contentDiv").scroll(function() {
                    $("#info").text(new Date().getTime()
                        + " -- <div>发生了 scroll 事件");
                });
            });
        </script>
    </head>
```

```
<body>
    <div id="info">状态信息: </div>
    <div id="contentDiv" style="width:200px; height:200px;
        background-color: lightgray; overflow: auto;">
        <pre>
圆周率 π（小数点后 300 位）=
 3.14159 26535 89793 23846 26433
    83279 50288 41971 69399 37510
    58209 74944 59230 78164 06286
    20899 86280 34825 34211 70679
    82148 08651 32823 06647 09384
    46095 50582 23172 53594 08128
    48111 74502 84102 70193 85211
    05559 64462 29489 54930 38196
    44288 10975 66593 34461 28475
    64823 37867 83165 27120 19091
    45648 56692 34603 48610 45432
    66482 13393 60726 02491 41273
        </pre>
    </div>
</body>
</html>
```

4.5　jQuery 网页的动态处理

在这一节之前，我们介绍的大部分 jQuery 编程技巧都是围绕网页的静态内容。静态内容是指网页在浏览器中加载完成，并且 jQuery 已经完成了初始化以后呈现给网页用户的内容。

本章的一部分实例代码则在静态内容的基础上，动态改变网页的内容，包括 HTML 元素的背景颜色和网页上的文字等。这一节将把重点放在网页内容的动态改变上。

4.5.1　网页样式的处理

1. 动态变更 CSS 类

当一个网页在浏览器中显示以后，通过修改某一个元素所具有的 CSS 类，达到修改网页显示样式的目的。

jQuery 为此提供了下列方法：addClass()、removeClass()、hasClass()、toggleClass()。

在以上 4 个方法中，addClass()和 removeClass()用于为被选择的 HTML 元素添加或者去除指定的 CSS 类。hasClass()用于测试一个 HTML 元素是否在当前被赋予了一个指定的 CSS 类，这个方法将返回 true 或者 false。

toggleClass()能够使一个 HTML 元素在添加和去除一个 CSS 类之间切换。

利用上面提到的 4 个方法中的前 3 个，可以为一个简单的文字编辑器中的内容设置不同的文字风格，比如粗体、斜体，以及下划线等。代码 4.25 实现了这样的功能。当一个命令按钮被按下时，程序首先通过 hasClass()测试当前的文本显示区是否被赋予了相应的 CSS 类，如果已经被赋予，就会通过 removeClass()方法去除，反之通过 addClass()方法添加。

代码 4.25　动态测试、添加、去除 CSS 类

```html
<!DOCTYPE html>
<html>
    <head>
        <title>jQuery - 网页动态处理 - CSS 类</title>
        <meta charset="utf-8" />
        <script src="js/jquery-1.10.1/jquery-1.10.1.min.js"></script>
        <style>
            button {
                width:          30px;
            }
            textarea {
                width:          300px;
                height:         100px;
            }
            .bold {
                font-weight:    bolder;
            }
            .italic {
                font-style:     italic;
            }
            .underline {
                text-decoration: underline;
            }
        </style>
        <script>
            $(document).ready(function() {
                $("#button_bold").click(function() {
                    if ($("textarea").hasClass("bold")) {
                        $("textarea").removeClass("bold");
                    } else {
                        $("textarea").addClass("bold");
                    }
                });
                $("#button_italic").click(function() {
                    if ( $("textarea").hasClass("italic")) {
                        $("textarea").removeClass("italic");
                    } else {
                        $("textarea").addClass("italic");
                    }
                });
                $("#button_underline").click(function() {
                    if ($("textarea").hasClass("underline")) {
                        $("textarea").removeClass("underline");
                    } else {
                        $("textarea").addClass("underline");
                    }
```

```
            });
        });
    </script>
</head>
<body>
    <button id="button_bold" class="bold">B</button>
    <button id="button_italic" class="italic">I</button>
    <button id="button_underline" class="underline">U</button>
    <hr>
    <textarea></textarea>
</body>
</html>
```

在代码 4.25 中，每一个按钮所对应的事件处理程序都是经过测试和变更 CSS 类两个主要步骤，程序结构冗长，显然这并不是编程的好办法。toggleClass()方法就能大大简化这段程序。由于 toggleClass()方法能够自动地在添加和去除之间转换，程序因此可以能够省略测试等繁琐的过程。这样，程序片段：

```
$("#button_bold").click(function() {
    if ($("textarea").hasClass("bold")) {
        $("textarea").removeClass("bold");
    } else {
        $("textarea").addClass("bold");
    }
});
```

就会被下面的一行代码取代：

```
$("textarea").toggleClass("bold");
```

2. 动态改变 CSS 属性

一个 CSS 类是多个样式声明的集合。除了可以对一个 HTML 元素重新赋予一个 CSS 类以外，jQuery 的 css()方法能够用于测试和设定一个 HTML 元素的某一个 CSS 属性。css()方法可以根据需要达到的目的，表现为几种不同的形式，比如 css("属性名", "属性值")用于设置一个 CSS 属性，而 css("属性名")则代表了查询被选择的 HTML 元素当前的 CSS 属性值。

使用 css()方法时会发现两个显著的特点：

- 作为参数的 CSS 属性名称允许使用两种形式。以"-"为连接符连接多个单词的标准 CSS 属性名称，或者使用除了第一个字符以外其他每个单词的首字符大写的"驼峰"格式。jQuery 对这两种属性名表达形式同等对待。
- 通过 css()方法获得的样式属性可能包含多重组合。如果需要判断其中的一个具体特性，还需要对返回结果进行进一步解析。

代码 4.26 演示了 css()方法的 4 种用法。

代码 4.26　css()方法的多种用法

```
<!DOCTYPE html>
<html>
```

```
<head>
    <title>jQuery - 网页动态处理 - Style</title>
    <meta charset="utf-8" />
    <script src="js/jquery-1.10.1/jquery-1.10.1.min.js"></script>
    <style>
        button.simple {
            width:          30px;
        }
        button.multi {
            width:          45px;
        }
        textarea {
            width:          300px;
            height:         100px;
        }
    </style>
    <script>
        $(document).ready(function() {
            $("#button_bold").click(function() {
                var fontWeight = $("textarea").css("font-weight");
                if (fontWeight==400 || fontWeight=="normal") {
                    $("textarea").css("font-weight", "bolder");
                } else {
                    $("textarea").css("font-weight", "normal");
                }
            });
            $("#button_italic").click(function() {
                var fontStyle = $("textarea").css("font-style");
                if (fontStyle == "italic") {
                    $("textarea").css("font-style", "");
                } else {
                    $("textarea").css("font-style", "italic");
                }
            });
            $("#button_underline").click(function() {
                var textDecoration = $("textarea").css("text-decoration");
                alert(textDecoration);
                if (textDecoration == "underline") {
                    $("textarea").css("text-decoration", "");
                } else {
                    $("textarea").css("text-decoration", "underline");
                }
            });
            $("#button_red_yellow").click(function() {
                $("textarea")
                  .css({"color":"red", "background-color":"yellow"});
            });
            $("#button_normal").click(function() {
                $("textarea").css({"color":"black",
```

```
                              "background-color":"white",
                              "font-weight":"normal",
                              "font-style":"normal",
                              "text-decoration":"none"});
          });
       });
    </script>
  </head>
  <body>
    <button id="button_bold" class="simple">B</button>
    <button id="button_italic" class="simple">I</button>
    <button id="button_underline" class="simple">U</button>
    <button id="button_red_yellow" class="multi"
      style="color:red;background-color:yellow;">红</button>
    <button id="button_normal" class="multi">正常</button>
    <hr>
    <textarea></textarea>
  </body>
</html>
```

在$("textarea").css("font-weight");中，CSS 样式名称作为 css()方法的参数，这种方法用于从指定的 HTML 元素上读取指定的 CSS 样式。$("textarea").css("font-weight", "bolder");中的两个参数分别是样式属性和样式的值。这种方法用于对指定的 HTML 元素动态赋予一个指定的 CSS 样式。而在$("textarea").css("font-style", "");中，为一个样式属性动态赋予空字符串，相当于把指定的样式从被选择的 HTML 元素上删除。

在$("textarea").css({"color":"red", "background-color":"yellow"});中，css()方法仅使用了一个参数，但是这个参数与前面 3 种用法中的字符串类型参数不同，这个参数是一个 JavaScript 对象。这个对象可以包含多个样式声明，每个样式声明组成了 JavaScript 对象的一组键值对。每一组键值对通过逗号 "," 分隔。所有键值对之外通过花括号定义这个 JavaScript 对象。

在代码 4.26 中特意安排了 alert(textDecoration); 用于实时检测 text-decoration 样式的当前值。当网页在 Chrome 浏览器中加载后的初始状态下和通过$("textarea").css("text-decoration", "underline");赋予\<textarea>中的文字下划线样式后，分别点击 U 按钮，能够看到如图 4.9 所示的两个画面。这两个画面说明了通过 css()方法可以得到指定样式的全部信息，并不限定于我们通过程序设定的一部分样式。

图 4.9　Chrome 浏览器提示的动态 CSS 样式信息

3. 实时检测 HTML 元素和浏览器显示区域的大小

每一个可见的块级元素和内联块级元素(见 2.2.4 小节中有关块级元素和内联元素的描述)

都可以通过 width 和 height 设置显示宽度和高度。元素的显示遵循 Box 模型(见 3.3.1 小节中有关 Box 模型的描述)的基本规则。根据 Box 模型原理，一个元素在显示时从里向外分为内容区、内框(padding)、边框(border)和外框(margin)几个层次。元素的显示宽度和高度及其 Box 模型的各个层次都可以动态改变。jQuery 为我们提供了下列方法，可以快速获得 HTML 元素的实时显示样式：width()、height()、innerWidth()、innerHeight()、outerWidth()、outerHeight()。

代码 4.27 演示了以上 6 个 jQuery 方法的作用。

代码 4.27　获取实时 Box 模型数据

```
<!DOCTYPE html>
<html>
    <head>
        <title>jQuery - 网页动态处理 - width | height</title>
        <meta charset="utf-8">
        <script src="js/jquery-1.10.1/jquery-1.10.1.min.js" ></script>
        <style>
            div#testDiv {
                width:              300px;
                height:             150px;
                border-style:       solid;
                border-width:       40px;
                border-color:       lightGreen;
                padding:            40px;
                margin:             40px;
                background-color:   Ivory;
            }
        </style>
        <script>
            $(document).ready(function() {
                $("#width").click(function() {
                    $("#info").text("weight() - "
                      + $("#testDiv").width());
                });
                $("#height").click(function() {
                    $("#info").text("height() - "
                      + $("#testDiv").height());
                });
                $("#innerWidth").click(function() {
                    $("#info").text("innerWidth() - "
                      + $("#testDiv").innerWidth());
                });
                $("#innerHeight").click(function() {
                    $("#info").text("innerHeight() - "
                      + $("#testDiv").innerHeight());
                });
                $("#outerWidth").click(function() {
                    $("#info").text("outerWidth() - "
                      + $("#testDiv").outerWidth());
```

```
        });
        $("#outerHeight").click(function() {
            $("#info").text("outerHeight() - "
                + $("#testDiv").outerHeight());
        });
    });
    </script>
</head>
<body>
    <button id="width">Width</button>
    <button id="height">Height</button>
    <br>
    <button id="innerWidth">inner Width</button>
    <button id="innerHeight">inner Height</button>
    <br>
    <button id="outerWidth">Outer Width</button>
    <button id="outerHeight">Outer Height</button>
    <br>
    <div id="info">信息提示...</div>
    <hr>
    <div id="testDiv">文本内容</div>
</body>
</html>
```

这段代码将在浏览器中显示一个普通的<div>元素。它宽 300px，高 150px，内框、边框和外框宽度都是 40px，并且边框被设置为浅绿色，如图 4.10 所示。

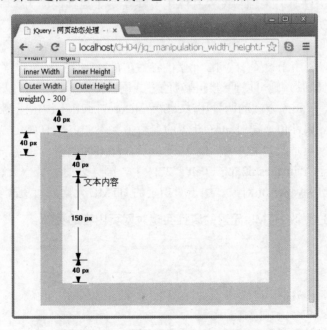

图 4.10 jQuery 计算 HTML 元素宽度和高度的方法

图 4.10 对代码 4.27 中的<div>元素的高度、内框、边框和外框进行了标注，图中浅绿色边

框以内到显示文字的部分为内框(padding)，浅绿色边框以外延伸到浏览器边缘或者与其他HTML元素之间的部分为外框(margin)。jQuery 的 height()方法返回一个元素的内容区的高度，从图中可以看到<div>的内容区的高度为 150。jQuery 的 innerHeight()方法返回值包括内容区和内框，相当于内容区的高度 300px 加上上下两个各自 40px 的内框的高度，总共 230。jQuery的 outerHeight()方法返回值包括内容区、上下两个内框、上下边框和上下两个外框(可选)。outerHeight()方法可以带有一个布尔型参数，当这个参数值为 true 时，元素的外框(margin)才会被计算在内，而元素的内框在任何情况下都会被计算在内。代码 4.27 中，outerHeight()方法将只包括内容区、内框和边框，因此返回值是 310。

读者是否注意到当我们提到上述方法的返回值时，都没有提到单位。原因是，上述方法在jQuery 的设计上为了便于数学计算，因此仅仅返回数值，而把单位 px 省略了，而 css("height")则会同时返回元素的计量单位。

上述方法中的 width()和 height()，还可以把 window 和 document 当作参数值，用于计算浏览器的用户显示区域和 HTML 文档所占的宽度和高度。但是，参数值 window 和 document 不适用于其他 4 个方法。

4.5.2　网页内容的处理

1. 查询和更改 HTML 元素的属性值

网页中的一部分内容是由 HTML 元素的属性值决定的。比如一幅图片的内容就是由<img>元素的 src 属性来指定的。如果在网页运行过程中改变属性值，页面上的图片也会随之更换。

jQuery 的 attr()方法具有查询和设置 HTML 元素中一个属性的能力。与其他 jQuery 方法在参数使用上基本一致，当 attr()使用一个属性名称作为参数时，用于查询该属性的属性值；当同时使用两个参数时，第一个参数代表 HTML 元素的属性名称，第二个参数代表属性值，很明显，这样的调用接口是用于设置 HTML 元素的参数值的。当 attr()只有一个参数，而这个参数是一个 JavaScript 对象时，则可以通过键值对的方式同时对多个属性进行更改。

代码 4.28 演示了 attr()方法的两种用法：$("#picture").attr("src")用于获得 id 值为"picture"的 HTML 元素的 src 属性值。通过 attr()获得的参数值并不一定是 HTML 文档中最初指定的初始值，当参数值在网页运行过程中被动态更改以后，attr()能够得到指定属性的当前值。而在$("#picture").attr({"src":"images/n2.jpg", "alt":"2"});中，同样只使用了一个参数，这个参数是一个含有多个键值对的 JavaScript 对象，用于对指定的 HTML 元素同时更改多个属性值。

代码 4.28　通过更改 HTML 元素的属性实现对网页内容的更新

```
<!DOCTYPE html>
<html>
   <head>
      <title>jQuery - 网页动态处理 - attr()</title>
      <meta charset="utf-8">
      <script src="js/jquery-1.10.1/jquery-1.10.1.min.js"></script>
      <script>
        $(document).ready(function() {
           $("#one").click(function() {
```

```
                $("#picture").attr({"src":"images/n1.jpg", "alt":"1"});
            });
            $("#two").click(function() {
                $("#picture").attr({"src":"images/n2.jpg", "alt":"2"});
            });
            $("#currentPicture").click(function() {
                alert("当前图片: " + $("#picture").attr("src"));
            });
        });
    </script>
</head>
<body>
    <button id="currentPicture">当前图片</button>
    <button id="one">选择图片 1</button>
    <button id="two">选择图片 2</button>
    <hr>
    <img id="picture" src="images/n1.jpg" alt="1">
</body>
</html>
```

使用 attr()更改 HTML 元素的属性值，应该了解其中的一些使用限制。比如，不允许更改
<input>元素的 type 属性，也不应该更改 HTML 元素的 id 值。

当使用"属性"这个概念时，不得不提到英语中的 attribute 和 property 这两个单词。jQuery
中的 attr()和 prop()分别适用于这两个概念。attribute 更多是指通过字面显式定义的属性，而
property 则侧重于事物本身所具有的特性。以 HTML 元素的布尔型属性为例(参看 2.1.2 小节中
有关布尔型属性的描述)，下面 3 行代码是等价的：

```
<input type="checkbox" name="options" id="op1" value="选项一" checked>
<input type="checkbox" name="options" id="op1" value="选项一" checked="">
<input type="checkbox" name="options" id="op1"  value="选项一" checked="checked">
```

由于布尔型属性的以上 3 种写法都是有效的，直接使用 attr()方法无法正确表达该属性的含
义，在这种情况下，就可以通过下列方式之一解决：

```
$("#op1").prop("checked")
$("#op1").is(":checked")
```

2. 更改网页的内容

在本章前面的实例程序中，我们已经多次见到 text()和 val()两个 jQuery 方法。

text()方法 val()方法可以读取或者更改一个 HTML 元素，比如<div>中的文本内容，val()方
法用于读取和设置<input>文本框或者<textarea>的内容。除了以上两个方法外，jQuery 还提供
了 html()方法，用于读取或者更换网页文档中的一个 HTML 片段。

代码 4.29 实现了一个简单的复制粘贴功能。网页上有两个主要的<div>，其中第一个<div>
中包含一个按钮、一个图片和一个包含文字内容的<div>元素，第二个<div>在网页加载时不含
任何内容。当单击"复制"按钮时，第一个<div>元素中的内容，包括 HTML 标签都通过 html()
方法被读取，然后再被 html()方法插入到第二个<div>元素中。

代码 4.29　通过 html()方法获得和设置一个元素所包含的 HTML 片段

```
<!DOCTYPE html>
<html>
   <head>
      <title>jQuery - 网页动态处理 - html()</title>
      <meta charset="utf-8" />
      <script src="js/jquery-1.10.1/jquery-1.10.1.min.js"></script>
      <style>
         img {
            width:            150px;
            height:           auto;
         }
         .demoDiv {
            display:          inline-block;
         }
      </style>
      <script>
         $(document).ready(function() {
            $("#button_copy").click(function() {
               var htmlCode = $("#one").html();
               $("#two").html(htmlCode);
            });
            $("#button_clear").click(function() {
               $("#two").html("");
            });
         });
      </script>
   </head>
   <body>
      <button id="button_copy">复制</button>
      <button id="button_clear">清除</button>
      <hr>
      <div id="one" class="demoDiv">
         <button> 按钮</button><br>
         <img src="images/whale_01.jpg" alt="鲸"><br>
         <div>演示...</div>
      </div>
      <div id="two" class="demoDiv">
      </div>
   </body>
</html>
```

html()和 text()方法都能够读取一个 HTML 元素的内容，html()能够获得所包含的子元素的 HTML 标签以及标签中的属性等，而 text()值读取被选择的元素及其子元素的文本内容，并把获得的文本内容连接成一个字符串。需要注意的是，html()方法即使能够读取子元素的 HTML 标签和元素属性，但是返回的结果并不能保证与原始 HTML 文档在字面上完全一致。如果一个元素的属性值是文本，在某些版本的 IE 浏览器上运行 html()方法，原始文档中属性值上的引号可能被省略。

3. 插入与追加

,jQuery 的 html()方法能够替换 DOM 中元素节点的内容，jQuery 的 before()和 after()方法能够实现 HTML 元素的插入和追加。插入和追加的内容应该是一个 HTML 代码片段。

代码 4.30 在浏览器中的初始状态仅有一幅如图 4.11 中第一个画面所示的内容含有数字"0"的图片。通过网页上的插入和追加按钮，分别在原有图片的最前列或者图片队列的末尾插入或者追加指定的图片，如图 4.11 中第二个画面所示。按钮上的数字对应于图片上的数字。

代码 4.30　通过 before()和 after()插入和追加一段 HTML 代码

```
<!DOCTYPE html>
<html>
    <head>
        <title>jQuery - 网页动态处理 - before()</title>
        <meta charset="utf-8" />
        <script src="js/jquery-1.10.1/jquery-1.10.1.min.js"></script>
        <script>
            var n1 = '<img src="images/n1.jpg" alt="1">';
            var n2 = '<img src="images/n2.jpg" alt="2">';
            $(document).ready(function() {
                $("#b1").click(function() {
                    $("img:first").before(n1);
                });
                $("#b2").click(function() {
                    $("img:first").before(n2);
                });
                $("#a1").click(function() {
                    $("img:last").after(n1);
                });
                $("#a2").click(function() {
                    $("img:last").after(n2);
                });
            });
        </script>
    </head>
    <body>
        在队列之前插入图片：
        <button id="b1">1</button>
        <button id="b2">2</button><br>
        在队列之后追加图片：
        <button id="a1">1</button>
        <button id="a2">2</button><br>
        <hr>
        <img src="images/n0.jpg" alt="0">
    </body>
</html>
```

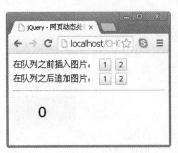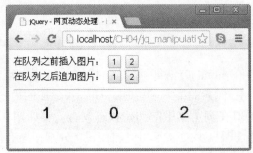

图 4.11　图片队列的初始状态，以及在队列之前插入"1"与在在队列之后添加"2"

jQuery 除了提供 before()和 after()方法外，还提供了 insertBefore()和 insertAfter()方法。这两组方法的作用完全一致，但是使用方法不同。在编程中必须注意这两组方法在用法上的区别。在 before()方法中，HTML 内容插入发生在由 before()之前的选择器表达式所选定的元素 HTML 之前。而在使用 insertBefore()时，该方法之前的 HTML 内容插入到由 insertBefore()的参数所指定的 HTML 元素之前。因此，代码 4.30 中由 before()完成在操作可以通过下面的方式改写：

```
$("img:first").before(n1);  →  $(n1).insertBefore("img:first");
```

4.6　jQuery UI 简介

jQuery UI 是在 jQuery 基础上的一个程序库。开发 jQuery Mobile 网站时一般不会直接涉及 jQuery UI。但是，在 jQuery Mobile 的开发中，我们可以发现许多系统提供的屏幕组件是非常类似的，而且在编程方法上也十分相似。为了保持内容体系的完整，这一节将简单介绍 jQuery UI 中几个常用屏幕组件的简单用法。略过这一节，将不会影响 jQuery Mobile 的学习。

jQuery UI 提供了相当多在网站开发中经常会用到的屏幕组件，包括按钮、对话框、滑动条、日期选择器(日历)、自动完成、菜单、进度条、手风琴、提示信息等。上述功能过去常常需要 JavaScript 程序员自行编写。由于这些功能开发难度比较大，自行编写会造成大量的重复劳动，而且由于实现方法各不相同，使其在后期维护、代码的定制和再利用方面的难度加大。使用 jQuery UI 中的组件，在很大程度上解决了以上这些问题。

jQuery UI 组件在使用方法方面都拥有一个初始化组件的方法，比如滑动条的初始化方法是 slider()，并且初始化方法中含有组件初始化参数。初始化参数可以单独赋值，也可以通过一个 JavaScript 对象同时配置多个初始化参数。初始化参数因各种不同的组件而异。在初始化参数中还可以包含回调方法，用于处理组件的产生、状态变化等事件。下面通过代码 4.31，以一个基本的滑动条组件来说明 jQuery UI 组件的常规用法。

代码 4.31　一个基本的滑动条

```
<!DOCTYPE html>
<html>
   <head>
     <title>jQuery UI - slider</title>
     <meta charset="utf-8" />
     <link href="js/jquery-ui-1.11.1/jquery-ui.min.css" rel="stylesheet">
```

```
<script src="js/jquery-1.10.1/jquery-1.10.1.min.js"></script>
<script src="js/jquery-ui-1.11.1/jquery-ui.min.js"></script>
<script>
    function scaleImage() {
        var sliderValue = $("#scale").slider("value");
        $("#info").text(sliderValue);
        $(".demoImage").css("width", sliderValue);
    }
    var sliderOptions = {
        animate:    "true",
        min:        100,
        max:        250,
        step:       1,
        value:      175,
        slide:      scaleImage,
        change:     scaleImage
    }
    $(document).ready(function() {
        $("#scale").slider(sliderOptions);
    });
</script>
<style>
    #scale {
        width:      250px;
    }
    img.demoImage {
        width:      175px;
        height:     auto;
    }
</style>
</head>
<body>
<div id="scale"></div>
<div id="info">175</div>
<hr>
<img id="whale" src="images/whale_01.jpg" alt="鲸" class="demoImage">
</body>
</html>
```

代码 4.31 演示了一个滑动条的基本使用方法。这个滑动条的作用是使屏幕上图片的宽度在 100px 和 250px 之间无级缩放。每当移动滑动条上的滑块时，滑动条的当前值会发生变化，滑动条上事先配置的回调方法被自动触发，并在回调方法中完成图片缩放功能，如图 4.12 所示。

阅读这段代码时，应当注意以下几个方面：

- 滑动条本身仅仅是一个<div>元素。
- 滑动条的基本样式可以通过常规的 CSS 属性来配置，比如代码中的 width: 250px；组件的样式可以根据样式主题(theme)和定制 jQuery UI 中特有的 CSS 类来实现。这与在 jQuery Mobile 中的开发方法基本相同，这里不再详细介绍。

- 如果同时配置多个初始化参数，可以用一个 JavaScript 对象来实现，例如代码中的 sliderOptions。
- 初始化参数可以包含回调方法的名称。
- $("#scale").slider("value");提供了读取滑动条当前值的方法。这个方法并不是固定的，在不同的组件中，或同一个组件的不同用法中，读取的方法都会有所不同。比如在具有两个滑块的滑动条中，读取的方法就与此不同。编程过程中需要查阅相关 API 文档来正确使用每一个方法。

图 4.12 通过滑动条来控制图片的缩放

再以日期选择器(日历)为例。这个 jQuery UI 组件同样拥有大量的选项。在默认情况下，屏幕上显示的日历没有限定日期的起止范围，但是，在实际应用环境中，例如旅店预订和购买车船票等，都会有一个有效的日期范围。

datepicker 使用了几种不同的日期限定方法，代码 4.32 演示了设置 minDate 和 maxDate 的方法。这两个属性能够接受不同格式的数据，例如 JavaScript 的 Date 对象、可自定义格式的字符串，以及在代码 4.32 中所用的偏移量方式。当采用偏移量时，正数表示将来，负数表示过去。代码 4.32 中的起止日期分别是当期日期以后的第三天，以及一个月以后的第三天。

代码 4.32 日期选择器的基本使用方法

```
<!DOCTYPE html>
<html>
  <head>
    <title>jQuery UI - datepicker</title>
    <meta charset="utf-8" />
    <link href="js/jquery-ui-1.11.1/jquery-ui.min.css" rel="stylesheet">
    <script src="js/jquery-1.10.1/jquery-1.10.1.min.js"></script>
    <script src="js/jquery-ui-1.11.1/jquery-ui.min.js"></script>
    <script>
      var datepickerOptions = {
        minDate:  "+3",
        maxDate:  "+1M+3D"
      }
```

```
        $(document).ready(function() {
            $("#dateField").datepicker(datepickerOptions);
        });
    </script>
    <style>
        #ui-datepicker-div {
            font-size:   12px;
        }
    </style>
</head>
<body>
    <input id="dateField" type="text" name="dateField" value="">
</body>
</html>
```

Datepicker()方法被应用到一个<input>文本框中。当用户在日历上选择了一个日期以后，被选择的日期自动填写到文本框中，如图 4.13 所示。

图 4.13　日期选择器 Datepicker 的日期范围限定效果

4.7　本 章 习 题

选择题(单选)

(1) 子元素过滤器:nth-of-type()中的索引值(　　)。

　　A. 以 0 开始

　　B. 以 1 开始

　　C. 只有 even 和 odd 两个有效的索引值

　　D. 以上都不对

(2) 以下哪一种 CSS 样式定义能够实现 jQuery 的基本特效 hide()？(　　)

　　A. display: hide;　　　　　　　　　　B. visibility: hide;

　　C. display: none;　　　　　　　　　　D. visibility: invisible;

(3) 关于表达式$().jquery，下列哪种说法正确？(　　)

A. 代表了 jQuery()的简写形式

B. 代表了 $(document).ready(function(){ ... });结构的简写形式

C. 返回当前 jQuery 的版本

D. 语法错误

(4) 关于 jQuery 的 before()和 insertBefore()，下列哪种说法正确？(　　)

A. 这两个 jQuery 方法的具有相同的作用

B. before()用于返回 DOM 中的节点，而 insertBefore()用于插入节点

C. insertBefore()只能作用于建立在 XML 文档基础上的 DOM 结构

D. before()方法要求 HTML 文档必须符合 XHTML 的语法有效性条件

(5) click()方法能够(　　)。

A. 响应键盘上一个按键被按下的事件

B. 响应键盘上一个按键被按下并弹起的事件

C. 模拟按键动作

D. 模拟鼠标单击动作

(6) 下列哪一个关于 fadeOut()参数的描述是正确的？(　　)

A. 允许不使用参数

B. 如果使用参数，参数值只能是 "slow" 或者 "fast"

C. 参数值允许使用以毫秒为单位的整数

D. 参数值允许使用以秒为单位的整数

(7) jQuery 的 html()方法(　　)。

A. 与 text()方法作用相同

B. 能够获得被选择的 HTML 元素所包含的 HTML 代码(包括元素属性)

C. 能够获得被选择的 HTML 元素所包含的 HTML 代码(不包括元素属性)

D. 仅用于获得直接子元素的 HTML 标签

(8) 一个 jQuery UI 的滑动条使用了如下初始化参数，其中的 scaleImage 是(　　)。

```
var sliderOptions = {
    animate:  "true",
    min:      0,
    max:      1000,
    step:     2,
    value:    50,
    slide:    scaleImage
}
```

A. 滑动事件发生时的响应程序

B. 滑动动作发生时的动画特效名称

C. 一个默认的 jQuery UI 系统命令

D. 出现的语法错误

(9) 对于下面代码中的多选按钮，哪一种方法可以正确获得该按钮是否被选择？(　　)

```
<input type="checkbox" name="options" id="op1" value="选项一">
```

A.　$("#op1").prop("checked")

B.　$("#op1").attr("checked")

C.　$("#op1").has("checked")

D.　由于代码中没有定义"checked"属性，以上方法都无法获得正确结果

(10) 在 jQuery 的选择器中，以下哪一种表达式能够选择拥有指定属性的所有 HTML 元素？并且要求属性值是以指定的字符串结尾。（　　　）

A.　[属性名^="字符串"]　　　　　　B.　[属性名*="字符串"]

C.　[属性名$="字符串"]　　　　　　D.　[属性名~="字符串"]

jQuery Mobile

第 5 章

jQuery Mobile 开发基础

本章导读：

本书前 4 章介绍了移动网站开发技术的发展与变革，以及开发 jQuery Mobile 网站必备的基础知识。经过对这些预备知识的学习，从本章起，将开始介绍以 jQuery Mobile 为基础的移动网站开发技术。

由于我们的重点将从通用的 Web 技术转向移动 Web，从本章起的大部分实例程序将在移动浏览器的模拟器中，或者在移动设备上进行演示。

本章的主要目的，是使读者完成构建 jQuery Mobile 开发的实验环境，并对 jQuery Mobile 网页的特点有一个基本的了解。通过本章的学习，读者应该理解常规 jQuery Mobile 移动网页的基本结构和布局特点，掌握 jQuery Mobile 开发的基本步骤，从而为学习后续章节打下良好的基础。

5.1 jQuery Mobile 应用环境

jQuery Mobile 是建立在 jQuery 之上的一套 JavaScript 程序库，它着眼于移动浏览器的特点，以 HTML 5 和 CSS 3 为基础，充分考虑了在移动设备上跨浏览器的需求。同时，jQuery Mobile 框架在设计上采用了渐进增强和自适应的策略，使它能够按照不同的应用环境得以最大限度地发挥系统框架带来的优势。当然，作为一个 JavaScript 框架，jQuery Mobile 也同样能够应用在普通桌面浏览器环境下。jQuery Mobile 的演示网站就是这样的一个实例[①]。

开发 jQuery Mobile 网站之前需要做好下列准备工作：有关开发 jQuery Mobile 网站所需的程序库、工具软件、模拟器，以及服务器等的下载与安装，可参考本书第 1 章。有关 HTML 5 的基本语法和网页的基本开发方法，可参考第 2 章。有关在定制 jQuery Mobile 所需的 CSS 3，可参考本书第 3 章。而关于 jQuery 选择器与事件处理方法，则可参考本书第 4 章中的介绍。

5.1.1 移动网站的特点和需求

开发移动网站，尤其是为移动网站的应用开发设计一套程序库时，必须首先理解移动网站与普通桌面网站的差异。对于这些差异的理解，将贯穿在整个移动网站设计开发的过程中。经常会听到说某个网站是特意为移动设备优化的。但是，从一个普通的桌面向一个移动网站过渡，哪些方面是必须优化的呢？这些问题往往没有一个确切的答案。在网站设计阶段要根据业务需要和业务流程优化用户界面，减轻网络数据流量，提高多媒体资源加载速度等。

如果单纯地从用户界面设计来说，也会涉及到跨移动平台、跨浏览器、移动设备技术特点等问题。在第 1 章中介绍的网站设计策略能在很大程度上解决以上与用户界面相关的问题。而且由于 jQuery Mobile 已经同时采用了自适应和渐进增强策略，当使用 jQuery Mobile 作为移动网站的基础框架以后，网站开发的工作量将大大减轻。

屏幕分辨率是一个经常被忽略，或者说是没有引起足够重视的问题。在设置计算机显示器分辨率的时候，我们知道，把显示器的分辨率设置得越高，则同一个网页上文字在显示器上的输出就会变得越小，这是因为网页上字体的大小从 CSS 的角度来看是固定的，当调高显示器分辨率时，单位长度上的像素就会增多，每个像素所占用的实际长度会相应地减少，这样，网页上的文字也就随之变小。这样的情况同样适用于移动浏览器。当物理设备的像素密度非常高时(比如超过 300PPI 的视网膜显示屏)，普通 16px 大小的文字就会非常小。

图 5.1 反映了同一个网页在桌面浏览器和移动浏览器中显示的区别。由于 Opera 移动浏览器的模拟器能够按照指定设备的屏幕大小和分辨率来初始化浏览器窗口，在测试过程中不应该随意更改浏览器窗口大小和缩放网页。这里的移动浏览器模拟了三星 Galaxy S III。S III 智能手机装载了 Android 4.0 操作系统，具有 4.8 英寸，720 ×1280 像素的显示屏，像素密度 306PPI。这样的分辨率近似于 20 英寸以上的计算机显示器的中等分辨率，但是 S III 的屏幕显然小于计算机显示器的 10%，因此在同等分辨率下，网页上的文字在移动浏览器中会非常小，以至于难于辨认，而在桌面浏览器上由于屏幕宽度大，则不会有这样的问题。在移动网页的设计中，分

---

① jQuery Mobile 演示网站：http://jquerymobile.com/demos/。

辨率问题很容易解决，下一小节会有具体的介绍。

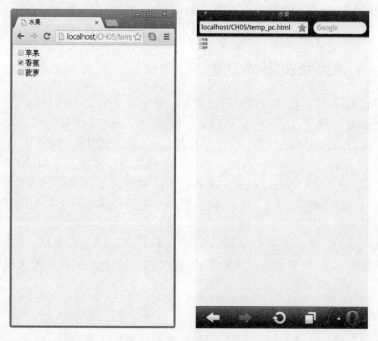

图 5.1　同一个网页在 Chrome 桌面浏览器和三星 S III Opera 浏览器中的表现方式

　　移动网站的设计还需要考虑用户体验一致性的问题，即移动网站的设计应该与移动应用程序(通过移动平台 API 开发的程序)的操作方法尽量保持一致。

　　例如，网页中常见的超级链接在移动应用程序中就极少见到，取而代之的是按钮。按钮能够分别扮演功能按钮和导航按钮(链接)两种角色。功能按钮用于表单发送，而导航按钮用于完成与超级链接类似的网页跳转等功能。

　　图 5.2 显示了一个网站中的两个页面，每个页面都含有网页标题栏和内容区两个部分。

图 5.2　一个网站中的两个页面

网站的主页上有一个指向第二页的按钮，按下这个按钮后，网站跳转到第二页。第二页的标题栏有一个返回前一页的按钮。以上两个按钮基本上取代了原来由超级链接起到的作用。

设计移动网站时还需要考虑其他许多方面的问题，如避免水平滚动、网页布局简洁，由于屏幕面积所限，网页内容的分类也应该更加细致，这就对页面导航提出了更高的设计要求。

5.1.2　jQuery Mobile 的基本功能

在使用 jQuery Mobile 简化移动网站开发之前，有必要了解 jQuery Mobile 框架提供的主要功能。jQuery Mobile 大致有以下几个功能模块：系统配置、时序事件处理、网页结构、图标、样式主题、UI(用户界面)组件等。本书将详细介绍以上这些功能模块的使用方法。

在第 4 章中，我们已经了解了 jQuery 和网页加载的时序问题。在移动开发中，时序问题将更加复杂，因此，jQuery Mobile 推出了更多的时序处理方法。我们仍然需要了解 jQuery 中 jQuery(document).ready(function() { ... });这样的结构和它所代表的意义，但是 jQuery Mobile 开发过程中将使用其他与时序有关的方法。

jQuery Mobile 1.4 提供了如图 5.3 所示的 50 个系统图标(jQuery Mobile 1.4 在 1.3 版的基础上增加了很多新的图标)，我们可以在按钮中使用这些系统图标，例如，图 5.2 中的"返回"按钮上的箭头图标。

图 5.3　jQuery Mobile 1.4 中的标准图标

除了系统图标以外，jQuery Mobile 还可以通过定制 CSS 的方法，把 PNG 或者 SVG 图片转换成 jQuery Mobile 系统中新的图标。需要注意的是，这些图标并不是直接通过 CSS 背景图片的方式成为图标的，jQuery Mobile 对定制图标提供了特别的方法，本书将在第 10 章中详细讲解。

样式主题(theme)是 jQuery Mobile 从总体上定制网站外观的最重要的方法之一。样本(swatch)是样式主题中最重要的概念。一个样本由一系列颜色和基本 CSS 样式组成，包括按钮中图标的边框外形、文字、背景、按钮和菜单的颜色，文字和输入框的阴影，按钮和输入框的边角曲线角度等。样式主题由全局性的样式和一系列样本组成。jQuery Mobile 使用字母 A 到 Z 来标识每一个样本，因此，在正常情况下，jQuery Mobile 可以定制多达 26 个样本。每一个样本反映了一个主题色彩。比如在一个国际旅游网站中，可以为每个国家选择一种具有代表性的主题色彩，为中国配置以中国红为主色调的样本，而为加拿大配置枫叶红，或者为意大利配置蓝色主色调等。同一个样板上的其他颜色，包括文字、按钮、超级链接等都应该服务于主色调。当然，每一个样本的设置应该遵从网站的需求分析，按照业务需求来完成配置，这并不是一个单纯的技术问题。图 5.4 显示了一个样本在定制过程中的局部画面，表现了网页的标题栏、按钮图标样式、网页背景、按钮、超级链接等。定制成以后，这个样本将被定名为 A，即样本网页标题栏中的字母。由于定制工具的用户界面中含有相当多的内容，这里暂时不再详细介绍定制工具的使用，本书将在第 9 章中做进一步解答。对于 jQuery Mobile 的初学者，可以暂时不考虑刻意定制样式主题，而是使用系统默认的主题样本。需要注意的是，不同版本的 jQuery Mobile 会提供不同的主题样本。本书所采用的 jQuery Mobile 1.4.2 提供了两个样本，分别是浅色样本 A 和深色样本 B。图 5.3 中的图标使用了浅色样本，当选用深色样本 B 时，图标将显示为图 5.5 中的样式。

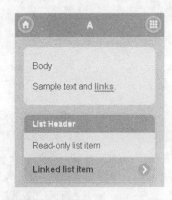

图 5.4　定制样本的局部画面

图 5.5　深色样本 B

使用过 jQuery Mobile 早期版本的开发人员可能会怀念过去版本中的 5 个默认样本 A~E。这些默认样本不适用于产品环境，但是对于初学者作为简单演示网站还是十分有用的。因此 jQuery Mobile 保留了一个"经典"主题 CSS 文件。这个文件不在正式的 jQuery Mobile 的产品中，需要单独下载。另外，由于 jQuery Mobile 不能保证"经典"主题在新版本 jQuery Mobile 产品中的兼容性，可能会在使用中出现一些意想不到的样式错误，因此不建议把"经典"主题用于产品环境。图 5.6 从上到下依次演示了"经典"样本 A~E。

图 5.6　"经典"主题中样本 A~E

网页结构和 UI 组件是 jQuery Mobile 中的重要成员。对于任何使用 jQuery Mobile 的网站开发人员，如果以默认方式使用 jQuery Mobile，不做任何定制，那么，这两个模块仍然是无法回避的。

一个网页的标准结构分为标题栏(页头)、内容区和页尾 3 个部分。标题栏的作用类似于大多数常用的应用程序，起到简要说明当前网页的主题内容的作用。这样的作用在桌面浏览器上是由浏览器的标题栏显示<head><title>…</title></head>中的内容实现的。移动设备上的浏览器不一定显示浏览器的标题栏，如图 5.7 中左面的 Chrome 浏览器就没有显示<title>…</title>中的内容，而在以 HTML 5 为基础的混合型移动程序中，浏览器窗口是完全隐藏的，这个时候，在网页上显示标题栏就更加必要。

jQuery Mobile移动网站开发

图 5.7　Android 上的 Chrome 和 Dolphin 浏览器在浏览器标题栏上的差异

在图 5.2 中我们还看到过在网页的标题栏中使用导航按钮的情形。除了导航按钮，标题栏中还可以使用网站图标、全局菜单按钮等。

网页的页尾通常放置帮助信息和版权信息等。页尾也可以放置一些必要的按钮。页尾的使用也能体现网站的业务需求和网站设计人员的布局理念。

jQuery Mobile 中的 UI 组件无疑是吸引很多移动网站开发人员的重要因素。在本书第 4 章中，我们已经介绍了 jQuery UI 中的一些屏幕组件，并且提到 jQuery Mobile 的开发一般不会直接使用 jQuery UI 中的屏幕组件。实际上，jQuery Mobile 正在逐步移植 jQuery UI 中的组件到 jQuery Mobile 中。并预计在 jQuery Mobile 2.0 中，实现对所有 jQuery UI 中的屏幕组件的支持。从目前情况看，jQuery Mobile 和 jQuery UI 中的组件具有很多相似性，并且编程模式基本一致。不论是学习 jQuery Mobile 中的 UI 组件编程，还是学习 jQuery UI 中的屏幕组件编程，从长远发展眼光看，两者最终是统一的。

下面展示了几个常见的 UI 组件。

图 5.8 演示了一个带有输入过滤过能的列表，当输入"ch"或者"tr"时，列表能够精简为只含有指定字符串的列表项目。

图 5.8　带有过滤功能的列表

图 5.9 演示了一个多选按钮，如果稍加留意，就会发现这个多选按钮实际上与浏览器直接显示的<input>多选按钮有很大的不同。

图 5.10 演示了一个滑动条。这个 UI 组件与 jQuery UI 中的滑动条组件几乎完全一样。

图 5.11 演示了一个带有收放功能的列表。列表和收放功能有很多种实现方法，这些方法各自带有不同的附加功能。本书将在第 7 章和第 8 章详细介绍这些 UI 组件的编程方法。

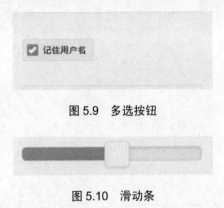

图 5.9　多选按钮

图 5.10　滑动条

图 5.11　带有收放功能的列表

5.2　jQuery Mobile 程序的基本组织结构

5.2.1　网页结构

一个 jQuery Mobile 网页在本质上就是一个 HTML 5 网页，但是这个 HTML 5 网页在构成上需要遵守 jQuery Mobile 的编程规则，使 jQuery Mobile 系统能够被正确运用到 HTML 5 网页上。jQuery Mobile 必须与 jQuery 同时使用，由 jQuery 和 jQuery Mobile 共同完成网页的加载和一系列在网页加载过程中完成的初始化等工作。在浏览器中显示的，实际上是经过 jQuery Mobile 框架处理过的网页，因此网页在 HTML 的层次关系上会比原始网页复杂得多。

代码 5.1 是一个简单的，除了 jQuery Mobile 以外，没有经过任何额外修饰的网页。

代码 5.1　一个简单的 jQuery Mobile 网页

```
<!DOCTYPE html>

<html>
<head>
    <title>jQuery Mobile - 网页基本结构</title>
    <meta charset="utf-8" />
    <script src="js/jquery-1.10.1/jquery-1.10.1.min.js"></script>
    <script src="js/jquery.mobile-1.4.2/jquery.mobile-1.4.2.min.js"></script>
    <link href="js/jquery.mobile-1.4.2/jquery.mobile-1.4.2.min.css"
      rel="stylesheet"/>
    <meta name="viewport" content="width=device-width,initial-scale=1.0">
</head>
<body>
    <div data-role="page">
      <div data-role="header">
          <h1>标题栏</h1>
```

```
        </div>
        <div class="ui-content" role="main">
            <div>网页内容</div>
        </div>
        <div data-role="footer">
            <h6>页尾</h6>
        </div>
    </div>
</body>
</html>
```

代码 5.1 虽然简单，但这段代码已经包括了正常运行 jQuery Mobile 所需具备的必要条件。

1. 加载 jQuery 和 jQuery Mobile

与所有的 JavaScript 框架(类库)一样，在使用 jQuery Mobile 之前，必须首先加载 jQuery Mobile。由于 jQuery Mobile 需要与 jQuery 一同运行，在加载 jQuery Mobile 的同时，也要加载 jQuery。下面 3 行代码完成了这项任务：

```
<script src="js/jquery-1.10.1/jquery-1.10.1.min.js"></script>
<script src="js/jquery.mobile-1.4.2/jquery.mobile-1.4.2.min.js"></script>
<link href="js/jquery.mobile-1.4.2/jquery.mobile-1.4.2.min.css"
  rel="stylesheet"/>
```

需要注意的是，jQuery Mobile 除了一个 JavaScript 文件以外，还有一个 CSS 文件必须加载。

2. 设置虚拟显示窗口

图 5.1 演示了由于现在手机的高分辨率、高像素密度引出的字体过小的问题。这个问题可以通过设置 viewport 轻松地解决：

```
<meta name="viewport" content="width=device-width, initial-scale=1.0">
```

viewport 可以直译为"观察窗口"，用户可见的屏幕图像在这个观察窗口中显示。"观察窗口"是一个虚拟的显示窗口，通常比手机屏幕大很多。当网页在一个很大的虚拟窗口上显示时，网页的内容被随之放大，网页用户就不会感觉文字过小的问题。

viewport 最早出现在移动版的 Safari 浏览器中，后来被移动浏览器广泛采用。viewport 的原理是根据当前网页的显示所需要的屏幕宽度来匹配移动设备的物理像素。viewport 理论还涉及了物理像素与 CSS 像素的关系、对于 Layout Viewport 的限定等一系列原理，感兴趣的读者可以参考 Safari 开发者文档库中的 Configuring the Viewport[1]和由 Peter-Paul Koch 写的一篇比较有影响力的博文 A pixel is not a pixel is not a pixel[2]。

viewport 是优化移动网站的第一步。当如代码 5.1 那样设置了虚拟显示窗口以后，网页就会在移动设备上正常显示。本书中的移动网页都会添加类似的一行代码。viewport 除了在代码 5.1 中所用的配置以外，还可以使用如下配置。

---

① 参考文献 Configuring the Viewport，Safari Developer Library。

② 参考文献 A pixel is not a pixel is not a pixel，Peter-Paul Koch，2010-04-20。

- initial-scale：用于网页文档加载以后，网页初始显示时的缩放比例。
- user-scalable：决定是否允许由用户手动缩放网页。
- minimum-scale 和 maximum-scale：指出用户缩放网页的最小和最大比例。

3. 完成一个网页的布局框架

代码 5.1 中的网页的<body>是一个由<div>组成的两层嵌套结构。

外层<div>由属性 data-role="page"标识，jQuery Mobile 将把这样的<div>显示为一个在浏览器中的"页面"：

```
<div data-role="page">
    ...
</div>
```

这段很简单的代码反映了两个问题：

- 与普通网页每一个 HTML 文件对应一个"页面"不同，jQuery Mobile 在 HTML 文档中通过界定一个页面的范围，能够使同一个 HTML 文档同时包含多个页面。
- data-role 不是 HTML 5 的标准属性，而是个定制属性(参考 2.4.1 小节关于 HTML 5 中定制属性的描述)。jQuery Mobile 大量使用了定制属性，用以说明一个<div>或者其他HTML 元素在 jQuery Mobile 网页中的作用。

一个网页的内层结构由 3 个并列的<div>组成：

```
<div data-role="header">
    ...
</div>
<div class="ui-content" role="main">
    ...
</div>
<div data-role="footer">
    ...
</div>
```

前后两个<div>分别通过定制属性标识为 header(页头，或者称作"标题栏")和 footer(页尾)。中间的一个 <div> 在 jQuery Mobile 1.4 中使用了固定的用法 <div class="ui-content" role="main">，用以表示这个部分为网页页面的内容。这样的用法与 jQuery Mobile 1.4 之前的版本中用 data-role="content"标识网页内容有很大不同。开发人员在使用新版本 jQuery Mobile 或者升级原有程序的过程中，应当注意这个变化。

通过上述 3 个步骤，一个基本的 jQuery Mobile 网页就已经完成了。代码 5.1 在移动浏览器中显示为如图 5.12 所示的样式。一个 jQuery Mobile 在直观上有以下特点：由于设置了虚拟显示窗口 viewport，网页在移动浏览器中能够按照屏幕的物理像素宽度和像素密度，自动调整，不会出现文字过小的问题。

这个网页的页面被分割成 3 个标准的部分：标题栏、网页内容区，以及页尾。在这 3 个部分中，根据网站的业务需求，网页的标题栏和页尾可以省略。

图 5.12 中，网页的标题栏和页尾显示为灰色，而这段网页代码并没有为网页设置任何 CSS 样式，也没有为这个网页应用任何主题样式样本。当 jQuery Mobile 网页上的内容没有被赋予

主题样本时(通过 data-theme 定制属性赋予),或者一个 jQuery Mobile 的屏幕组件没有从它的外层元素中继承获得主题样本(swatch)时,jQuery Mobile 将自动应用主题样本 A。由于 jQuery Mobile 1.4 只有两个默认的主题样本 A 和 B,浅色样本 A 被自动应用在网页上,这样,就得到了图 5.12 中的显示效果。

细心的读者或许会有疑问,按照常识,网页的"页尾"应该显示在浏览器的底部,而不是紧跟在网页内容的后面。这的确是一个问题,在 jQuery Mobile 中,网页的标题栏(页头)和页尾被统称为工具栏(toolbar),工具栏有很多种用法,也可以被设置成不同的显示样式和行为特点,本书将在第 6 章中全面介绍工具栏的各种配置和编程方法。

图 5.12　一个基本的 jQuery Mobile 网页与页面布局

5.2.2　单页和多页模式

1. 多页模式

代码 5.1 中使用了定制属性 data-role="page",它能够把网页文档中的一个<div>片段显示为浏览器中的一个页面。当一个网页文档只存在一个 data-role="page"时,它只有一个可供显示的页面,这样的单页模式与我们平时所见的网页没有什么不同。当一个网页中存在多个使用定制属性 data-role="page"标识的<div>片段以后,这个网页文档就变成了多页模式。这里所指的多页模式,与通过 Ajax 动态加载页面内容的多个网页画面不同。

jQuery Mobile 中的多页模式是在网页加载时,一个文档中的多个页面被同时载入内存(但不是每一个页面都被初始化),这更近似于早期 WAP 网页的加载方式(可参考 1.1.1 小节中有关 WAP 1.x 网页加载的描述)。

代码 5.2 是一个的典型的包含有 3 个页面的 HTML 5 文档。

代码 5.2　一个典型的 jQuery Mobile 多页 HTML 5 文档

```
<!DOCTYPE html>
<html>
<head>
  <title>jQuery Mobile - 网页多页结构</title>
  <meta charset="utf-8" />
  <script src="js/jquery-1.10.1/jquery-1.10.1.min.js"></script>
  <script src="js/jquery.mobile-1.4.2/jquery.mobile-1.4.2.min.js"></script>
  <link href="js/jquery.mobile-1.4.2/jquery.mobile-1.4.2.min.css"
    rel="stylesheet"/>
  <meta name="viewport" content="width=device-width,
    initial-scale=1.0">
</head>

<body>
```

```
<div id="home" data-role="page">
    <div data-role="header" data-add-back-btn="true"
      data-back-btn-text="返回">
        <h1>主页</h1>
    </div>
    <div class="ui-content" role="main">
        <a href="#page2" data-role="button" data-mini="true"
          data-inline="true">按钮：第二页</a>
        <a href="#page3" data-role="button" data-mini="true"
          data-inline="true">按钮：第三页</a>
    </div>
    <div data-role="footer">
        <h6>页尾</h6>
    </div>
</div>
<div id="page2" data-role="page">
    <div data-role="header" data-add-back-btn="true"
      data-back-btn-text="返回">
        <h1>第二页</h1>
    </div>
    <div class="ui-content" role="main">
        <div>第二页内容</div>
    </div>
    <div data-role="footer">
        <h6>页尾</h6>
    </div>
</div>
<div id="page3" data-role="page">
    <div data-role="header" data-add-back-btn="true"
      data-back-btn-text="返回">
        <h1>第三页</h1>
    </div>
    <div class="ui-content" role="main">
        <div>第三页内容</div>
    </div>
    <div data-role="footer">
        <h6>页尾</h6>
    </div>
</div>
</body>
</html>
```

当页面被加载到浏览器以后，文档中的第一个页面(主页)将在浏览器中显示。通过主页上的两个按钮，可以从主页跳转到第二个或者第三个页面上。另外，也可以通过第二页或者第三页标题栏中的返回按钮，返回到主页，如图 5.13 所示。

由于一个 HTML 文档能够同时包含多个页面，对于一个小型移动网站来说，就有了整个网站只有一个 HTML 文档的可能，虽然这种用法并不多见。

图 5.13　多页 HTML 文档和页面之间的跳转

2. 锚点与链接

网页中的多个页面自然带来了网页文档内部的导航问题。从代码 5.2 中可以看到，在 jQuery Mobile 网页中定义一个页面是通过 data-role="page"实现的，并且每一个页面都被赋予一个 id 值作为一个页面的唯一标识：

```
<a href="#page3" data-role="button"
 data-mini="true" data-inline="true">
    按钮：第三页
</a>
```

被赋予 id 值的页面在网页中通过"锚点(anchor)"引用。锚点是指向网页内部的一个超级链接。在一个文档的内部，当在链接中使用"#"加上页面的 id 值时，就能够访问到一个新的页面，新的页面随即在浏览器中显示，就像我们在代码中看到的导航按钮一样。

如果想要直接访问文档中的第三页，可以在网页的 URL 上添加"#page3"，这样，HTML 文档中的第三页会直接显示，而不需要在主页上点击导航按钮。

图 5.14 演示了直接在浏览器中显示第三页时的情形。这个画面与图 5.13 中的右图只有一处不同，即返回按钮没有被显示。代码 5.2 是通过 data-add-back-btn 属性由 jQuery Mobile 在标题栏中自动添加的返回按钮。这样的返回只有在浏览器的历史记录堆栈中存在前一个访问过的 URL 时才会显示。如果在浏览器中直

图 5.14　在浏览器中直接显示的第三页

接显示第三页,这时浏览器并没有访问主页的历史记录,返回按钮就不会被自动添加。

5.2.3　链接与导航

1. 链接的类型

网页中的锚点适用于一个含有多个页面的 HTML 文档。通常,一个网站由多个 HTML 文档组成,jQuery Mobile 支持像普通网站那样实现多个 HTML 文档之间的链接。代码 5.3、5.4 和 5.5 模拟了一个移动网站中的 3 个 HTML 文件。第一个文件中包含 3 个页面,第二个文件中包含一个页面,第三个文件中包含两个页面。访问所有的页面都是通过点击第一个文件中主页上的按钮实现的。这 3 个 HTML 文件的内容相似,看似十分繁琐,但是它们能够说明 jQuery Mobile 网页链接的一些规律,需要耐心理解。

代码 5.3　第一个链接演示文件:jqm_nav_doc1.html

```html
<!DOCTYPE html>
<html>
<head>
  <title>jQuery Mobile - 网页导航</title>
  <meta charset="utf-8" />
  <script src="js/jquery-1.10.1/jquery-1.10.1.min.js"></script>
  <script src="js/jquery.mobile-1.4.2/jquery.mobile-1.4.2.min.js">
  </script>
  <link href="js/jquery.mobile-1.4.2/jquery.mobile-1.4.2.min.css"
    rel="stylesheet"/>
  <meta name="viewport" content="width=device-width, initial-scale=1.0">
</head>
<body>
  <div id="home" data-role="page">
    <div data-role="header" data-add-back-btn="true"
      data-back-btn-text="返回">
        <h1>主页</h1>
    </div>
    <div class="ui-content" role="main">
        <a href="#page2" data-role="button" data-mini="true"
          data-inline="true">按钮:第二页</a>
        <a href="#page3" data-role="button" data-mini="true"
          data-inline="true">按钮:第三页</a>
        <br>
        <a href="jqm_nav_doc2.html" data-role="button"
          data-mini="true" data-inline="true">
            按钮:第四页</a>
        <br>
        <a href="jqm_nav_doc3.html" data-role="button"
          data-mini="true" data-inline="true">
            按钮:第五页</a>
        <!-- 下面的链接在网页中无效 -->
```

```
            <a href="jqm_nav_doc3.html#page6" data-role="button"
             data-mini="true" data-inline="true">
               按钮：第六页</a>
        </div>
        <div data-role="footer">
            <h6>页尾</h6>
        </div>
    </div>
    <div id="page2" data-role="page">
        <div data-role="header" data-add-back-btn="true"
             data-back-btn-text="返回">
            <h1>第二页</h1>
        </div>
        <div class="ui-content" role="main">
            <div>第二页内容</div>
        </div>
        <div data-role="footer">
            <h6>页尾</h6>
        </div>
    </div>
    <div id="page3" data-role="page">
        <div data-role="header" data-add-back-btn="true"
             data-back-btn-text="返回">
            <h1>第三页</h1>
        </div>
        <div class="ui-content" role="main">
            <div>第三页内容</div>
        </div>
        <div data-role="footer">
            <h6>页尾</h6>
        </div>
    </div>
</body>
</html>
```

代码 5.4　第二个链接演示文件：jqm_nav_doc2.html

```
<!DOCTYPE html>
<html>
<head>
    <title>jQuery Mobile - 网页导航</title>
    <meta charset="utf-8" />
    <script src="js/jquery-1.10.1/jquery-1.10.1.min.js"></script>
    <script src="js/jquery.mobile-1.4.2/jquery.mobile-1.4.2.min.js">
    </script>
    <link href="js/jquery.mobile-1.4.2/jquery.mobile-1.4.2.min.css"
      rel="stylesheet"/>
    <meta name="viewport" content="width=device-width,
      initial-scale=1.0">
```

```
</head>
<body>
    <div id="page4" data-role="page">
        <div data-role="header" data-add-back-btn="true"
          data-back-btn-text="返回">
            <h1>第四页</h1>
        </div>
        <div class="ui-content" role="main">
            <div>第四页内容</div>
        </div>
        <div data-role="footer">
            <h6>页尾</h6>
        </div>
    </div>
</body>
</html>
```

代码 5.5　第三个链接演示文件：jqm_nav_doc3.html

```
<!DOCTYPE html>
<html>
<head>
    <title>jQuery Mobile - 网页导航</title>
    <meta charset="utf-8" />
    <script src="js/jquery-1.10.1/jquery-1.10.1.min.js"></script>
    <script src="js/jquery.mobile-1.4.2/jquery.mobile-1.4.2.min.js">
    </script>
    <link href="js/jquery.mobile-1.4.2/jquery.mobile-1.4.2.min.css"
      rel="stylesheet"/>
    <meta name="viewport" content="width=device-width, initial-scale=1.0">
</head>
<body>
    <div id="page5" data-role="page">
        <div data-role="header" data-add-back-btn="true"
          data-back-btn-text="返回">
            <h1>第五页</h1>
        </div>
        <div class="ui-content" role="main">
            <div>第五页内容</div>
        </div>
        <div data-role="footer">
            <h6>页尾</h6>
        </div>
    </div>
    <div id="page6" data-role="page">
        <div data-role="header" data-add-back-btn="true"
          data-back-btn-text="返回">
            <h1>第六页</h1>
        </div>
```

```
        <div class="ui-content" role="main">
            <div>第六页内容</div>
        </div>
        <div data-role="footer">
            <h6>页尾</h6>
        </div>
    </div>
</body>
</html>
```

上述 3 个 HTML 文件在锚点的基础上增加了对其他 HTML 文件的链接。在第一个文件 jqm_nav_doc1.html 中一共出现了 5 个链接。#page2 和#page3 指向文件内部的锚点，目的在于实现一个 HTML 文档内部的页面跳转。href="jqm_nav_doc3.html"指向第二个 HTML 文件，而第二个 HTML 文件是一个单页文档，当一个链接指向一个包含单页文档结构的 HTML 文件时，文档中的唯一一个页面被显示出来。href="jqm_nav_doc3.html"指向第 3 个 HTML 文件，但是 jqm_nav_doc3.html 是一个包含多页结构的 HTML 文件，当一个链接指向一个 jQuery Mobile 包含多页文档的 HTML 文件时，文档中的第一个页面被显示出来。最后一个链接 jqm_nav_doc3.html#page6 指向第 3 个文件中的一个页面。从上一小节中，我们知道在浏览器上直接访问一个网页中的某一个页面是可行的，但是，如果一个 jQuery Mobile 链接直接指向一个文件中的一个页面，却不会有任何作用。原来，jQuery Mobile 在默认情况下是通过 Ajax 来把另一个 HTML 网页中的页面内容送到浏览器中用于显示的。在 jQuery Mobile 中，目前 Ajax 只限于获取多页结构中的第一个页面，当链接中的 URL 指向其他页面时，jQuery Mobile 无法加载指定的页面到浏览器中。

在 jQuery Mobile 中使用链接还有其他一些比较特殊的情况。例如，当一个链接指向一个目录，而不是指向这个目录下的 index.html 时，URL 必须以"/"结尾才能使链接正常工作。还有一种特殊情况发生在返回按钮上。当一个链接被属性 data-rel="back"修饰以后，链接中的原有 URL 失效，被返回功能取代。

代码 5.6 演示了一个含有外部链接的实例。一个导航按原本指向"雅虎"网站，按钮被赋予属性 data-rel="back"以后，它的实际作用就变得与标题栏中的"返回"按钮一样，原来的链接不再有效。

代码 5.6　data-rel="back"覆盖一个链接的原有 URL

```
<!DOCTYPE html>
<html>
<head>
    <title>jQuery Mobile - "返回"按钮</title>
    <meta charset="utf-8" />
    <script src="js/jquery-1.10.1/jquery-1.10.1.min.js"></script>
    <script src="js/jquery.mobile-1.4.2/jquery.mobile-1.4.2.min.js"></script>
    <link href="js/jquery.mobile-1.4.2/jquery.mobile-1.4.2.min.css"
      rel="stylesheet"/>
    <meta name="viewport" content="width=device-width,
      initial-scale=1.0">
</head>
<body>
```

```
       <div id="home" data-role="page">
          <div data-role="header" data-add-back-btn="true"
           data-back-btn-text="返回">
             <h1>主页</h1>
          </div>
          <div class="ui-content" role="main">
             <a href="#page2" data-role="button" data-mini="true"
               data-inline="true">按钮：第二页</a>
          </div>
          <div data-role="footer">
             <h6>页尾</h6>
          </div>
       </div>
       <div id="page2" data-role="page">
          <div data-role="header" data-add-back-btn="true"
           data-back-btn-text="返回">
             <h1>第二页</h1>
          </div>
          <div class="ui-content" role="main">
             <div>第二页内容</div>
             <div>
                <a href="http://www.yahoo.com" data-role="button"
                  data-rel="back">Yahoo!</a>
             </div>
          </div>
          <div data-role="footer">
             <h6>页尾</h6>
          </div>
       </div>
    </html>
```

2. Ajax 与链接

jQuery Mobile 在网页切换的过程中会自动加入页面过渡效果。页面过渡效果是一种旧的页面移出屏幕，新的页面移入屏幕的动画特效，为了使在加载外部网页(同一个网站的另外一个 HTML 文件)时也能具有和内部网页(同一个 HTML 文件中的若干个页面)一样的切换效果，jQuery Mobile 会利用链接中的 URL 形成一个 Ajax 请求，并通过 Ajax 方式加载外部 HTML 网页中的页面。如果外部 HTML 网页包含了多个页面，其中只有第一个页面会被加载，而其他页面无法加载。

关于 Ajax 方法，网页加载过程描述中使用的"外部网页"是针对网页自身所在的网站而言的，而对于处于另外一个域名下的网站，jQuery Mobile 则不会使用 Ajax 方法，而是直接使用普通网页的超级链接访问方式。

代码 5.7 通过如图 5.15 所示的 3 组按钮演示了在不同情况下页面载入过程的差异。

代码 5.7   页面载入过程的演示程序

```
<!DOCTYPE html>
```

```html
<html>
<head>
    <title>jQuery Mobile - Ajax 页面加载</title>
    <meta charset="utf-8" />
    <script src="js/jquery-1.10.1/jquery-1.10.1.min.js"></script>
    <script src="js/jquery.mobile-1.4.2/jquery.mobile-1.4.2.min.js"></script>
    <link href="js/jquery.mobile-1.4.2/jquery.mobile-1.4.2.min.css"
      rel="stylesheet"/>
    <meta name="viewport" content="width=device-width,
      initial-scale=1.0">
</head>
<body>
    <div id="home" data-role="page">
        <div data-role="header" data-add-back-btn="true"
          data-back-btn-text="返回">
            <h1>主页</h1>
        </div>
        <div class="ui-content" role="main">
            <div>默认</div>
            <a href="jqm_ajax_doc2.html" data-role="button"
              data-mini="true" data-inline="true"
              data-transition="slide">
                按钮：第二页
            </a>
            <a href="http://www.tsinghua.edu.cn/" data-role="button"
              data-mini="true" data-inline="true"
              data-transition="slide">
                清华大学
            </a>
            <br>
            <div>取消 AJAX 页面加载</div>
            <a href="jqm_ajax_doc2.html" data-role="button"
              data-mini="true" data-inline="true"
              data-transition="slide" data-ajax="false">
                按钮：第二页
            </a>
            <br>
            <div>标注外部网站</div>
            <a href="jqm_ajax_doc2.html" data-role="button"
              data-mini="true" data-inline="true"
              data-transition="slide" rel="external">
                按钮：第二页
            </a>
        </div>
        <div data-role="footer">
            <h6>页尾</h6>
        </div>
    </div>
</body>
```

```
</html>
```

一个指向本网站的另外一个网页文件链接在默认情况下通过 Ajax 载入新的页面，在页面载入的过程中，会自动添加默认的页面切换效果，或者应用由网页开发人员指定的页面切换效果。因此，当按一下第一行按钮中指向第二页的按钮时，可以看到页面从右向左移动的切换效果。但是在第一行按钮中，由于清华大学的 URL 和当前网站分别处于两个不同的域(domain)，当点击"清华大学"按钮时，jQuery Mobile 按照常规超级链接的处理方式，不再使用 Ajax，也没有在页面切换过程中添加动画效果。测试网页上的第二行按钮仍然指向第二个测试页面，<a>元素中使用了 data-ajax="false"，这里，data-ajax 属性用于通知 jQuery Mobile 是否使用 Ajax 方式载入页面。当属性值为 false 时，即要求对当前链接暂停使用 Ajax，因而也不会有网页过渡动画效果。点击网页上的第 3 行按钮，同样也是指向第二个测试页面，但是在<a>元素中使用了 rel="external"，这是一个在 HTML 5 中新增加的功能，用于指明当前链接指向的网站不属于当前网页所在网站。因此，当一个链接被 rel="external"修饰以后，jQuery Mobile 就会把链接指向的 URL 当作其他网站来处理，在网页切换过程中，不会使用 Ajax，也不会添加页面过渡动画效果。

Ajax 交互过程需要使用 Web 服务器返回的 HTTP 状态代码。如果不通过 Web 服务器，而直接在浏览器中加载页面，当通过一个链接访问另一个 HTML 文件时，会发生页面载入错误，如图 5.16 所示。如果一个链接不使用 Ajax，例如，图 5.16 中的第二行和第三行按钮，则不会发生这种错误。由于网站最终将部署到一个 Web 服务器上，上述 Ajax 错误应该只会发生在测试环境中。

图 5.15　页面载入演示主页上的三组按钮

图 5.16　Ajax 页面载入错误

5.2.4　对话窗口

从 jQuery Mobile 1.4 开始，对话窗口的编程模式与以前相比发生了显著的改变，对话窗口在当前版本中可以理解为一个特殊的页面。在以下介绍中，我们只需要注意网页的基本组成结构，而不需要过多注意网页的布局方式。

1. 新的对话窗口编程模式

新的对话窗口实现方式相当简单，只需要稍微修改一个普通 HTML 5 网页即可。

代码 5.8 中含有两个页面。第一个主页面包括了一个按钮，用于弹出对话窗口。第二个页面实现了一个对话窗口，与普通页面相比，它只是增加了一个属性 data-dialog="true"。

代码 5.8　通过 data-dialog 属性定义一个对话窗口

```html
<!DOCTYPE html>
<html>
<head>
   <title>jQuery Mobile - 对话窗口</title>
   <meta charset="utf-8" />
   <script src="js/jquery-1.10.1/jquery-1.10.1.min.js"></script>
   <script src="js/jquery.mobile-1.4.2/jquery.mobile-1.4.2.min.js"></script>
   <link href="js/jquery.mobile-1.4.2/jquery.mobile-1.4.2.min.css"
    rel="stylesheet"/>
   <meta name="viewport" content="width=device-width, initial-scale=1.0">
</head>
<body>
   <div id="home" data-role="page">
      <div data-role="header" data-add-back-btn="true"
        data-back-btn-text="返回">
         <h1>对话窗口演示</h1>
      </div>
      <div class="ui-content" role="main">
         <a href="#confirmDialog" data-role="button" data-mini="true"
          data-inline="true">确认</a>
      </div>
      <div data-role="footer">
         <h6>页尾</h6>
      </div>
   </div>
   <div id="confirmDialog" data-role="page" data-dialog="true">
      <div data-role="header">
         <h2>确认</h2>
      </div>
      <div class="ui-content" role="main">
         <h2>请确认订单？</h2>
         <div class="ui-grid-a">
            <div class="ui-block-a">
               <a href="#home" id="confirmBtn" data-role="button"
                data-mini="true">
                  确认订单
               </a>
            </div>
            <div class="ui-block-b">
               <a href="#home" id="cancelBtn" data-role="button"
```

```
                    data-mini="true">
                    取消订单
                </a>
            </div>
        </div>
    </div>
  </div>
</body>
</html>
```

当 jQuery Mobile 显示这样的页面时，网页不会全屏显示，两端会有一定间距，而且这个
网页会显示在最上层(离用户最近的一个显示层)，部分遮挡原来的网页，如图 5.17 所示。

图 5.17　对话窗口

一个被解析为对话窗口的页面会自动地在网页的标题栏部分显示一个关闭按钮，用以返回
原来的页面。启动对话窗口也很简单，与普通页面的链接是完全一致的。

代码 5.8 演示的是对话窗口的一种实现方法，对话窗口也能通过弹出窗口，即 UI 组件中
的 Popup 实现。相关方法将在第 8 章中与其他 UI 组件一起介绍。

2. 传统的对话窗口(即将被取消)

下面介绍的对话窗口实现方法在 jQuery Mobile 1.4 中仍然有效，但是这种方法将会从
jQuery Mobile 1.5 中删除。这一部分内容仅供读者在需要做移动网站升级等工作时参考。

传统的对话窗口同样是一个 jQuery Mobile 网页，并且这个网页与其他 jQuery Mobile 普通
网页一样，不需要通过属性额外地说明。然而，调用对话窗口的链接必须用 data-rel="dialog"
加以说明。

代码 5.9 反映一个对话窗口的传统调用方法。它的实际静态显示效果与图 5.17 一致。在一
些浏览器上，使用传统的对话窗口在程序运行过程中可能会遇到一些动画效果不够顺畅等问
题。在开发实践中，我们建议使用新的对话窗口编程模式，或者使用 UI 组件中的弹出窗口。

每一种编程方法都有它的优势和局限性，在网站开发中要按照网站的业务需求来合理选择某一种编程方法。

代码 5.9　通过 data-rel 属性定义一个传统对话窗口的链接

```html
<!DOCTYPE html>
<html>
<head>
    <title>jQuery Mobile - 对话窗口</title>
    <meta charset="utf-8" />
    <script src="js/jquery-1.10.1/jquery-1.10.1.min.js"></script>
    <script src="js/jquery.mobile-1.4.2/jquery.mobile-1.4.2.min.js"></script>
    <link href="js/jquery.mobile-1.4.2/jquery.mobile-1.4.2.min.css"
      rel="stylesheet"/>
    <meta name="viewport" content="width=device-width, initial-scale=1.0">
</head>
<body>
    <div id="home" data-role="page">
        <div data-role="header" data-add-back-btn="true"
          data-back-btn-text="返回">
            <h1>对话窗口演示</h1>
        </div>
        <div class="ui-content" role="main">
            <a href="#confirmDialog" data-role="button" data-mini="true"
             data-inline="true" data-rel="dialog">
                确认
            </a>
        </div>
        <div data-role="footer">
            <h6>页尾</h6>
        </div>
    </div>
    <div id="confirmDialog" data-role="page">
        <div data-role="header">
            <h2>确认</h2>
        </div>
        <div class="ui-content" role="main">
            <h2>请确认订单? </h2>
            <div class="ui-grid-a">
                <div class="ui-block-a">
                    <a href="#home" id="confirmBtn" data-role="button"
                      data-mini="true">
                        确认订单
                    </a>
                </div>
                <div class="ui-block-b">
                    <a href="#home" id="cancelBtn" data-role="button"
                      data-mini="true">
                        取消订单
```

```
                </a>
            </div>
        </div>
    </div>
</div>
</body>
```

5.3　屏幕切换动画特效

　　jQuery Mobile 支持与普通网页一样的网页载入方式，也支持通过 Ajax 实现网页加载的方式。当采用 Ajax 方式时，jQuery Mobile 还会自动应用网页切换的动画特效(transition)。在默认情况下，指向一个网页内部其他页面的链接，或者指向本网站其他网页文件的链接，将被自动转换为 Ajax 加载方式，而被 data-ajax="false"或者 rel="external"修饰的链接则不会采用 Ajax 方式，也不会被添加任何网页切换动画特效。

　　jQuery Mobile 1.4 一共提供了表 5.1 中列举的 10 种标准的页面切换动画，每一种动画都有一个名称。在网页的链接中，把动画效果的名称赋予<a>元素的 data-transition 属性，就能为一个链接指定动画效果，前提是这个链接必须符合 jQuery Mobile 自动把链接转换成 Ajax 加载方式的条件。

表 5.1　jQuery Mobile 1.4 中的 10 种页面切换动画效果

动画效果名称	说　明
fade	默认值。淡入淡出效果
pop	弹出效果
flip	以纵向中心线为轴翻转
turn	书本翻页效果
flow	漂浮效果
slidefade	旧的页面内从屏幕左侧移出并伴随着淡出效果，新的页面以淡入效果出现
slide	新的页面从屏幕右侧移入
slideup	上移效果
slidedown	下移效果
none	不使用动画效果

　　由于对话窗口本身也是一个网页，所以 data-transition 属性同样适用于对话窗口。代码 5.10 中包含了两个链接按钮，其中第一个按钮指向同一个网站下的另一个 HTML 文件，网页切换效果为"slide"，第二个链接按钮指向一个包含对话窗口的 HTML 网页文件，网页的切换效果为"pop"。

代码 5.10　页面切换动画效果演示

```
<!DOCTYPE html>
<html>
```

```
<head>
    <title>jQuery Mobile - AJAX 页面加载 - 页面切换动画</title>
    <meta charset="utf-8" />
    <script src="js/jquery-1.10.1/jquery-1.10.1.min.js"></script>
    <script src="js/jquery.mobile-1.4.2/jquery.mobile-1.4.2.min.js"></script>
    <link href="js/jquery.mobile-1.4.2/jquery.mobile-1.4.2.min.css"
      rel="stylesheet"/>
    <meta name="viewport" content="width=device-width,initial-scale=1.0">
</head>
<body>
    <div id="home" data-role="page">
        <div data-role="header" data-add-back-btn="true"
          data-back-btn-text="返回">
            <h1>主页</h1>
        </div>
        <div class="ui-content" role="main">
            <a href="jqm_ajax_doc2.html" data-role="button"
              data-mini="true" data-inline="true"
              data-transition="slide">
                按钮：第二页
            </a>
            <a href="jqm_transition_dialog.html" data-role="button"
              data-mini="true" data-inline="true"
              data-transition="pop">
                按钮：对话窗口
            </a>
        </div>
        <div data-role="footer">
            <h6>页尾</h6>
        </div>
    </div>
</body>
</html>
```

　　页面切换动画分为两个步骤，原来的页面退出屏幕和新的页面进入屏幕。

　　上述动画效果从字面上并不能完全反映移出和移入的确切效果，比如上述两个步骤中的一个可能采用了淡入淡出而不是移动。另外，页面切换还有一个对应的反向过程，反向过程也不一定完全与切换过程绝对相反，但从视觉效果上来看，动画名称基本上能够说明实际动态视觉效果，而不会引起歧义。

　　jQuery Mobile 的页面切换特效的基础是 CSS 二维和三维变换，以及 CSS 动画技术。CSS 易于修改和扩充，这是 CSS 的一大便利特色，但是 CSS 也受制于浏览器的支持程度。

　　jQuery Mobile 页面切换动画在 Chrome 和 Safari 等以 WebKit 为核心的浏览器上能够正常执行，但是，在某些浏览器上还不被支持，或者不能很好地完成预期的动画效果，还可能出现动画延迟、停顿和闪烁等意想不到的结果，因此，很有必要了解在使用页面切换动画特效的过程中的一些制约条件。

5.4 本 章 习 题

选择题(单选)

(1) 由于 HTML 语法的兼容性,jQuery Mobile 网页可以通过 HTML 4.01 语法编写。(　　)

    A. 对

    B. 错

(2) 怎样才能使一个内部链接具有页面切换动画效果?(　　)

    A. 默认情况下,内部链接会被自动添加动画切换效果

    B. 使用 data-ajax 属性添加动画效果

    C. 使用 data-transition 属性,并赋予一个有效的动画属性值

    D. 以上都不对

(3) 在下面的语句中,哪一个适用于定义 jQuery Mobile 网页的正文内容部分?(　　)

    A. <div class="ui-content" role="main">

    B. <div data-role="content">

    C. <div data-role="page-content" role="main">

    D. <div class="content" role="main">

(4) 在 jQuery Mobile 1.4 中,一个以页面为基础的对话窗口(　　)。

    A. 必须是网页文档中的一个内部页面

    B. 必须是网站内部的另外一个 HTML 文档

    C. 可以是网页文档中的一个内部页面

    D. 可以是网站中的另外一个 HTML 文档,但必须采用传统对话窗口编程方法

(5) 下列哪一种方法可以在一个 HTML 文档中定义一个 jQuery Mobile 页面?(　　)

    A. page-role="page"　　　　　　　　B. role="page"

    C. data-role="page"　　　　　　　　D. data-role="ui-page"

(6) 下列哪一关于页面切换动画效果(transition)的描述是正确的?(　　)

    A. "none"是一个有效的 data-transition 属性值

    B. data-transition 的默认属性值是"slide"

    C. 必须对 data-transition 属性赋予一个有效的动画名称,才能产生动画效果

    D. 由于 data-transition 属性对于页面载入和移除同样有效,两个过程的动画效果是完全一样的

(7) jQuery Mobile 框架提供了多少种主题样本(swatch)?(　　)

    A. 0　　　　　　B. 2　　　　　　C. 5　　　　　　D. 26

(8) 如果不使用 Web 服务器,通过一个 HTML 文档中的一个链接按钮访问另一个 HTML 文档(　　)。

    A. 在任何情况下都无法访问,网页不报错

    B. 在任何情况下都无法访问,网页报告由 Ajax 错误引发的错误信息

C. 如果暂停 Ajax 加载，则可以访问

D. 在任何情况下都可以正常访问

(9) 开发 jQuery Mobile 1.4 网页，除了在网页上加载 jQuery Mobile 的系统 JavaScript 和 CSS 外，还必须(　　)。

A. 加载 jQuery 框架的 JavaScript 和 CSS 文件

B. 加载 jQuery 系统中文件名带有 min 的 JavaScript 文件

C. 加载 jQuery Mobile 经典样式

D. 加载适当版本的 jQuery 框架

(10) 下面的代码在 Chrome 桌面浏览器中显示为(　　)。

```
<a href="http://www.google.com" data-role="button" data-mini="true"
  data-inline="true">Google</a>
```

A. 超级链接

B. 按钮

C. 只有把 Chrome 设置为移动浏览器模式才会显示按钮

D. 无法显示，因为使用了 jQuery Mobile 专用属性，仅适用于移动浏览器

第 6 章

UI 组件 - 工具栏

本章导读：

本书的第 6 章、第 7 章和第 8 章将重点介绍 jQuery Mobile 中的各种 UI 组件。

jQuery Mobile 的工具栏包括标题栏(页头)和页尾两个部分，这两个部分虽然不是 jQuery Mobile 网页必须包含的成员，但却是在网页布局的三个基本组成结构中十分常见的部分。本章将讲解 jQuery Mobile 网页中这两个基本成员的布局特点、内容安排和样式设计等方法，以及工具栏与网页导航栏的关系等，通过本章的学习，读者将对 jQuery Mobile 网页结构有进一步的了解。

6.1　工具栏基础

　　一个 jQuery Mobile 移动网页通常有标题栏、正文内容和页尾三个基本组成部分，如图 6.1 所示。在这三个组成部分中，只有正文内容是必需的，它反映了网页的实际业务需求，网页的标题栏(页头)用于显示网页标题和网页导航，页尾用于安排版权信息和帮助信息等的链接按钮。页头和页尾两个部分被统称为工具栏(toolbars)。

图 6.1　一个常规网页上的三个基本组成部分

6.1.1　工具栏的组成结构

　　本书第 5 章介绍了 jQuery Mobile 网页文档的基本结构。大部分网页在页面布局上都包括了三个标准部分。在网页的演示代码中，我们很容易看到 jQuery Mobile 在很大程度上利用了 HTML 5 的定制属性"data-*"，用于定义 jQuery Mobile 网页中的构造结构和样式特征，例如 data-role="page"，或者 data-theme="b"等。同样，工具栏作为网页基本组成结构的一部分，也是通过 HTML 5 的定制属性进行定义的。

　　读者对于代码 6.1 应该不会陌生。这段代码代表了 jQuery Mobile 网页的基本结构，并且除了基本结构以外，没有包含其他具体内容。

　　从代码结构上，可以很清楚地看到工具栏的定义方法。工具栏中的页头和页尾都是由一个 <div>元素构成，并分别由 data-role="header"和 data-role="footer"修饰。jQuery Mobile 在初始化页面时，会赋予工具栏相应的样式和行为特征，就像从图 6.1 中看到的那样，页头和页尾被分别赋予了背景颜色(由主题样式的样本决定)，并且工具栏中的字体大小也与网页其他部分中的字体不同。这些样式和行为特征将在本章稍后介绍。

代码 6.1 jQuery Mobile 网页的基本结构和工具栏的定义方法

```
<!DOCTYPE html>
<html>
<head>
    <title>jQuery Mobile - 工具栏</title>
    <meta charset="utf-8" />
    <script src="js/jquery-1.10.1/jquery-1.10.1.min.js"></script>
    <script src="js/jquery.mobile-1.4.2/jquery.mobile-1.4.2.min.js"></script>
    <link href="js/jquery.mobile-1.4.2/jquery.mobile-1.4.2.min.css"
      rel="stylesheet"/>
    <meta name="viewport" content="width=device-width,initial-scale=1.0">
</head>
<body>
    <div id="myPage" data-role="page">
        <div data-role="header">
            <h1>工具栏演示</h1>
        </div>
        <div class="ui-content" role="main">
            <div>网页正文内容</div>
        </div>
        <div data-role="footer">
            <h6>页尾</h6>
        </div>
    </div>
</body>
</html>
```

6.1.2 工具栏的显示方式

1. 工具栏的默认显示方式

在第 5 章中,我们就有这样的疑问,从图 6.1 来看,页尾应该显示在浏览器的底部,这样似乎才更加合理,并且也能真正体现"footer"的含义。但是,正如普通网页中的<div>元素一样,每一个块级元素(Block-level Element)都是依次出现在网页上,后一个块级元素显示在前一个块级元素的下一行。除了浏览器对 HTML 元素赋予的默认样式使块级元素具有的间隙之外,元素之间不会刻意产生间隙,使一个元素显示在浏览器窗口的某一个位置。这也正是在默认情况下 jQuery Mobile 网页中工具栏在浏览器中的显示方式。在这种默认的显示方式下,页头、正文和页尾按照在 HTML 文档中的顺序依次显示在浏览器上,这些网页的基本构件之间没有空隙。

当网页中的正文长度超过了设备上一屏所能容纳的内容后,浏览器会自动显示一个垂直滚动条,帮助滚屏以显示全部网页内容。当屏幕内容垂直滚动时,工具栏中的页头和页尾会随之滚动。图 6.2 演示了 Nexus 4 中的 Chrome 浏览器在网页正文滚动时,连带页头和页尾一起滚动的实际效果。

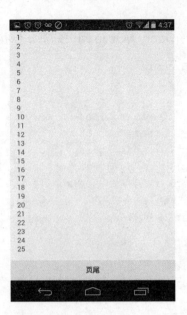

图 6.2　在默认情况下页头和页尾随着网页正文一起滚动

2. 固定式工具栏

工具栏在默认情况下的显示方式与理想中的状态有差距，这个差距是很容易弥补的，为此 jQuery Mobile 提供了固定式工具栏。固定式工具栏在屏幕定位上始终使页头占据屏幕的顶部，而页尾占据屏幕的底部。

不同的移动浏览器会以不同的方式显示或者隐藏浏览器的标签和地址栏。地址栏会占据一部分显示区域，当浏览器显示地址栏时，固定式工具栏的页头的显示位置虽然是在网页的顶部，但是，由于浏览器地址栏的存在，实际位置并不在浏览器显示区域的顶部，如图 6.3 所示。

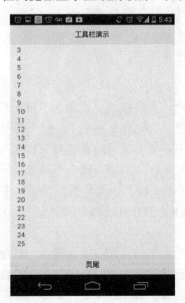

图 6.3　浏览器地址栏对固定式工具栏屏幕定位的影响

图 6.3 中，当网页向上滚动时，随着网页内容的上移，浏览器的地址栏也会随着上移，直至从浏览器顶部移出显示区域，这时，浏览器窗口的顶部被网页的页头占据。当固定式工具栏的页头占据了浏览器窗口的顶部以后，不会像在默认方式下那样继续向上滚动。但是当网页下移时，地址栏会重新出现，并且重新占据浏览器窗口的顶部。浏览器的地址栏属于浏览器的工作方式，jQuery Mobile 网页无法干预浏览器的工作方式。

Firefox 移动浏览器的默认地址栏滚动方式与 Chrome 移动浏览器一致，我们可以通过如图 6.4 所示的 Firefox 的设置页面关闭地址栏滚动功能。地址栏被锁定后，固定式工具栏的页头的显示位置才真正固定下来。

图 6.4　在 Firefox 移动浏览器中关闭地址栏的滚动功能

固定式工具栏在编程上是通过设置属性 data-position="fixed"实现的。工具栏中的页头和页尾需要单独设置。代码 6.1 中的相应网页代码应该改为如下所示的形式：

```
<div data-role="header" data-position="fixed">
    <h1>工具栏演示</h1>
</div>
<div class="ui-content" role="main">
    ...
</div>
<div data-role="footer" data-position="fixed">
    <h1>页尾</h1>
</div>
```

固定式工具栏依赖于 CSS 技术中关于通过 position 属性实现定位的支持，在早期版本的移动设备上可能无法实现。

3. 工具栏的显示与隐藏

固定式工具栏在网页的正文内容滚动时，会分别或者同时自动隐藏网页的页头或者页尾。

也就是说，固定式工具栏除了显示的位置被固定在浏览器窗口的顶部和底部以外，当一个含有固定式工具栏并且正文内容超出屏幕正文显示范围的网页加载并显示在浏览器屏幕中时，工具栏在默认情况下不会自动隐藏，这时在屏幕上任何位置单击，固定式工具栏的自动隐藏功能就会被激活，工具栏的行为方式又会变得与非固定式工具栏十分相似，但是，当网页正文内容能够完全显示在一个浏览器窗口中时，页尾仍然会处于页面底部，而不会紧跟在网页正文的后面。在网页上再次单击，自动隐藏功能就会失效，直到下一次被激活。

图 6.5 演示了固定式工具栏在 Android 系统 Firefox 移动浏览器上的实际运行效果。图中左面的画面是自动隐藏功能没有被激活时的情形，右侧的画面则是当屏幕滚动到网页底部，在屏幕上单击，激活自动隐藏功能，网页的页头会立即移出屏幕顶部。需要注意的是，当单击发生时，自动隐藏功能的激活和失效同时作用于工具栏的页头和页尾。如果不需要通过单击网页显示和隐藏工具栏的功能，这个工作方式还可以通过 data-tap-toggle="false" 属性关闭。

图 6.5　固定式工具栏的隐藏与再现

4. 全屏模式

从图 6.3 和 6.5 中可以看到，当工具栏在屏幕上显示时，网页正文紧随在页头之后，两者没有重叠。网页正文实际上只是显示在网页的页头和页尾之间，并不能全屏显示。只有当工具栏的自动隐藏功能被激活时，网页正文才能够被全屏显示，但是，处于浏览器窗口顶部和底部的内容仍然可能会被页头或者页尾覆盖。以上显示模式适用于大多数以实现业务功能为主的网站，比如电子商务等，但是这种模式不适用于多媒体或者游戏网站等以娱乐为主要目的网站，这一类网站往往需要全屏显示，以获得尽量多的显示空间。

jQuery Mobile 提供了全屏显示模式来解决这个问题，如图 6.6 所示。在全屏模式下，正文内容的屏幕定位从网页初始显示开始就会从浏览器窗口的顶部开始。即使工具栏上的页头和页尾可能会覆盖部分网页内容，但是如果仔细观察，会发现工具栏上的页头已经变成了半透明，即使被工具栏覆盖，仍然能够从网页的页头部分中隐约看到网页的内容。

图 6.6　全屏显示模式

代码 6.2　全屏显示

```
<!DOCTYPE html>
<html>
<head>
    <title>jQuery Mobile - 工具栏</title>
    <meta charset="utf-8" />
    <script src="js/jquery-1.10.1/jquery-1.10.1.min.js"></script>
    <script src="js/jquery.mobile-1.4.2/jquery.mobile-1.4.2.min.js"></script>
    <link href="js/jquery.mobile-1.4.2/jquery.mobile-1.4.2.min.css"
      rel="stylesheet"/>
    <meta name="viewport" content="width=device-width,initial-scale=1.0">
    <style>
        img {
            width:      100%;
            max-width:  1200px;
            margin:     0;
        }
    </style>
</head>
<body>
    <div id="page4" data-role="page">
        <div data-role="header" data-position="fixed" data-fullscreen="true">
            <h1>全屏模式</h1>
        </div>
        <div class="ui-content" role="main">
            <img src="./images/Mont-Tremblant-20110821-00085.jpg"
              alt="Mont Tremblant" />
        </div>
        <div data-role="footer" data-position="fixed" data-fullscreen="true">
            <h1>全屏模式</h1>
```

```
            </div>
        </div>
    </body>
</html>
```

设计全屏显示模式时需要注意，虽然全屏是指网页正文而言的，但是，设置全屏模式的 data-fullscreen="true"却是在工具栏中指定的，从代码 6.2 中很容易就能看到这个特点。

5. 工具栏持久显示方式

在此之前所介绍的工具栏设计方法中，工具栏属于一个页面(data-role="page")的一部分，当一个网页跳转到另一个网页时，工具栏也跟着网页一起改变。在实际应用环境中，当若干个网页上的工具栏具有相同的内容和样式时，还可以采用持久(persistent)显示方式。在这种方式下，当网页跳转时，正文内容随着网页切换而发生切换过程中的动画效果，而被指定为持久显示方式的工具栏则会保留在自己所在的位置，不会一同执行动画切换效果。

工具栏持久显示方式具有以下几个特点：

- 通过在工具栏中定义 data-id 属性并赋予相同的属性值，把具有相同内容和样式特征或者不需要动画效果的工具栏归为一类。
- data-id 属性仅仅作用于工具栏。
- 需要实现持久显示的工具栏必须同时也是固定式工具栏。

代码 6.3 中的 HTML 文档一共包含 3 个页面，并且这 3 个页面的工具栏都是固定式的，符合持久显示的基本条件。在每一个工具栏页头中加入属性 data-id，并赋予相同的属性值，这样，当页面跳转时，工具栏页头会保留在原地。

代码 6.3 工具栏持久显示

```
<!DOCTYPE html>
<html>
<head>
    <title>jQuery Mobile - 导航</title>
    <meta charset="utf-8" />
    <script src="js/jquery-1.10.1/jquery-1.10.1.min.js"></script>
    <script src="js/jquery.mobile-1.4.2/jquery.mobile-1.4.2.min.js"></script>
    <link href="js/jquery.mobile-1.4.2/jquery.mobile-1.4.2.min.css"
      rel="stylesheet"/>
    <meta name="viewport" content="width=device-width,
      initial-scale=1.0">
    <style>
        img {
            width:     100%;
            max-width: 1200px;
            margin:    0;
        }
    </style>
</head>
<body>
    <div id="home" data-role="page">
```

```
        <div data-role="header" data-position="fixed"
          data-tap-toggle="false" data-id="ca_travel">
            <h1>加拿大旅游</h1>
        </div>
        <div class="ui-content" role="main">
            <ul data-role="listview">
                <li><a href="#page1">多伦多</a></li>
                <li><a href="#page2">尼亚加拉瀑布</a></li>
            </ul>
        </div>
        <div data-role="footer" data-position="fixed"
          data-tap-toggle="false" data-id="ca_travel_footer">
            <h1>页尾</h1>
        </div>
    </div>
    <div id="page1" data-role="page">
        <div data-role="header" data-position="fixed"
          data-tap-toggle="false" data-id="ca_travel">
            <h1>加拿大旅游</h1>
        </div>
        <div class="ui-content" role="main">
            <img src="./images/toronto.jpg" alt="多伦多" >
            <div>多伦多</div>
            <a href="#home" data-role="button">返回主页</a>
        </div>
        <div data-role="footer" data-position="fixed"
          data-tap-toggle="false" data-id="ca_travel_footer">
            <h1>页尾</h1>
        </div>
    </div>
    <div id="page2" data-role="page">
        <div data-role="header" data-position="fixed"
          data-tap-toggle="false" data-id="ca_travel">
            <h1>加拿大旅游</h1>
        </div>
        <div class="ui-content" role="main">
            <img src="./images/niagara_fall.jpg" alt="尼亚加拉瀑布" >
            <div>尼亚加拉瀑布</div>
            <a href="#home" data-role="button">返回主页</a>
        </div>
        <div data-role="footer" data-position="fixed"
          data-tap-toggle="false" data-id="ca_travel_footer">
            <h1>页尾</h1>
        </div>
    </div>
</body>
</html>
```

通常，持久显示适用于页头和页尾拥有相同内容和样式的场合，但这并不是一个必要条件。

持久显示方式的主要作用是阻止工具栏同网页正文在页面跳转时一同执行相同的动画效果。

6. 外部工具栏

工具栏的持久显示方式使多个拥有相同工具栏的网页在网页跳转过程中保持工具栏的稳定，这样的设计甚至能够适用于整个小型移动网站。但是，如果一个网站中大量的网页拥有相同的工具栏，又都需要通过持续方式显示，则带来一个严重的代码冗余问题，即每一个网页都包含了大量相同的工具栏代码。显然，代码冗余造成源代码可维护性降低，网页文件尺寸增加，从而在网页文件加载过程中使用更多的数据流量和造成网页文件加载时间更长等问题。

jQuery Mobile 的外部工具栏功能能够简化网页代码，把冗余代码合并，并被所有使用相同工具栏的页面共享。

外部工具栏只需要通过以下两个步骤就能够很容易实现。

(1) 提取将被共享的工具栏代码，把页头和页尾分别放在所有网页正文内容之前和之后。

(2) 通过 JavaScript 程序初始化工具栏。

代码 6.4　外部工具栏

```html
<!DOCTYPE html>
<html>
<head>
   <title>jQuery Mobile - 导航</title>
   <meta charset="utf-8" />
   <script src="js/jquery-1.10.1/jquery-1.10.1.min.js"></script>
   <script src="js/jquery.mobile-1.4.2/jquery.mobile-1.4.2.min.js"></script>
   <link href="js/jquery.mobile-1.4.2/jquery.mobile-1.4.2.min.css"
    rel="stylesheet"/>
   <meta name="viewport" content="width=device-width,initial-scale=1.0">
   <style>
      img {
         width:     100%;
         max-width: 1200px;
         margin:    0;
      }
   </style>
   <script>
      $(function() {
         $("[data-role='header'], [data-role='footer']").toolbar();
      });
   </script>
</head>
<body>
   <div data-role="header" data-theme="b" data-position="fixed">
      <h1>加拿大旅游</h1>
   </div>

   <div id="home" data-role="page">
      <div class="ui-content" role="main">
         <ul data-role="listview">
```

```
            <li><a href="#page1">多伦多</a></li>
            <li><a href="#page2">尼亚加拉瀑布</a></li>
        </ul>
    </div>
</div>

<div id="page1" data-role="page">
    <div class="ui-content" role="main">
        <img src="./images/toronto.jpg" alt="多伦多" >
        <div>多伦多</div>
        <a href="#home" data-role="button">返回主页</a>
    </div>
</div>

<div id="page2" data-role="page">
    <div class="ui-content" role="main">
        <img src="./images/niagara_fall.jpg" alt="尼亚加拉瀑布" >
        <div>尼亚加拉瀑布</div>
        <a href="#home" data-role="button">返回主页</a>
    </div>
</div>

<div data-role="footer" data-theme="b" data-position="fixed">
    <h1>页尾</h1>
</div>
</body>
</html>
```

代码 6.4 与代码 6.3 在浏览器中具有非常相似的效果。

代码 6.4 的每个页面(data-role="page")都不含有页头和页尾。页头和页尾被从每个页面中提取出来，并对所有需要的页面共享。由于页头和页尾不再属于任何一个页面，当一个页面初始化时，工具栏不会随着页面一同被自动初始化，因此，在 HTML 文档被加载完成以后，使用$("[data-role='header'], [data-role='footer']").toolbar(); 由 jQuery Mobile 把带有属性 data-role='header'和 data-role='footer'的元素处理成为网页中的工具栏。

6.2　工具栏的内容和样式特征

6.2.1　工具栏中的按钮

1. 返回按钮

在第 5 章中，我们已经在实例代码中见过 jQuery Mobile 在标题栏中自动添加返回按钮的方法。自动添加的返回按钮拥有系统默认的图标、可定制的按钮文字，以及在工具栏中默认的定位等。由于按钮是由系统自动添加，按钮显示与否取决于网页访问的历史记录。在一个网站的第一个页面中，或者当历史记录堆栈已经清空的情况下，是不会被自动添加返回按钮的。

代码 6.5 演示了 jQuery Mobile 默认的返回按钮。

代码 6.5　默认的返回按钮

```
<!DOCTYPE html>
<html>
<head>
    <title>jQuery Mobile - 返回按钮</title>
    <meta charset="utf-8" />
    <script src="js/jquery-1.10.1/jquery-1.10.1.min.js"></script>
    <script src="js/jquery.mobile-1.4.2/jquery.mobile-1.4.2.min.js"></script>
    <link href="js/jquery.mobile-1.4.2/jquery.mobile-1.4.2.min.css"
      rel="stylesheet"/>
    <meta name="viewport" content="width=device-width,initial-scale=1.0">
</head>
<body>
    <div id="home" data-role="page">
        <div data-role="header" data-add-back-btn="true"
          data-position="fixed" data-tap-toggle="false">
            <h1>主页</h1>
        </div>
        <div class="ui-content" role="main">
            <a href="#page2" data-role="button" data-mini="true"
              data-inline="true">按钮：第二页</a>
            <a href="#page3" data-role="button" data-mini="true"
              data-inline="true">按钮：第三页</a>
            <a href="jqm_toolbar_common.html" data-role="button"
              data-mini="true" data-inline="true">
                按钮：其他HTML文档</a>
        </div>
        <div data-role="footer" data-position="fixed" data-tap-toggle="false">
            <h6>页尾</h6>
        </div>
    </div>
    <div id="page2" data-role="page">
        <div data-role="header" data-add-back-btn="true"
          data-position="fixed" data-tap-toggle="false">
            <h1>第二页</h1>
        </div>
        <div class="ui-content" role="main">
            <div>第二页内容</div>
        </div>
        <div data-role="footer" data-position="fixed" data-tap-toggle="false">
            <h6>页尾</h6>
        </div>
    </div>
    <div id="page3" data-role="page">
        <div data-role="header" data-add-back-btn="true"
          data-position="fixed" data-tap-toggle="false">
            <h1>第三页</h1>
```

```
        </div>
        <div class="ui-content" role="main">
            <div>第三页内容</div>
        </div>
        <div data-role="footer" data-position="fixed" data-tap-toggle="false">
            <h6>页尾</h6>
        </div>
    </div>
</body>
</html>
```

默认的返回按钮由 data-add-back-btn="true"属性定义，通常添加在工具栏页头中。当网页第一次显示时，页面上不会出现返回按钮，如图 6.7 中第一个画面所示。

图 6.7 默认的返回按钮

jQuery Mobile 系统默认的返回按钮出现在网页页头的左侧，系统为它自动安排了一个默认的图标，按钮上的默认文字是 Back。由于 jQuery Mobile 为返回按钮提供的默认文字使用的是英语，因此需要把它替换成我们需要的说明文字。取代系统默认的说明文字的方法很简单，只要为返回按钮添加 data-back-btn-text 属性即可。例如，我们可以对代码 6.3 做如下修改，第二个页面中的返回按钮就变成了如图 6.8 所示的中文文字了：

```
<div data-role="header" data-add-back-btn="true"
  data-position="fixed" data-tap-toggle="false"
  data-back-btn-text="返回">
```

图 6.8 被替换说明文字的返回按钮

2. 工具栏中的普通按钮

在工具栏中，除了返回按钮以外，其他按钮通常通过<a>元素来实现。代码 6.6 演示了在工具栏中的普通按钮。当在页头和页尾分别加入一个按钮以后，这两个按钮被分别放置在页头和页尾的左侧，与默认的返回按钮的显示位置一样。

代码6.6　在工具栏中添加按钮

```html
<!DOCTYPE html>

<html>
<head>
    <title>jQuery Mobile - 工具栏中的按钮</title>
    <meta charset="utf-8" />
    <script src="js/jquery-1.10.1/jquery-1.10.1.min.js"></script>
    <script src="js/jquery.mobile-1.4.2/jquery.mobile-1.4.2.min.js"></script>
    <link href="js/jquery.mobile-1.4.2/jquery.mobile-1.4.2.min.css"
      rel="stylesheet"/>
    <meta name="viewport" content="width=device-width,initial-scale=1.0">
</head>

<body>
    <div id="common" data-role="page">
        <div data-role="header" data-position="fixed" data-tap-toggle="false">
            <a href="#">按钮</a>
            <h1>按钮演示</h1>
        </div>
        <div class="ui-content" role="main">
            演示
        </div>
        <div data-role="footer" data-position="fixed" data-tap-toggle="false">
            <a href="#">按钮</a>
        </div>
    </div>
</body>
</html>
```

代码 6.6 中的按钮与网页正文中的按钮相比，一个明显的不同在于，正文中的按钮需要data-role="button"修饰，而代码 6.6 代表了典型的工具栏按钮，不需要特别指明 data-role。

3. 工具栏中按钮的定位方法

页头中第一个按钮自动出现在页头的左侧，页头中的标题文字位置不受按钮的影响，始终居中。页头中如果出现第二个按钮，则会被自动安排在页头的右侧。而当页尾中出现第二个按钮时，则依次排列，如图 6.9 所示。

我们也可以根据需要，更改默认的按钮定位方法。以代码 6.7 为例，我们只为页头添加一个按钮，并把这个按钮放置在到页头的右侧，如图 6.10 所示。

代码 6.7　在页头中实现第一个按钮右对齐

```
<!DOCTYPE html>
<html>
<head>
    <title>jQuery Mobile - 工具栏中的按钮</title>
    <meta charset="utf-8" />
    <script src="js/jquery-1.10.1/jquery-1.10.1.min.js"></script>
    <script src="js/jquery.mobile-1.4.2/jquery.mobile-1.4.2.min.js"></script>
    <link href="js/jquery.mobile-1.4.2/jquery.mobile-1.4.2.min.css"
      rel="stylesheet"/>
    <meta name="viewport" content="width=device-width,initial-scale=1.0">
</head>
<body>
    <div data-role="page">
        <div data-role="header" data-position="fixed" data-tap-toggle="false">
            <a href="#" class="ui-btn-right">按钮 1</a>
            <h1>按钮演示</h1>
        </div>
        <div class="ui-content" role="main">演示</div>
        <div data-role="footer" data-position="fixed" data-tap-toggle="false">
            <a href="#">按钮</a>
        </div>
    </div>
</body>
</html>
```

图 6.9　页头和页尾各自包含两个按钮时的自动定位　　图 6.10　更改页头中第一个按钮的默认定位方式

jQuery Mobile 提供了两个 CSS 类,用于定位各工具栏中的按钮,ui-btn-left 把按钮放置在工具栏的左侧,而 ui-btn-right 把按钮放置在工具栏的右侧。ui-btn-right 类仅适用于页头,对页尾中的按钮定位无效。如果在代码 6.7 的页头中增加一个按钮,对两个按钮分别赋予以上两个 CSS 类,这两个按钮会按照 CSS 类的要求定位,而与在 HTML 文档中的出现顺序无关。

工具栏页头和页尾如果出现大量按钮,则会以图 6.11 的方式显示。显然,在工具栏中放置过多的按钮并不是一个良好的用户界面设计方案。

图 6.11　工具栏中的多个按钮

6.2.2　标题栏样式

1. 标题栏中的文字和图片

从本章图 6.1~6.7 中可以发现,工具栏中的标题文字的显示位置居中,并且拥有相同的字体样式。另外,观察网页代码能够发现,这些标题文字都被包含在<h1>~<h6>的标签中。jQuery Mobile 通过在工具栏中的直接子元素<h1>~<h6>为所包含的文字赋予统一的样式特征。这里的<h1>~<h6>标签只有 HTML 语义上的意义,由于 jQuery Mobile 对于工具栏中的<h1>~<h6>直接子元素的样式进行了重新定义,这些元素原来在浏览器中的默认样式被 jQuery Mobile 赋予的样式取代了。

工具栏中标题文字的样式与定位体现了 jQuery Mobile 利用 HTML 元素在 DOM 中的层次关系赋予相应样式的特点。同样,我们通过下面的代码片段,利用<h1>标签很容易把图片在工具栏中按照图 6.12 那样居中显示:

```
<div data-role="header" data-position="fixed">
    <h1>
        <img src="images/charts.png" alt="图标">
         
        <span>图表</span>
    </h1>
</div>
```

图 6.12　图片和文字居中显示

但是,一旦严格的层次关系被打破 ,工具栏中由 jQuery Mobile 赋予的样式特性也将随之消失。例如,在上面的代码片段中插入一层<div>标签,变成下面的形式以后,jQuery Mobile 对页头中文字的字体大小和显示位置的样式"修饰"就不再有效。相关文字和图片的样式变回到原来的浏览器默认样式,如图 6.13 所示。

```
<div data-role="header" data-position="fixed">
    <div>
        <h1>
            <img src="images/charts.png" alt="图标">
             
            <span>图表</span>
        </h1>
    </div>
</div>
```

图 6.13　违反了 jQuery Mobile 页头标准结构以后

对比图 6.12 和 6.13，可以看出，在通常情况下，应该尽量遵循 jQuery Mobile 的代码编写方式，最大化由 jQuery Mobile 系统带来的便利。同时也应该了解到，一旦需要时，应该怎样回避 jQuery Mobile 自动添加的样式，便于在某些情况下实现用户界面的特殊定制。

2. 标题栏与样式主题

jQuery Mobile 通过主题样本(swatch)来确定网页和网页上的各个组成部分的颜色。

jQuery Mobile 系统提供了浅色样本 a 和深色样本 b。主题样式通过 data-theme 属性指定。网页上一个组成部分的样式首先遵从于 data-theme 属性，如果 data-theme 属性缺省，则遵从上级容器的样式，直到网页的最外层容器(data-role="page")。当无法从外层容器中获得主题样式时，自动采用默认的样式 a。这就是本书中很多演示网页表现为浅色主题的原因，因为没有在网页代码中为任何一级容器指定主题样式。

代码 6.8 演示了把样本 b 赋予一个页面(data-role="page")，网页内部的工具栏继承了网页的主题样本，并且工具栏内部的按钮也从页面中继承了主题样本。由于 jQuery Mobile 系统提供的默认样本 b 不便于在印刷物上识别，这里借用了 jQuery Mobile 的经典主题(关于经典主题，可参阅本书的 5.1.2 小节)。

代码 6.8　主题样本在工具栏中的继承关系

```
<!DOCTYPE html>
<html>
<head>
    <title>jQuery Mobile - 工具栏样式</title>
    <meta charset="utf-8" />
    <script src="js/jquery-1.10.1/jquery-1.10.1.min.js"></script>
    <script src="js/jquery.mobile-1.4.2/jquery.mobile-1.4.2.min.js"></script>
    <link href="js/jquery.mobile-1.4.2/jquery.mobile-1.4.2.min.css"
      rel="stylesheet" />
    <link href="js/jquery-mobile-classic-theme/theme-classic.css"
      rel="stylesheet" />
```

```
    <meta name="viewport" content="width=device-width,initial-scale=1.0">
</head>
<body>
    <div id="common" data-role="page" data-theme="b">
        <div data-role="header" data-add-back-btn="true"
          data-position="fixed" data-tap-toggle="false">
            <a href="#">按钮1</a>
            <h1>标题</h1>
        </div>
        <div class="ui-content" role="main">
            <div>外部工具栏样式主题演示</div>
            <div>
                <a href="#" data-role="button">按钮2</a>
            </div>
        </div>
        <div data-role="footer" data-position="fixed" data-tap-toggle="false">
            <a href="#">按钮3</a>
        </div>
    </div>
</body>
</html>
```

代码6.8演示了主题样本最简单的用法，仅仅直接依靠网页内部的层次关系，把外层容器中的主题继承到网页的内部组成部分中。但是这种简单的继承关系却不能应用到使用外部工具栏的网页中。因为外部工具栏在HTML文档中被定义在页面之外，不直接属于任何一个页面，因此无法从页面中继承样式，并且，外部工具栏的初始化程序并不负责自动引用目标网页的页面主题样本，所以，外部工具栏的主题需要通过data-theme属性指定。

代码6.9演示了在使用外部工具栏的网页中，为外部工具栏赋予所需样式的方法，即分别在外部工具栏的页头和页尾中应用data-theme属性，并指定主题样本所对应的字母为属性值。

代码6.9 为外部工具栏添加样式主题

```
<!DOCTYPE html>

<html>
<head>
    <title>jQuery Mobile - 工具栏样式</title>
    <meta charset="utf-8" />
    <script src="js/jquery-1.10.1/jquery-1.10.1.min.js"></script>
    <script src="js/jquery.mobile-1.4.2/jquery.mobile-1.4.2.min.js"></script>
    <link href="js/jquery.mobile-1.4.2/jquery.mobile-1.4.2.min.css"
      rel="stylesheet"/>
    <link href="js/jquery-mobile-classic-theme/theme-classic.css"
      rel="stylesheet" />
    <meta name="viewport" content="width=device-width,initial-scale=1.0">
    <script>
        $(function() {
            $("[data-role='header'], [data-role='footer']").toolbar();
```

```
        });
    </script>
</head>

<body>
    <div data-role="header" data-add-back-btn="true"
      data-position="fixed" data-tap-toggle="false"
      data-theme="b">
        <a href="#">按钮 1</a>
        <h1>标题</h1>
    </div>
    <div id="common" data-role="page" data-theme="b">
        <div class="ui-content" role="main">
            <div>样式主题演示</div>
            <div>
                <a href="#" data-role="button">按钮 2</a>
            </div>
        </div>
    </div>
    <div data-role="footer" data-position="fixed"
      data-tap-toggle="false"
      data-theme="b">
        <a href="#">按钮 3</a>
    </div>
</body>
</html>
```

只有对外部工具栏单独赋予样式以后，工具栏才会具有指定的样式特征，如图 6.14 所示。

图 6.14　外部工具栏中的主题样式

6.3 导　航　栏

6.3.1　导航栏基本结构

　　导航栏是网站导航的常用方法，经常出现在网页的标题栏下，也已能出现在网页正文或者页尾。一个基本的导航栏包含了 5 个可附带图标的按钮。在网页 HTML 代码中，导航栏是由定义在被 data-role="navbar"修饰的容器中的无序列表(<ul>)形成的。

　　代码 6.10 演示了一个最简单的导航栏。

代码 6.10　最简单的导航栏

```
<!DOCTYPE html>
<html>
<head>
    <title>jQuery Mobile - 导航栏</title>
    <meta charset="utf-8" />
    <script src="js/jquery-1.10.1/jquery-1.10.1.min.js"></script>
    <script src="js/jquery.mobile-1.4.2/jquery.mobile-1.4.2.min.js"></script>
    <link href="js/jquery.mobile-1.4.2/jquery.mobile-1.4.2.min.css"
      rel="stylesheet"/>
    <meta name="viewport" content="width=device-width,initial-scale=1.0">
</head>
<body>
    <div id="home" data-role="page">
        <div data-role="header" data-position="fixed">
            <h1>导航栏演示</h1>
            <div data-role="navbar">
                <ul>
                    <li><a href="#" class="ui-btn-active">第一页</a></li>
                    <li><a href="#">第二页</a></li>
                    <li><a href="#">第三页</a></li>
                    <li><a href="#">第四页</a></li>
                </ul>
            </div>
        </div>
        <div class="ui-content" role="main">
            <div>主页</div>
            <div data-role="navbar">
                <ul>
                    <li><a href="#" class="ui-btn-active">第一页</a></li>
                    <li><a href="#">第二页</a></li>
                    <li><a href="#">第三页</a></li>
                    <li><a href="#">第四页</a></li>
                </ul>
            </div>
```

```
    </div>
    <div data-role="footer" data-position="fixed">
        <h1>页尾</h1>
        <div data-role="navbar">
            <ul>
                <li><a href="#" class="ui-btn-active">第一页</a></li>
                <li><a href="#">第二页</a></li>
                <li><a href="#">第三页</a></li>
                <li><a href="#">第四页</a></li>
            </ul>
        </div>
    </div>
  </div>
</body>
</html>
```

这段代码仅用于说明导航栏的编程方法，导航按钮中的链接并没有指向任何实际的网页 URL。代码中相同的导航栏重复出现了 3 次，分别出现在页头、正文，以及页尾中。每一个导航栏都包含了 4 个按钮。

从图 6.15 中可以看到，工具栏中的导航栏占用了 100%的页面宽度，而在网页内容部分的导航栏与浏览器边框之间留有间隙。其实导航栏本身会占用 100%的宽度，但是同时又会受到所在容器的 CSS 属性 padding 的影响而产生缩进的效果。

图 6.15　网页各组成部分中的导航栏

6.3.2　导航栏中的按钮

1. 导航按钮的排列规则

jQuery Mobile 中的导航栏在通常情况下会包含 1~5 个导航按钮。当按钮数量在 1 个到 5

个之间时，每个按钮平分导航栏的宽度。即当导航栏中只有一个按钮时，这个按钮自动占用100%的导航栏宽度，而当导航栏含有 5 个按钮时，每个按钮占用 20%的导航栏宽度。

图 6.16 分别演示了当导航栏中依次包含 1 到 5 个导航按钮时的显示效果。其中的深色按钮代表了一个导航栏中当前被按下的按钮。

当导航栏中包含超过 5 个导航按钮时，这些按钮不再平分导航栏的宽度，而是形成两列按钮，如图 6.17 所示。

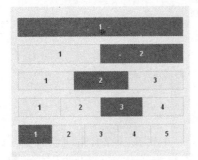

图 6.16　每一个导航栏分别包含 1~5 个
导航按钮时的按钮排列情况

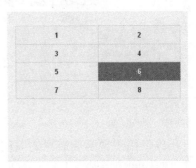

图 6.17　当一个导航栏包含超过 5 个
按钮时的按钮两列排列方式

前面图 6.15 显示了导航按钮排列在工具栏(页头和页尾)文字的下方。如果把相应的代码移到工具栏标题文字(包含在<h1> ~ <h6>中任何一个元素之间的文字)之前，导航按钮就会显示在工具栏文字的上方。

2. 导航按钮中的图标

导航栏中的导航按钮和工具栏中的返回按钮，或者其他普通按钮一样，可以附加图标。本书第 7 章将更详细地讲解按钮与图标，这里先借用导航按钮和代码 6.11，对 jQuery Mobile 中的图标和按钮做一个大概的介绍。

代码 6.11 演示了一个在工具栏页头和页尾中分别拥有导航栏的网页，如图 6.18 所示。

导航栏中的每一个导航按钮都带有相应的图标。图标由 data-icon 属性决定。data-icon 的属性值可以是系统图标的图标名称，也可以是自定义图标的图标名称。代码 6.11 仅使用了 jQuery Mobile 的系统图标。

在本例中，页头中的图标采用了默认位置，图标位于按钮文字的上方，而页尾中的图标通过为导航栏设置 data-iconpos 属性，把图标的显示位置改为按钮文字的右侧。

这里需要注意的是，data-iconpos 属性必须设置在导航栏(data-role="navbar")上才能发挥作用，使整个导航栏中的

图 6.18　按钮图标及其显示文字

所有导航按钮中的图标显示在相同的位置。如果把 data-iconpos 属性设置到每一个单独的按钮上，则不会起到任何作用。

代码 6.11　导航按钮与图标

```
<!DOCTYPE html>
<html>
<head>
    <title>jQuery Mobile - 导航栏</title>
    <meta charset="utf-8" />
    <script src="js/jquery-1.10.1/jquery-1.10.1.min.js"></script>
    <script src="js/jquery.mobile-1.4.2/jquery.mobile-1.4.2.min.js">
    </script>
    <link href="js/jquery.mobile-1.4.2/jquery.mobile-1.4.2.min.css"
      rel="stylesheet"/>
    <meta name="viewport" content="width=device-width,initial-scale=1.0">
</head>
<body>
    <div id="home" data-role="page">
        <div data-role="header" data-position="fixed">
            <h1>导航按钮中的图标</h1>
            <div data-role="navbar">
                <ul>
                    <li><a href="#" data-icon="home">主页</a></li>
                    <li><a href="#" data-icon="shop">购物</a></li>
                    <li><a href="#" data-icon="user">用户</a></li>
                    <li><a href="#" data-icon="search">搜索</a></li>
                </ul>
            </div>
        </div>
        <div class="ui-content" role="main">
            <div>网页内容</div>
        </div>
        <div data-role="footer" data-position="fixed">
            <h1>页尾</h1>
            <div data-role="navbar" data-iconpos="right">
                <ul>
                    <li><a href="#" data-icon="phone">联系</a></li>
                    <li><a href="#" data-icon="calendar">日历</a></li>
                    <li><a href="#" data-icon="info">信息</a></li>
                </ul>
            </div>
        </div>
    </div>
</body>
</html>
```

3. 导航按钮的状态

前面在代码 6.10 中，每一个导航栏的第一个导航按钮都被赋予了 CSS 类 ui-btn-active。这个 CSS 类用于表现一个按钮被按下时的样式。当一个导航按钮被按下时，jQuery Mobile 会把这个 CSS 类动态地赋予最后被按下的按钮,而先前处于按下状态的按钮将失去 ui-btn-active 类。以上提到了 ui-btn-active 类的两种用法。这个 CSS 类既可以像在代码 6.10 中那样,通过网页编程静态赋予一个按钮,也可以通过 jQuery Mobile 系统赋予一个被按下的按钮。不论是哪一种方法,导航栏会自动维护导航按钮的状态,确保只有一个按钮获得 ui-btn-active 类。

但是,默认的导航按钮也会带来一些问题。由于由 jQuery Mobile 系统维护的 ui-btn-active 类能够使一个导航按钮具有被按下状态所需要的样式,当在第一个页面中按下指向第二页的导航按钮时,被按下的导航按钮的样式被改变,在正是我们所期待的效果,然后,屏幕切换到第二页,可是第二页上指向本身的按钮在页面初始化的过程中并没有任何按钮被按下,因此当第二页在屏幕上显示时,导航按钮本身在默认情况下无法告诉用户导航栏中的哪一个按钮在上一个页面中被按下。简单地说,导航栏中的导航按钮在默认情况下不能维护按钮的当前状态。当网页发生切换时,新的页面中导航按钮的状态被自动恢复成默认状态。

代码 6.12 演示了维护导航按钮状态的简单方法。

代码 6.12　导航按钮的状态保持

```
<!DOCTYPE html>
<html>
<head>
   <title>jQuery Mobile - 导航栏</title>
   <meta charset="utf-8" />
   <script src="js/jquery-1.10.1/jquery-1.10.1.min.js"></script>
   <script src="js/jquery.mobile-1.4.2/jquery.mobile-1.4.2.min.js"></script>
   <link href="js/jquery.mobile-1.4.2/jquery.mobile-1.4.2.min.css"
    rel="stylesheet"/>
   <meta name="viewport" content="width=device-width,initial-scale=1.0">
</head>
<body>
   <div id="p1" data-role="page">
      <div data-role="header" data-position="fixed">
         <h1>导航栏演示</h1>
         <div data-role="navbar">
           <ul>
               <li><a href="#p1"
                   class="ui-btn-active ui-state-persist">
                   第一页</a></li>
               <li><a href="#p2">第二页</a></li>
               <li><a href="#p3">第三页</a></li>
           </ul>
         </div>
      </div>
      <div class="ui-content" role="main">
         <div>第一页</div>
      </div>
      <div data-role="footer" data-position="fixed">
         <h1>页尾</h1>
      </div>
```

```
        </div>
        <div id="p2" data-role="page">
            <div data-role="header" data-position="fixed">
                <h1>导航栏演示</h1>
                <div data-role="navbar">
                    <ul>
                        <li><a href="#p1">第一页</a></li>
                        <li><a href="#p2"
                            class="ui-btn-active ui-state-persist">
                            第二页</a></li>
                        <li><a href="#p3">第三页</a></li>
                    </ul>
                </div>
            </div>
            <div class="ui-content" role="main">
                <div>第二页</div>
            </div>
            <div data-role="footer" data-position="fixed">
                <h1>页尾</h1>
            </div>
        </div>
        <div id="p3" data-role="page">
            <div data-role="header" data-position="fixed">
                <h1>导航栏演示</h1>
                <div data-role="navbar">
                    <ul>
                        <li><a href="#p1">第一页</a></li>
                        <li><a href="#p2">第二页</a></li>
                        <li><a href="#p3"
                            class="ui-btn-active ui-state-persist">
                            第三页</a></li>
                    </ul>
                </div>
            </div>
            <div class="ui-content" role="main">
                <div>第三页</div>
            </div>
            <div data-role="footer" data-position="fixed">
                <h1>页尾</h1>
            </div>
        </div>
    </body>
</html>
```

代码 6.12 是一个包含 3 个页面的 HTML 文档。每一个页面都包含了一个内容相同的导航栏。导航栏中指向当前自身页面的按钮被赋予了 CSS 类 ui-btn-active。这表明当一个页面在浏览器中显示时，指向当前页面的导航按钮被预先设置为按下状态。不过导航按钮的状态会随着其他导航按钮上发生的事件而改变。这样，当在浏览器中切换到其他页面以后，再次切换回原来的页面时，原来页面上的按钮状态已经被在该页面的后续按钮事件所更改，恢复成默认状态，因此，只使用 ui-btn-active 还不能获得稳定的状态效果。为此，jQuery Mobile 提供了另外一个 CSS 类 ui-state-persist，它能够帮助页面切换时保持和恢复按钮的状态。

6.3.3　导航栏的样式风格

在 jQuery Mobile 中，样式风格由属性 data-theme 指定。在本书前面的部分中，关于页面风格、工具栏，以及按钮等多个实例的网页中已经多处使用了 data-theme 属性。导航栏的主题风格设置与按钮等主题设置编码方式大同小异。

代码 6.13 演示了为导航栏设置主题风格时需要特别留意的几个要点。

代码6.13　导航栏主题风格的设置方法

```html
<!DOCTYPE html>

<html>
<head>
    <title>jQuery Mobile - 导航栏</title>
    <meta charset="utf-8" />
    <script src="js/jquery-1.10.1/jquery-1.10.1.min.js"></script>
    <script src="js/jquery.mobile-1.4.2/jquery.mobile-1.4.2.min.js"></script>
    <link href="js/jquery.mobile-1.4.2/jquery.mobile-1.4.2.min.css"
      rel="stylesheet"/>
    <meta name="viewport" content="width=device-width,initial-scale=1.0">
</head>
<body>
    <div id="home" data-role="page">
        <div data-role="header" data-position="fixed" data-theme="b">
            <h1>导航栏按钮</h1>
            <div data-role="navbar">
                <ul>
                    <li><a href="#" data-icon="home">主页</a></li>
                    <li><a href="#" data-icon="shop">购物</a></li>
                    <li><a href="#" data-icon="user" data-theme="a">用户</a></li>
                    <li><a href="#" data-icon="search" data-theme="a">搜索</a></li>
                </ul>
            </div>
        </div>
        <div class="ui-content" role="main">
            <div>网页内容</div>
        </div>
        <div data-role="footer" data-position="fixed">
            <h1>页尾</h1>
        </div>
    </div>
</body>
</html>
```

导航栏与工具栏和按钮一样，能够从当前所在容器中继承样式主题。但是，导航栏与其他 UI 组件的区别在于：

- 不能直接对导航栏(data-role="navbar")设置主题样式。
- 允许对导航栏中的某一个导航按钮单独设置主题样式。

图 6.19　导航栏与导航按钮的样式

基于以上两个主要区别，对照代码 6.13 和图 6.19，可以很容易看出这些特点在网页代码上的反映。

首先，网页并没有直接对导航栏设置样式主题，而是把 data-theme 设置在导航栏的容器中，也就是把 data-theme 属性赋予了导航栏所在的页头。

其次，导航栏中有 4 个按钮，前两个按钮的样式从导航栏获得，因此，网页与导航栏一样，也表现为深色主题 b。而后两个按钮都被单独用 data-theme 属性赋予了样式主题 a，因此，这两个按钮在网页上表现为浅色。

6.4　网页中的网页

所谓"网页中的网页"，就是一个网页嵌套在另一个网页中。这是本章的一个题外话。这种用法在演示项目中经常出现，但是，在实际商业项目中使用的机会不多。jQuery Mobile 的演示网站用到了这种特别的技巧。由于在一般项目中较少使用，相关技术文档十分有限。

本章在这里，通过代码 6.14，对嵌套网页做一个简要的介绍。

代码 6.14　嵌套网页

```
<!DOCTYPE html>
<html>
<head>
  <title>jQuery Mobile - 嵌套网页</title>
  <meta charset="utf-8" />
  <script src="js/jquery-1.10.1/jquery-1.10.1.min.js"></script>
  <script src="js/jquery.mobile-1.4.2/jquery.mobile-1.4.2.min.js"></script>
  <link href="js/jquery.mobile-1.4.2/jquery.mobile-1.4.2.min.css"
   rel="stylesheet" />
  <meta name="viewport" content="width=device-width,initial-scale=1.0">
  <style>
     .spacer {
        height:    25px;
     }
     img {
        width:     60%;
        height:    auto;
     }
  </style>
```

```
</head>
<body>
  <div data-role="page">
     <div data-role="header" data-position="fixed">
        <h1>嵌套网页演示</h1>
     </div>
     <div class="ui-content" role="main">
        <div class="spacer"> </div>
        <div data-demo-html="true">
           <div data-role="header" data-theme="b">
              <h1>嵌套网页</h1>
           </div>
           <div class="ui-content" role="main">
              <img src="images/niagara_fall.jpg" alt="Niagara Fall">
           </div>
           <div data-role="footer" data-theme="b">
              <h1>页尾</h1>
           </div>
        </div>
        <div class="spacer"> </div>
     </div>
     <div data-role="footer" data-position="fixed">
        <h1>页尾</h1>
     </div>
  </div>
</body>
</html>
```

在 jQuery Mobile 中，一个"网页"由 data-role="page"定义。当一个网页嵌套在另一个网页中时，外层网页是一个常规网页，而内部被包含的网页不具有 data-role="page"这样一个层次结构。jQuery Mobile 使用<div data-demo-html="true">...</div>这样一层结构作为嵌套网页的容器，把另一个网页的页头、正文和页尾都包含在内，形成了一个网页中的网页。通常，这样的网站直接使用桌面浏览器演示，代码 6.14 的实际效果如图 6.20 所示。

图 6.20　嵌套网页的效果

6.5　本章习题

选择题(单选)

(1) 导航栏可以出现在(　　)。
  A. 页头、正文内容、页尾　　　　　B. 只能出现在页头和页尾
  C. 页头之前　　　　　　　　　　　D. 页尾之后

(2) 页头中的 data-fullscreen="true"表示(　　)。
  A. 页头处于全屏模式。页头将占据全部浏览器窗口
  B. 使用页头代替网页正文区域
  C. 使网页正文全屏显示
  D. 使页头和页尾同时处于全屏模式

(3) 页头中的按钮(　　)。
  A. 必须通过 data-role="button"定义
  B. 必须包含在<h1>～<h6> 这 6 个元素之一
  C. 只能放置标准的返回按钮
  D. 页头的直接子元素<a>被自动转换为按钮

(4) 下面哪一个(组)属性能够关闭固定式工具栏的自动隐藏功能? (　　)
  A. data-position="fixed"
  B. data-tap-toggle="false"
  C. data-position="fixed"和 data-fullscreen="true"
  D. data-position="fixed"和 data-tap-toggle="false"

(5) 通过 data-add-back-btn="true"自动添加的返回按钮只能显示在页头的左侧,无法显示在页头的右侧。(　　)
  A. 对　　　　　　　　　　　　　　B. 错

(6) 当页头中应用了 data-add-back-btn="true"以后,网页必然会自动添加一个返回按钮。
(　　)
  A. 对　　　　　　　　　　　　　　B. 错

(7) 关于外部工具栏,以下哪一个描述是错误的? (　　)
  A. 外部工具栏必须使用 data-id 属性标识
  B. 外部工具栏不会与网页一同进行初始化
  C. 外部工具栏无法从网页中继承样式
  D. 外部工具栏减少了网页代码的冗余程度

(8) 导航按钮中,图标的显示位置(　　)。
  A. 可以通过为导航栏设置 data-icon 属性改变
  B. 可以通过为每一个导航按钮单独设置 data-icon 属性改变
  C. 可以通过为导航栏设置 data-iconpos 属性改变

      D. 可以通过为每一个导航按钮单独设置 data-iconpos 属性改变

(9) 导航按钮中，按钮的样式风格(　　)。

      A. 可以通过 data-theme 属性直接对导航栏进行设置

      B. 可以通过 data-theme 属性直接对导航栏中的按钮单独进行设置

      C. 先把所有的按钮归入一个<div>容器，再通过 data-theme 属性直接对容器设置

      D. 可以一次改变所有按钮的样式，但不能为一个按钮单独进行设置

(10) 当在页尾中放置 6 个按钮时，(　　)。

      A. 一个紧跟一个排列，如果浏览器窗口宽度不足，则自动换行

      B. 在页尾中第一行的左、右两侧各显示一个按钮，其余的按钮换行显示

      C. 分为两列显示

      D. 页尾只能容纳 1~5 个按钮

第 7 章

jQuery Mobile 的 UI 组件

本章导读：

本章将介绍 jQuery Mobile 中最基本的 UI 组件，包括按钮、表格、列表和各种表单成员组件。这一章中的 UI 组件与 HTML 中的按钮、表单、表格等在功能上十分相似，但是 UI 表现却充分体现了 jQuery Mobile 针对移动设备特点进行的优化。

在介绍这些 UI 组件的同时，也开始逐步带领读者尝试 UI 组件样式定制的基本方法，为本书第 9 章和第 10 章做必要的铺垫。

通过本章的学习，读者将会掌握如何利用 jQuery Mobile 中的基本 UI 组件开发移动网站，并能够做一些简单的样式定制。

为了便于从本书的插图上观察某些样式特征和细微的样式变化，本章的一部分实例采用了 jQuery Mobile 的经典样式，并且使用了桌面浏览器。经典样式仅在实例中提供参考，不建议在产品环境中使用。

7.1 按钮和图标

本书在第 5 章和第 6 章的实例中，已经使用了 3 种不同的按钮，分别是工具栏中由系统自动添加的返回按钮、工具栏按钮，以及普通按钮。除了这 3 种按钮外，表单按钮也十分常见。这 4 种按钮在 jQuery Mobile 开发实践中经常用到。

本节将系统地讲解按钮，以及按钮的基本样式设计等。另外，本书第 5 章在介绍 jQuery Mobile 基本功能的时候已经简要介绍了 jQuery Mobile 的图标，在第 6 章中再次介绍了与导航按钮有关的图标。在这一节中，我们将更加具体地介绍 jQuery Mobile 1.4 中的图标集以及图标的用法。在本书的第 10 章，讲解对 jQuery Mobile 框架进行扩展的时候，还将继续介绍用户自定义图标的制作方法，以及如何为按钮和其他屏幕组件设计特殊的样式。

7.1.1 几类常见的按钮

工具栏中的返回按钮是由 jQuery Mobile 系统根据页面加载的历史记录自动添加的，在 HTML 代码中声明返回按钮并不意味着网页中一定出现返回按钮。工具栏中的按钮和网页正文中的普通按钮则是根据 HTML 文档的定义，显示在网页相应的位置，并被配以特定的导航功能或者实现一部分客户端业务逻辑。这三类常见按钮在网页设计中依赖于 jQuery Mobile 中的定制属性，因此，熟悉这些 jQuery Mobile 提供的定制属性，对于正确编写代码非常重要。

另外，表单按钮在本书的第 5 章和第 6 章没有涉及，而且普通按钮通常有几种编写方法，普通按钮也可用于表单，因此两者的界限并不是十分明确。通过下面集中讲解各种按钮，读者应该对 jQuery Mobile 中的各种按钮的设计方法和编程特点有一个更加深入的了解。

1. 代码特点

返回按钮仅用于在网页的工具栏页头部分显示。声明一个返回按钮的基本方法如下：

```
<div data-role="header" data-add-back-btn="true" data-back-btn-text="返回">
    <h1>返回按钮演示</h1>
</div>
```

在上述代码中，data-role 属性明确表示当前正在定义网页的页头。对于一个工具栏中的返回按钮，data-add-back-btn 属性是必需的。只有通过 data-add-back-btn 属性，系统才会在工具栏中自动添加返回按钮。代码中的另一个属性 data-back-btn-text 是可选的，在 jQuery Mobile 网页设计中经常会用到这个属性，用于替换系统默认的按钮文字，并且这个属性能够帮助网页设计者便于实现网站国际化(i18n)的目的。

本书第 6 章在讲解工具栏的使用方法时，介绍了按钮在工具栏中的排列方式，同时提到了工具栏中的按钮，除了系统添加的返回按钮以外的其他按钮依赖严格的 HTML 元素层次关系。一个按钮在页头中的定义方式如下：

```
<div data-role="header" data-position="fixed" data-tap-toggle="false">
    <a href="#">按钮</a>
    <h1>按钮演示</h1>
```

```
</div>
```

工具栏中的按钮是工具栏<div>元素的直接子元素<a>。<a>元素在普通网页中表现为一个超级链接，但是 jQuery Mobile 系统中，如果一个<a>元素是工具栏的直接子元素，这个<a>元素就会被自动转换成一个按钮，无需其他特别说明。

jQuery Mobile 中的其他按钮具有几种不同的代码编写方式，基本方法如下：

```
<!-- 方法 1 -->
<a href="#" data-role="button">按钮</a>

<!-- 方法 2 -->
<a href="#" class="ui-btn">按钮</a>

<!-- 方法 3 -->
<button>按钮</button>
```

以上 3 种方法都能通过 jQuery Mobile 创建一个按钮。其中第一种和第二种方法使用了<a>元素，这两种方法的作用几乎相同。

当在网页中使用第一种方法时，jQuery Mobile 会自动地把网页中的相关 HTML 语句替换成方法 2 中的形式。网页开发人员也可以直接使用第二种方法。

<button>本身就能够在网页上创建一个按钮，但是这样的按钮不符合移动网页的设计要求。当使用了 jQuery Mobile 以后，jQuery Mobile 框架自动对<button>的样式进行了增强，使按钮的显示方式符合移动设备的界面设计要求。

在上述 3 种方法中，第一种方法使用了 jQuery Mobile 的定制属性 data-role="button"，第二种方法使用了由 jQuery Mobile 框架本身提供的 CSS 类。

从本质上说，在 HTML 语句中出现的 jQuery Mobile 定制属性都会被系统替换为 CSS 类。CSS 才是 jQuery Mobile 对于 HTML 文档的样式进行加强的根本原因。<button>元素在 jQuery Mobile 网页中的样式特征也是由 CSS 赋予的。

表单按钮通常是指与 HTML 文档中的表单元素<form>有关的按钮。<input>元素中的几种类型(type)是最常见的表单按钮。这些类型包括 button(普通按钮)、reset(重置按钮)和 submit(发送/提交按钮)。举例如下：

```
<!-- 普通按钮 -->
<input type="button" value="按钮">

<!-- 重置按钮 -->
<input type="reset" value="重置">

<!-- 提交按钮 -->
<input type="submit" value="提交">
```

以上 3 种按钮通常用于表单(<form>)中。如果仅仅从 HTML 语法的角度来看，这 3 种按钮完全可以用在表单以外，但是这些按钮本应起到的作用将不能发挥。

代码 7.1 演示了几类常见的按钮：工具栏中的返回按钮，工具栏按钮，网页正文中的普通按钮，以及表单按钮。

代码 7.1 几类按钮的演示

```html
<!DOCTYPE html>
<html>
<head>
    <title>jQuery Mobile - buttons</title>
    <meta charset="utf-8" />
    <script src="js/jquery-1.10.1/jquery-1.10.1.min.js"></script>
    <script src="js/jquery.mobile-1.4.2/jquery.mobile-1.4.2.min.js"></script>
    <link href="js/jquery.mobile-1.4.2/jquery.mobile-1.4.2.min.css"
     rel="stylesheet" />
    <link href="js/jquery-mobile-classic-theme/theme-classic.css"
     rel="stylesheet" />
    <meta name="viewport" content="width=device-width,initial-scale=1.0">
</head>
<body>
    <div data-role="page" id="home">
        <div data-role="header"
          data-position="fixed" data-tap-toggle="false"
          data-add-back-btn="true" data-back-btn-text="返回">
            <h1>按钮演示</h1>
        </div>
        <div class="ui-content" role="main">
            <a href="#page2" data-role="button">按钮：第二页</a>
        </div>
        <div data-role="footer" data-position="fixed" data-tap-toggle="false">
            <h6>页尾</h6>
        </div>
    </div>
    <div data-role="page" id="page2">
        <div data-role="header" data-position="fixed" data-tap-toggle="false"
          data-add-back-btn="true" data-back-btn-text="返回">
            <h1>第二页</h1>
            <a href="#" class="ui-btn-right">按钮 1: &lt;a&gt;</a>
        </div>
        <div class="ui-content" role="main">
            <a href="#" data-role="button">
              按钮 2: data-role=&quot;button&quot;</a>
            <a href="#" class="ui-btn">
              按钮 3: class=&quot;ui-btn&quot;</a>
            <button>按钮 4: &lt;button&gt;</button>
            <input type="button" value="按钮 5: type=&quot;button&quot;">
            <input type="reset" value="按钮 6: type=&quot;reset&quot;">
            <input type="submit" value="按钮 7: type=&quot;submit&quot;">
        </div>
        <div data-role="footer"
          data-position="fixed" data-tap-toggle="false">
            <h6>页尾</h6>
```

```
      </div>
    </div>
</body>
</html>
```

图 7.1 演示了这 4 类按钮在浏览器中的实际显示方式。从表现形式来看，后两类按钮在网页正文中的默认样式是一致的。单单从按钮的外观来看，并不能区分这两类按钮。在移动项目开发中，按钮的样式需要进一步定制，才能满足移动用户界面的设计要求。

图 7.1　几类常见按钮和默认显示样式

2. 按钮的动作

从按钮的行为特点来看，上述 4 类按钮的作用是不同的。工具栏中的返回按钮是一种特殊的导航按钮。返回按钮按照网页访问的历史记录往回追溯。工具栏中的按钮可以用作导航按钮，也可以用作功能按钮。这一类按钮的使用方法在很大程度上取决于移动网站的设计方案。工具栏中的常见导航按钮包括返回主页的按钮，指向版权信息和隐私保护条款的按钮等。在导航按钮上绑定导航动作的基本方法是<a href="url">，从本质上说，导航按钮与 HTML 代码中的<a>元素超级链接的作用十分相似。jQuery Mobile 能够通过 Ajax 方式加载页面，以及在网页切换过程中的过渡效果是 jQuery Mobile 导航按钮与普通 HTML 网页中<a>元素超级链接之间的最显著的区别。

工具栏中常见的功能按钮包括登录按钮、搜索按钮等。网页正文内容中的按钮同样既可以用作导航按钮，也可以用作功能按钮。在本书的第 5 章中已经出现了网页正文中的导航按钮实例。在实际的商业移动网站设计中，网页正文中的按钮更多地是被用于执行特定的业务逻辑。业务逻辑由绑定到按钮上的一段 JavaScript 程序来实现。

代码 7.2 演示了在一个功能按钮上实现业务逻辑的方法之一。

代码 7.2　按钮事件的处理

```
<!DOCTYPE html>
<html>
```

```
<head>
   <title>jQuery Mobile - button action</title>
   <meta charset="utf-8" />
   <script src="js/jquery-1.10.1/jquery-1.10.1.min.js"></script>
   <script src="js/jquery.mobile-1.4.2/jquery.mobile-1.4.2.min.js"></script>
   <link href="js/jquery.mobile-1.4.2/jquery.mobile-1.4.2.min.css"
     rel="stylesheet" />
   <meta name="viewport" content="width=device-width,initial-scale=1.0">
   <script>
      $(document).on("pagecreate",function() {
         $("#button_bold").click(function() {
            $("#demoField").css("font-weight", "700");
         });
         $("#button_normal").click(function() {
            $("#demoField").css("font-weight", "normal");
         });
      });
   </script>
</head>
<body>
   <div data-role="page">
      <div data-role="header" data-position="fixed" data-tap-toggle="false">
         <h1>按钮处理演示</h1>
      </div>
      <div class="ui-content" role="main">
         <a href="#" data-role="button" id="button_bold">粗体字</a>
         <a href="#" data-role="button" id="button_normal">复原</a>
         <div id="demoField">测试</div>
      </div>
      <div data-role="footer" data-position="fixed" data-tap-toggle="false">
         <h6>页尾</h6>
      </div>
   </div>
</body>
</html>
```

在按钮上绑定事件处理程序由 jQuery 的 click()事件处理程序完成。读者可以参考本书第 4 章中关于 jQuery 对于事件处理的介绍。同样，利用 JavaScript 中的 onclick()是一个有效的选择。两者在时序问题上有差别。代码 7.2 中包含了两个按钮，但任何一个按钮被按下以后，响应的事件处理程序就会对"测试"文字进行字体样式的改变，如图 7.2 所示。在更复杂的应用中，一个按钮可能会触发网络 Ajax 访问，并把结果显示在网页上。

💡 注意：在本书第 4 章介绍 jQuery 的时候，HTML 网页文档中必须使用$(document).ready() 方法确保对网页文档的处理在文档加载完成以后进行。这个方法一般情况下在 jQuery Mobile 里不适用。由于 jQuery Mobile 是在页面导航发生时使用 Ajax 加载指定的页面，ready()方法实际上只对 HTML 文档中的第一个页面有效。因此，需要对一个 jQuery Mobile 页面加载以后做必要处理时，应该使用$(document).bind ("pagecreate")。pagecreate 事件能够在页面由 Ajax 或者其他方式加载到 DOM 以后，在页面初始化时完成。

图 7.2　网页的初始状态及响应按钮事件以后的状态

💡 **注意：**　一些网上的教程和实例中使用了 pagecreate 或者 pageinit 事件，两者的作用十分相似。pagecreate 事件曾经被 pageinit 取代。但是，在 jQuery Mobile 1.4 中，不再建议使用 pageinit 事件，而又重新建议使用 pagecreate。

7.1.2　按钮的基本样式

按钮和按钮中的图标可以按照网站用户界面的需要设计成各具独特风格的样式。jQuery Mobile 框架提供了样式属性，直接在 HTML 文档中描述按钮具有的样式特点，同时，jQuery Mobile 也提供了对应的 CSS 类，达到同样的目的。

表 7.1 反映出并不是所有的样式定制都包括了定制属性和 CSS 类两种方法。如果一种定制样式可以采用定制属性或者 CSS 类，那么，当定制属性的属性值为 true 时的作用与直接添加 CSS 类的作用是相同的。

data-role="none" 的作用比较特殊。当 jQuery Mobile 初始化一个网页时，会对 UI 组件进行样式增强，也就是对一个普通的 HTML 元素赋予不同样式，甚至是局部替换，达到为移动设备优化的目的。经过优化以后，我们看到的按钮、多选按钮、列表 UI 组件等其实已经与原有的显示样式有非常大的差别。data-role="none" 用于阻止样式增强过程，使 HTML 元素在浏览器中按照浏览器的默认方式显示。data-role="none" 可以被插入到很多 UI 组件的 HTML 元素标签中，达到相同的目的。

使一个按钮失效可以分为两种情况。若一个按钮由 <a> 元素形成，CSS 类 ui-state-disabled 能够使 <a> 按钮失效。如果一个按钮由 <button> 元素形成，由于 <button> 元素本身带有一个 disabled 属性，能够使按钮处于失效状态，因此通过 <a> 和 <button> 形成的按钮应该使用不同的方法使其失效。另外，读者需要注意 HTML 中的 disabled 属性属于布尔类型，属性值见表 7.1 中的说明，而不是其他属性所采用的 true 或者 false。

表 7.1　按钮的基本样式

属　性	属 性 值	CSS 类	样式描述
data-inline	true | false	ui-btn-inline	当属性值为 true 时，按钮的宽度随着按钮上文字或者图标内容而改变
data-mini	true | false	ui-mini	迷你(紧凑)型按钮
data-shadow	true | false	ui-shadow	属性值为 true 时，按钮呈现出阴影效果
data-theme	样式样本 a~z		与其他 UI 组件一样，通过样式样本赋予一个 UI 组件特定的样式主题
data-corners	true | false	ui-corner-all	属性值为 true 时，按钮的 4 个角为圆角，否则为直角
	-	ui-state-disabled	使<a>按钮失效
disabled	缺省，或""，或"disabled"	-	使<button>按钮失效
data-role	data-role="none"	-	取消 jQuery Mobile 对按钮的样式改变。保留原始样式

代码 7.3 演示了按钮的几种基本样式定制方法，其中包括了两种失效按钮、inline 样式、无阴影和 4 个角都是直角的按钮，显示效果如图 7.3 所示。

图 7.3　按钮的各种基本样式在 Android 版 Chrome 浏览器上的实际显示效果

代码 7.3　按钮演示

```
<!DOCTYPE html>

<html>
```

```
<head>
    <title>jQuery Mobile - button style</title>
    <meta charset="utf-8" />
    <script src="js/jquery-1.10.1/jquery-1.10.1.min.js"></script>
    <script src="js/jquery.mobile-1.4.2/jquery.mobile-1.4.2.min.js"></script>
    <link href="js/jquery.mobile-1.4.2/jquery.mobile-1.4.2.min.css"
      rel="stylesheet" />
    <meta name="viewport" content="width=device-width,initial-scale=1.0">
</head>
<body>
    <div data-role="page" id="home">
        <div data-role="header" data-position="fixed" data-tap-toggle="false">
            <h1>按钮样式</h1>
        </div>
        <div class="ui-content" role="main">
            <button disabled>失效状态</button><br>
            <a href="#" class="ui-btn ui-state-disabled">失效状态</a><br>
            <a href="#" data-role="button" data-inline="true">inline</a><br>
            <a href="#" data-role="button" data-shadow="false">无阴影</a><br>
            <a href="#" data-role="button" data-corners="false">直角边框</a><br>
        </div>
        <div data-role="footer" data-position="fixed" data-tap-toggle="false">
            <h6>页尾</h6>
        </div>
    </div>
</body>
</html>
```

7.1.3　按钮图标

我们已经在第 5 章中见到了 jQuery Mobile 提供的图标。这些在系统中内置的图标被广泛地用于按钮和列表视图等 UI 组件。按钮不具有默认图标，在开发过程中，需要为一个按钮单独设置图标。通过下面两种方法之一，可以为一个按钮添加图标。

● HTML 标签属性：data-icon="图标名"。

● CSS 类：ui-icon-图标名。

以 home 图标为例，在一个按钮中使用 data-icon="home"或者 CSS 类 class="ui-icon-home"都能够实现一个如图 7.4 所示的 home 图标的目的。jQuery Mobile 系统提供了大量的图标，这些图标可以满足常规网站的需求。本书第 10 章将介绍扩展 jQuery Mobile 框架的方法，其中就包括了扩展系统图标和自定义图标的方法。

图 7.4　home 图标

表 7.2 列举了 jQuery Mobile 图标集中的所有 50 个图标的名称和与之对应的图标图案。由于每一个图标都可以单独设置样式风格样本(swatch)，图标按钮本身也可以进行额外的样式定义，图标在不同的网页中可能会显得略有不同。了解了 jQuery Mobile 系统提供的图标，将有助于充分利用现有的图标来为设计中的网站服务。

表 7.2   jQuery Mobile 中的 50 个内置图标

图 标 名	图　标	图 标 名	图　标
arrow-r		arrow-u-r	
arrow-u		arrow-u-l	
arrow-l		arrow-d-l	
arrow-d		arrow-d-r	
carat-r		carat-u	
carat-l		carat-d	
check		delete	
plus		minus	
navigation		home	
refresh		back	
forward		recycle	
forbidden		search	
edit		comment	
tag		location	
mail		clock	
eye		bullets	
star		cloud	
grid		bars	
gear		action	
info		alert	
user		shop	
heart		lock	
camera		phone	
audio		video	
calendar		power	

1. 按钮中的图标

一个按钮中的图标可以起到按钮文字的补充作用，也可以不依赖于按钮文字，独自体现按钮的作用。当在一个按钮中同时包含文字和图标时，图标出现在按钮的左侧。我们也可以通过属性 data-iconpos 把图标指定到按钮的左、上、右、下等不同的位置。

代码 7.4 通过实例演示了相关的按钮图标位置在网页中的编写方法。

代码 7.4　图标在按钮中的显示位置演示

```
<!DOCTYPE html>
<html>
<head>
    <title>jQuery Mobile - icons</title>
    <meta charset="utf-8" />
    <script src="js/jquery-1.10.1/jquery-1.10.1.min.js"></script>
    <script src="js/jquery.mobile-1.4.2/jquery.mobile-1.4.2.min.js"></script>
    <link href="js/jquery.mobile-1.4.2/jquery.mobile-1.4.2.min.css"
      rel="stylesheet" />
    <link href="js/jquery-mobile-classic-theme/theme-classic.css"
      rel="stylesheet" />
    <meta name="viewport" content="width=device-width,initial-scale=1.0">
</head>
<body>
    <div data-role="page" data-theme="b">
        <div data-role="header">
            <h1>按钮与图标</h1>
        </div>
        <div class="ui-content" role="main">
            <a href="#" data-role="button" data-icon="home"
              data-theme="b">图标按钮</a>
            <a href="#" data-role="button" data-icon="home"
              data-theme="b" data-iconpos="right">右</a>
            <a href="#" data-role="button" data-icon="home"
              data-theme="b" data-iconpos="top">上</a>
            <a href="#" data-role="button" data-icon="home"
              data-theme="b" data-iconpos="left">左</a>
            <a href="#" data-role="button" data-icon="home"
              data-theme="b" data-iconpos="bottom">下</a>
            <a href="#" data-role="button" data-icon="home"
              data-theme="b" data-iconpos="notext">无文字</a>
            <a href="#" data-role="button" data-icon="home"
              data-theme="b" data-iconpos="notext"
              data-corners="false">无文字</a>
        </div>
    </div>
</body>
</html>
```

显示效果如图 7.5 所示。

按钮中，图标如果被指定放置在左侧或右侧，图标显示在靠近按钮左右两端的位置。属性 data-iconpos 除了用于指定图标显示位置以外，还能够接受属性值"notext"。这个属性值用于指明按钮只能显示图标，即使<a>元素包含了文字内容，文字内容仍然会被忽略。

另外，按钮的默认样式为圆角。当在一个按钮上显示图标时，这个按钮会变成圆形。如果对一个只包含图标的按钮用 data-corners="false"修饰以后，按钮上默认的圆角样式就会被移除，这时按钮就会变成长方形。

图 7.5　图标在按钮中的位置

图 7.5 中的最后两个按钮就是只包含图标的圆形和方形按钮。

按钮中，图标的显示位置除了可以通过属性方式来定义外，还可以直接通过 CSS 类的方式来定义。表 7.3 列举了与图标显示位置相关的属性和与之相对应的 CSS 类。

表 7.3　图标按钮的样式设置方法

属　　性	属　性　值	CSS 类	样式描述
data-iconpos	left | top | right | bottom	ui-btn-icon-left ui-btn-icon-top ui-btn-icon-right ui-btn-icon-bottom	把图标放置在按钮的左、上、右、下等位置
	notext	ui-btn-icon-notext	无文字图标按钮

2. 图标的样式

从图 7.4 和图 7.5 中很容易观察到，按钮中的图标(图标选自系统图标集)都是以白色呈现。jQuery Mobile 同时也提供了一套替换图标，以黑色呈现。当使用替换(黑色)图标时，为按钮添加 CSS 类 ui-alt-icon 即可。下面的代码就能够把正常的白色图标替换为黑色图标：

```
<a href="#"
  class="ui-btn ui-btn-inline ui-icon-home ui-btn-icon-top ui-alt-icon">
  黑色图标</a>
```

图 7.6 演示了正常(白色)图标按钮和替换(黑色)图标按钮的对比效果。

在各种按钮图标的演示中，图标处于一个圆形背景(disc)之中。在一些场合，需要把圆形背景去除，使图标与按钮的背景完全融合，如图 7.7 所示。

图 7.6　白色与黑色按钮图标

图 7.7　拥有和去除图标背景的按钮

在这种情况下，可以借用下面代码片段中的 ui-nodisc-icon 类，就非常容易地达到去除圆形背景的目的：

```
<a href="#"
 class="ui-btn ui-btn-inline ui-icon-home ui-btn-icon-top ui-nodisc-icon">
  主页</a>
```

图标的背景可以通过为每一个按钮图标单独添加 ui-nodisc-icon 类的方法消除，也可以像下面的代码片段一样，直接把 ui-nodisc-icon 类添加到一组按钮的容器上，那么，这一组按钮中，图标将都不再拥有圆形背景：

```
<div class="ui-nodisc-icon">
   <a href="#" class="ui-btn ui-btn-inline ui-icon-plus ui-btn-icon-top">增加</a>
   <a href="#" class="ui-btn ui-btn-inline ui-icon-minus ui-btn-icon-top">减少</a>
</div>
```

📖 说明：　jQuery Mobile 1.4.x 目前仍然支持与按钮阴影相关的设置，包括适用于<input>类型按钮的标签属性，如 data-iconshadow="true"，或者对于按钮普遍使用的 CSS 类 ui-shadow-icon。以上标签属性和 CSS 类已经不再建议使用，并且将在 jQuery Mobile 1.5 中被删除。

📖 说明：　本章介绍 jQuery Mobile 图标以及内置图标在按钮中的应用方法。按钮还能在其他很多 UI 组件中使用。按钮在每一种 UI 组件中的使用方法和行为特点都有所不同，本书将在具体到某一种 UI 组件时陆续介绍更多的图标用法。

7.2　表单输入元素

本节将介绍由 HTML 中的<input>元素形成的表单元素，这些 UI 元素包括了单选按钮、多选按钮，以及各种输入框等。它们的共同特点是用于用户输入，这些 UI 元素在 jQuery Mobile 中的作用与它们在 HTML 普通网页中的作用是一致的，jQuery Mobile 对于这些表单元素进行了针对移动设备的优化，并且提供了大量的定制方法。同时需要注意的是，这些表单 UI 元素与通过<input>形成的用于事件处理的按钮在样式表现和作用上存在很大的不同。

7.2.1 单选按钮和多选按钮

1. 单选按钮和多选按钮的基本形态

jQuery Mobile 中的单选按钮和多选按钮能够表现为不同的样式，它们的基本编程方法与普通 HTML 网页的编写方法相同，都是以<input>元素为基础，并且通过分别指定 type 属性为 radio 或者 checkbox 来确定输入元素的具体类型是单选按钮或者是多选按钮(即复选框)。以单选按钮为例，代码 7.5 演示了单选按钮通过 jQuery Mobile 优化后的基本形态。

代码 7.5　使用单选按钮

```html
<!DOCTYPE html>
<html>
<head>
    <title>jQuery Mobile - checkboxradio</title>
    <meta charset="utf-8" />
    <script src="js/jquery-1.10.1/jquery-1.10.1.min.js"></script>
    <script src="js/jquery.mobile-1.4.2/jquery.mobile-1.4.2.min.js"></script>
    <link href="js/jquery.mobile-1.4.2/jquery.mobile-1.4.2.min.css"
      rel="stylesheet" />
    <meta name="viewport" content="width=device-width,initial-scale=1.0">
</head>
<body>
    <div data-role="page">
        <div data-role="header">
            <h1>单选按钮</h1>
        </div>
        <div class="ui-content" role="main">
            <form>
                <label for="fruit1">苹果</label>
                <input type="radio" name="fruit" id="fruit1" value="apple" />
                <label for="fruit2">香蕉</label>
                <input type="radio" name="fruit" id="fruit2" value="banana" />
                <label for="fruit3">葡萄</label>
                <input type="radio" name="fruit" id="fruit3" value="grade" />
                <label for="fruit4">西瓜</label>
                <input type="radio" name="fruit" id="fruit4" value="water melon"/>
            </form>
        </div>
    </div>
</body>
</html>
```

运行效果如图 7.8 所示。

由于多选按钮与单选按钮在代码上的主要区别在于<input>元素的 type 属性，因此，只要把代码 7.5 中的表单简单地替换为下面的代码片段，就能够得到如图 7.9 所示的多选按钮：

```
<form>
    <label for="fruit1">苹果</label>
    <input type="checkbox" name="fruits" id="fruit1" value="apple" />
    <label for="fruit2">香蕉</label>
    <input type="checkbox" name="fruits" id="fruit2" value="banana" />
    <label for="fruit3">葡萄</label>
    <input type="checkbox" name="fruits" id="fruit3" value="grade" />
    <label for="fruit4">西瓜</label>
    <input type="checkbox" name="fruits" id="fruit4" value="water melon" />
</form>
```

图 7.8　单选按钮

图 7.9　多选按钮

2. 样式定制

与迷你(紧凑)型按钮一样，单选按钮和多选按钮也同样支持 data-mini="true"，使单选和多选按钮的显示样式更加紧凑。图 7.10 演示了普通单选按钮和迷你型单选按钮的实际显示效果对比。其中的迷你型单选按钮就是通过下面的一行代码实现的，在这一行代码中，data-mini 属性被添加到单选按钮所在的<input>元素中：

图 7.10　迷你型和普通单选
按钮的对比

```
<label for="fruit1">苹果</label>
<input type="radio" name="fruit" id="fruit1" data-mini="true" value="apple" />
```

单选按钮和多选按钮在 jQuery Mobile 中的基本样式与它们在普通网页中的样式有一个共同点，就是每一个选项彼此独立，互不相连。当同一个网页出现两组或者更多的单选按钮或者多选按钮时，每一组之间并不是很容易区分的。这样，对于单选按钮或者多选按钮的分组就变得十分必要。

代码 7.6 演示了一个把多个单选按钮编为一组的实例。

代码 7.6 通过 controlgroup 为单选或者多选按钮分组

```
<!DOCTYPE html>

<html>
<head>
    <title>jQuery Mobile - checkboxradio</title>
    <meta charset="utf-8" />
    <script src="js/jquery-1.10.1/jquery-1.10.1.min.js"></script>
    <script src="js/jquery.mobile-1.4.2/jquery.mobile-1.4.2.min.js"></script>
    <link href="js/jquery.mobile-1.4.2/jquery.mobile-1.4.2.min.css"
      rel="stylesheet" />
    <link href="js/jquery-mobile-classic-theme/theme-classic.css"
      rel="stylesheet" />
    <meta name="viewport" content="width=device-width,initial-scale=1.0">
</head>
<body>
    <div data-role="page" data-theme="b">
        <div data-role="header"><h1>分组选择</h1></div>
        <div class="ui-content" role="main">
          <form>
              <fieldset data-role="controlgroup">
                  <label for="fruit1">苹果</label>
                  <input type="radio" name="fruit" id="fruit1" value="apple" />
                  <label for="fruit2">香蕉</label>
                  <input type="radio" name="fruit" id="fruit2" value="banana" />
                  <label for="fruit3">葡萄</label>
                  <input type="radio" name="fruit" id="fruit3" value="grade" />
                  <label for="fruit4">西瓜</label>
                  <input type="radio" name="fruit" id="fruit4"
                    value="water melon"/>
              </fieldset>
          </form>
        </div>
    </div>
</body>
</html>
```

运行效果如图 7.11 所示。

代码 7.6 中，为需要分为一组的单选按钮增加了一个容器<fieldset>，并且把<fieldset>的 data-role 属性设置为"controlgroup"。

<fieldset>是 HTML 代码用于在表单中组合多个字段元素的通用方法，jQuery Mobile 并没有必须使用<fieldset>的显示，如果单选或者多选按钮的容器是<div>元素，只要在容器中添加 data-role="controlgroup"，就能够达到同样的目的。

被编为一组的单选按钮在默认情况下仍然按照图 7.11 中那样以垂直方式排列。如果在<fieldset>中设置 data-type="horizontal"，那么单选按钮组合将以水平方式排列，如图 7.12 所示。

图 7.11　被编为一组的单选按钮　　　图 7.12　水平排列的一组单选按钮

当一组单选按钮水平排列时，按钮的样式与平常所见的单选按钮明显不同，原先用于表示按钮是否被选择的图标被自动隐藏，同一组中的各个单选按钮并列形成一排，并且只有左右两个按钮的外角具有圆弧样式。

被编为一组的单选和多选按钮除了能够改变垂直和水平排列方式以外，还可以与按钮一样能够改变图标的显示位置，以及能够被设置成迷你按钮。

代码 7.7 通过一组多选按钮，演示了了在<fieldset>容器中应用 data-mini 和 data-iconpos 的实例。这两个属性在单选或者多选按钮组合中的作用与在按钮中的作用是相同的。

代码 7.7　迷你型多选按钮与图标显示位置

```
<!DOCTYPE html>

<html>
<head>
    <title>jQuery Mobile - checkboxradio</title>
    <meta charset="utf-8" />
    <script src="js/jquery-1.10.1/jquery-1.10.1.min.js"></script>
    <script src="js/jquery.mobile-1.4.2/jquery.mobile-1.4.2.min.js"></script>
    <link href="js/jquery.mobile-1.4.2/jquery.mobile-1.4.2.min.css"
     rel="stylesheet" />
    <link href="js/jquery-mobile-classic-theme/theme-classic.css"
     rel="stylesheet" />
    <meta name="viewport" content="width=device-width,initial-scale=1.0">
</head>

<body>
    <div data-role="page" data-theme="b">
        <div data-role="header">
            <h1>多选按钮</h1>
        </div>
```

```
    <div class="ui-content" role="main">
        <form>
            <fieldset data-iconpos="right" data-mini="true">
                <legend>你最喜欢的水果</legend>
                <label for="fruit1">苹果</label>
                <input type="checkbox" name="fruits" id="fruit1"
                  value="apple" checked="" />
                <label for="fruit2">香蕉</label>
                <input type="checkbox" name="fruits" id="fruit2"
                  value="banana" checked="" />
                <label for="fruit3">葡萄</label>
                <input type="checkbox" name="fruits" id="fruit3"
                  value="grade" checked="" />
                <label for="fruit4">西瓜</label>
                <input type="checkbox" name="fruits" id="fruit4"
                  value="water melon" checked="" />
            </fieldset>
        </form>
    </div>
    </div>
</body>
</html>
```

运行结果如图 7.13 所示。

图 7.13　图标显示在右侧的迷你型多选按钮

单选与多选按钮的图标在理论上能够像其他按钮一样被安置在按钮的上、下、左、右 4 个位置。但是，在实际的单选和多选按钮组合中，上、下两个位置在默认状态下会有无法居中对齐的问题，直接使用这两个显示位置并不合适。

7.2.2　文本输入框

1. 字段类型以及表现方式的多样化

jQuery Mobile 中的输入框可以被看作 HTML 5 中<input>输入框加上<textarea>的增强版。文本输入框在 jQuery Mobile 和普通网页中的本质是相同的。HTML 5 中各种通过 type 属性指定的输入类型(包括 HTML 5 中新增加的类型)可以直接在 jQuery Mobile 中使用。

代码 7.8 演示了 4 种典型的输入类型：文本(text)、日期(date)、电子邮件(email)、颜色(color)。除了文本类型输入框以外，其他类型可能在某些浏览器中不被完全支持，或者表现形式非常不同。图 7.14 是这段代码中 date 字段显示在 Opera 移动浏览器(模拟器)中，并且聚焦在 date(日期)字段时的情形。

图 7.14　Opera 模拟器中的 date 字段

代码 7.8　四种典型的输入框

```
<!DOCTYPE html>

<html>
<head>
  <title>jQuery Mobile - textinput</title>
  <meta charset="utf-8" />
  <script src="js/jquery-1.10.1/jquery-1.10.1.min.js"></script>
  <script src="js/jquery.mobile-1.4.2/jquery.mobile-1.4.2.min.js"></script>
  <link href="js/jquery.mobile-1.4.2/jquery.mobile-1.4.2.min.css"
    rel="stylesheet" />
  <meta name="viewport" content="width=device-width,initial-scale=1.0">
</head>
<body>
  <div data-role="page">
    <div data-role="header">
```

```
        <h1>文本输入</h1>
    </div>
    <div class="ui-content" role="main">
        <form>
            <label for="mytext">文本</label>
            <input type="text" name="mytext" id="mytext" />
            <label for="mydate">日期</label>
            <input type="date" name="mydate" id="mydate" />
            <label for="mytime">时间</label>
            <input type="time" name="mytime" id="mytime" />
            <label for="myemail">电子邮件</label>
            <input type="email" name="myemail" id="myemail" />
            <label for="mycolor">颜色</label>
            <input type="color" name="mycolor" id="mycolor" />
        </form>
    </div>
</div>
</body>
</html>
```

代码 7.8 中，4 种不同字段的编写方法与本书第 2 章中介绍的 HTML 5 各种<input>字段的编写方法是一致的。在本书第 2 章中，我们已经知道，HTML 5 的很多字段类型在不同的操作系统和不同的浏览器中表现为不同的形式。这些字段类型的表现形式在 jQuery Mobile 网页中仍然会因为操作系统和浏览器的种类而产生较大的差异。图 7.15 是相同的代码和聚焦字段在 Android 系统的 Opera 浏览器和 Chrome 浏览器中的表现方式。

图 7.15　date 字段分别在 Opera 和 Chrome 移动浏览器中的不同表现方法

被编为一组的单选按钮在默认情况下仍然如图 7.11 中所示那样以垂直方式排列。如果在<fieldset>中设置 data-type="horizontal"，那么单选按钮组合将以水平方式排列，如图 7.12 所示。

2. 样式的特点与定制

用于直接文本输入的输入框通常具有迷你、失效，以及标题隐藏等定制样式。这些简单的样式定制和按钮中的相关定制方法所使用的 HTML 标签属性与原始的 HTML 标签属性的含义是一样的。这里不再赘述。

文本类型的输入框通常是网页表单的一部分。jQuery Mobile 的表单中带有标题的 UI 组件都可通过 CSS 的 ui-field-contain 类，使输入字段的标题和输入框在同一行中显示。CSS 中的 ui-field-contain 类应该被分别单独地赋予每一个输入字段所在的容器，比如代码 7.8 中的:

```
<label for="mytext">文本</label>
<input type="text" name="mytext" id="mytext" />
```

将被替换为:

```
<div class="ui-field-contain">
   <label for="mytext">文本</label>
   <input type="text" name="mytext" id="mytext" />
</div>
```

当代码 7.14 中的全部 4 个字段输入框代码都被替换后，这 4 个字段的显示方式将由图 7.16 中的左图变成图 7.16 中的右图中的形式。

图 7.16　应用 ui-field-contain 之前的字段输入框(左)与应用之后(右)的显示效果对比

CSS 类 ui-field-contain 能够使具有标题(title)的文本类型输入字段的标题和输入框在同一行中的显示。新的显示方式在优化网页格局的同时，不可避免地受到屏幕宽度的制约，当屏幕的有效宽度无法满足输入框的最低要求时，标题和输入框仍然会分行显示。

说明:　jQuery Mobile 1.4.x 目前仍然支持 data-role="fieldcontain"。这个属性将从 jQuery Mobile 1.5 中删除。读者应该只使用 CSS 类 ui-field-contain 实现字段容器的目的。

3. 清除按钮

<input type="reset">用于在网页的表单中产生一个"重置"按钮。按下"重置"按钮，整个表单将被重置清零。如果想要清除表单中的某一个字段，就不得不先把光标聚焦到某一个特定的字段，再通过键盘上的退格键删除已经输入的文字。jQuery Mobile 为我们提供了一个十分便利的方法，为文本型输入字段增加一个清除按钮，只要按一下这个清除按钮，当前的文本行

输入字段将被清零。

代码 7.9 模拟了一个登录页面中的两个基本字段：用户名和密码。

代码 7.9　通过 data-clear-btn 属性为文本型输入框加入清除按钮

```html
<!DOCTYPE html>
<html>
<head>
   <title>jQuery Mobile - textinput</title>
   <meta charset="utf-8" />
   <script src="js/jquery-1.10.1/jquery-1.10.1.min.js"></script>
   <script src="js/jquery.mobile-1.4.2/jquery.mobile-1.4.2.min.js"></script>
   <link href="js/jquery.mobile-1.4.2/jquery.mobile-1.4.2.min.css"
     rel="stylesheet" />
   <meta name="viewport" content="width=device-width,initial-scale=1.0">
</head>
<body>
   <div data-role="page">
     <div data-role="header">
        <h1>文本输入</h1>
     </div>
     <div class="ui-content" role="main">
        <form>
           <label for="username">用户名</label>
           <input type="text" name="username" id="username"
                 placeholder="请输入用户名" data-clear-btn="true"/>
           <label for="password">密码</label>
           <input type="password" name="password" id="password"
              placeholder="请输入密码" data-clear-btn="true"/>
        </form>
     </div>
   </div>
</body>
</html>
```

　　每一个字段在定义的同时被添加了属性 data-clear-btn=
"true"。正是这个属性，使 jQuery Mobile 自动为输入框加入
了清除按钮。从图 7.17 可以清楚地看到，清除按钮并不是
一个独立的按钮，而是嵌在输入框内部，附加在输入框上的
一个组成部分。并且清除按钮并不总是处于可见状态。只有
当在输入框中输入了信息以后，清除按钮才变成可见状态。
按下清除按钮，输入框中的内容被全部删除，这时清除按钮
会被立即自动隐藏，而输入框本身通过 placeholder 属性所
定义的提示文字，将重新显示在输入框中。

4. 搜索框

<input type="search">代表了一个搜索框。HTML 5 注重

图 7.17　文本类型输入框中
的清除按钮

标签和属性的含义，即使 type="search"清楚地表明输入框的含义和用途，但是浏览器在表现搜索框时却并没有明确统一的样式。jQuery Mobile 为输入框统一配置了"搜索"图标，使搜索框的目的通过外观定制一目了然。

仔细观察代码 7.10，这段代码与普通 HTML 5 网页没有什么不同(效果见图 7.18)。

代码 7.10　使用搜索框

```
<!DOCTYPE html>
<html>
<head>
    <title>jQuery Mobile - textinput</title>
    <meta charset="utf-8" />
    <script src="js/jquery-1.10.1/jquery-1.10.1.min.js"></script>
    <script src="js/jquery.mobile-1.4.2/jquery.mobile-1.4.2.min.js"></script>
    <link href="js/jquery.mobile-1.4.2/jquery.mobile-1.4.2.min.css"
      rel="stylesheet" />
    <meta name="viewport" content="width=device-width,initial-scale=1.0">
</head>
<body>
    <div data-role="page">
        <div data-role="header">
            <h1>文本输入</h1>
        </div>
        <div class="ui-content" role="main">
            <form>
                <label for="mySearch">查询</label>
                <input type="search" name="mySearch" id="mySearch"
                  placeholder="查询条件..." data-clear-btn="true" />
            </form>
        </div>
    </div>
</body>
</html>
```

图 7.18　搜索框的默认状态(左)和文字输入状态(右)

从网页本身的内容来说，确实如此。这段代码能够达到图 7.18 中的显示效果，完全是因为 jQuery Mobile 对 type="search"进行了样式增强，其中包括为搜索框增加了搜索图标。搜索图标用于表明搜索框的性质，不论搜索框中是否已经输入了文字，搜索图标总是显示在搜索框中，这一点与清除按钮的默认行为特点不同。

7.3 表格与网格

表格与网格在常见的表现形式上都是二维表。在 HTML 网页中，本身没有网格这样的概念，但是 jQuery Mobile 为网页局部区域的布局设计了这样的功能。表格和网格表现形式十分类似，其中很多个性化的差异读者需要在开发实践中逐步理解。另外，在 HTML 5 中，表格这个概念一般是指数据表格，而不是传统网页开发中常被用于网页布局的表格。我们将会看到，jQuery Mobile 为表格做了相当多的优化。这些优化的主要立足点，在于解决移动设备屏幕宽度与表格实际所需显示宽度的矛盾。

7.3.1 Reflow 表格

单纯从字面上，很难找到一个恰当的词来解释 Reflow 在这里的含义。一些人把 Reflow Table 翻译成回流表，或者崩溃表列。这些翻译的含义不是十分明确，容易对初学者造成困扰，这里就尽量回避生僻的翻译，直接使用英文术语原文。

1. Reflow 表格的特点与自适应性

Reflow 表格是一种适合于窄小显示屏的表格。这种表格在显示方式上与普通表格差别较大，或许，我们会认为这样的显示方式就算不上一个真正的表格。我们可以把传统的表格与 Reflow 表格做一个对比，这样就能够直观地理解这两种表格在显示方式上的区别了。

图 7.19 中，显示了一个普通的网页数据表格。数据表格通常以多行多列的方式显示，但是这样的多列显示方式在窄小的显示屏上会引起过多的屏幕水平滚动，而在移动设备上的水平滚屏通常是需要避免发生的，因此，传统的数据表格当列的数量达到一定程度，或者表格内容总体所需的显示宽度超出了显示屏实际宽度时，平常所见的表格显示方式就不再适合移动设备的用户界面设计要求了。

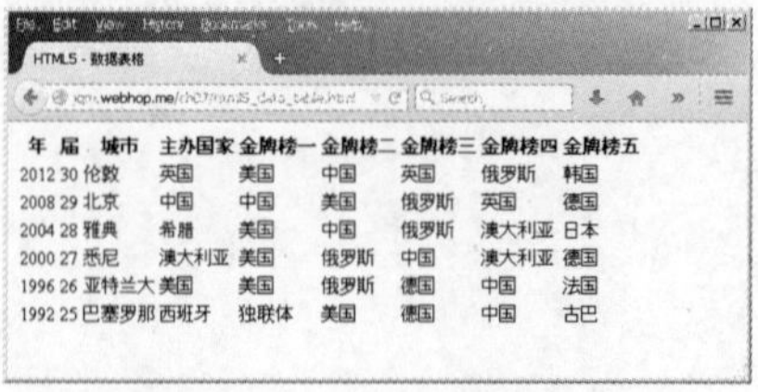

图 7.19 多列数据表格

Reflow 表格则与之不同，它把横向的多列表头以纵向堆放方式显示，并且每一行仅显示一个表头标题和一个与之相对应的值。图 7.19 中的普通数据表格如果转化为 Reflow 表格，将以如图 7.20 所示的方式显示。

图 7.20　Chrome 移动浏览器(显示屏 4.7 英寸)中的 Reflow 表格

在网页中创建一个 Reflow 表格非常容易，只需要在普通网页的<table>元素中做两点必要的改变即可：

● 添加属性 data-role="table"。

● 分别使用<thead>和<tbody>元素界定表头和表体的范围。

另外，由于在 jQuery Mobile 中，<table>元素的默认 data-mode 属性值为"reflow"，设置 data-mode 属性在 Reflow 表格编写过程中不是必需的。

图 7.20 演示了原始数据表格中的一行根据表头标题的顺序被分为由若干行组成的一块。

原始数据表格中的每一行都能对应到 Reflow 表格中相应的数据块，周而复始。这样的显示方式对于窄屏设备能够避免屏幕水平滚动，但对于像平板电脑中这样的宽屏设备来说，则可能显示为图 7.21 那样，造成屏幕利用率低下，那样 Reflow 表格看起来就不是一个很好的选择。

图 7.21　Chrome 移动浏览器(显示屏 10.1 英寸)中的 Reflow 表格

　　为了很好地协调 Reflow 表格在不同宽度设备上的表现，jQuery Mobile 提供了基本的自适应能力，即在<table>元素中使用 CSS 类 ui-responsive，把预定义的表格断点(580px)应用到 Reflow 表格中。jQuery Mobile 通过媒体查询的方式，根据浏览器的当前宽度以及预定义或者自定义的断点来决定采取多列还是堆放的显示方式。

　　代码 7.11 是一个完整的 Reflow 表格。这个表格包括了 Reflow 表格必须具备的 data-role="table"属性，通过<thead>和<tbody>元素界定表头和表体，并且由 class="ui-responsive"使表格具有一定的自适应能力。

代码 7.11　具有自适应能力的 Reflow 表格

```
<!DOCTYPE html>
<html>
<head>
    <title>jQuery Mobile - Reflow 表格</title>
    <meta charset="utf-8" />
    <script src="js/jquery-1.10.1/jquery-1.10.1.min.js"></script>
    <script src="js/jquery.mobile-1.4.2/jquery.mobile-1.4.2.min.js"></script>
    <link href="js/jquery.mobile-1.4.2/jquery.mobile-1.4.2.min.css"
      rel="stylesheet" />
    <meta name="viewport" content="width=device-width,initial-scale=1.0">
</head>
<body>
    <div data-role="page">
        <div data-role="header">
            <h1>Reflow 表格</h1>
        </div>
        <div class="ui-content" role="main">
            <table data-role="table" class="ui-responsive">
                <thead>
                    <tr>
                        <th>年</th><th>届</th><th>城市</th>
                        <th>主办国家</th><th>金牌榜一</th>
                        <th>金牌榜二</th><th>金牌榜三</th>
                        <th>金牌榜四</th><th>金牌榜五</th>
                    </tr>
                </thead>
                <tbody>
                    <tr>
                        <td>2012</td><td>30</td><td>伦敦</td>
                        <td>英国</td><td>美国</td><td>中国</td>
                        <td>英国</td><td>俄罗斯</td><td>韩国</td>
                    </tr>
                    <tr>
                        <td>2008</td><td>29</td><td>北京</td>
                        <td>中国</td><td>中国</td><td>美国</td>
                        <td>俄罗斯</td><td>英国</td><td>德国</td>
                    </tr>
                    <tr>
```

```
            <td>2004</td><td>28</td><td>雅典</td>
            <td>希腊</td><td>美国</td><td>中国</td>
            <td>俄罗斯</td><td>澳大利亚</td><td>日本</td>
        </tr>
        <tr>
            <td>2000</td><td>27</td><td>悉尼</td>
            <td>澳大利亚</td><td>美国</td><td>俄罗斯</td>
            <td>中国</td><td>澳大利亚</td><td>德国</td>
        </tr>
        <tr>
            <td>1996</td><td>26</td><td>亚特兰大</td>
            <td>美国</td><td>美国</td><td>俄罗斯</td>
            <td>德国</td><td>中国</td><td>法国</td>
        </tr>
        <tr>
            <td>1992</td><td>25</td><td>巴塞罗那</td>
            <td>西班牙</td><td>独联体</td><td>美国</td>
            <td>德国</td><td>中国</td><td>古巴</td>
        </tr>
    </tbody>
    </table>
    </div>
    </div>
</body>
</html>
```

运行结果如图 7.22 所示。

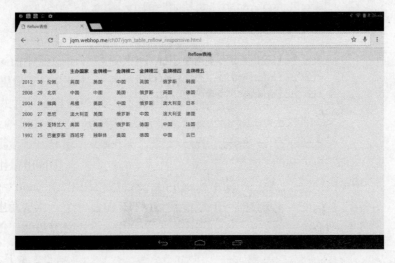

图 7.22　Chrome 移动浏览器(显示屏 10.1 英寸)中具有自适应能力的 Reflow 表格

2. 表头分组

Reflow 表格在外观上的定制有别于单纯的显示样式定制，其中一个特色是对表头的分组。在实际应用中，表头分组是一种十分常见，而且非常实用的表格表现方式。

代码 7.12 是在代码 7.11 的基础上对表头部分进行分组。从两段代码的对比可以看出，主要的区别在于表头组合需要通过<tr>元素单独在表头中建立新的一行，并且通过 colspan 属性指定一个组合列会跨越的实际表列的数目。colspan 是标准的 HTML 属性，在 jQuery Mobile 中沿用了 HTML 中的原有含义。按照表格在 jQuery Mobile 中的编写惯例，表头部分必须由<thead>指定范围，而且表头中的一个单元必须是由<th>元素定义，而不能使用<td>元素。经过修改的表格必须保持表头中总的表列数目与标题中的列的数目一致。

代码 7.12　Reflow 表格表头分组

```
<!DOCTYPE html>
<html>
<head>
    <title>jQuery Mobile - Reflow表格</title>
    <meta charset="utf-8" />
    <script src="js/jquery-1.10.1/jquery-1.10.1.min.js"></script>
    <script src="js/jquery.mobile-1.4.2/jquery.mobile-1.4.2.min.js"></script>
    <link href="js/jquery.mobile-1.4.2/jquery.mobile-1.4.2.min.css"
      rel="stylesheet" />
    <meta name="viewport" content="width=device-width,initial-scale=1.0">
</head>
<body>
    <div data-role="page">
        <div data-role="header">
            <h1>Reflow表格</h1>
        </div>
        <div class="ui-content" role="main">
            <table data-role="table" class="ui-responsive">
                <thead>
                    <tr>
                        <th colspan="2">奥运会</th>
                        <th colspan="2">主办地点</th>
                        <th colspan="5">金牌榜</th>
                    </tr>
                    <tr>
                        <th>年</th><th>届</th>
                        <th>城市</th><th>国家</th>
                        <th>第一</th><th>第二</th><th>第三</th>
                        <th>第四</th><th>第五</th>
                    </tr>
                </thead>
                <tbody>
                    <tr>
                        <td>2012</td><td>30</td><td>伦敦</td>
                        <td>英国</td><td>美国</td><td>中国</td>
                        <td>英国</td><td>俄罗斯</td><td>韩国</td>
                    </tr>
                    <tr>
                        <td>2008</td><td>29</td><td>北京</td>
```

```
                                <td>中国</td><td>中国</td><td>美国</td>
                                <td>俄罗斯</td><td>英国</td><td>德国</td>
                        </tr>
                        <tr>
                                <td>2004</td><td>28</td><td>雅典</td>
                                <td>希腊</td><td>美国</td><td>中国</td>
                                <td>俄罗斯</td><td>澳大利亚</td><td>日本</td>
                        </tr>
                        <tr>
                                <td>2000</td><td>27</td><td>悉尼</td>
                                <td>澳大利亚</td><td>美国</td><td>俄罗斯</td>
                                <td>中国</td><td>澳大利亚</td><td>德国</td>
                        </tr>
                        <tr>
                                <td>1996</td><td>26</td><td>亚特兰大</td>
                                <td>美国</td><td>美国</td><td>俄罗斯</td>
                                <td>德国</td><td>中国</td><td>法国</td>
                        </tr>
                        <tr>
                                <td>1992</td><td>25</td><td>巴塞罗那</td>
                                <td>西班牙</td><td>独联体</td><td>美国</td>
                                <td>德国</td><td>中国</td><td>古巴</td>
                        </tr>
                </tbody>
            </table>
        </div>
    </div>
</body>
</html>
```

修改以后的 Reflow 表格在宽屏和窄屏设备上的显示效果如图 7.23 所示。

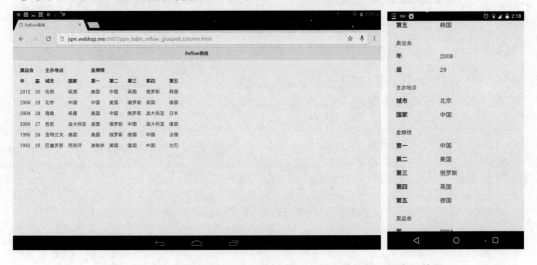

图 7.23　表头组合分别在 10.1 英寸和 4.7 英寸显示屏上的实际效果

7.3.2　可选表列的表格

可选表列(Column Toggle)的表格提供了另外一种适用了窄屏设备的表格显示方案。从名称上就很直观地反映出这种表格中的表列可能并不同时显示出来，而是提供了由用户来决定哪些表列需要显示的能力。

1. 表列优先级与自适应性

可选表列的表格在网页外观上一个显著的特点就是这种表格带有如图 7.24 中所示的表列选择按钮。按下表列选择按钮，屏幕将出现一个表列选择菜单。用户可以根据移动设备的屏幕宽度和实际业务需求，在表列中做出选择。用户的选择会立即反映在表格中。

图 7.24　表列选择按钮和选择菜单

代码 7.13 是图 7.24 的原始网页文件。分析这段代码，尤其是把重点放在表格的定义方法、表头中优先级的设置方法等，能够帮助我们轻松地发现表列的定制方法。

代码 7.13　可选表列的表格

```
<!DOCTYPE html>
<html>
<head>
    <title>jQuery Mobile - Column Toggle 表格</title>
    <meta charset="utf-8" />
    <script src="js/jquery-1.10.1/jquery-1.10.1.min.js"></script>
    <script src="js/jquery.mobile-1.4.2/jquery.mobile-1.4.2.min.js"></script>
    <link href="js/jquery.mobile-1.4.2/jquery.mobile-1.4.2.min.css"
     rel="stylesheet" />
    <meta name="viewport" content="width=device-width,initial-scale=1.0">
</head>
```

```
<body>
    <div data-role="page">
        <div data-role="header">
            <h1>可选表列的表格</h1>
        </div>
        <div class="ui-content" role="main">
            <table data-role="table" data-mode="columntoggle"
              id="olympic" class="ui-responsive">
                <thead>
                    <tr>
                        <th>年</th>
                        <th data-priority="2">届</th>
                        <th data-priority="1">城市</th>
                        <th data-priority="3">主办国家</th>
                        <th data-priority="1">金牌榜一</th>
                        <th data-priority="2">金牌榜二</th>
                        <th data-priority="2">金牌榜三</th>
                        <th data-priority="3">金牌榜四</th>
                        <th data-priority="3">金牌榜五</th>
                    </tr>
                </thead>
                <tbody>
                    <tr>
                        <td>2012</td><td>30</td><td>伦敦</td>
                        <td>英国</td><td>美国</td><td>中国</td>
                        <td>英国</td><td>俄罗斯</td><td>韩国</td>
                    </tr>
                    <tr>
                        <td>2008</td><td>29</td><td>北京</td>
                        <td>中国</td><td>中国</td><td>美国</td>
                        <td>俄罗斯</td><td>英国</td><td>德国</td>
                    </tr>
                    <tr>
                        <td>2004</td><td>28</td><td>雅典</td>
                        <td>希腊</td><td>美国</td><td>中国</td>
                        <td>俄罗斯</td><td>澳大利亚</td><td>日本</td>
                    </tr>
                    <tr>
                        <td>2000</td><td>27</td><td>悉尼</td>
                        <td>澳大利亚</td><td>美国</td><td>俄罗斯</td>
                        <td>中国</td><td>澳大利亚</td><td>德国</td>
                    </tr>
                    <tr>
                        <td>1996</td><td>26</td><td>亚特兰大</td>
                        <td>美国</td><td>美国</td><td>俄罗斯</td>
                        <td>德国</td><td>中国</td><td>法国</td>
                    </tr>
                    <tr>
                        <td>1992</td><td>25</td><td>巴塞罗那</td>
```

```
              <td>西班牙</td><td>独联体</td><td>美国</td>
              <td>德国</td><td>中国</td><td>古巴</td>
           </tr>
        </tbody>
     </table>
   </div>
 </div>
</body>
</html>
```

与 Reflow 表格相比，可选表列的表格在代码编写方面有以下几个特点：

- <table>元素中的 data-role 属性值必须是"table"，并且，必须指定 data-mode 属性的值为"columntoggle"。
- 必须为<table>元素指定一个 id 值。
- 表格的表头部分定义在<thead>元素中，并且表头单元格必须通过<th>元素定义，不可以使用<td>元素。这一点与 Reflow 表格的编程方法相同。
- 在定义表头单元格的<th>元素中，可以通过 data-priority 属性定义优先级。jQuery Mobile 支持 6 个不同的优先级，分别由数字"1"到"6"来代表，数字"1"代表最高优先级，数字"6"代表最低优先级。凡是具有优先级定义的表列将出现在表列选择菜单中。如果表格中某一列的表头没有定义 data-priority 属性，相应的表列将出现在表格中，不会被隐藏，而且表列选择菜单也不会含有相应的表列供用户选择。
- 表列选择按钮和表列选择菜单是由系统自动创建的，不需要在网页代码中定义。

如果仅仅按照以上描述的代码编写规则，我们可能会得到一个如图 7.25 所示的只包含一列的表格。

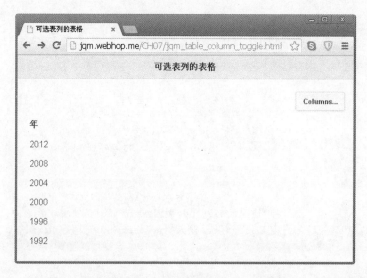

图 7.25　在不具有自适应能力的可选表列表格中，被赋予优先级的表列被自动隐藏

当表头单元格<th>中缺省 data-priority 属性时，该表列将必定显示在表格中，比如，<th>年</th>就明确定义了 "年" 这一列始终显示在表格中，而其他列则分别被赋予了 data-priority 属性，将出现在表列选择菜单中，在用户选择该列之前不会自动显示。显然，这样的显示逻辑

非常笨拙。当在<table>元素加入 CSS 类"ui-responsive"，使表格具备了一定的自适应能力以后，用户界面就会大为改观。

应注意代码 7.13 中表头单元格优先级的定义。代码中除了"年"这一列始终显示以外，其他的各列中一共使用了 3 个优先级。其中"城市"和"金牌榜一"两列被赋予了最高优先级"1"，"届"和"金牌榜二"、"金牌榜三"三列被赋予了优先级"2"，"主办国家"和"金牌榜四"、"金牌榜五"三列被赋予了较低的优先级"3"。把这段代码显示在 Chrome 桌面浏览器中，从宽屏到窄屏逐步缩小浏览器窗口，就能依次得到图 7.26 中的三个页面。从这个实验过程可以看到，jQuery Mobile 中具备自适应能力的可选表列的表格能够随时按照浏览器窗口的宽度，自动根据表头中的表列优先级，达到自动显示/隐藏各表列的目的。

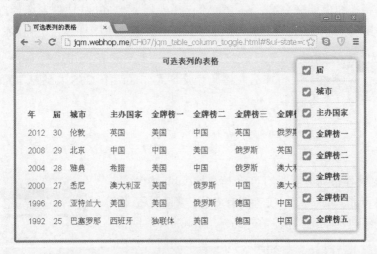

图 7.26　随着浏览器窗口大小的改变，表格中的可选列以及表列选择菜单都跟着自动发生了变化

2. 定制表列选择按钮

读者稍加留意，就会发现表列选择按钮上的文字是"Columns…"。固定的英文按钮文字会给使用中文的用户带来不便，并且也不利于网站的国际化与本地化，为此，我们需要改变按钮上的命令文字。

定制表列选择按钮只需要对<table>元素稍加修改即可。下面的表格定义是在代码 7.13 的<table>元素中加入了两个属性：

```
<table data-role="table" data-mode="columntoggle" id="olympic"
  data-column-btn-text="选择表列..." data-column-btn-theme="b"
  class="ui-responsive" >
  ...
<table>
```

其中的 data-column-btn-text 属性用于定义表列按钮上的文字，而 data-column-btn-theme 属性用于定义表列选择按钮的样式主题，属性值可以是任何一个有效的主题样本(swatch)。这两个属性使表列选择按钮上的命令文字更改为"选择表列..."，并且使列表选择按钮的样式风格选用主题样本"b"。在 jQuery Mobile 默认的主题样式中，主题样本"b"代表了深色主题。

📰 说明：　jQuery Mobile 1.4.x 目前仍然支持 CSS 类。table-stroke 和 table-stripe 用于设置 Reflow 表格和表列可选表格的背景样式。这两个 CSS 类将从 jQuery Mobile 1.5 中删除，本书将不做介绍。

7.3.3　网格

网格(grid)在内容布局方面具有许多与表格(table)相近的特性。一个网格可能只有一行，或者拥有多行，都可以看作是一个由行和列组成的二维结构。在 jQuery Mobile 中，网格在网页显示上又有其特殊性。在这里，一个基本的网格是一个占据 100%屏幕宽度，不拥有边框，并且边距(margin 和 padding)为零的 UI 组件。图 7.27 中就是这样一个拥有一行两列的网格。由于网格在窄屏设备上的自适应能力和灵活性有限，在移动网站的设计阶段应该对采用网格与否采取比较谨慎的态度。

图 7.27　一个基本的两列网格

1．网格的基本构成

在 jQuery Mobile 网页中定义一个网格，只需要使用 CSS 类声明网格中列的数目，然后声明网格中的成员即可。

声明网格中列的数目通过 CSS 类名前缀"ui-grid-"实现。jQuery Mobile 支持一个网格最多拥有 5 列。当一个网格只拥有一列时，这个唯一的单元格被称为 solo(独唱、独奏之意)。这时的网格需要用 CSS 类"ui-grid-solo"来修饰。当一个网格拥有 2 列到 5 列时，分别用字母 a~d 来代表，附加到 CSS 类名前缀"ui-grid-"的后面。因此，网格中列的计数方法比较特殊，字母 a 表示两列结构，而不是一列，这一点需要特别留意。

网格中的每一个单元格通过 CSS 类名前缀"ui-block-"表示所处的位置。处于一行中第一个位置的单元格使用位置序号 a，第二个单元格使用位置序号 b，以此类推。由于网格的一行最多只能够容纳 5 个单元格，单元格的序号只能是从 a 到 e。

代码 7.14 演示了用于产生图 7.27 中两列网格的网页的编写方法。

在这段代码中，<div class="ui-grid-a">声明了一个拥有两列结构的网格，<div class="ui-block-a">和<div class="ui-block-b">分别声明了网格一行中的两个单元格。

代码 7.14　两列结构的网格

```
<!DOCTYPE html>
<html>
<head>
    <title>jQuery Mobile - 网格（grid）</title>
    <meta charset="utf-8" />
    <script src="js/jquery-1.10.1/jquery-1.10.1.min.js"></script>
    <script src="js/jquery.mobile-1.4.2/jquery.mobile-1.4.2.min.js">
    </script>
    <link href="js/jquery.mobile-1.4.2/jquery.mobile-1.4.2.min.css"
      rel="stylesheet" />
    <meta name="viewport" content="width=device-width,initial-scale=1.0">
</head>
<body>
    <div data-role="page">
        <div data-role="header">
            <h1>网格</h1>
        </div>
        <div class="ui-content" role="main">
            <div class="ui-grid-a">
                <div class="ui-block-a">第一列</div>
                <div class="ui-block-b">第二列</div>
            </div>
        </div>
    </div>
</body>
</html>
```

2. 网格的布局特点

网格单元格的布局遵循宽度等分的原则。图 7.28 演示了 5 个彼此独立的网格，分别拥有 1 列到 5 列。每一个单元格都在所处的行中与其他单元格平分浏览器的有效宽度。

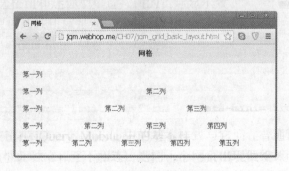

图 7.28　网格的基本布局

图 7.27 和 7.28 演示的是单行多列的网格。当一个网格包含多行时，网格并没有像<table>表格那样的<tr>元素用于定义网格中的一行，而是通过用于声明单元格位置的 CSS 类在网格代码中的重复使单元格分行显示。

代码 7.15 演示了一个包含 3 行 4 列的网格。在这个网格中，通过对第一行单元格的不断重复，达到多行显示的目的。

代码 7.15 多行网格

```html
<!DOCTYPE html>

<html>
<head>
    <title>jQuery Mobile - 网格（grid）</title>
    <meta charset="utf-8" />
    <script src="js/jquery-1.10.1/jquery-1.10.1.min.js"></script>
    <script src="js/jquery.mobile-1.4.2/jquery.mobile-1.4.2.min.js"></script>
    <link href="js/jquery.mobile-1.4.2/jquery.mobile-1.4.2.min.css"
     rel="stylesheet" />
    <meta name="viewport" content="width=device-width,initial-scale=1.0">
</head>

<body>
    <div data-role="page">
        <div data-role="header">
            <h1>网格</h1>
        </div>
        <div class="ui-content" role="main">
            <div class="ui-grid-c">
                <div class="ui-block-a">第一列</div>
                <div class="ui-block-b">第二列</div>
                <div class="ui-block-c">第三列</div>
                <div class="ui-block-d">第四列</div>
                <div class="ui-block-a">第一列</div>
                <div class="ui-block-b">第二列</div>
                <div class="ui-block-c">第三列</div>
                <div class="ui-block-d">第四列</div>
                <div class="ui-block-a">第一列</div>
                <div class="ui-block-b">第二列</div>
                <div class="ui-block-c">第三列</div>
                <div class="ui-block-d">第四列</div>
            </div>
        </div>
    </div>
</body>
</html>
```

显示效果如图 7.29 所示。

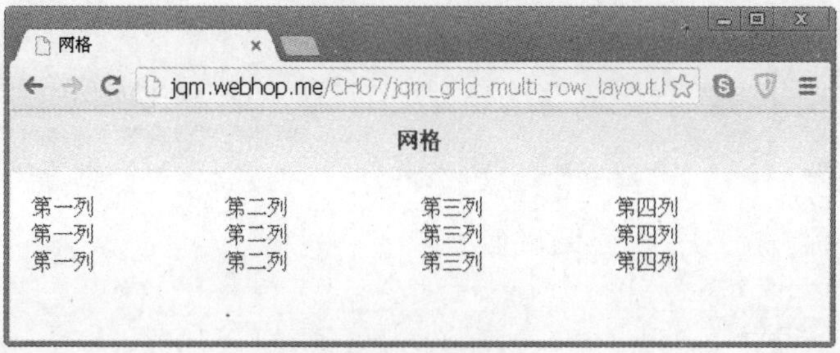

图 7.29　多行网格

3. 单元格内容与样式定制

图 7.29 中的网格体现了一个最基本的网格结构。一个基本的网格结构按照网格的行列布局,把单元格中的内容按照默认方式显示出来。由于网格本身不会对单元格的背景、边框等赋予特殊的样式,我们所看到就只会是白底黑字,文字左对齐等默认的常规样式。我们也可以把单元格中的内容包含到另一层容器中,这样,就很容易地为新增加的容器赋予样式,从而实现对单元格的样式定制。代码 7.16 就是采用这种方案的一个简单演示。

代码 7.16　网格单元格样式定制

```
<!DOCTYPE html>
<html>
<head>
  <title>jQuery Mobile - 网格(grid)</title>
  <meta charset="utf-8" />
  <script src="js/jquery-1.10.1/jquery-1.10.1.min.js"></script>
  <script src="js/jquery.mobile-1.4.2/jquery.mobile-1.4.2.min.js"></script>
  <link href="js/jquery.mobile-1.4.2/jquery.mobile-1.4.2.min.css"
    rel="stylesheet" />
  <meta name="viewport" content="width=device-width,initial-scale=1.0">
  <style>
    div[class^="ui-block-"] > div {
      height:              40px;
      background-color:    #ccffff;
      border-style:        dotted;
      border-width:        1px;
      text-align:          center;
    }
  </style>
</head>
<body>
  <div data-role="page">
    <div data-role="header">
      <h1>网格</h1>
    </div>
    <div class="ui-content" role="main">
      <div class="ui-grid-b">
        <div class="ui-block-a">
```

```
                    <div>第一列</div>
                </div>
                <div class="ui-block-b">
                    <div>第二列</div>
                </div>
                <div class="ui-block-c">
                    <div>第三列</div>
                </div>
                <div class="ui-block-a">
                    <div>第一列</div>
                </div>
                <div class="ui-block-b">
                    <div>第二列</div>
                </div>
                <div class="ui-block-c">
                    <div>第三列</div>
                </div>
                <div class="ui-block-a">
                    <div>第一列</div>
                </div>
                <div class="ui-block-b">
                    <div>第二列</div>
                </div>
                <div class="ui-block-c">
                    <div>第三列</div>
                </div>
            </div>
        </div>
    </div>
</body>
</html>
```

在代码 7.16 中，每一个单元格的内容都被加入到一个<div>元素中，这个<div>元素形成了单元格内容的新的容器。通过 CSS 选择器 div[class^="ui-block-"] > div，把样式赋予所有单元格的直接子元素<div>，达到重新定义单元格中的背景颜色、单元格高度、文字对齐方式，以及边框样式的目的。显示效果如图 7.30 所示。

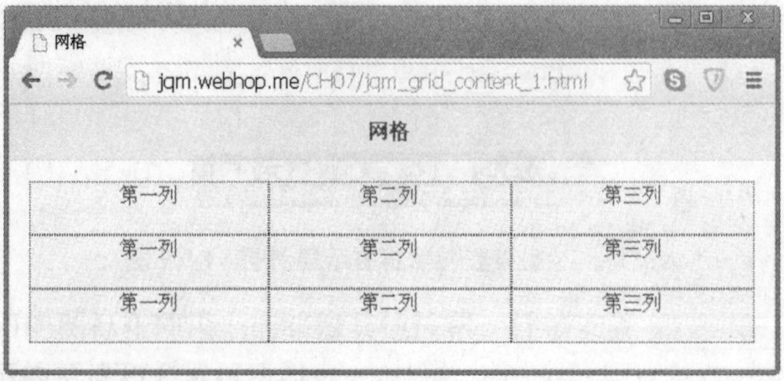

图 7.30　单元格样式定制以后的网格

网格的单元格中除了文字以外，还可以放置普通按钮、单选/多选按钮、下拉菜单等多种 UI 组件。网格为这些 UI 组件在屏幕上的局部范围内的布局提供了一定的便利条件。

以按钮为例，代码 7.17 演示了如何在一个单行网格的 3 个单元格中分别放置一个带有图标的按钮。

代码 7.17　利用单元格定义按钮

```html
<!DOCTYPE html>

<html>
<head>
    <title>jQuery Mobile - 网格（grid）</title>
    <meta charset="utf-8" />
    <script src="js/jquery-1.10.1/jquery-1.10.1.min.js"></script>
    <script src="js/jquery.mobile-1.4.2/jquery.mobile-1.4.2.min.js"></script>
    <link href="js/jquery.mobile-1.4.2/jquery.mobile-1.4.2.min.css"
      rel="stylesheet" />
    <meta name="viewport" content="width=device-width,initial-scale=1.0">
</head>

<body>
    <div data-role="page">
        <div data-role="header">
            <h1>网格</h1>
        </div>
        <div class="ui-content" role="main">
            <div class="ui-grid-b">
                <div class="ui-block-a">
                    <a href="#" data-role="button" data-icon="home">
                        主页
                    </a>
                </div>
                <div class="ui-block-b">
                    <a href="#" data-role="button" data-icon="phone">
                        联系
                    </a>
                </div>
                <div class="ui-block-c">
                    <a href="#" data-role="button" data-icon="search">
                        查询
                    </a>
                </div>
            </div>
        </div>
    </div>
</body>
</html>
```

图 7.31 是这 3 个按钮在 4.7 英寸显示屏上的实际显示效果。

　　如果在小屏幕移动设备上演示代码7.17，有可能出现屏幕宽度不够的问题，图7.32是相同的代码在4英寸移动设备模拟器上的显示效果，从图中可以看到，由于屏幕宽度不够，按钮上的命令文字不能正确显示。

　　与表格一样，jQuery Mobile 的网格也同样可以被添加自适应的特性。只需要在定义网格的同时，添加 CSS 类 ui-responsive 即可。具有自适应能力的网格当显示屏宽度不够时，会以如图7.33 所示的堆放的方式显示。

图7.31　通过单元格定位的按钮

图7.32　单元格中的内容超出屏幕宽度时的显示问题

图7.33　具有自适应能力的网格自动采用的堆放显示方式

7.4　本章习题

编程题

　　(1)　编写一个拥有如图7.34所示的页头的 jQuery Mobile 网页。注意：①按钮所在位置；②按钮的样式特征，包括图标的背景、边角，无文字等。

　　(提示：借用经典样式的主题"b"以达到更好的视觉效果)

图7.34　题(1)图

　　(2)　设计一个表格。当浏览器窗口处于不同的宽度时，表格中将出现不同的列，如图7-35所示。表列选择菜单在默认情况下处于隐藏状态，只有当用户点击列表选择按钮后，菜单才会显示。

中国电影金鸡奖

年	届	最佳故事片	最佳导演	最佳男主角	最佳女主角
1981	1	《巴山夜雨》《天云山传奇》	谢晋	--	张瑜
1982	2	《邻居》	成荫	张雁	李秀明
1983	3	《人到中年》《骆驼祥子》	吴贻弓	--	潘虹、斯琴高娃
1984	4	《乡音》	汤晓丹	董行佶、杨在葆	龚雪
1985	5	《红衣少女》	凌子风	吕晓禾	李羚

选择列表：
- ☑ 届
- ☑ 最佳故事片
- ☑ 最佳导演
- ☑ 最佳男主角
- ☑ 最佳女主角

中国电影金鸡奖

选择表列…

年	最佳故事片	最佳导演
1981	《巴山夜雨》《天云山传奇》	谢晋
1982	《邻居》	成荫
1983	《人到中年》《骆驼祥子》	吴贻弓
1984	《乡音》	汤晓丹
1985	《红衣少女》	凌子风

中国电影金鸡奖

选择表列…

年	最佳故事片
1981	《巴山夜雨》《天云山传奇》
1982	《邻居》
1983	《人到中年》《骆驼祥子》
1984	《乡音》
1985	《红衣少女》

图 7-35 题(2)图

第 8 章
jQuery Mobile 的 UI 组件(续)

本章导读:

本章将介绍 jQuery Mobile 中功能较为复杂的 UI 组件,这些 UI 组件在通常的网站开发中需要通过非常复杂的 JavaScript 和 CSS 编程,才能达到类似的效果。

jQuery Mobile 的 UI 组件框架已经为网站开发人员准备了相当丰富的 UI 组件,使用这些组件,开发一个不但美观,而且具有增强的客户端互动能力的移动网站就变得比较容易了。

本章的内容是 jQuery Mobile 网站开发中,增加网页动态效果、增强用户体验的一个重要的步骤,也是 jQuery Mobile 吸引大量网页开发人员的一个主要亮点。

通过本章学习,读者将能够直接使用 jQuery Mobile 中的大量 UI 组件,来完成通常需要相当高超的 HTML 和 JavaScript 技巧,而且十分繁琐的网页开发任务。

8.1 滑 动 条

滑动条，从作用上来说，是数字输入的一个替代方案。滑动条通过用户对滑块拖动的方式，输入相应的值。在实际应用中，常见于音量或者亮度的调节、温度的控制等。jQuery Mobile 提供了两类滑动条：基本滑动条和范围滑动条，两者在编程上十分相似，而且定制的方法，以及附加的功能也十分相似。

8.1.1 基本滑动条

1. 滑动条与输入值

滑动条是输入数字值的一个方法。数字值需要指定一个有效的取值范围，HTML 5 中 <input>元素的 range(范围)类型正符合这样的需要。jQuery Mobile 对 HTML 5 中<input>元素的 range 类型的网页表现样式做了非常大的改变，使它在网页上具备了滑动条的样式要求。

下面从代码 8.1 更直观地观察一个滑动条的构建方法和在网页上的作用。

代码 8.1 一个简单的滑动条

```html
<!DOCTYPE html>
<html>
<head>
    <title>jQuery Mobile - UI - Slider</title>
    <meta charset="utf-8" />
    <script src="js/jquery-1.10.1/jquery-1.10.1.min.js"></script>
    <script src="js/jquery.mobile-1.4.2/jquery.mobile-1.4.2.min.js"></script>
    <link href="js/jquery.mobile-1.4.2/jquery.mobile-1.4.2.min.css"
     rel="stylesheet" />
    <meta name="viewport" content="width=device-width,initial-scale=1.0">
</head>
<body>
    <div data-role="page" data-theme="a">
        <div data-role="header">
            <h1>滑动条</h1>
        </div>
        <div class="ui-content" role="main">
            <form target="#">
                <label for="month">月份</label>
                <input type="range" name="month" id="month"
                 value="3" min="1" max="12">
            </form>
        </div>
    </div>
</body>
</html>
```

代码 8.1 体现了一个最简单的 jQuery Mobile 滑动条所必需的基本要素。一个滑动条由 HTML 5 中的 range 类型的<input>元素自动产生。滑动条的有效值范围由<input>元素的 min(最小值)属性和 max(最大值)属性确定。这两个属性都是在 HTML 5 中新增加的属性。<input>元素的 value 属性，代表了滑动条的当前值。由于我们已经在代码中把 value 属性值设为 3，当网页在浏览器中显示时，滑块被设置在与滑动条的当前状态 3 相对应的位置上。

图 8.1 中的两个画面演示了一个简单的滑动条在浏览器中的初始状态。其中左面一幅画面来自 Opera 模拟器，右面一幅画面来自 Android 版 Firefox 浏览器。从两幅画面的对比中可以看到，UI 组件在不同的浏览器中的显示样式略有不同。

滑动条所代表的数值能够通过滑块改变，如图 8.2 所示，注意图中的滑块正处于操作状态。另外，需要注意的是，滑动条前面的输入框是滑动条 UI 组件的一部分，用户同样可以直接修改滑动条前面的输入框中的数值。当用户改变了输入框中的数值以后，滑块会自动移动到滑动条中与当前值相对应的位置。

图 8.1　滑动条的默认状态　　　　　　　　图 8.2　通过滑块改变输入值

2. 递增量

用户拖动图 8.2 中的滑块时，输入框中的数字会逐渐增加或减少，递增或递减的幅度是 1。1 是 jQuery Mobile 滑动条的默认递增量。但是，实际情况下，递增量并不总是 1。例如，世纪是以 100(年)为一个递增单位，年代是以 10(年)为一个递增单位，而调频广播的频率是以 200 (kHz)或者 0.2(MHz)为单位的。为了适应这些实际需求，我们还应该为滑动条设置递增量，以替换原始的默认值。

修改递增量的方法很简单，只要在滑动条所在的<input>元素中指定 step 属性即可。属性 step 的值可以是整数，也可以是小数。代码 8.2 在代码 8.1 的基础上稍加修改，就能非常快捷地满足实际应用的需要。

代码 8.2　自定义递增量的滑动条

```
<!DOCTYPE html>
<html>
```

```
<head>
    <title>jQuery Mobile - UI - Slider</title>
    <meta charset="utf-8" />
    <script src="js/jquery-1.10.1/jquery-1.10.1.min.js"></script>
    <script src="js/jquery.mobile-1.4.2/jquery.mobile-1.4.2.min.js"></script>
    <link href="js/jquery.mobile-1.4.2/jquery.mobile-1.4.2.min.css"
      rel="stylesheet" />
    <meta name="viewport" content="width=device-width,initial-scale=1.0">
</head>

<body>
    <div data-role="page" data-theme="a">
        <div data-role="header">
            <h1>滑动条</h1>
        </div>
        <div class="ui-content" role="main">
            <form target="#">
                <label for="years">年代</label>
                <input type="range" name="years" id="years"
                  value="2010" min="1940" max="2050" step="10">
            </form>
        </div>
    </div>
</body>
</html>
```

为滑动条增加 step 属性以后，滑动条上的数值变化的最小单位就会被新的递增量所取代。滑动条的显示效果，在静态画面上没有变化，但是在动态效果上，由于递增量的改变，滑块每移动一步的距离也会随之改变。这一变化带来一个问题需要在网页设计上加以考虑，如果递增量对于有效数值范围过大，滑块就会移动很快，网页动画效果就会变得不平滑，而当递增量相对于有效数值范围过小，滑块移动变得很慢，滑块对于拖动的反应动作就会明显延迟，造成网页表现迟钝。

3. 样式定制

jQuery Mobile 提供了使用特定属性或者 CSS 类定制滑动条 UI 组件的方法。下面介绍几种最常见的样式定制。

(1) 迷你型滑动条

迷你(紧凑)型滑动条与迷你按钮一样，通过 data-mini="true"实现。在网页代码中，只要对滑动条所在的<input>元素添加 data-mini="true"即可。比如下面的代码片段，能够得到如图 8.3 所示的迷你型滑动条：

```
<label for="month">月份</label>
<input type="range" name="month" id="month"
    value="3" min="1" max="12" data-mini="true">
```

迷你型滑动条比正常情况下的滑动条略为细小。

(2) 隐藏标题

滑动条中的标题文字是从<label>元素获得,即由<label>元素中的 for 属性值与一个<input>元素的 id 属性值相匹配。匹配成功以后,<label>元素中所含的文字就被赋予相应的<input>元素作为输入框的标题文字。这种标题与输入框的关联形式由 HTML 5 语法决定。但是 jQuery Mobile 提供了一个方法,可以改变这样的默认行为,即使 HTML 5 代码仍然保留相同的结构,只需添加一个由 jQuery Mobile 提供的 CSS 类,滑动条上面的标题就能够被隐藏起来。

在下面的代码片段中,<label>元素中添加了 ui-hidden-accessible 类以后,就很容易地达到隐藏标题的效果:

```
<label for="month" class="ui-hidden-accessible">月份</label>
<input type="range" name="month" id="month" value="3" min="1" max="12">
```

效果如图 8.4 所示。

图 8.3　迷你滑动条　　　　　图 8.4　标题被隐藏的滑动条

(3) 失效状态

<input>元素的 disabled 属性能够使一个表单元素处于失效状态。jQuery Mobile 中的滑动条本身就是由 HTML 中的<input>元素形成的,disabled 属性同样适用于滑动条。

由于 disabled 属性属于布尔型,在元素标签中使用 disabled="disabled",或 disabled="",或直接使用 disabled,都能起到相同的作用。

下面的代码片段演示了一个处于失效状态的滑动条:

```
<label for="month">月份</label>
<input type="range" name="month" id="month"
 value="3" min="1" max="12" disabled>
```

图 8.5　失效的滑动条

当滑动条处于失效状态时,就会与其他处于失效状态的表单元素一样,显示样式如图 8.5 所示,变得比较灰暗,并且用户无法通过用户界面对其进行任何操作。

8.1.2 区间滑动条

1. 区间滑动条的构建方法

基本滑动条能够用于输入一个限定取值范围内的数字值，区间滑动条在此基础上更进一步，能够在一个限定的范围内输入两个值，这两个值形成了全部取值范围内的一个区间。从网页代码上看，区间滑动条可以看作是两个基本滑动条的组合，第一个滑块用于输入区间的下限，第二个滑块用于输入区间的上限。

代码8.3演示了一个最简单的区间滑动条。

代码8.3 区间滑动条

```html
<!DOCTYPE html>
<html>
<head>
    <title>jQuery Mobile - UI - Range Slider</title>
    <meta charset="utf-8" />
    <script src="js/jquery-1.10.1/jquery-1.10.1.min.js"></script>
    <script src="js/jquery.mobile-1.4.2/jquery.mobile-1.4.2.min.js"></script>
    <link href="js/jquery.mobile-1.4.2/jquery.mobile-1.4.2.min.css"
      rel="stylesheet" />
    <meta name="viewport" content="width=device-width,initial-scale=1.0">
</head>
<body>
    <div data-role="page" data-theme="a">
        <div data-role="header">
            <h1>区间滑动条</h1>
        </div>
        <div class="ui-content" role="main">
            <form target="#">
                <div data-role="rangeslider">
                    <label for="min_year">年</label>
                    <input type="range" name="min_year" id="min_year"
                      value="1996" min="1980" max="2020">
                    <label for="max_year">年</label>
                    <input type="range" name="max_year" id="max_year"
                      value="2012" min="1980" max="2020">
                </div>
            </form>
        </div>
    </div>
</body>
</html>
```

运行效果如图8.6所示。

与简单滑动条的区别是，区间滑动条使用了容器<div data-role="rangeslider" >...</div>，通过设置属性 data-role 的值为"rangeslider"，使 jQuery Mobile 为这个容器赋予区间滑动条的样式和默认行为特征。区间滑动条在代码中包含了两个基本滑动条。虽然两个基本滑动条各自具有自己的<label>元素用作滑动条的标题，但是，在区间滑动条中，首选第一个基本滑动条的<label>元素被用作区间滑动条的标题。如果第一个基本滑动条的<label>缺省，则第二个基本滑动条的<label>会被用作区间滑动条的标题。

区间滑动条的滑块可以设置递增量。递增量应该设置到每一个单独的滑动条中。设置方法与基本滑动条的递增量设置方法一致。

2. 表现样式

区间滑动条和基本滑动条有很多十分相似的样式定制方法，这里介绍其中一些在使用方法上的细微不同。

(1) 迷你型滑动条

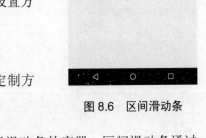

图 8.6　区间滑动条

基本滑动条和区间滑动条在代码上的一大区别在于滑动条的容器。区间滑动条通过一个<div data-role="rangeslider">...</div>容器确定滑动条的范围和内容，基本滑动条则不需要容器，直接由<input>元素的 type="range"属性确定 UI 组件的类型为滑动条。

当需要把滑动条设置为迷你型时，data-mini="true"属性将直接被赋予基本滑动条的<input>元素，而对于区间滑动条，data-mini="true"属性必须被添加到区间滑动条的容器，而不是其中包含的每一个单独的滑动条。

(2) 高亮显示

对比图 8.1 和图 8.6，可以看到区间滑动条被两个滑块限定的区间在默认情况下高亮显示，而基本滑动条并不采用高亮显示。因此，在默认情况下，"高亮"效果对于基本滑动条处于关闭状态，而对于区间滑动条则处于开启状态。从两种滑动条所表达的含义来看，这样的默认显示方式是符合我们通常对滑动条的理解方式的。

"高亮"效果可以由 data-highlight 属性值为 true 或者 false 决定。由于基本滑动条和区间滑动条在代码结构上的差异，对于基本滑动条，data-highlight 属性应当被赋予滑动条所在的<input>元素，对于区间滑动条，data-highlight 属性应当被赋予滑动条的容器。

(3) 滑轨和滑块的样式

一个滑动条由滑轨和滑块组成，jQuery Mobile 允许对滑轨和滑块分别赋予不同的主题样本(swatch)。我们曾经使用了 data-theme 属性设置一个 UI 组件的样式，data-theme 属性在滑动条中用于设置滑轨和滑块的样式，而 data-track-theme 属性是一个专门用于设置滑轨主题样本的属性。

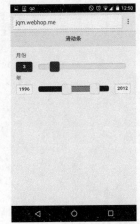

图 8.7　滑动条与样式主题

代码 8.4 同时演示了基本滑动条和区间滑动条的样式设置方法。这段代码仅使用了 jQuery Mobile 1.4 提供的默认样本 a 和 b，阅读代码 8.4 时，应当对照图 8.7，注意观察样式主题的设置对滑轨、滑块，以及数字输入框产生的影响。

同样，对于基本滑动条，用于设置样式主题的两个属性应当被赋予滑动条所在的<input>元素，对于区间滑动条，这两个属性应当被赋予滑动条的容器。

代码8.4　滑动条的样式主题设置方法

```html
<!DOCTYPE html>

<html>
<head>
    <title>jQuery Mobile - UI - Slider</title>
    <meta charset="utf-8" />
    <script src="js/jquery-1.10.1/jquery-1.10.1.min.js"></script>
    <script src="js/jquery.mobile-1.4.2/jquery.mobile-1.4.2.min.js"></script>

    <link href="js/jquery.mobile-1.4.2/jquery.mobile-1.4.2.min.css"
      rel="stylesheet" />
    <meta name="viewport" content="width=device-width,initial-scale=1.0">
</head>

<body>
    <div data-role="page" data-theme="a">
      <div data-role="header">
        <h1>滑动条</h1>
      </div>
      <div class="ui-content" role="main">
        <form target="#">
          <div>
            <label for="month">月份</label>
            <input type="range"
              name="month" id="month"
              value="3" min="1" max="12"
              data-theme="b"
              data-track-theme="a">
          </div>
          <div data-role="rangeslider"
            data-theme="a"
            data-track-theme="b">
            <label for="min_year">年</label>
            <input type="range" name="min_year" id="min_year"
              value="1996" min="1980" max="2020">
            <label for="max_year">年</label>
            <input type="range" name="max_year" id="max_year"
              value="2012" min="1980" max="2020">
          </div>
        </form>
      </div>
    </div>
</body>
</html>
```

8.2　列　表　视　图

jQuery Mobile 中的列表视图(Listview)是从 HTML 中的无序和有序列表演化而来的。图 8.8 是一个在普通网页中常见的列表表现形式。在一个普通网页中,列表通常非常简单,而在jQuery Mobile 中,列表视图无论是在 UI 组件的外观上,还是在作用上,都进行了大量的优化,使列表视图在菜单制作等方面的作用占有一定的优势。

- 2012年伦敦奥运会（英国）
- 2008年北京奥运会（中国）
- 2004年雅典奥运会（希腊）
- 2000年悉尼奥运会（澳大利亚）
- 1996年亚特兰大奥运会（美国）
- 1992年巴塞罗那奥运会（西班牙）
- 1988年汉城奥运会（韩国）
- 1984年洛杉矶奥运会（美国）

图 8.8　普通网页中的无序列表

8.2.1　无序与有序列表视图

1. 无序列表视图

在 jQuery Mobile 开发中,大量使用了 HTML 中的无序列表。一个 HTML 的无序列表就是<ul>元素以及包含在<ul>元素中的<li>元素的集合。

无序列表在网页中通常表现为图 8.8 中的样式。在 jQuery Mobile 中,把一个无序列表转换成列表视图只需要在<ul>元素中加入 data-role="listview"即可,jQuery Mobile 会根据 data-role 的定义,在页面初始化过程中对相应列表赋予列表视图的样式与默认的行为方式。

代码 8.5 演示了一个最简单的无序列表视图。

代码 8.5　无序列表视图

```
<!DOCTYPE html>
<html>
<head>
   <title>jQuery Mobile - UI - Listview</title>
   <meta charset="utf-8" />
   <script src="js/jquery-1.10.1/jquery-1.10.1.min.js"></script>
   <script src="js/jquery.mobile-1.4.2/jquery.mobile-1.4.2.min.js"></script>
   <link href="js/jquery.mobile-1.4.2/jquery.mobile-1.4.2.min.css"
     rel="stylesheet" />
   <meta name="viewport" content="width=device-width,initial-scale=1.0">
</head>
<body>
   <div data-role="page" data-theme="a">
     <div data-role="header">
        <h1>列表视图</h1>
     </div>
     <div class="ui-content" role="main">
        <ul data-role="listview">
           <li>2012 年伦敦奥运会（英国）</li>
           <li>2008 年北京奥运会（中国）</li>
           <li>2004 年雅典奥运会（希腊）</li>
```

```
                <li>2000 年悉尼奥运会（澳大利亚）</li>
                <li>1996 年亚特兰大奥运会（美国）</li>
                <li>1992 年巴塞罗那奥运会（西班牙）</li>
                <li>1988 年汉城奥运会（韩国）</li>
                <li>1984 年洛杉矶奥运会（美国）</li>
            </ul>
        </div>
    </div>
</body>
</html>
```

显示效果如图 8.9 所示。

2. 有序列表视图

HTML 中的有序列表是由<ol>元素与<ol>元素包含的一系列<li>元素的集合构成的。当把 HTML 的有序列表转化成 jQuery Mobile 的有序列表视图时，也同样只需要在<ol>元素中添加 data-role="listview"即可。jQuery Mobile 会在页面初始化过程中对相应的列表赋予列表视图的样式与默认的行为方式。

把代码 8.5 中的无序列表<ul>改写为有序列表<ol>，我们就能够得到如图 8.10 所示的有序列表视图。

图 8.9　无序列表视图　　　　　　　图 8.10　有序列表视图

在开发 HTML 网页时，有序列表<ol>还可以选用属性 type、start 和 reversed，分别代表了数字序号类型(数字、大小写字母，或者大小写罗马数字)，起始数字和倒序排列。需要注意的是，在 jQuery Mobile 的有序列表视图中，数字序号可能是由 CSS 插入，也可能是由 JavaScript 程序插入。jQuery Mobile 会根据浏览器对 CSS 的支持程度决定采用的具体方案，因此，jQuery Mobile 的有序列表视图在数字序号的实现上有别于原始的 HTML 网页，<ol>元素的 type 和 reversed 属性可能无法达到预期的目的。

3. inset 样式

图 8.9 和图 8.10 中的列表视图都采用了默认的贯穿整个页面宽度的显示方式。这样的显示方式适合于全屏菜单的设计，如果列表视图需要与其他 UI 组件共同组织页面的内容，列表视图应该两端缩进，便于与其他 UI 组件对齐，并且应该与其他 UI 组件保留一定的间隔，以利于区分不同的 UI 组件。jQuery Mobile 的 data-inset 属性就能够帮助我们实现这个目标。在编写网页代码时，只要把 data-inset="true"插入到定义列表视图的<ol>或者<ul>元素中即可。

图 8.11 是一个无序列表视图在 Android 系统中的实际显示效果。

4. 列表视图与链接

在此之前，我们见到的列表视图都是用于以静态方式单纯显示数据的目的。在实际应用中，列表视图中的每一个条目常常被绑定了一个链接，就像常见的电子邮件列表、短信列表、日程计划列表等。这样，点击列表视图中的一行，就会跳转到另外一个页面，或者触发一个 JavaScript 事件。在列表视图中加入链接只需在每一个产生列表条目的<li>元素中加入<a>元素，这样，加入了<a>元素的列表条目就被绑定了一个链接。

代码 8.6 是在一个具有 inset 样式的列表视图中为每一个条目加入一个链接。列表视图会自动获得表示链接的默认图标，效果如图 8.12 所示。

图 8.11　inset 样式的无序列表视图

图 8.12　带有链接的 inset 列表视图

代码 8.6　列表视图链接

```
<!DOCTYPE html>
<html>
<head>
    <title>jQuery Mobile - UI - Listview</title>
    <meta charset="utf-8" />
    <script src="js/jquery-1.10.1/jquery-1.10.1.min.js"></script>
    <script src="js/jquery.mobile-1.4.2/jquery.mobile-1.4.2.min.js"></script>
    <link href="js/jquery.mobile-1.4.2/jquery.mobile-1.4.2.min.css"
```

```
        rel="stylesheet" />
    <meta name="viewport" content="width=device-width,initial-scale=1.0">
    <style>
        img {
            width:     100%;
            height:    auto;
        }
    </style>
</head>
<body>
    <div data-role="page" id="home">
        <div data-role="header">
            <h1>列表视图</h1>
        </div>
        <div class="ui-content" role="main">
            <ul data-role="listview" data-inset="true">
                <li><a href="#beijing" data-transition="slide">
                    北京</a></li>
                <li><a href="#shenyang" data-transition="slide">
                    沈阳</a></li>
                <li><a href="#suzhou" data-transition="slide">
                    苏州</a></li>
            </ul>
        </div>
    </div>
    <div data-role="page" id="beijing">
        <div data-role="header" data-add-back-btn="true"
          data-back-btn-text="返回">
            <h1>北京</h1>
        </div>
        <div class="ui-content" role="main">
            <div>北京故宫</div>
            <div>
                <img src="images/beijing_01.jpg" alt="北京">
            </div>
        </div>
    </div>
    <div data-role="page" id="shenyang">
        <div data-role="header" data-add-back-btn="true"
          data-back-btn-text="返回">
            <h1>沈阳</h1>
        </div>
        <div class="ui-content" role="main">
            <div>沈阳北陵</div>
            <div>
                <img src="images/shenyang_01.jpg" alt="沈阳">
            </div>
        </div>
    </div>
```

```
    <div data-role="page" id="suzhou">
      <div data-role="header" data-add-back-btn="true"
        data-back-btn-text="返回">
          <h1>苏州</h1>
      </div>
      <div class="ui-content" role="main">
          <div>木渎</div>
          <div>
              <img src="images/suzhou_01.jpg" alt="苏州">
          </div>
      </div>
    </div>
</body>
</html>
```

8.2.2　列表视图与图标

前面图 8.12 显示的是一个在列表视图中使用图标的实例。列表视图除了自动添加表示链接的图标以外，还能够加入与列表条目相关的图标、缩略图，并且能够按照需要，更改系统自动添加的图标等。

1. 更改链接条目上的默认图标

当列表视图中的条目被绑定了一个链接以后，这个条目会自动获得一个如图 8.12 中所示的链接图标。在某些情况下，一个更能体现条目实际用途的图标将大大提高网页的用户体验。替换系统的默认链接图标需要在创建条目的<li>元素中设置 data-icon 属性，并指定图标的名称。图标的名称可以是任何一个 jQuery Mobile 1.4 图标集中的图标名称，也可以是一个由开发者自定义的图标(本书将在第 10 章中介绍自定义图标的制作方式)。

代码 8.7 中的列表视图由 4 个条目组成，每一个条目所在的<li>元素都声明了一个特定的图标，这些图标将在网页中取代系统的默认图标。

代码 8.7　更改条目链接中的系统默认图标

```
<!DOCTYPE html>
<html>
<head>
    <title>jQuery Mobile - UI - Listview</title>
    <meta charset="utf-8" />
    <script src="js/jquery-1.10.1/jquery-1.10.1.min.js"></script>
    <script src="js/jquery.mobile-1.4.2/jquery.mobile-1.4.2.min.js"></script>
    <link href="js/jquery.mobile-1.4.2/jquery.mobile-1.4.2.min.css"
      rel="stylesheet" />
    <meta name="viewport" content="width=device-width,initial-scale=1.0">
</head>
<body>
    <div data-role="page" id="home">
      <div data-role="header"><h1>列表视图</h1></div>
```

```
    <div class="ui-content" role="main">
        <ul data-role="listview" data-inset="true">
            <li data-icon="home">
                <a href="#" data-transition="slide">主页</a></li>
            <li data-icon="gear">
                <a href="#" data-transition="slide">配置</a></li>
            <li data-icon="info">
                <a href="#" data-transition="slide">帮助</a></li>
            <li data-icon="phone">
                <a href="#" data-transition="slide">联系</a></li>
        </ul>
    </div>
</div>
</body>
</html>
```

显示效果如图 8.13 所示。

2. 与列表条目相关的自选图标

列表视图中的一些条目可能会因为某些需要，在条目的行首显示一个与当前条目相关的图标。常见的应用包括在产品列表中显示产品商标或者公司标志，或者在与国家相关的内容之前显示国旗等。这类图标是以普通的<img>方式插入图片，并且必须指定 CSS 类 ui-li-icon。作为图标的图片，通常是宽 16px，高度在 11~16px 之间的。当然，这还取决于条目中字体的大小，以上参考值适用于默认状态(字体大小为 1em 或者 16px)。

代码 8.8 为每一个条目分别加入了一个 16×16px 的国旗图标，显示效果如图 8.14 所示。

图 8.13　从系统图标集中选取的链接图标　　图 8.14　与条目内容相关的图标

代码 8.8　为条目链接添加图标

```
<!DOCTYPE html>
<html>
```

```
<head>
    <title>jQuery Mobile - UI - Listview</title>
    <meta charset="utf-8" />
    <script src="js/jquery-1.10.1/jquery-1.10.1.min.js"></script>
    <script src="js/jquery.mobile-1.4.2/jquery.mobile-1.4.2.min.js"></script>
    <link href="js/jquery.mobile-1.4.2/jquery.mobile-1.4.2.min.css"
      rel="stylesheet" />
    <meta name="viewport" content="width=device-width,initial-scale=1.0">
</head>
<body>
    <div data-role="page" data-theme="a">
        <div data-role="header"><h1>列表视图</h1></div>
        <div class="ui-content" role="main">
            <ul data-role="listview" data-inset="true">
                <li><a href="#">
                    <img src="images/flag_gb.png" alt="2012 年伦敦奥运会"
                    class="ui-li-icon">2012 年伦敦奥运会（英国）
                </a></li>
                <li><a href="#">
                    <img src="images/flag_cn.png" alt="2008 年北京奥运会"
                        class="ui-li-icon">2008 年北京奥运会（中国）
                </a></li>
                <li><a href="#">
                    <img src="images/flag_gr.png" alt="2004 年雅典奥运会"
                        class="ui-li-icon">2004 年雅典奥运会（希腊）
                </a></li>
            </ul>
        </div>
    </div>
</body>
</html>
```

3. 缩略图

　　缩略图同样也与列表条目中的内容相关，在网页代码中也与在条目中通过插入图片的方式插入图标非常相似。在网页外观方面，缩略图比图标更大。jQuery Mobile 对于列表条目中的缩略图是边长为 80px 的正方形。当图片是一个矩形时，如果长边超过 80px，jQuery Mobile 会自动把这一条边调整为 80px，短边也会按比例随之调整。如果图片的长和宽都小于 80px，图片将保持原样。因此，用作缩略图的图片应该是边长大于 80px 的正方形，这样才能保障输出效果的统一。在网页代码方面，缩略图同样是通过插入图片的方式，但是在插入的<img>元素中不能使用 CSS 类 ui-li-icon。如果<li>元素的内容中第一个子元素是<img>，则适用 jQuery Mobile 的缩略图规则，jQuery Mobile 会自动调整图片大小。

　　代码 8.9 是一个使用缩略图的实例，如果读者使用本书附带的实例程序，可以发现 3 幅国旗的原始图片大小各不相同。从图 8.15 中的显示效果看，这些图片的高度都被调整为相同的高度。另外，由于缩略图使用 80px 固定高度，整个列表条目的高度会因为缩略图的缘故而放大，这样，含有缩略图的条目应该被设计成多行文字的格式，使图片和文字的位置关系比较协调。

图 8.15　列表视图中的缩略图

代码 8.9　列表条目缩略图

```html
<!DOCTYPE html>
<html>
<head>
    <title>jQuery Mobile - UI - Listview</title>
    <meta charset="utf-8" />
    <script src="js/jquery-1.10.1/jquery-1.10.1.min.js"></script>
    <script src="js/jquery.mobile-1.4.2/jquery.mobile-1.4.2.min.js"></script>
    <link href="js/jquery.mobile-1.4.2/jquery.mobile-1.4.2.min.css"
      rel="stylesheet" />
    <meta name="viewport" content="width=device-width,initial-scale=1.0">
</head>
<body>
    <div data-role="page" data-theme="a">
        <div data-role="header">
            <h1>列表视图</h1>
        </div>
        <div class="ui-content" role="main">
            <ul data-role="listview" data-inset="true">
                <li><a href="#">
                    <img src="images/flag_gb_3.png" alt="2012 年伦敦奥运会">
                    <h2>2012 年夏季奥运会</h2>
                    <p>英国 伦敦</p>
                </a></li>
                <li><a href="#">
                    <img src="images/flag_cn_3.png" alt="2008 年北京奥运会">
                    <h2>2008 年夏季奥运会</h2>
                    <p>中国 北京</p>
                </a></li>
                <li><a href="#">
```

```
                <img src="images/flag_gr_3.png" alt="2004年雅典奥运会">
                <h2>2004年夏季奥运会</h2>
                <p>希腊 雅典</p>
            </a></li>
        </ul>
    </div>
  </div>
</body>
</html>
```

8.2.3 列表视图的内容管理与应用技巧

这一小节将介绍列表条目中的内容组织方式，重点在于条目中的分隔行(divider)、文字内容的格式、计数气泡(Count Bubble)，以及内容过滤器。

1. 分隔行

分隔行用于把列表视图中的条目分组。这样的用法在下拉菜单和列表中都比较常见。jQuery Mobile 列表视图中的空格行实质上是列表视图中的一个条目，如果把一个普通的条目加上角色属性 data-role="list-divider"，这个条目就变成了一个分隔行。

代码 8.10 演示了一个简单的列表视图，并且通过分隔行把列表视图按照国家分为三组。

代码 8.10 列表视图分隔行

```
<!DOCTYPE html>
<html>
<head>
    <title>jQuery Mobile - UI - Listview</title>
    <meta charset="utf-8" />
    <script src="js/jquery-1.10.1/jquery-1.10.1.min.js"></script>
    <script src="js/jquery.mobile-1.4.2/jquery.mobile-1.4.2.min.js"></script>
    <link href="js/jquery.mobile-1.4.2/jquery.mobile-1.4.2.min.css"
     rel="stylesheet" />
    <meta name="viewport" content="width=device-width,initial-scale=1.0">
</head>
<body>
    <div data-role="page" data-theme="a">
        <div data-role="header">
            <h1>列表视图</h1>
        </div>
        <div class="ui-content" role="main">
            <ul data-role="listview" data-inset="true">
                <li data-role="list-divider">中国</li>
                <li><a href="#">PEK 北京首都国际机场</a></li>
                <li><a href="#">PVG 上海浦东国际机场</a></li>
                <li><a href="#">SHA 上海虹桥国际机场</a></li>
                <li data-role="list-divider">美国</li>
                <li><a href="#">JFK 纽约肯尼迪国际机场</a></li>
```

```
            <li><a href="#">LGA 纽约拉瓜迪亚国际机场</a></li>
            <li><a href="#">LAX 洛杉矶国际机场</a></li>
            <li data-role="list-divider">加拿大</li>
            <li><a href="#">YYZ 多伦多皮尔逊国际机场</a></li>
            <li><a href="#">YVR 温哥华国际机场</a></li>
            <li><a href="#">YUL 蒙特利尔特鲁多国际机场</a></li>
        </ul>
      </div>
    </div>
  </body>
</html>
```

显示效果如图 8.16 所示。

除了手工指定分隔行以外，jQuery Mobile 中的分隔行还可以由系统自动添加。系统自动产生的分隔行以列表条目中的内容为依据，按照首字母(或者第一个汉字)实行分组。如果第一个字符是字母，则自动转换成大写形式。

自动产生的分隔行仅仅按照列表条目中的内容依次进行分组，不会改变条目的顺序，也不会合并多次出现的分组。

代码 8.11 演示了一个飞机场列表按照 IATA 代码进行分组的实例，其中 P 和 L 字组都出现了超过一次，如图 8.17 所示。如果列表条目的内容完全是中文，系统就会产生"上"、"纽"等分组。

图 8.16 列表视图中的分隔行

图 8.17 列表视图中的自动分隔行

代码 8.11 列表视图自动分隔行

```
<!DOCTYPE html>
<html>
<head>
    <title>jQuery Mobile - UI - Listview</title>
    <meta charset="utf-8" />
```

```
<script src="js/jquery-1.10.1/jquery-1.10.1.min.js"></script>
<script src="js/jquery.mobile-1.4.2/jquery.mobile-1.4.2.min.js"></script>
<link href="js/jquery.mobile-1.4.2/jquery.mobile-1.4.2.min.css"
  rel="stylesheet" />
<meta name="viewport" content="width=device-width,initial-scale=1.0">
</head>

<body>
  <div data-role="page" data-theme="a">
    <div data-role="header">
      <h1>列表视图</h1>
    </div>
    <div class="ui-content" role="main">
      <ul data-role="listview" data-inset="true"
        data-autodividers="true">
        <li><a href="#">PEK 北京首都国际机场</a></li>
        <li><a href="#">PVG 上海浦东国际机场</a></li>
        <li><a href="#">SHA 上海虹桥国际机场</a></li>
        <li><a href="#">JFK 纽约肯尼迪国际机场</a></li>
        <li><a href="#">LGA 纽约拉瓜迪亚国际机场</a></li>
        <li><a href="#">LAX 洛杉矶国际机场</a></li>
        <li><a href="#">YYZ 多伦多皮尔逊国际机场</a></li>
        <li><a href="#">YVR 温哥华国际机场</a></li>
        <li><a href="#">YUL 蒙特利尔特鲁多国际机场</a></li>
        <li><a href="#">PAP 太子港国际机场</a></li>
        <li><a href="#">JAA 贾拉拉巴德机场</a></li>
        <li><a href="#">SCN 萨尔布吕肯机场</a></li>
      </ul>
    </div>
  </div>
</body>
</html>
```

在默认情况下，jQuery Mobile 对列表视图中的分隔行采用样式样本 b。当需要改变分隔行的样式时，需要采用 data-divider-theme 属性，并把该属性添加到用于创建列表视图的<ul>或者<ol>元素中。

<ul>或者<ol>元素中的 data-theme 属性用于设置整个列表视图的样式。除此以外，列表视图根据实际情况，还有其他一些类似于 data-divider-theme 的样式属性，稍后将逐一介绍，读者应该了解这些属性的区别，并在移动网站开发过程中选用正确的属性。

2. 多行格式

我们在代码 8.9 中已经使用了条目内容的多行模式。在多行模式下，通常有一个小标题通过<h2>或者任何一个<h1>~<h6>元素标识。其他段落分别位于多个<p>段落中。这里唯一比较特殊的是当一个<p>元素应用了 CSS 类 ui-li-aside 以后，该段落将被当作附加信息显示在一个条目的右上角。

代码 8.12 演示了一个常见的日程表网页。

代码 8.12　多行模式

```html
<!DOCTYPE html>

<html>
<head>
    <title>jQuery Mobile - UI - Listview</title>
    <meta charset="utf-8" />
    <script src="js/jquery-1.10.1/jquery-1.10.1.min.js"></script>
    <script src="js/jquery.mobile-1.4.2/jquery.mobile-1.4.2.min.js"></script>
    <link href="js/jquery.mobile-1.4.2/jquery.mobile-1.4.2.min.css"
      rel="stylesheet" />
    <meta name="viewport" content="width=device-width,initial-scale=1.0">
</head>

<body>
    <div data-role="page" data-theme="a">
        <div data-role="header">
            <h1>列表视图</h1>
        </div>
        <div class="ui-content" role="main">
            <ul data-role="listview" data-inset="true">
                <li data-role="list-divider">2015-5-4，星期一</li>
                <li><a href="#">
                    <h2>每周例会</h2>
                    <p>一周工作安排。讨论开发计划的调整与技术难题的攻关，
                        并对下一阶段可能遇到的问题进行风险评估和对策研究。</p>
                    <p class="ui-li-aside">9:15 - 10:00</p>
                </a></li>
                <li><a href="#">
                    <h2>五四青年节纪念活动</h2>
                    <p>参加者：所有员工</p>
                    <p>五四精神演讲比赛</p>
                    <p class="ui-li-aside">15:00 - 17:00</p>
                </a></li>
                <li data-role="list-divider">2015-5-7，星期三</li>
                <li><a href="#">
                    <h2>开发进度协调会</h2>
                    <p>参加者：开发部门经理、软件架构师、项目经理</p>
                    <p>对各项目需求变动、开发组人员调动等进行协调安排。<p>
                    <p class="ui-li-aside">9:30 - 10:00</p>
                </a></li>
            </ul>
        </div>
    </div>
</body>
</html>
```

运行效果如图 8.18 所示。注意其中时间的显示位置。

3. 计数

在一些需要显示统计数值或者是评比得分的场合，列表视图中的每一个条目需要增加一个数字输出框，为此，jQuery Mobile 提供了计数气泡的功能，在气泡形状的输出框中输出信息。

代码 8.13 演示了计数气泡的实现方法。计数气泡在代码中为一个被赋予了 CSS 类 ui-li-count 的<span>元素(注意<span>是一个内联元素)，<span>元素所含的内容就是在气泡形状输出框中显示的内容。代码 8.13 的实际效果如图 8.19 所示。

图 8.18 多行模式与附加信息   图 8.19 条目的计数信息

代码 8.13 计数气泡的使用方法

```
<!DOCTYPE html>
<html>
<head>
    <title>jQuery Mobile - UI - Listview</title>
    <meta charset="utf-8" />
    <script src="js/jquery-1.10.1/jquery-1.10.1.min.js"></script>
    <script src="js/jquery.mobile-1.4.2/jquery.mobile-1.4.2.min.js">
    </script>
    <link href="js/jquery.mobile-1.4.2/jquery.mobile-1.4.2.min.css"
     rel="stylesheet" />
    <meta name="viewport" content="width=device-width,initial-scale=1.0">
</head>
<body>
    <div data-role="page" data-theme="a">
        <div data-role="header">
            <h1>2013 世界十大宜居城市</h1>
        </div>
        <div class="ui-content" role="main">
            <ol data-role="listview" data-inset="true">
                <li><a href="#">
```

```
            墨尔本（澳大利亚）
            <span class="ui-li-count">97.5</span>
        </a></li>
        <li><a href="#">
            维也纳（奥地利）
            <span class="ui-li-count">97.4</span>
        </a></li>
        <li><a href="#">
            温哥华（加拿大）
            <span class="ui-li-count">97.3</span>
        </a></li>
        <li><a href="#">
            多伦多（加拿大）
            <span class="ui-li-count">97.2</span>
        </a></li>
        <li><a href="#">
            卡尔加里（加拿大）
            <span class="ui-li-count">96.6</span>
        </a></li>
        <li><a href="#">
            阿德莱德（澳大利亚）
            <span class="ui-li-count">96.6</span>
        </a></li>
        <li><a href="#">
            悉尼（澳大利亚）
            <span class="ui-li-count">96.1</span>
        </a></li>
        <li><a href="#">
            赫尔辛基（芬兰）
            <span class="ui-li-count">96.0</span>
        </a></li>
        <li><a href="#">
            珀斯（澳大利亚）
            <span class="ui-li-count">95.9</span>
        </a></li>
        <li><a href="#">
            奥克兰（新西兰）
            <span class="ui-li-count">95.7</span>
        </a></li>
    </ol>
    <div>资料来源：《经济学人》2013-08-30</div>
    </div>
  </div>
</body>
</html>
```

虽然这项功能的术语叫作 Counter Bubble，但在实际上，它的功能并不一定与计数有关，甚至不一定是数字。<span>元素包含的内容允许使用非数字字符串。

4. 过滤器

当一个列表视图包含比较多的条目时，一个条目内容过滤器将使列表的检索更加快捷方便。下面以检索飞机场为例，介绍条目内容过滤器的基本编写方法与延伸。如代码 8.14 所示。

代码 8.14　基本的列表条目内容过滤器

```html
<!DOCTYPE html>
<html>
<head>
   <title>jQuery Mobile - UI - Listview</title>
   <meta charset="utf-8" />
   <script src="js/jquery-1.10.1/jquery-1.10.1.min.js"></script>
   <script src="js/jquery.mobile-1.4.2/jquery.mobile-1.4.2.min.js"></script>
   <link href="js/jquery.mobile-1.4.2/jquery.mobile-1.4.2.min.css"
     rel="stylesheet" />
   <meta name="viewport" content="width=device-width,initial-scale=1.0">
</head>
<body>
   <div data-role="page" data-theme="a">
      <div data-role="header">
          <h1>列表视图</h1>
      </div>
      <div class="ui-content" role="main">
         <ul data-role="listview" data-inset="true"
          data-filter="true"
          data-filter-placeholder="搜索机场...">
            <li><a href="#">PEK 北京首都国际机场</a></li>
            <li><a href="#">PVG 上海浦东国际机场</a></li>
            <li><a href="#">SHA 上海虹桥国际机场</a></li>
            <li><a href="#">JFK 纽约肯尼迪国际机场</a></li>
            <li><a href="#">LGA 纽约拉瓜迪亚国际机场</a></li>
            <li><a href="#">LAX 洛杉矶国际机场</a></li>
            <li><a href="#">YYZ 多伦多皮尔逊国际机场</a></li>
            <li><a href="#">YVR 温哥华国际机场</a></li>
            <li><a href="#">YUL 蒙特利尔特鲁多国际机场</a></li>
            <li><a href="#">PAP 太子港国际机场</a></li>
            <li><a href="#">JAA 贾拉拉巴德机场</a></li>
            <li><a href="#">SCN 萨尔布昌肯机场</a></li>
         </ul>
      </div>
   </div>
</body>
</html>
```

正如代码 8.14 中所显示的那样，为一个列表视图增加内容过滤功能只需要在<ol>或者<ul>元素中添加属性 data-filter="true"，jQuery Mobile 会自动地为列表视图组件增加一个搜索框。为了使搜索框更加易于用户理解，data-filter-placeholder 属性能够在搜索框内加入一些说明文字，当用户在搜索框中输入文字之后，这些说明文字会自动隐藏，因此不会对网页的正常使用造成影响。

图 8.20 是带有内容过滤器的视图列表的实际使用效果。从后两个画面中可以看到，内容过滤是按照子字符串匹配的方式进行的。不论输入的是条目内容的首字母，还是内容中间的一部分，或者过滤条件是英文或者中文，过滤器都能够正确地匹配。

图 8.20　带有过滤器的列表视图的默认状态以及过滤器的工作方式

8.3　可收放的 UI 组件

8.3.1　可收放的 UI 组件及其样式特征

可收放的 UI 组件(collapsible)，就像它的名字本身，非常直白，就是这种组件由收起和放开两种主要状态组成。这样的 UI 组件，能够在屏幕布局设计上使内容更加紧凑，减少有效屏幕空间的浪费，也能够使网页用户免于被非主要内容分心，提高网页内容的可读性。

1. 可收放组件的构成

一个基本的可收放组件由一个容器、一个标题，以及内容组成。根据可收放内容的特点，以上 3 个组成部分有两种主要的实现方法。

如果组件的内容不是表单元素，容器则是由最常见的<div>形成，并由角色属性 data-role=
"collapsible"把整个容器包含的 HTML 代码片段定义为一个可收放的组件。<h1>~<h6>中的元素在 HTML 中含义为处于不同层次的标题行，在可收放的 UI 组件中，标题由<h1>~<h6>中的任何一个元素形成。组件的内容部分定义在一个或多个<p>段落中。

代码 8.15 演示了一个最简单的可收放 UI 组件。

代码 8.15 一个最基本的可收放组件

```
<!DOCTYPE html>

<html>
<head>
    <title>jQuery Mobile - UI - Collapsible</title>
    <meta charset="utf-8" />
    <script src="js/jquery-1.10.1/jquery-1.10.1.min.js"></script>
    <script src="js/jquery.mobile-1.4.2/jquery.mobile-1.4.2.min.js"></script>
    <link href="js/jquery.mobile-1.4.2/jquery.mobile-1.4.2.min.css"
      rel="stylesheet" />
    <meta name="viewport" content="width=device-width,initial-scale=1.0">
</head>
<body>
    <div data-role="page" data-theme="a">
        <div data-role="header">
            <h1>可收放的 UI 组件</h1>
        </div>
        <div class="ui-content" role="main">
            <div data-role="collapsible">
                <h4>中国古典四大名著</h4>
                <p>三国演义、红楼梦、水浒、西游记</p>
            </div>
        </div>
    </div>
</body>
</html>
```

其中包含了如图 8.21 所示的容器、标题、内容 3 个组成部分。

图 8.21 一个最简单的可收放的组件

如果一个可收放组件的内容是一个表单，那么这个组件仍然是由 3 个部分组成的。组件的容器这时变成了<fieldset>，并在该元素中设置 data-role="collapsible"。组件的标题部分由<legend>元素来完成。组件的内容部分包含了一个或者多个表单元素，如果需要，可以使用 controlgroup 容器(role="controlgroup")把一些单选或者多选按钮组合到一起。

代码 8.16 演示了一个包含表单元素的可收放组件。

代码 8.16　包含表单的可收放组件

```html
<!DOCTYPE html>
<html>
<head>
   <title>jQuery Mobile - UI - Collapsible</title>
   <meta charset="utf-8" />
   <script src="js/jquery-1.10.1/jquery-1.10.1.min.js"></script>
   <script src="js/jquery.mobile-1.4.2/jquery.mobile-1.4.2.min.js"></script>
   <link href="js/jquery.mobile-1.4.2/jquery.mobile-1.4.2.min.css"
     rel="stylesheet" />
   <meta name="viewport" content="width=device-width,initial-scale=1.0">
</head>
<body>
   <div data-role="page" data-theme="a">
      <div data-role="header"> <h1>可收放的 UI 组件</h1> </div>
      <div class="ui-content" role="main">
         <form>
            <fieldset data-role="collapsible">
               <legend>客户满意度调查</legend>
               <div data-role="controlgroup">
                  <label for ="satis-5">非常满意</label>
                  <input type="radio" id="satis-5" name="satis"
                     value="5">
                  <label for ="satis-4">满意</label>
                  <input type="radio" id="satis-4" name="satis"
                     value="4">
                  <label for ="satis-5">一般</label>
                  <input type="radio" id="satis-3" name="satis"
                     value="3">
                  <label for ="satis-2">不满意</label>
                  <input type="radio" id="satis-2" name="satis"
                     value="2">
                  <label for ="satis-1">非常不满意</label>
                  <input type="radio" id="satis-1" name="satis"
                     value="1">
               </div>
               <label for ="comments">简短留言</label>
               <textarea id="comments" name="comments">
               </textarea>
               <a href="#" data-role="button" data-inline="true">发送</a>
            </fieldset>
         </form>
```

```
      </div>
   </div>
</body>
</html>
```

运行效果如图 8.22 所示。

2. 可收放组件的图标

可收放的组件除了具有迷你等普遍适用的样式定制方法外，系统自动添加的图标是这个组件的一个明显的特点。jQuery Mobile 的可收放组件在默认情况下使用图标"+"和"-"分别代表收起和展开状态，图标显示在组件的左端。使用自选图标和改变图标的显示位置的方法非常类似于在按钮中做相同的设置，比如要改变图标的显示位置，就需要通过 data-iconpos 属性来完成。由于可收放组件拥有展开和收起两种状态，这两种状态所使用的图标各自通过属性 data-expanded-icon 和 data-collapsed-icon 来表述。图标名称可以使用 jQuery Mobile 系统图标集中的图标名称，也可以使用自定义图标的名称。代码 8.17 是在代码 8.15 的基础上，通过以上三个属性对组件中使用的图标以及图标显示位置进行定制，显示效果如图 8.23 所示。

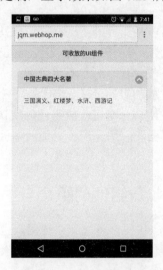

图 8.22 包含表单元素的可收放组件   图 8.23 自选图形和可定制的图标的显示位置

代码 8.17 使用自选图标和变更图标位置

```
<!DOCTYPE html>
<html>
<head>
   <title>jQuery Mobile - UI - Collapsible</title>
   <meta charset="utf-8" />
   <script src="js/jquery-1.10.1/jquery-1.10.1.min.js"></script>
   <script src="js/jquery.mobile-1.4.2/jquery.mobile-1.4.2.min.js"></script>
   <link href="js/jquery.mobile-1.4.2/jquery.mobile-1.4.2.min.css"
     rel="stylesheet" />
   <meta name="viewport" content="width=device-width,initial-scale=1.0">
</head>
```

```
<body>
   <div data-role="page" data-theme="a">
      <div data-role="header">
         <h1>可收放的 UI 组件</h1>
      </div>
      <div class="ui-content" role="main">
         <div data-role="collapsible" data-iconpos="right"
            data-collapsed-icon="carat-d"
            data-expanded-icon="carat-u">
            <h4>中国古典四大名著</h4>
            <p>三国演义、红楼梦、水浒、西游记</p>
         </div>
      </div>
   </div>
</body>
</html>
```

默认的可收放组件在初始化以后处于收起状态，如果需要把初始状态设置为展开，应该设置 data-collapsed 属性为 false。

另外，可收放组件的主题样式可以从两个方面来进行设置，data-theme 用于设置可收放组件当收起以后那一部分的样式，而 data-content-theme 只能设置可收放组件的内容部分，这一部分在组件处于收起状态时是不可见的。

对于可收放的组件，有一个比较特殊的属性 data-collapse-cue-text，用于设置服务于屏幕阅读器的文字说明。一个可收放组件的默认语音文字是英文 click to collapse contents，通过这个属性，可以根据实际用途配置更加清晰的说明，如果屏幕阅读器支持，甚至可以用它来实现多国文字的支持。

8.3.2 可收放组件的组合与手风琴模式

可收放的 UI 组件可以独立使用，也可以多个组件组合在一起使用。当多个可收放组件组合在一起时，能够以两种主要方式呈现给用户。

1. 可收放组件的组合

当多个全宽度(data-inset="false")的可收放组件出现在一起时，这些可收放组件就形成了一个组合，用户可以同时展开其中一个或多个组件的内容。

代码 8.18 即实现了可收放组件组合。

代码 8.18 一个基本的可收放组件组合

```
<!DOCTYPE html>
<html>
<head>
   <title>jQuery Mobile - UI - Collapsible</title>
   <meta charset="utf-8" />
   <script src="js/jquery-1.10.1/jquery-1.10.1.min.js"></script>
   <script src="js/jquery.mobile-1.4.2/jquery.mobile-1.4.2.min.js"></script>
```

```
    <link href="js/jquery.mobile-1.4.2/jquery.mobile-1.4.2.min.css"
     rel="stylesheet" />
    <meta name="viewport" content="width=device-width,initial-scale=1.0">
</head>
<body>
    <div data-role="page" data-theme="a">
        <div data-role="header"> <h1>可收放的 UI 组件</h1> </div>
        <div class="ui-content" role="main">
            <div data-role="collapsible" data-inset="false">
                <h4>中国古典四大名著</h4>
                <p>三国演义、红楼梦、水浒、西游记</p>
            </div>
            <div data-role="collapsible" data-inset="false">
                <h4>元杂剧四大悲剧</h4>
                <p>窦娥冤、汉宫秋、梧桐雨、赵氏孤儿</p>
            </div>
            <div data-role="collapsible" data-inset="false">
                <h4>莎士比亚四大喜剧</h4>
                <p>威尼斯商人、仲夏夜之梦、皆大欢喜、第十二夜</p>
            </div>
            <div data-role="collapsible" data-inset="false">
                <h4>莎士比亚四大悲剧</h4>
                <p>哈姆雷特、马克白、李尔王、奥赛罗</p>
            </div>
        </div>
    </div>
</body>
</html>
```

运行效果如图 8.24 所示。

图 8.24　可收放组件的默认初始状态和内容展开方式

　　这个组合实例中的每一个可收放组件的内容都比较简单。在实际应用中，一个可收放组件的内容既可以是简单的文本，也可以是一个列表视图，或者是由许多元素组成的复杂的表单。

一个可收放组件组合中的各个组件是相互独立的，互不依赖，因此经常会见到一个组合中的各个组件的内容的格式并不相同。在网站设计中，即使数据格式各不相同，网站的整体风格样式也应该力求统一。

2. 手风琴模式

手风琴(accordion)模式在 jQuery Mobile 1.4 中被称为可收放的组件集(Collapsible Set)，"手风琴"这个名称能够在 jQuery Mobile 1.3 以及 jQuery UI 中相应 UI 组件的文档中看到。这里本书作者仍以"手风琴"这个更加形象的名称来代替它在 jQuery Mobile 1.4 中的正式名称。

"手风琴"与可收放的组件组合十分相似。下面通过代码 8.19 和图 8.25 来说明"手风琴"模式的编写方法，以及它与可收放的组件组合的细微区别。

代码 8.19　使用"手风琴"

```
<!DOCTYPE html>
<html>
<head>
    <title>jQuery Mobile - UI - Collapsible</title>
    <meta charset="utf-8" />
    <script src="js/jquery-1.10.1/jquery-1.10.1.min.js"></script>
    <script src="js/jquery.mobile-1.4.2/jquery.mobile-1.4.2.min.js"></script>
    <link href="js/jquery.mobile-1.4.2/jquery.mobile-1.4.2.min.css"
      rel="stylesheet" />
    <meta name="viewport" content="width=device-width,initial-scale=1.0">
</head>
<body>
    <div data-role="page" data-theme="a">
        <div data-role="header">
            <h1>可收放的 UI 组件</h1>
        </div>
        <div class="ui-content" role="main">
            <div data-role="collapsibleset"
              data-theme="b" data-content-theme="a">
                <div data-role="collapsible" data-inset="false">
                    <h4>中国古典四大名著</h4>
                    <p>三国演义、红楼梦、水浒、西游记</p>
                </div>
                <div data-role="collapsible" data-inset="false">
                    <h4>元杂剧四大悲剧</h4>
                    <p>窦娥冤、汉宫秋、梧桐雨、赵氏孤儿</p>
                </div>
                <div data-role="collapsible" data-inset="false">
                    <h4>莎士比亚四大喜剧</h4>
                    <p>威尼斯商人、仲夏夜之梦、皆大欢喜、第十二夜</p>
                </div>
                <div data-role="collapsible" data-inset="false">
                    <h4>莎士比亚四大悲剧</h4>
                    <p>哈姆雷特、马克白、李尔王、奥赛罗</p>
```

```
            </div>
        </div>
      </div>
    </div>
</body>
</html>
```

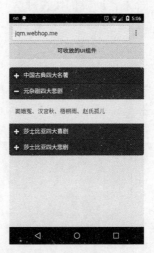

图 8.25　"手风琴"的初始状态和内容展开方式

"手风琴"在代码上仍然是由一系列可收放组件构成的，但是，在这些可收放组件的外层增加了一个容器 data-role="collapsibleset"。这层容器能够从整体上协调每一个可收放组件的展开状态，在任何一个时刻，始终保持不超过一个可收放组件处于展开状态。也就是说，当一个可收放组件被展开时，另一个已经处于展开状态的可收放组件立即会被收起。因此，在图 8.24 中，我们看到有 3 个可收放组件处于展开状态，而在图 8.25 中，处于展开状态的可收放组件不会超过一个。

在代码 8.19 中，我们还能够看到为一个"手风琴"定义样式风格的方法，属性 data-theme 和 data-content-theme 只需要简单地定义在容器<div>中，那么"手风琴"中的每一个可收放组件都能获得上述两个属性所定义的样式风格。

8.4　面　　板

jQuery Mobile 中的面板(panel)是一个非常实用的 UI 组件。在 jQuery Mobile 1.3 常规内置面板的基础上，jQuery Mobile 1.4 增加了外部面板的功能，使移动网站的全局菜单设计变得非常简单。

8.4.1　面板的基本构成与工作方式

在一些网站中，我们点击一个按钮，或者触动屏幕的边缘，一个菜单就会从屏幕的左侧或者右侧边缘移入屏幕，供用户选择，这样的菜单工作方式，在 jQuery Mobile 中是通过面板组件实现的。

1. 面板的基本构成与工作方式

与其他 UI 组件略有不同，面板涉及了比较多的网页动作，各个组成部分之间通过元素的 id 值来控制行为方式。由于面板的使用超出了一个单纯的用户界面组件的范畴，我们需要通过代码 8.20，从代码内部来帮助我们快速理解一个最基本面板的组成结构和工作方式。

代码 8.20　常规内置面板

```
<!DOCTYPE html>
<html>
<head>
    <title>jQuery Mobile - UI - Panel</title>
    <meta charset="utf-8" />
    <script src="js/jquery-1.10.1/jquery-1.10.1.min.js"></script>
    <script src="js/jquery.mobile-1.4.2/jquery.mobile-1.4.2.min.js"></script>
    <link href="js/jquery.mobile-1.4.2/jquery.mobile-1.4.2.min.css"
     rel="stylesheet" />
    <meta name="viewport" content="width=device-width,initial-scale=1.0">
    <style>
        .fullWidthImg {
            width:      100%;
            height:     auto;
        }
    </style>
</head>
<body>
    <div data-role="page" data-theme="a" id="myPage_1">
        <div data-role="panel" id="myPanel_1">
            <p>面板内容 1</p>
            <p>
                <a href="#myPage_1" data-rel="close" data-role="button"
                  data-inline="true">关闭面板</a>
            </p>
        </div>
        <div data-role="header">
            <h1>面板</h1>
        </div>
        <div class="ui-content" role="main">
            <img src="images/shenyang_01.jpg" alt="沈阳北陵" class="fullWidthImg" />
            <a href="#myPanel_1" data-role="button" data-inline="true">
             打开/关闭 面板</a>
        </div>
    </div>
</body>
</html>
```

运行效果如图 8.26 所示。

图 8.26　一个基本面板的初始状态和打开状态

　　首先，一个常规的内置面板是一个网页页面的一部分，面板代码由一个被 data-role="panel" 属性修饰的<div>容器组成。其次，面板和工具栏一样，是页面组成部分之一，代码出现的位置有一定的要求。一个内置面板的代码位于页面容器(data-role="page")之中，与页头(data-role="header")、内容(class="ui-content")或者页尾(data-role="footer")并列。

　　作为页面结构之一，在默认的初始状态下，面板如图 8.26 中第一幅画面那样，是不可见的，打开一个面板可以通过一个链接按钮来完成。按钮中的链接必须指向网页中面板的 id 值。当按下这个按钮以后，由 href 属性指向的面板将被移入到屏幕中。再次按下同一个按钮，面板将被关闭。如果需要在面板中增加一个按钮，用于关闭自己所在的面板，这个在面板中的关闭按钮必须满足两个条件：第一，按钮必须使用 data-rel="close" 修饰；第二，按钮中的链接必须指向当面板关闭以后在屏幕上显示的页面的 id 值。这里涉及了两个 id 值，即面板的 id 值以及面板退出以后在屏幕上显示的页面的 id 值。这两个 id 值必须正确设置。

2. 多个页面中的面板

　　代码 8.20 代表了面板最简单的一种使用方法。通常，一个网站由许多页面构成，下面的代码 8.21 通过两个页面中各自出现的面板来说明面板在多页情况下的使用方法。

代码 8.21　常规内置面板在多页结构中的使用方法

```
<!DOCTYPE html>
<html>
<head>
   <title>jQuery Mobile - UI - Panel</title>
   <meta charset="utf-8" />
   <script src="js/jquery-1.10.1/jquery-1.10.1.min.js"></script>
   <script src="js/jquery.mobile-1.4.2/jquery.mobile-1.4.2.min.js"></script>
   <link href="js/jquery.mobile-1.4.2/jquery.mobile-1.4.2.min.css"
     rel="stylesheet" />
   <meta name="viewport" content="width=device-width,initial-scale=1.0">
   <style>
```

```
        .fullWidthImg {
            width:      100%;
            height:     auto;
        }
    </style>
</head>
<body>
    <div data-role="page" data-theme="a" id="myPage_1">
        <div data-role="panel" id="myPanel_1">
            <p>面板内容1</p>
            <p>
                <a href="#myPage_1" data-rel="close" data-role="button"
                    data-inline="true">关闭面板</a>
            </p>
        </div>
        <div data-role="header">
            <h1>面板</h1>
        </div>
        <div class="ui-content" role="main">
            <img src="images/shenyang_01.jpg" alt="沈阳北陵" class="fullWidthImg" />
            <a href="#myPage_2" data-role="button">上海科技馆</a>
            <a href="#myPanel_1" data-role="button" data-inline="true">
                打开/关闭 面板</a>
        </div>
    </div>
    <div data-role="page" data-theme="a" id="myPage_2">
        <div data-role="panel" id="myPanel_2">
            <p>面板内容2</p>
            <p>
                <a href="#myPage_2" data-rel="close" data-role="button"
                    data-inline="true">关闭面板</a>
            </p>
        </div>
        <div data-role="header">
            <h1>面板</h1>
        </div>
        <div class="ui-content" role="main">
            <img src="images/shanghai_01.jpg" alt="上海科技馆"
                class="fullWidthImg" />
            <a href="#myPage_1" data-role="button">沈阳北陵</a>
            <a href="#myPanel_2" data-role="button" data-inline="true">
                打开/关闭 面板</a>
        </div>
    </div>
</body>
</html>
```

    面板在单页和多页环境下的使用方法是一致的。代码 8.21 中出现了两个页面，每一个页面中都插入了面板。为了便于观察，两个面板中使用的文字说明略有不同。这段代码说明的主要问题是，常规面板在代码中需要被重复插入到每一个页面中，即使面板中的内容一致，仍然会形成大量冗余代码。由于面板代码的冗余，每一次出现都需要使用不同的面板 id 值。如果网站是由静态页面组成，代码冗余除了降低代码易维护性以外，不至于导致太多的技术难题，但是，当页面是通过模板动态生成时，动态创建和维护 id 值就会变得比较困难。

3. 面板的显示方式与行为特点

让我们再来回顾一下代码 8.20 中面板的工作方式。当按下网页中的按钮以后，当前屏幕向右移动，面板从屏幕左侧边缘逐步露出，直到面板如图 8.26 中的第二幅画面那样完全显示为止。这个动画过程涉及到两个关于面板的属性。data-position 属性用于设置面板的显示位置，它的默认值为"left"，即面板出现在屏幕的左侧边缘，如果把这个属性设置为"right"，面板将显示在屏幕的右侧边缘，如图 8.27 所示。data-display 属性用于决定面板出现的动画方式。这个属性有 3 个可选的属性值："reveal"是默认值，表示面板在显示之前已经被定位在屏幕边缘，在当前屏幕向左或向右移动时，逐步露出原先被覆盖的面板；"overlay"表示当前屏幕不动，面板从屏幕的左侧或者右侧移入，局部覆盖当前屏幕画面，如图 8.28 所示；"push"表示面板在移动的过程中推动当前屏幕，两者同时发生动画效果。

图 8.27　面板在屏幕右侧显示　　图 8.28　面板在屏幕右侧以 overlay 方式显示

面板除了可以通过代码 8.20 中的链接按钮方式关闭外，在主屏幕上的任意位置单击或者在面板上轻轻滑动，都能够关闭当前面板。

8.4.2　外部面板

内置面板的代码冗余问题可以通过外部面板来解决。当使用外部面板时，面板代码必须从原先的页面代码中独立出来，放置在每一个页面(data-role="page")之外。由于页面之外的代码不会随着页面进行初始化，当网页文档加载完成后，需要对面板代码执行手工初始化过程。

代码 8.22 中，使用了外部工具栏(参考本书的 6.1.2 小节)和外部面板。

代码 8.22　外部面板

```
<!DOCTYPE html>
<html>
<head>
    <title>jQuery Mobile - UI - Panel</title>
    <meta charset="utf-8" />
    <script src="js/jquery-1.10.1/jquery-1.10.1.min.js"></script>
    <script src="js/jquery.mobile-1.4.2/jquery.mobile-1.4.2.min.js"></script>
    <link href="js/jquery.mobile-1.4.2/jquery.mobile-1.4.2.min.css"
      rel="stylesheet" />
    <meta name="viewport" content="width=device-width,initial-scale=1.0">
    <style>
        .fullWidthImg {
            width:     100%;
            height:    auto;
        }
    </style>
    <script>
        $(document).on("pagecreate", function() {
            $("[data-role='listview']").listview();
            $("[data-role='panel']").panel();
        });
    </script>
</head>
<body>
    <div data-role="page" data-theme="a" id="myPage_1">
        <div data-role="header" data-position="fixed">
            <a href="#leftPanel" data-icon="bars" data-iconpos="notext">
             主菜单</a>
            <h1>城市旅游</h1>
        </div>
        <div class="ui-content" role="main">
            <img src="images/shenyang_01.jpg" alt="沈阳北陵"
              class="fullWidthImg" />
            <a href="#myPage_2" data-role="button">前往-->上海</a>
        </div>
    </div>
    <div data-role="page" data-theme="a" id="myPage_2">
        <div data-role="header" data-position="fixed">
            <a href="#leftPanel" data-icon="bars" data-iconpos="notext">
             主菜单</a>
            <h1>城市旅游</h1>
        </div>
        <div class="ui-content" role="main">
            <img src="images/shanghai_01.jpg" alt="上海科技馆"
              class="fullWidthImg" />
            <a href="#myPage_1" data-role="button">前往-->沈阳</a>
```

```
      </div>
   </div>
   <div data-role="panel" id="leftPanel">
      <ul data-role="listview" data-inset="false">
         <li><a href="#">城市简介</a></li>
         <li><a href="#">主要景点</a></li>
         <li><a href="#">民俗人文</a></li>
         <li><a href="#">宾馆酒店</a></li>
         <li><a href="#">特色小吃</a></li>
         <li><a href="#">公共交通</a></li>
         <li><a href="#">铁路</a></li>
         <li><a href="#">航空</a></li>
         <li><a href="#">临近城市</a></li>
      </ul>
   </div>
</body>
</html>
```

需要注意的是，代码中的面板部分不属于任何一个页面，当这一部分代码被 panel()方法手工初始化以后，网页中的任何一个页面都可以通过这个外部面板的 id 值访问到这个面板，这样，同一个面板就被重复利用，减少了代码的冗余。代码 8.22 能够得到如图 8.29 中那样的显示效果，其中的外部面板被填充了一个全宽度的列表视图，形成了一个常见的全局菜单。

图 8.29 一个外部面板被插入到两个页面中

当使用全局菜单以后，一个必须考虑的问题就是菜单内容与当前网页内容的关联性。如果外部菜单中的代码对于整个网站是统一的，那么怎样才能建立全局菜单与当前网页内容的关联，即菜单中的"城市简介"与当前的"沈阳"或者"上海"等城市的关联？这在网站设计中可以通过多种 JavaScript 技巧来实现，例如动态设置全局菜单中的链接，或者把当前网页的 id 作为参数与全局菜单中的链接共同形成一个能够带有参数的链接等，这些都是在网站开发中常见的 JavaScript 技巧。

8.5 选 择 菜 单

HTML 中的<select>和<option>在网页中产生一个下拉菜单。这两个元素在 jQuery Mobile 中除了其基本的使用方法以外，还有一些特殊的表现方式。

8.5.1 选择菜单的基本表现形式

1. 基本的选择菜单

<select>和<option>元素能够在 HTML 网页中产生一个下拉菜单。在 jQuery Mobile 中，选择菜单(Select Menu)就基于这两个常用的 HTML 元素。这两个元素在 HTML 普通网页和 jQuery Mobile 网页中的作用是一致的，因此，选择菜单本身是一个非常容易理解，也非常容易使用的 UI 组件，但是，在设计网站的过程中，需要注意一些比较容易引起混淆的术语和概念。

<select>和<option>在 jQuery Mobile 中仍然可以被理解为一个下拉菜单(注意区分这一小节提到的下拉菜单与下一小节中提到的定制菜单或者弹出菜单)。

代码 8.23 演示了一个如图 8.30 所示的最基本的下拉菜单。

代码 8.23 基本选择菜单

```
<!DOCTYPE html>
<html>
<head>
    <title>jQuery Mobile - UI - SelectMenu</title>
    <meta charset="utf-8" />
    <script src="js/jquery-1.10.1/jquery-1.10.1.min.js"></script>
    <script src="js/jquery.mobile-1.4.2/jquery.mobile-1.4.2.min.js"></script>
    <link href="js/jquery.mobile-1.4.2/jquery.mobile-1.4.2.min.css"
      rel="stylesheet" />
    <meta name="viewport" content="width=device-width,initial-scale=1.0">
</head>
<body>
    <div data-role="page" data-theme="a">
        <div data-role="header"><h1>选择菜单</h1></div>
        <div class="ui-content" role="main">
            <form target="#">
            <div class="ui-field-contain">
                <label for="airport">机场</label>
                <select name="airport" id="airport">
                    <option value="PEK">北京首都国际机场</option>
                    <option value="PVG">上海浦东国际机场</option>
                    <option value="SHA">上海虹桥国际机场</option>
                    <option value="CAN">广州白云国际机场</option>
                    <option value="CTU">成都双流国际机场</option>
                </select>
```

```
            </div>
          </form>
      </div>
    </div>
</body>
</html>
```

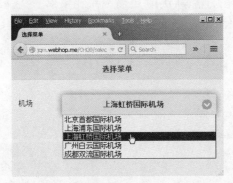

图 8.30　由选择菜单组件在 Firefox 桌面浏览器上形成的下拉菜单

选择菜单组件在 HTML 代码方面与普通网页一致，这一点与其他很多 UI 组件需要通过 data-role 属性或者 CSS 类来定义一个组件有所不同。但是同时，选择菜单组件在很多移动浏览器上表现为弹出菜单，例如，图 8.31 演示了相同的代码分别在 Chrome 移动浏览器和 Firefox 移动浏览器中，当菜单被打开时的情形。

图 8.31　下拉菜单在 Chrome 移动浏览器(左)和 Firefox 移动浏览器(右)中的表现方式

在移动浏览器中，下拉菜单以弹出方式显示。在不同的浏览器中，表现样式还会略有不同。为了避免不必要的混淆，这里把常规的下拉菜单称为选择菜单(Select Menu)，而在下一小节中出现的真正以弹出方式显示的菜单称为定制菜单(Custom Select Menu)。

2. 菜单中的图标

一个还没有打开的菜单在默认情况下在右端显示一个向下的箭头(data-icon="arrow-d")作

为菜单的图标。使用 data-icon 属性和 data-iconpos 属性能够很容易地使用自选图标来取代系统的默认图标，并且能够设置图标显示位置。如果把代码 8.23 中的菜单定义更改为下面这一行，那么菜单就会使用"+"图标并且显示在左端：

```
<select name="airport" id="airport" data-icon="plus" data-iconpos="left">
```

菜单中的图标允许出现在右端(默认)，或者出现在菜单的左端，文字之上、文字之下等位置，甚至可以隐藏菜单文字(data-iconpos="notext")，如图 8.32 所示。

图 8.32　图标在菜单中的不同显示位置

3. 菜单分组

菜单中的内容经常需要按照一定的规律被分为几个组。菜单分组由 HTML 元素<optgroup>实现。jQuery Mobile 直接对 HTML 元素产生的页面效果进行了优化，因此，在编写网页代码时，并不需要对选择菜单中的分组做出特别的定义。

代码 8.24　菜单分组

```html
<!DOCTYPE html>
<html>
<head>
    <title>jQuery Mobile - UI - SelectMenu</title>
    <meta charset="utf-8" />
    <script src="js/jquery-1.10.1/jquery-1.10.1.min.js"></script>
    <script src="js/jquery.mobile-1.4.2/jquery.mobile-1.4.2.min.js"></script>
    <link href="js/jquery.mobile-1.4.2/jquery.mobile-1.4.2.min.css"
      rel="stylesheet" />
    <meta name="viewport" content="width=device-width,initial-scale=1.0">
</head>
<body>
    <div data-role="page" data-theme="a">
        <div data-role="header"><h1>选择菜单</h1></div>
        <div class="ui-content" role="main">
            <form target="#">
            <div class="ui-field-contain">
                <label for="airport">机场</label>
                <select name="airport" id="airport">
                    <option>请选择...</option>
                    <optgroup label="中国">
                        <option value="PEK">北京首都国际机场</option>
```

```
                    <option value="PVG">上海浦东国际机场</option>
                    <option value="SHA">上海虹桥国际机场</option>
                </optgroup>
                <optgroup label="美国">
                    <option value="JFK">纽约肯尼迪国际机场</option>
                    <option value="LGA">纽约拉瓜迪亚国际机场</option>
                    <option value="LAX">洛杉矶国际机场</option>
                </optgroup>
                <optgroup label="加拿大">
                    <option value="YYZ">多伦多皮尔逊国际机场</option>
                    <option value="YVR">温哥华国际机场</option>
                    <option value="YUL">蒙特利尔特鲁多国际机场</option>
                </optgroup>
            </select>
        </div>
      </form>
    </div>
  </div>
</body>
</html>
```

代码 8.24 把菜单中的选项按照国家，分为三组，每一组由
<optgroup>元素界定范围。jQuery Mobile 将为分组以后的选项
和分组标题赋予特定的样式，如图 8.33 所示。如果菜单选项比
较多，超出了一屏的显示范围，jQuery Mobile 会自动添加垂直
滚动条，用户也可以通过拖动方式达到滚动菜单的目的。

4. 菜单组合与排列

菜单组合也是网页设计中十分常见的设计，比如饭店的点
菜系统、订单投递设置，以及下面使用的航班查询和订票系统
中，都会涉及这样的设计方法。

菜单组合实际上就是连续出现的几个菜单。为了使这些菜
单在视觉上形成一个有机整体，需要在代码中使用<fieldset>，
并且，非常重要的一步是设置 data-role="controlgroup"属性，
只有这样，组合中的各个菜单才不会在网页显示时彼此分离。
data-type 属性用于设置菜单组合的显示方法。

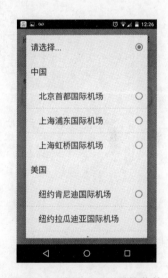

图 8.33　选项分组以后的菜单

代码 8.25 把菜单组合的显示方式设置为如图 8.34 中的水平排列(horizontal)，我们也可以把
菜单组合的显示方式设置为垂直排列(vertical)。

代码 8.25　水平排列的选择菜单集合

```
<!DOCTYPE html>
<html>
<head>
   <title>jQuery Mobile - UI - SelectMenu</title>
   <meta charset="utf-8" />
```

```html
<script src="js/jquery-1.10.1/jquery-1.10.1.min.js"></script>
<script src="js/jquery.mobile-1.4.2/jquery.mobile-1.4.2.min.js"></script>
<link href="js/jquery.mobile-1.4.2/jquery.mobile-1.4.2.min.css"
  rel="stylesheet" />
<meta name="viewport" content="width=device-width,initial-scale=1.0">
</head>
<body>
  <div data-role="page" data-theme="a">
    <div data-role="header">
       <h1>选择菜单</h1>
    </div>
    <div class="ui-content" role="main">
      <form target="#">
      <fieldset data-role="controlgroup" data-type="horizontal">
        <legend>中国->加拿大航班</legend>
        <label for="origin">始发</label>
        <select name="origin" id="origin">
           <option value="">出发地</option>
           <option value="PEK">北京首都国际机场</option>
           <option value="PVG">上海浦东国际机场</option>
           <option value="CAN">广州白云国际机场</option>
        </select>
        <label for="destination">到达</label>
        <select name="destination" id="destination">
           <option value="">目的地</option>
           <option value="YYZ">多伦多皮尔逊国际机场</option>
           <option value="YVR">温哥华国际机场</option>
        </select>
        <label for="airline">航空公司</label>
        <select name="airline" id="airline">
           <option value="">航空公司</option>
           <option value="AC">加拿大航空</option>
           <option value="×">其他...</option>
        </select>
      </fieldset>
      </form>
    </div>
  </div>
</body>
</html>
```

当为一个网页设计水平排列的菜单组合时，一定要注意菜单整体所需的最小宽度。如果排列的组合过多，或者初始显示时菜单中的文字过长，都会打乱菜单的排列，以至于对对页面总体布局造成损害。因此，必须谨慎使用水平排列的菜单组合，或者仔细设置菜单中的文字。

从图 8.34 的第一幅画面中可以看到，菜单的初始显示文字都比较短，这既方便了标识一个菜单，又有利于屏幕布局。如果在菜单中直接显示航空公司或者飞机场的名字，文字过长，页面布局就被破坏了。

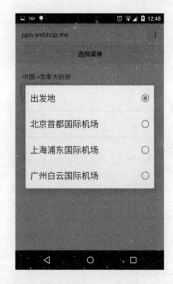

图 8.34　水平排列的菜单集合的初始状态和菜单打开方式

8.5.2　定制菜单

在上一小节中，我们已经提到了在此之前我们见到的选择菜单，即使在移动浏览器上是以弹出方式显示，但是在本质上，这些选择菜单仍然属于下拉菜单的范畴。上述这些菜单在浏览器中的显示方式取决于浏览器本身对<select>和<option>元素的显示方式，而 jQuery Mobile 并没有改变那些菜单的显示方式。也就是说，以上菜单的显示方式被认为是浏览器/操作系统本身(native)提供的方式。通常，jQuery Mobile 会对网页进行自动样式增强。对于一个选择菜单来说，jQuery Mobile 是否对其进行样式增强，取决于属性 data-native-menu 的设置。这个属性的默认值是 true，意味着在默认情况下 jQuery Mobile 系统没有被要求更改选择菜单的样式，一旦我们如代码 8.26 中那样把这个属性的值设置为 false，jQuery Mobile 就会自动地把选择菜单的显示样式更改为弹出方式，如图 8.35 所示。我们把 data-native-menu 属性值为 false 的菜单称为定制菜单。定制菜单还有一种特殊情况，当菜单中的选项非常多时，jQuery Mobile 会把弹出菜单的显示方式自动更改为把所有的选项显示在一个对话框(包含关闭按钮)中，如图 8.36 所示。

代码 8.26　定制菜单

```
<!DOCTYPE html>
<html>
<head>
    <title>jQuery Mobile - UI - SelectMenu</title>
    <meta charset="utf-8" />
    <script src="js/jquery-1.10.1/jquery-1.10.1.min.js"></script>
    <script src="js/jquery.mobile-1.4.2/jquery.mobile-1.4.2.min.js"></script>
    <link href="js/jquery.mobile-1.4.2/jquery.mobile-1.4.2.min.css"
      rel="stylesheet" />
    <meta name="viewport" content="width=device-width,initial-scale=1.0">
</head>
<body>
```

```
    <div data-role="page" data-theme="a">
        <div data-role="header">
            <h1>选择菜单</h1>
        </div>
        <div class="ui-content" role="main">
            <form target="#">
            <div class="ui-field-contain">
                <label for="airport">机场</label>
                <select name="airport" id="airport"
                    data-native-menu="false">
                    <option value="PEK">北京首都国际机场</option>
                    <option value="PVG">上海浦东国际机场</option>
                    <option value="SHA">上海虹桥国际机场</option>
                    <option value="CAN">广州白云国际机场</option>
                    <option value="CTU">成都双流国际机场</option>
                </select>
            </div>
            </form>
        </div>
    </div>
</body>
</html>
```

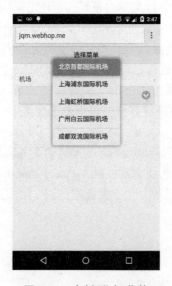

图 8.35 定制(弹出)菜单

图 8.36 以对话框形式显示的定制菜单

8.6 选 择 开 关

选择开关(Flip Switch)是一个只有两种状态的 UI 组件。一个开关组件能够使用户非常方便地回答"是"或"否"。我们在智能手机的设置页面上看到大量的开关，用于启动或者停止设备上的一个功能。在网页的设计中，常见于询问是否需要移动设备记住用户登录的用户名等。

jQuery Mobile 有多种开关实现方法，其中包括一种趋于淘汰的开发方法。

8.6.1　常见的开关编写方法

这一单元将介绍通过多选按钮(checkbox)和下拉菜单(<select>和<option>)实现的开关组件。这些都是在 jQuery Mobile 1.4 中推荐的开发方案。在这些设计方法中，HTML 元素本身所形成的原始样式已经荡然无存，jQuery Mobile 通过替换和样式增强，使这些常规的 HTML 元素形成了在普通网页中难以创建的 UI 组件。

1. 多选按钮与开关

每一个多选按钮都有"已选择(checked)"和"没有被选择"两种状态，这两种状态符合开关的基本要求，jQuery Mobile 利用了多选按钮的这一特点，在表现样式上加以改进，形成了一个开关组件。

代码 8.27 演示了一个最基本的选择开关组件。

代码 8.27　通过多选按钮创建的开关

```
<!DOCTYPE html>
<html>
<head>
   <title>jQuery Mobile - UI - Flip Switch</title>
   <meta charset="utf-8" />
   <script src="js/jquery-1.10.1/jquery-1.10.1.min.js"></script>
   <script src="js/jquery.mobile-1.4.2/jquery.mobile-1.4.2.min.js"></script>
   <link href="js/jquery.mobile-1.4.2/jquery.mobile-1.4.2.min.css"
     rel="stylesheet" />
   <meta name="viewport" content="width=device-width,initial-scale=1.0">
</head>
<body>
   <div data-role="page" data-theme="a">
     <div data-role="header">
        <h1>开关 </h1>
     </div>
     <div class="ui-content" role="main">
        <form>
           <div class="ui-field-contain">
              <label for="yes_no">功能激活</label>
              <input type="checkbox" data-role="flipswitch"
                name="yes_no" id="yes_no">
           </div>
        </form>
     </div>
   </div>
</body>
</html>
```

运行效果如图 8.37 所示。在这段代码中，一个多选按钮被 data-role="flipswitch"属性修饰。

jQuery Mobile 会在页面初始化过程中，把这个多选按钮"替换"为一个开关组件，原始的多选按钮处于被隐藏的状态。当表单向服务器发送数据时，真正提供数据的仍然是原始的多选按钮，用户通过 UI 组件修改的信息实际上仍然被保存在一个处于隐藏状态的多选按钮中。

2. 开关组件的实用定制

一个开关组件可以设置迷你等样式风格，此外，开关的初始状态和说明文字对于一个实用网站来说是非常重要的定制要求。

一个开关在默认的初始显示状态下表现为"关"状态(或者称为"否"状态)。由于开关的状态是与原始多选按钮的状态直接关联的，并且这个关联由 jQuery Mobile 框架维护，当我们把多选按钮设置为"已选择(checked)"状态时，网页上的开关同样会被设置为"开"状态(或者称为"是"状态)。

开关组件上面的文字默认为 On 或者 Off，我们可以更改这些文字，甚至去除说明文字。由于一个开关拥有两种状态，我们需要对两种状态的文字通过属性 data-on-text 和 data-off-text 分别进行设置。

代码 8.28 演示以上两种实用定制，实际效果如图 8.38 所示。

图 8.37 处于初始默认状态的基本开关　　图 8.38 开关说明文字被修改，并且被设置为"已选择"状态的开关

代码 8.28　设置开关说明文字和设置初始状态

```
<!DOCTYPE html>

<html>
<head>
    <title>jQuery Mobile - UI - Flip Switch</title>
    <meta charset="utf-8" />
    <script src="js/jquery-1.10.1/jquery-1.10.1.min.js"></script>
    <script src="js/jquery.mobile-1.4.2/jquery.mobile-1.4.2.min.js"></script>
    <link href="js/jquery.mobile-1.4.2/jquery.mobile-1.4.2.min.css"
```

```
              rel="stylesheet" />
         <meta name="viewport" content="width=device-width,initial-scale=1.0">
    </head>
    <body>
         <div data-role="page" data-theme="a">
              <div data-role="header"><h1>开关 </h1></div>
              <div class="ui-content" role="main">
                   <form>
                        <div class="ui-field-contain">
                             <label for="yes_no">功能激活</label>
                             <input type="checkbox" data-role="flipswitch"
                               data-on-text="是" data-off-text="否"
                               name="yes_no" id="yes_no" checked="">
                        </div>
                   </form>
              </div>
         </div>
    </body>
</html>
```

3. 下拉菜单与开关

<select>和<option>元素用于在网页中建立下拉菜单。这两个元素提供了 jQuery Mobile 创建开关组件的另外一个选择。<option>元素本身就能够设置不同的说明文字,不需要借助 jQuery Mobile 特有的属性。而且只要在任何一个<option>元素中设置 selected=""属性,就能决定一个开关的初始显示状态。

代码 8.29 实现了与代码 8.28 相同的功能,而且实际显示效果也与图 8.38 相同。需要注意的是,虽然通过多选按钮和<select>能够达到相同的目的,但是,由于实际数据分别保留在<input>元素和<select>元素中,当数据向服务器发送时,应当注意在服务器端正确的数据接收方式。

代码 8.29 通过<select>元素创建的开关

```
<!DOCTYPE html>
<html>
<head>
    <title>jQuery Mobile - UI - Flip Switch</title>
    <meta charset="utf-8" />
    <script src="js/jquery-1.10.1/jquery-1.10.1.min.js"></script>
    <script src="js/jquery.mobile-1.4.2/jquery.mobile-1.4.2.min.js"></script>
    <link href="js/jquery.mobile-1.4.2/jquery.mobile-1.4.2.min.css"
      rel="stylesheet" />
    <meta name="viewport" content="width=device-width,initial-scale=1.0">
</head>
<body>
    <div data-role="page" data-theme="a">
         <div data-role="header"><h1>开关 </h1></div>
```

```
        <div class="ui-content" role="main">
            <form>
                <div class="ui-field-contain">
                    <label for="yes_no">功能激活</label>
                    <select data-role="flipswitch"
                      name="yes_no" id="yes_no">
                        <option>否</option>
                        <option selected="">是</option>
                    </select>
                </div>
            </form>
        </div>
    </div>
</body>
</html>
```

8.6.2　滑动条开关

从外形上看，一个开关组件很像一个缩小版的滑动条，而且它们在滑动过程中的动画效果也十分相似。在 jQuery Mobile 1.4 之前，开关组件通常是通过滑动条实现的。但是，随着滑动条开发方法的改进，通过滑动条实现开关组件的方式已经趋于淘汰，并且在新的网站开发中建议不再使用。由于滑动条开关曾经大量使用，这里做一个简要介绍。

滑动条开关具有几个要素：首先，这个组件在分类上属于滑动条(data-role="slider")，读者或许已经意识到一个问题，在本章 8.1 节中，我们从来没有使用过 data-role="slider"这样的方法。data-role="slider"已经建议不再使用，jQuery Mobile 已经采用更为贴近原始 HTML 的方法来实现相同的功能。这里的用法来源于 jQuery Mobile 的早期版本；其次，滑动条开关由<select>元素以及两个<option>元素组成。

代码 8.30 与代码 8.29 的差别非常微小，但这两段代码却分别代表了当前建议的开发方式和趋于淘汰的开发方式。

代码 8.30　滑动条开关

```
<!DOCTYPE html>
<html>
<head>
    <title>jQuery Mobile - UI - Flip Switch</title>
    <meta charset="utf-8" />
    <script src="js/jquery-1.10.1/jquery-1.10.1.min.js"></script>
    <script src="js/jquery.mobile-1.4.2/jquery.mobile-1.4.2.min.js"></script>
    <link href="js/jquery.mobile-1.4.2/jquery.mobile-1.4.2.min.css"
      rel="stylesheet" />
    <meta name="viewport" content="width=device-width,initial-scale=1.0">
</head>
<body>
    <div data-role="page" data-theme="a">
        <div data-role="header"><h1>开关 </h1></div>
```

```
    <div class="ui-content" role="main">
        <form>
            <div class="ui-field-contain">
                <label for="yes_no">功能激活</label>
                <select data-role="slider" name="yes_no" id="yes_no">
                    <option>否</option>
                    <option>是</option>
                </select>
            </div>
        </form>
    </div>
  </div>
</body>
</html>
```

读者需要仔细思考引起这种变化的深层原因。

运行代码 3.30，实际效果与图 3.38 非常相似。如果仔细比较新旧两种编程方式在浏览器中的显示效果，就会发现，滑动条开关具有一个滑动条特有的滑块，而 8.6.1 小节中的实例则不具备相同表现样式的"滑块"。

8.7　本 章 习 题

编程题

(1)　编写一个用于调节灰度的滑动条。当移动滑块位置时，测试区的背景色在黑色与白色之间相应调整，如图 8.39 所示。

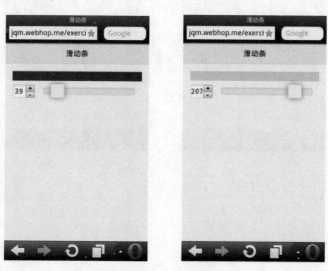

图 8.39　题(1)图

(2)　编写一个带有搜索功能的景点列表视图，如图 8.40 所示。

图 8.40   题(2)图

(3)   设计一个带有左右两个面板的网页。左面板采用"推"(push)的打开方式，右面板采用"覆盖"(overlay)的打开方式。每一个面板上都含有一个用于关闭当前面板的按钮。下面两幅画面分别表示当左右两个面板打开时的情形，如图 8.41 所示。注意，网页被面板遮盖以后的剩余部分所表示的 push 和 overlay 打开方式。

图 8.41   题(3)图

jQuery Mobile

第 9 章
jQuery Mobile 的样式定制

本章导读：

对 jQuery Mobile 网站来说，其样式是通过 jQuery Mobile 框架本身的样式系统和网站设计者另行开发的 CSS 实现的。

jQuery Mobile 框架的样式系统也是由一套完整的 CSS 定义实现的，其中包括框架自带的样式，也包括由设计者自行定义的样式。因此，jQuery Mobile 网站的样式从本质上是由多套 CSS 规则共同作用的结果。

本章将重点介绍 jQuery Mobile 的样式系统的使用和定制，以及如何在网站开发过程中临时修改一个特定样式的方法。通过本章的学习，读者将了解利用 ThemeRoller 工具定制样式系统的方法，并且通过几个典型的实例，来了解在样式系统之外的进一步定制方法。

9.1　jQuery Mobile 主题样式系统简介

本书在前几章，已经多次使用了 jQuery Mobile 的样式系统对网页进行样式定制。定制一个页面的样式或者定制页面中某一个 UI 组件的样式时，可以通过样式定制属性 data-theme 来完成。也有一些 UI 组件除了 data-theme 属性外，还拥有 data-content-theme(可收放组件)、data-overlay-theme(对话框、页面、弹出框、选择菜单)、data-track-theme(滑动条、选择开关)、data-count-theme、data-divider-theme、data-filter-theme、data-header-theme、data-split-theme(列表视图)、data-back-btn-theme(工具栏)等。以上这些属性的属性值都是 jQuery Mobile 的主题样本(swatch)。

9.1.1　主题系统

1. 主题和样本

到目前为止，本书已经使用了两套样式主题。其中最常用的一套是 jQuery Mobile 1.4 自带的样式，其中包含了浅色样本 a 和深色样本 b。

另外一套样式我们只在少量实例中用到，我们称这套样式为经典样式。经典样式包括了从 a 到 e，一共 5 个样本，这 5 个样本与 jQuery Mobile 1.3 系统中自带的样式一致。

样式系统由包含若干样本的样式主题组成。网站开发人员可以使用 jQuery Mobile 框架自带的样式或者使用自定义的样式。

2. 样本

当选定了一套样式以后，在网页代码中，与我们直接打交道是样本。

我们把以字母为代表的样本赋予一个页面、页面上的页头和页尾、一个 UI 组件，或者组件的某一个组成部分。样本正如前面所说，data-theme 和其他相关属性的属性值是样本名称。jQuery Mobile 采用字母 a~z 作为样本名。因此，jQuery Mobile 的一套样式在正常情况下最多能够拥有 26 个不同的样本(技术上可以做到超过 26 个样本)。

每一个样本给开发人员最直观的体验是定义了一套颜色方案，这包括了 jQuery Mobile 1.4 自带的浅色样本和深色样本，或者经典样式中 5 个不同样本的不同色彩。一个样本还包含了大量的信息，包括字体、边角的弧度、背景渐变效果、阴影、图标背景，以及按钮按下后的动态变化等。每一个样本定义的一套颜色方案并不意味着一个样本只有一种颜色，而是一个样本应该定义一种与其他样本彼此区别的主色调。图 9.1 是一个样式样本的示意图。

图 9.1　一个样式样本

在如图 9.1 所示的示意图中，一个样本使用了多种颜色，这些颜色分别作用在网页中不同的组成部分。图中的颜色反差比较大，这是为了在黑白印刷的书上便于辨别的目的，在实际网站中，一个样本中的颜色方案设计牵涉了美观、实用、企业或商品的标志色，甚至是无障碍设计等多方面的考虑。jQuery Mobile 对于每一个样本中的颜色方案进行了归类。

从图 9.1 中可以看出，页头和列表视图的表头使用了同样的颜色，UI 组件的背景与输入字段的背景色相同。网页的背景、按钮和链接各自使用了单独的颜色。这样的色彩分组能够满足通常的设计要求，如果需要，网页开发过程中可以在样本的基础上对某一个样式(包括颜色)进行特殊的设置。

说明：　无障碍设计是现代网站设计的重要一环。本书第 2 章已经介绍了在 HTML 5 中使用 WAI-ARIA 使网站能够与屏幕阅读器相适应。色彩的无障碍设计也是网站整体设计的一部分。色彩设计包括了颜色对比度、前景与背景的对比，以及关于色盲用户的特殊需要等多个方面。读者可以参考明尼苏达大学网站有关 Web 设计中与色彩无障碍设计相关的术语与测试工具的介绍，网址是：

http://accessibility.umn.edu/color-and-contrast-414.html

9.1.2　样本定义的方法

不是每一个网站设计人员都必须理解样本在 CSS 文件中的定义方法，对这些方法的大致了解，将有助于我们设计自己的样式主题。

从文件的组织结构角度来看，jQuery Mobile 框架包含了如图 9.2 所示的许多 CSS 文件。

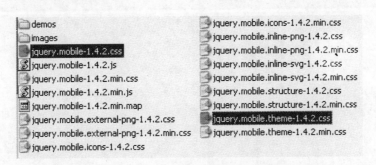

图 9.2　定义了 jQuery Mobile 样式主题的 CSS 文件

我们在实例中用到了其中的一个 jquery.mobile-1.4.2.css(或者文件名中带有 min 字样的压缩版本)，同时，我们还能从同一个目录下找到 jquery.mobile.theme-1.4.2.css(或者这个文件对应的压缩版本)。

jquery.mobile-1.4.2.css 包含了 jQuery Mobile 框架本身所有的 CSS，其中包括了样式主题，而 jquery.mobile.theme-1.4.2.css 仅仅包含了样式主题部分。

也就是说，我们在实例中所用的 jquery.mobile-1.4.2.css 是一个 CSS 全集，而样式定义文件 jquery.mobile.theme-1.4.2.css 是它的一个子集。在我们以前所见的实例中，使用了 jQuery Mobile 的 CSS 全集，因此，并不需要加载图 9.2 中见到的其他 CSS 文件。

打开 jquery.mobile.theme-1.4.2.css，我们能够发现样式主题由如图 9.3 所示 3 个部分组成：

Globals(全局)、Swatches(样本)和 Structure(结构)。每一个的主要部分要被分为很多更具体的部分，例如全局样式就包括了字体、普通按钮、图标按钮、阴影、单选与多选按钮样式，以及图标显示方式、备选图标显示方式等。样本部分逐一定义了 jQuery Mobile 框架自带的样本，比如 jQuery Mobile 的 a 和 b 样本定义。结构部分定义了一些与样式主题相关但又属于组件结构的样式(主要的结构定义在 jquery.mobile.structure-1.4.2.css 中，或者在 CSS 全集文件中也可以找到，这里不做介绍)。

```
12
13    /* Globals */
14   ┌/* Font
15   │ --------------------------------------------------------------
16   ┌html {
17   │     font-size: 100%;
18   └}
19    body,
20    input,
21    select,
22    textarea,
23    button,
24   ┌.ui-btn {
25   │     font-size: 1em;
26   │   · line-height: 1.3;
```

```
213   └}
214    /* Swatches */
215   ┌/* A
216   │ --------------------------------------------------------------
217    /* Bar: Toolbars, dividers, slider track */
218    .ui-bar-a,
219    .ui-page-theme-a .ui-bar-inherit,
220    html .ui-bar-a .ui-bar-inherit,
221    html .ui-body-a .ui-bar-inherit,
222   ┌html body .ui-group-theme-a .ui-bar-inherit {
223   │     background-color:        #e9e9e9 /*{a-bar-background-color}*/
224   │     border-color:            #ddd /*{a-bar-border}*/;
225   │     color:                   #333 /*{a-bar-color}*/;
226   │     text-shadow: 0 /*{a-bar-shadow-x}*/ 1px /*{a-bar-shadow-y}*/ 0 /
227   │     font-weight: bold;
```

```
538   └}
539    /* Structure */
540   ┌/* Disabled
541   │ --------------------------------------------------------------
542    /* Class ui-disabled deprecated in 1.4. :disabled not supported by I
543    .ui-disabled,
544    .ui-state-disabled,
545    button[disabled],
546   ┌.ui-select .ui-btn.ui-state-disabled {
547   │     filter: Alpha(Opacity=30);
548   │     opacity: .3;
549   │     cursor: default !important;
550   │     pointer-events: none;
551   └}
552   ┌/* Focus state outline
```

图 9.3　jQuery Mobile 在样式主题定义中的 3 个主要部分

　　jQuery Mobile 在样式主题的定义上结构比较清晰，只要熟悉 CSS 编程，手工修改已有的样本，或者复制一个已有的样本作为模板，并在此基础上创建一个新的样本，都是能够做到的。网站开发人员可以按照自己的需要来设计自己的样式主题。

9.2　使用第三方样式主题

我们从网上可以找到很多现成的样式主题。在决定直接利用这些样式之前，有几个问题必须加以考虑。

(1) 版本兼容性

jQuery 体系包括了 jQuery UI 和 jQuery Mobile，这两个框架都是建立在 HTML 5、CSS 3，以及 JavaScript 之上的，并且同样依赖于 jQuery，但是，这两者在设计上出发点不同，因此，应该首先确认一个定制样式是为 jQuery Mobile 设计的。其次，即使一套样式主题是为 jQuery Mobile 设计的，仍然需要确认这套样式兼容的 jQuery Mobile 版本。比如，jQuery Mobile 1.3 和 1.4 依赖的 jQuery 版本不同，有一些 jQuery API 在新版本中已经发生了变化，而且，两者对于图标等的显示方法在内部实现上有很大的不同。这些变化造成了为 jQuery Mobile 1.3 设计的样式并不适用于 jQuery Mobile 1.4。

(2) 业务需求

通常，在商业网站设计过程中，业务部门或者客户会提出非常具体的用户界面要求。在需求分析与设计阶段，把这些需求转化成与样式主题相匹配的需求与设计文档。在这个阶段中，我们可以评估一个现成的定制样式是否满足业务需求，或者对现有的样式做少量修改，以满足业务需求的可能性。

(3) 可扩展性

当正在测试一个第三方的样式主题时，应该同时检查这个样式的源代码。这是因为，一些样式主题虽然能够与当前版本的 jQuery Mobile 协同工作，但是，这些样式是建立在一个广义的"样式主题"概念之上的。这些软件模块在使用上并不遵从 jQuery Mobile 的编程模式，也无法导入到 ThemeRoller 工具进行进一步的修改。因此，需要仔细评估网站在将来业务需求变化或者网站升级方面所面临的样式主题无法升级的风险。

(4) 版权与授权

每一个可用于商业目的的软件都伴随着一个许可证。所有的开发人员都应当尊重软件作者的版权。本书所涉及的软件都是以开源方式提供的，大多数采用了常见的 MIT 许可证[1]授权方式。这种授权方式提供了开发人员在商业项目中免费使用与分发的权利，但是有一些软件模块有额外的版权要求，比如公共版权(copyleft)等的附加条件。在决定网站设计方案的阶段，明确第三方软件模块的授权方式在商业开发活动中十分重要。

下面以两个与 jQuery Mobile 1.4 兼容的开源样式主题为例，进一步介绍这一类第三方软件的使用方法与制约条件。本书作者对这些第三方软件只做技术上的讨论。

9.2.1　jQuery Mobile Flat UI Theme

jQuery Mobile Flat UI Theme[2]就像它的名字，是一套为 jQuery Mobile 设计的具有扁平化设

---

[1] MIT License：http://en.wikipedia.org/wiki/MIT_License (维基百科)。

[2] jQuery Mobile Flat UI Theme 项目网站：https://github.com/ququplay/jquery-mobile-flat-ui-theme。

计特点的用户界面。扁平化设计的流行离不开 iOS 对这种用户界面设计理念的推崇。它摒弃了拟物化的 3D 效果，采用的是无阴影、无色彩渐变的非立体感设计。这样的界面设计在 iPhone 或者 Windows 8 系统中非常多见。但是，这样的 UI 设计是否能够满足 UX(人际交互)设计要求并且长久流行，仍然是一个很大的争议。jQuery Mobile Flat UI Theme 采用 WTFPL[①]授权方式。在这种授权方式下，版权方对软件的使用、修改、分发、销售等一切自用或商业行为不做限制。

使用 jQuery Mobile Flat UI Theme 样式主题的时候，需要在网页代码中加入 jquery.mobile.flatui.css 或者它的压缩版本(min)。在网页中的某一个 UI 组件声明样本的方法遵循了 jQuery Mobile 样式声明的通用方法。

图 9.4 演示了通过 jQuery Mobile Flat UI Theme 实现的扁平化设计用户界面。

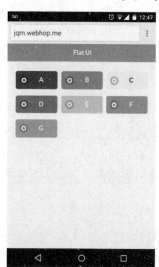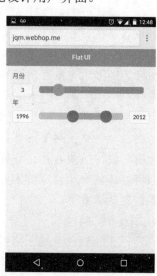

图 9.4　扁平样式实例

图 9.4 中，第一幅画面中的 7 个按钮分别使用了 jQuery Mobile Flat UI Theme 中的 7 个样本(a~g)。下面是分别为按钮、选择开关，以及区间滑动条设置样本的典型代码：

```
<!-- 按钮 -->
<a href="#" data-role="button" data-icon="gear" data-theme="a">A</a>

<!-- 选择开关 -->
<label for="yes_no">功能激活</label>
<input type="checkbox" data-role="flipswitch" name="yes_no" id="yes_no"
  data-theme="e">

<!-- 区间滑动条 -->
<div data-role="rangeslider" data-theme="d" data-track-theme="e">
    <label for="min_year">年</label>
    <input type="range" name="min_year" id="min_year" value="1996"
      min="1980" max="2020">
    <label for="max_year">年</label>
```

---

① WTFPL：http://zh.wikipedia.org/wiki/WTFPL (维基百科)。

```
<input type="range" name="max_year" id="max_year" value="2012"
   min="1980" max="2020">
</div>
```

上述代码都是改编自本书第 6 章到第 8 章的实例。这些代码都是采用了 jQuery Mobile 设置样式样本的通用方法，代码本身没有特别之处。但是，如果我们要实现图 9.4 中的显示效果，每一个网页文件中链接外部 CSS 的方法却有一点不同。

实现上述 3 幅画面的网页都有下面一段共同的代码：

```
<head>
   <title>jQuery Mobile - theme</title>
   <meta charset="utf-8" />
   <script src="js/jquery-1.10.1/jquery-1.10.1.min.js"></script>
   <script src="js/jquery.mobile-1.4.2/jquery.mobile-1.4.2.min.js"></script>
   <link href="themes/jquery-mobile-flat-ui-theme-master/generated/
     jquery.mobile.flatui.css" rel="stylesheet" />
   <meta name="viewport" content="width=device-width,initial-scale=1.0">
</head>
```

从上面这段代码中可以看到，当一个网页使用 jQuery Mobile Flat UI Theme 样式主题时，只需要引用这套定制样式所提供的 CSS 文件，而不需要引用 jQuery Mobile 框架本身的 CSS 文件。如果更深入地的研究 jquery.mobile.flatui.css，就会发现 jQuery Mobile Flat UI Theme 提供的 CSS 文件已经包含了 jQuery Mobile 框架需要的基本结构和图标等，而且有的局部 CSS 定义是与 jQuery Mobile 相互冲突的。

因此，我们可以认为 jQuery Mobile Flat UI Theme 的 CSS 文件是 jQuery Mobile 的一个变形，而不是一个纯粹的样式扩展。一个单纯的样式定制是一个 CSS 文件，在使用时，应该链接在 jQuery Mobile 的 CSS 全集文件(如 jquery.mobile-1.4.2.css)之后，用以取代 jQuery Mobile 框架自带的样本 a 和 b。或者不引用 jQuery Mobile 的 CSS 全集文件，分别单独引用 jQuery Mobile 的结构、图标等 CSS 文件，外加定制样式所提供的 CSS 文件。

在选用 jQuery Mobile Flat UI Theme 时，还需要注意一个问题。jQuery Mobile 1.4 相对于 1.3 的一个变化在于新版本的图标首选 SVG(同时支持 PNG)，而在旧版本中，使用 PNG。

jQuery Mobile Flat UI Theme 在改写 jQuery Mobile 1.4 CSS 文件的时候保留了 jQuery Mobile 1.4 的图标在网页代码中的编程方式，但是只提供了 PNG 图标。

9.2.2 nativeDroid

nativeDroid[①]是一套模拟 Android 4.x 用户界面样式的 jQuery Mobile 样式扩展。本书写作期间，nativeDroid 发布的 0.27 版本需要运行在 jQuery Mobile 1.4.2 环境下。nativeDroid 软件作者没有直接使用任何一种开源许可证，而是直接授权用户可以在为客户开发的商业项目中使用，但是必须在项目中提供一个可见的链接(http://nativedroid.godesign.ch/)指向项目网站。如果使用者不想在项目中出现这个链接，软件作者要求使用者向该软件项目捐款 15 美元。同时，软件作者不允许再以项目为模板销售该项目。

---

① nativeDroid 项目网站：http://nativedroid.godesign.ch/。

nativeDroid 提供了基于 5 种颜色的样本：蓝、绿、紫、红、黄。另外提供了两种表现样式：深色和浅色。每一个样本和表现样式都有一个单独的 CSS 文件。nativeDroid 把所有的样式定制都统一使用了样本代号 b。因此，在网页代码中，只会出现一种样式样板。如果需要使用别的主题颜色，或者在深色和浅色表现样式之间切换，就必须链接不同的 CSS 文件。

下面通过一个简单的网页，来说明设置网页工具栏样式的方法。

代码 9.1   nativeDroid 样式的应用

```html
<!DOCTYPE html>

<html>
<head>
 <title>jQuery Mobile - theme</title>
 <meta charset="utf-8" />
 <script src="js/jquery-1.10.1/jquery-1.10.1.min.js"></script>
 <script src="js/jquery.mobile-1.4.2/jquery.mobile-1.4.2.min.js"></script>
 <link href="js/jquery.mobile-1.4.2/jquery.mobile-1.4.2.min.css"
   rel="stylesheet" />
 <link rel="stylesheet"
   href="themes/nativeDroid-master/css/jquerymobile.nativedroid.css"/>
 <link rel="stylesheet"
   href="themes/nativeDroid-master/css/
   jquerymobile.nativedroid.light.css"/>
 <link rel="stylesheet"
   href="themes/nativeDroid-master/css/
   jquerymobile.nativedroid.color.green.css" />
 <meta name="viewport" content="width=device-width,initial-scale=1.0">
</head>

<body>
  <div data-role="page" data-theme="b">
    <div data-role="header" data-position="fixed"
     data-tap-toggle="false" data-theme="b">
      <h1>nativeDroid</h1>
    </div>
    <div class="ui-content" role="main">
      <div class="inset">
        本网站使用了<a href="http://nativedroid.godesign.ch/"
        data-ajax= "false" >nativeDroid</a>样式。
      </div>
    </div>
    <div data-role="footer" data-position="fixed"
     data-tap-toggle="false" data-theme="b">
      <div data-role="navbar">
        <ul>
          <li><a href="#" data-icon="home"
                data-iconpos="top">主页</a></li>
            <li><a href="#" data-icon="mail"
```

```
                        data-iconpos="top">联系</a></li>
                <li><a href="#" data-icon="search"
                        data-iconpos="top">帮助</a></li>
            </ul>
        </div>
    </div>
  </div>
</body>
</html>
```

代码 9.1 从网页内容上与本书先前介绍的 jQuery Mobile 样式设置的标准编程方法一致。但是，由于 nativeDroid 的特点，所有需要设置样式的 UI 组件的 data-theme 属性值都应该是 b。从网页的<head>部分可以看到，除了加载 jQuery 和 jQuery Mobile 以外，nativeDroid 还需要加载 3 个 CSS 文件，其中包括必须加载的 jquerymobile.nativedroid.css，从深色样式或者浅色样式中选取一个 CSS 文件，以及从 5 中主题颜色中选取一个 CSS 文件。

代码 9.1 在浏览器中显示的效果如图 9.5 所示。如果把代码 9.1 中的样式替换为深色，并且把主题样本替换为黄色，那么，网页就会变成如图 9.6 所示的情形。

图 9.5　nativeDroid 的绿色样本与浅色样式　　图 9.6　nativeDroid 的黄色样本与深色样式

从图 9.5 和 9.6 中，读者会很容易注意到，网页正文中的文字与页头部分之间没有间隙，这与我们先前见到的网页在布局上面有一点差别。

造成这种现象的原因，是 nativeDroid 对 jQuery Mobile 的页面结构做了一些修改，同样，在页头部分，我们也可以看到，即使页面的标题使用了 jQuery Mobile 网页的标准编程方法，但是，标题文字比 jQuery Mobile 默认的字体大，而且并不水平居中。

在 Chrome 浏览器中调试代码，可以看到图 9.7 中鼠标所指的 CSS 语句。

正是由于 nativeDroid 对网页内容部分 padding 的重新定义，原有的间隙被去除了。读者可以自行在 jquerymobile.nativedroid.css 中找到相关的 CSS 定义进行修正，但是，在修改之前，最好能够了解该样式设计者的设计意图。

图 9.7   网页页头与正文内容过于接近的原因分析

9.3   ThemeRoller 工具

在 9.2 节中，介绍了两套定制样本实例。这两套定制样本从某种程度上来说，是对 jQuery Mobile 样式的深度定制。除了定义新的样本(swatch)以外，还对 jQuery Mobile 页面的结构和布局做一定的修改。但是，这两套定制样式都不能直接导入到 jQuery Mobile 的 ThemeRoller 工具中，如果想要修改，则需要手工修改 CSS 源代码。这一节介绍利用 ThemeRoller 工具的图形化界面来创建全新的或者扩展 jQuery Mobile 已有的样本。新的样式定制将很容易地重新导入到 ThemeRoller 工具中，便于将来修改和进一步扩展。

9.3.1   ThemeRoller 的基本操作

ThemeRoller 是一个在线样式主题定制工具，由 jQuery Mobile 提供。使用者可以通过 jQuery Mobile 网站主菜单上的 Themes 进入 ThemeRoller，如图 9.8 所示，网站将显示 ThemeRoller 欢迎界面，如图 9.9 所示。

欢迎界面提示使用者 ThemeRoller 能够最多创建 26 个样本，并且能够导入已有的样式定义，并通过 ThemeRoller 工具对已有的样式定义进行升级。点击欢迎页面上的 Get Rolling 按钮，进入 ThemeRoller 工具用户界面。

图 9.8   从 jQuery Mobile 网站的主菜单 Themes 进入 ThemeRoller

图 9.9　ThemeRoller 欢迎界面

1. ThemeRoller 功能按钮

ThemeRoller 用户界面由一个主页面和一些弹出窗口组成。主页面分左右两部分。右边的顶部包含了 ThemeRoller 用于配置和导入/导出等主要功能的按钮，如图 9.10 所示。

图 9.10　TheemRoller 的主要功能

不同版本的 jQuery Mobile 是建立在不同的 jQuery 版本基础之上的，并且包括图标等组件，在显示方式上采用了不同的 CSS。因此，每一个主要版本所采用样式主题 CSS 的兼容性是不能保证的。在开始创建一个新的样式时，开发者必须选择与网站中使用的 jQuery Mobile 版本相匹配的样式主题版本。图 9.11 显示了当版本选择下拉菜单打开时的情景，ThemeRoller 默认为当前版本 1.4.x。

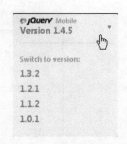

图 9.11　jQuery Mobile 版本选择

如果选择一个其他版本的 jQuery Mobile，ThemeRoller 会立刻转向相应版本的工具页面。

2. 导入窗口

点击 ThemeRoller 网页顶部的 Import 按钮(见图 9.10)，屏幕上将弹出导入窗口。当导入窗口第一次打开时，窗口中没有任何内容。使用者可以复制一个早先定制的，未经压缩的 jQuery Mobile 样式主题 CSS 文件，并粘贴到导入窗口中。

jQuery Mobile 1.4 框架本身带有两个样本 a 和 b。如果需要保留这两个样本，并在这两个样本的基础上开发样 c~z，就需要导入 jQuery Mobile 当前版本的样式 CSS 文件。设计者可以从 jQuery Mobile 中找到文件名中带有 "theme" 字样的 CSS 文件，并把它复制粘贴到导入窗口中。更简单的办法是直接使用导入窗口右上角上的 Import Default Theme(导入默认样式主题)功能，指定版本的默认样式主题会自动填充导入窗口，如图 9.12 所示。当样式主题 CSS 填充导入窗口完成以后，单击 Import 按钮完成导入过程。

图 9.12　样式导入窗口

3. 下载窗口

当设计者新建或者修改一个样式主题的任务完成以后，点击 Download(下载)按钮，打开如图 9.13 所示的下载窗口。设计者在窗口的右上角 Theme Name(主题名)输入框中，给完成的样式主题起一个名字，然后点击 Download Zip 下载定制的样式主题到本地计算机。下载的 Zip 文件包含了普通版本和压缩版本。普通版本的 CSS 文件便于阅读，也可以用来下次通过导入窗口继续修改。压缩版本的 CSS 文件可用于产品环境。

图 9.13　样式主题下载窗口

4. 配色面板

ThemeRoller 使用了如图 9.14 所示的多种配色工具。

图 9.14　ThemeRoller 中的调色面板

调色面板的主要部分有一个调色板和亮度/饱和度调节滑动条。通过拖动滑动条，调色板中的颜色会随之改变。也可以直接拖动调色板中的色块到设计模板中。最新被选用的颜色会自动填充到 Recent Colors(最近使用的颜色)列表中。

点击调色板上方的 Adobe Kuler Swatches，就会打开一个 Adobe Kuler 主题色彩选择窗口，如图 9.15 所示。相同的配色工具也可以在 Photoshop 中见到。Kuler 提供了很多色彩主题及其包含的样本色。这些颜色便于 jQuery Mobile 样式设计者直接选用。

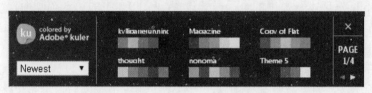

图 9.15　Kuler 配色窗口

当设计者点击 ThemeRoller 窗口上的 Colors 时，屏幕上会弹出一个色环。设计者通过选择色环中的一个点所代表的颜色，来选取想要得到的颜色，如图 9.16 所示。在选择一个颜色以后，这个颜色被放入 Recent Colors 列表中。

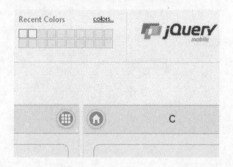 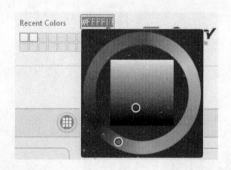

图 9.16　通过色环选择颜色

9.3.2　ThemeRoller 样式的定制方法

ThemeRoller 定制样式的操作方法比较比较简单，当设计方案完成以后，大部分的设置工作可以通过拖放的方式来实现，如果需要，也可以做进一步的手工修改。所有这些操作都不需要设计者掌握 CSS 的知识，不涉及 CSS 编程。

1. 样本选择

ThemeRoller 主页面的左边部分，是一个如图 9.17 所示的含有多个标签页的网页结构。这些标签页分别代表了 Global(全设置)和导入到 ThemeRoller 中样式主题所包括的每一个样本(swatch)。如果没有通过导入窗口把已有的样式主题导入到工具中，那么，当 ThemeRoller 启动时，会有 3 个空白样本已经在工具中打开，每一个空白样本都对应一个样本代号(a、b、c)，同时建立 3 个标签页，对应这 3 个空白样本。设计者可以点击标签页的页头，切换到全局设置或者切换到某一个样本。

图 9.17　样本选择

2. 全局设置

全局设置所创建的 CSS 将被整个 jQuery Mobile 网站共享。这一部分所产生的 CSS 将重新定义 jQuery Mobile 框架本身提供的全局样式设置(见图 9.3 中的第一幅画面)。

全局设置分为 4 个配置单元：Font Family(字体家族)、Corner Radii(角的弧度)、Icon(图标)、Box Shadow(阴影)。

图 9.18 显示了有关全局设置的 4 个设置单元中的具体内容。设计者可以直接输入参数值，或者利用滑动条输入。如果需要设置颜色，当点击了颜色字段以后，屏幕上会弹出一个色环，供设计者直接选取颜色。设计者也可以直接输入 RGB 颜色值。当颜色输入完成后，相应的颜色输入字段的背景色会变成设计者刚刚输入的颜色。

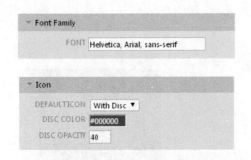
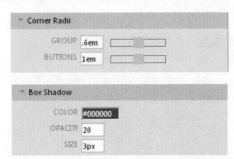

图 9.18　全局设置的 4 个单元

3.样本设置

每一个样本对应的标签页都包含有相同的设置内容。标签页右侧的"+"标记用于新增一个样本。如果想要删除一个样本，只需要在标签页上选择想要删除的样本，然后点击 Delete(删除)即可。增加和删除功能如图 9.19 所示。

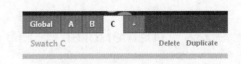

图 9.19　增加、删除样本

设置一个样本分为 8 个单元进行：Page(页面)、Header/Footer Bar(工具栏页头/页尾)、Body(UI 组件的内容)、Link(链接)、Button Normal(按钮)、Button Hover(悬停状态的按钮)、Button

Pressed(被按下的按钮)、Active State(活跃状态)。图 9.20 是上述 8 种单元可供设置的具体内容。

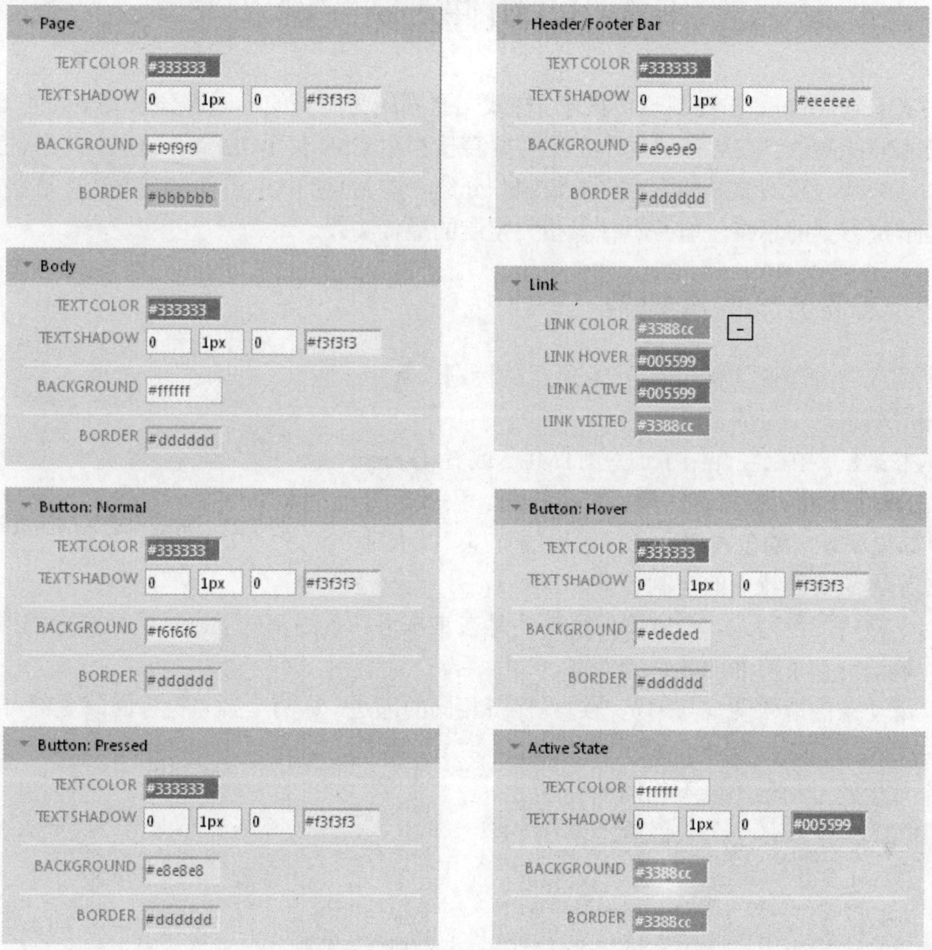

图 9.20　设置一个样本的 8 个单元

　　样本设置的 8 个单元分别用于设置网页的不同部分，每一个单元中可供设置的内容大同小异。通用的配置项目包括 TEXT COLOR(文字颜色)、TEXT SHADOW(文字阴影)、BACKGROUND(背景颜色)、BORDER(边线颜色)。大部分设置项只有一个输入值，只有文字阴影有 4 个输入值，依次是水平阴影、垂直阴影、模糊化半径、阴影颜色。这些操作可以手工输入。如果需要输入颜色值，还可以从调色面板中的调色板、Adobe Kuler 颜色、色环，或者最近使用过的颜色列表中直接抓取，拖动色块到模拟样本窗口中，这样，相应的颜色就会直接填充到样本设置中 8 个单元的正确位置上。

　　当一个样本设置完成以后，相应的模拟样本窗口中的所有部分应该已经被完全填充，没有遗漏。模拟样本是检查样本设置的一个简单工具，也是观察样本是否符合设计需求的最直观方法。当然，设计者应该事先预备一些测试网页，当定制样式完成并下载到本地以后，应该在测试网页中链接新的定制样式，并对网页中相关的 UI 组件设置正确的 data-theme 和其他必需的样式属性。只有通过测试的定制样本才能被应用于网站开发。因此，样式定制可能先于网站项目进度，或者平行开发，而不是滞后。

9.4　UI 组件定制实例

对于 jQuery Mobile 的定制，除了通过样式主题系统为网页的不同部分以及不同的 UI 组件分别设置不同的颜色，在更多情况下，还需要直接利用 CSS 甚至 JavaScript 对 UI 组件进行深度定制。这一节，我们通过彼此独立的实例，介绍一些常见的 UI 组件定制方法。这些方法提供了一些解决方案的思路，但并不代表相关定制的最佳实践。

9.4.1　100%宽度的滑动条

一个标准的滑动条具有如图 9.21 所示的标题、数字输入框和滑动条三个组成部分。

在本书第8章中已经介绍了通过HTML 5或者jQuery Mobile 的属性使滑动条具有迷你、隐藏标题、失效等显示效果，如果要使滑动条占用全部显示屏的宽度，以上常规的方法则无法实现特殊的定制要求。

图 9.21　常规滑动条的组成部分

相对于常规的滑动条，全宽度的滑动条是在常规滑动条的基础上进行两处必要的改变。

● 取消滑动条前面的数字输入框。

● 滑动条的滑轨两端与浏览器边界保持相同的缩进。这两个必须执行的改变都可以通过 CSS 来完成。

一个常规的滑动条由以下代码产生：

```
<form target="#" id="myForm">
   <label for="years">年代</label>
   <input type="range" name="years" id="years"
    value="2010" min="1940" max="2050" step="10">
</form>
```

经过 jQuery Mobile 的处理，真正在浏览器中的用于网页输出的代码实际上与上述原始代码不同。利用 Chrome 浏览器中的调试工具，或者 Firefox 浏览器的 Firebug 插件，我们都能很容易地分析并调试经过 jQuery Mobile 修改变换、用于网页显示的代码。

图 9.22 中的两幅画面分别定位了滑动条在网页中的数字输入框和滑轨部分。这两个部分正是我们需要修改的部分。

通过以上代码分析，原始滑动条代码中的<input type="range" ...>被转换成了<input type="number" data-type="range" ...>。这样的转换使<input>元素成为一个数值型的输入字段。我们要做的第一个改动，就是要隐藏这个输入字段。另外，jQuery Mobile 添加了一段代码<div class="ui-slider-track ..." ...>。这正是在网页中显示滑轨的代码。从图 9.22 的第二幅画面可以看到，滑轨具有"margin: 0 15px 0 68px;"这样的样式。这个样式可以进一步解释为滑轨与浏览器右边界的距离为15px，但是与浏览器左边界的距离为68px。为了保持滑轨两端的空白相等，我们把滑轨的左端与浏览器边框的距离同样也设置为15px。

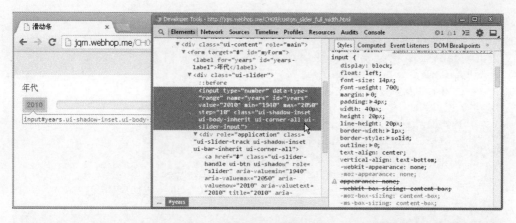

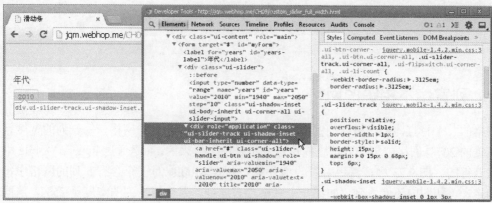

图 9.22　滑动条的实际代码

下面的代码 9.2 体现了以上两点改变，使一个普通的滑动条成为全宽度的滑动条。

代码 9.2　全宽度滑动条的定制

```html
<!DOCTYPE html>
<html>
<head>
    <title>jQuery Mobile - UI 组件定制</title>
    <meta charset="utf-8" />
    <script src="js/jquery-1.10.1/jquery-1.10.1.min.js"></script>
    <script src="js/jquery.mobile-1.4.2/jquery.mobile-1.4.2.min.js"></script>
    <link href="js/jquery.mobile-1.4.2/jquery.mobile-1.4.2.min.css"
      rel="stylesheet" />
    <meta name="viewport" content="width=device-width,initial-scale=1.0">
    <style>
        #myForm input[data-type="range"] {
            display:        none;
        }
        #myForm .ui-slider-track {
            margin-left:    15px;
        }
    </style>
</style>
```

```
    </head>
    <body>
        <div data-role="page" data-theme="a">
            <div data-role="header">
                <h1>滑动条</h1>
            </div>
            <div class="ui-content" role="main">
                <form target="#" id="myForm">
                    <label for="years">年代</label>
                    <input type="range" name="years" id="years"
                        value="2010" min="1940" max="2050" step="10">
                </form>
            </div>
        </div>
    </body>
</html>
```

9.4.2 列宽度不相等的网格

网格的一个特点，是每一列的宽度相同。比如一个含有 5 列的网格，每一列的宽度是全部网格宽度的 20%。网格中每一列等宽的特点并不是与生俱来的，而是通过 jQuery Mobile 中 CSS 的定义获得的。图 9.23 中，深色背景的部分是 jQuery Mobile 对一个含有 5 列的网格中每一列宽度的定义。从图中还能看到，如果一个网格含有 4 列，那么每一列的宽度是 25%，这同样是由 jQuery Mobile 中的 CSS 决定的。

```
2588    .ui-grid-c > .ui-block-a,
2589    .ui-grid-c > .ui-block-b,
2590    .ui-grid-c > .ui-block-c,
2591    .ui-grid-c > .ui-block-d {
2592        /* width: 24.925%; IE7 */
2593        /* margin-right: -.5px; BB5 */
2594        width: 25%;
2595    }
2596    .ui-grid-d > .ui-block-a,
2597    .ui-grid-d > .ui-block-b,
2598    .ui-grid-d > .ui-block-c,
2599    .ui-grid-d > .ui-block-d,
2600    .ui-grid-d > .ui-block-e {
2601        /* width: 19.925%; IE7 */
2602        width: 20%;
2603    }
```

图 9.23　jQuery Mobile 对于 4 列和 5 列网格宽度的定义

对网格中列宽度的改变，必须重新定义在 jQuery Mobile 框架中的默认设置。直接修改 jQuery Mobile 的 CSS 文件并不是好办法。通常，在网页中采用临时定义的方法覆盖系统框架中的默认定义，同时要注意临时定义在整个网站中的作用范围。

代码 9.3 演示了重新定义网格中列宽的方法，显示效果如图 9.24 所示。同样的原理也适用于其他需要临时变更默认 UI 组件显示样式的场合。

代码 9.3　自定义网格中列的宽度

```html
<!DOCTYPE html>

<html>
<head>
    <title>jQuery Mobile - UI 组件定制</title>
    <meta charset="utf-8" />
    <script src="js/jquery-1.10.1/jquery-1.10.1.min.js"></script>
    <script src="js/jquery.mobile-1.4.2/jquery.mobile-1.4.2.min.js"></script>
    <link href="js/jquery.mobile-1.4.2/jquery.mobile-1.4.2.min.css"
      rel="stylesheet" />
    <meta name="viewport" content="width=device-width,initial-scale=1.0">
    <style>
        .ui-grid-d {
            text-align:        center;
        }
        .ui-grid-d>.ui-block-a, .ui-grid-d>.ui-block-e {
            width:             15%;
            background-color:  #F0F0F0;
        }
        .ui-grid-d>.ui-block-b, .ui-grid-d>.ui-block-d {
            width:             20%;
            background-color:  #E8E8E8;
        }
        .ui-grid-d>.ui-block-c {
            width:             30%;
            background-color:  #E0E0E0;
        }
    </style>
</head>

<body>
    <div data-role="page" data-theme="a">
        <div data-role="header">
            <h1>网格</h1>
        </div>
        <div class="ui-content" role="main">
            <div class="ui-grid-d">
                <div class="ui-block-a">一</div>
                <div class="ui-block-b">二</div>
                <div class="ui-block-c">三</div>
                <div class="ui-block-d">四</div>
                <div class="ui-block-e">五</div>
            </div>
        </div>
    </div>
</body>
</html>
```

9.4.3　带有永久删除按钮的搜索框

　　jQuery Mobile 对于搜索框赋予了统一的样式和基本功能。在搜索框的左端有一个表明输入框类型的图标，在搜索框的右端有一个删除按钮，当搜索框中没有填入内容时，删除按钮处于隐藏状态，当用户在搜索框中输入内容后，删除按钮立刻变为可见状态，如图 9.25 所示。由此可见，删除按钮具有两种状态。如果需要把删除按钮设计成永久显示，就需要针对这两种状态做专门的设置。

图 9.24　列宽度不相等的网格　　　　图 9.25　搜索框中删除按钮的永久显示

　　从图 9.26 中 Chrome 浏览器的调试工具中可以看到，删除按钮是通过一个<a>链接实现的。

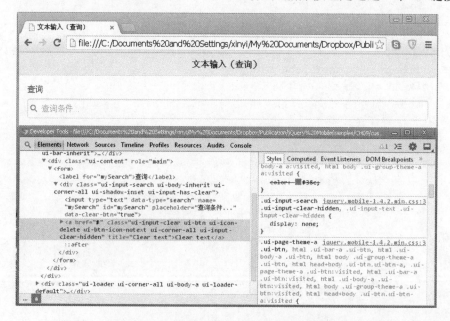

图 9.26　在 Chrome 浏览器的调试工具中观察删除按钮的实现方法

这个链接被 jQuery Mobile 赋予了 ui-btn、ui-icon-delete 等 CSS 类，因而具有了按钮的外观特征，还被添加了一个删除图标。由于图中的搜索框还没有被输入任何内容，当前的 CSS 类 ".ui-input-search .ui-input-clear-hidden" 的状态是 display: none，即隐藏状态。因此，如果把这个 CSS 类选择器的状态改为可见，那么删除按钮就会在任何时候都处于可见状态。

代码 9.4 是实现永久删除按钮的完整代码。添加一段 CSS 代码就能够轻松地实现搜索框的定制。

代码 9.4　带有永久删除按钮的搜索框

```html
<!DOCTYPE html>
<html>
<head>
    <title>jQuery Mobile - UI 组件定制</title>
    <meta charset="utf-8" />
    <script src="js/jquery-1.10.1/jquery-1.10.1.min.js"></script>
    <script src="js/jquery.mobile-1.4.2/jquery.mobile-1.4.2.min.js"></script>
    <link href="js/jquery.mobile-1.4.2/jquery.mobile-1.4.2.min.css"
      rel="stylesheet" />
    <meta name="viewport" content="width=device-width,initial-scale=1.0">
    <style>
        .ui-input-search .ui-input-clear-hidden {
            display: block;
        }
    </style>
</head>
<body>
    <div data-role="page" id="page1">
        <div data-role="header">
            <h1>文本输入(查询)</h1>
        </div>
        <div class="ui-content" role="main">
            <form>
                <label for="mySearch">查询</label>
                <input type="search" name="mySearch" id="mySearch"
                  placeholder="查询条件..." data-clear-btn="true"/>
            </form>
        </div>
    </div>
</body>
</html>
```

9.4.4　输入框中提示信息的样式

一个输入框可以通过 placeholder 属性在输入框的背景上显示一些提示说明，提示文字通常如图 9.27 所示，颜色比较灰暗，当用户开始输入时，说明文字自动隐藏。在一些显示屏较小的设备上，过于灰暗的提示文字难以阅读，需要通过改变字体颜色等样式等方法使它容易辨认。

图 9.27　输入框中的提示说明

目前，标准的 CSS 还不能实现这个要求，但是，浏览器厂商已经注意到了这个需要，并且已经出现了一些解决方案。移动网站需求分析与设计阶段需要注意，由浏览器厂商自主开发的解决方案不具有通用性，另外，由于浏览器版本的更新，在同一种浏览器的不同版本之间，浏览器厂商可能会提供不同的解决方案。这两个制约条件要求设计者明确，设计目标是为某一个或者某几个特定的浏览器而设计，当移动设备的操作系统或者浏览器自动升级时，一些已经在使用中的定制样式可能会突然失去作用。由于附加在提示信息上的样式与网站的实际功能无关，因此，即使有上述两点技术上的制约，设计者仍然可以在网站中使用这一小节中介绍的方法。由浏览器厂商提供的特殊样式特性，在通常情况下，不会由于兼容性问题对网站的实际功能造成严重影响。

代码 9.5 演示了 WebKit 浏览器的解决方案。由于 Chrome 和 Safari 都是基于 WebKit 内核的浏览器，这段代码中介绍的方法，能够在上述两种主流移动浏览器中运行，因而能够基本满足 Android 和 iPhone 用户的需要。代码 9.5 能够使提示信息在输入框中显示为蓝色。

代码 9.5　定制输入框中说明文字的样式

```html
<!DOCTYPE html>
<html>
<head>
    <title>jQuery Mobile - UI 组件定制</title>
    <meta charset="utf-8" />
    <script src="js/jquery-1.10.1/jquery-1.10.1.min.js"></script>
    <script src="js/jquery.mobile-1.4.2/jquery.mobile-1.4.2.min.js"></script>
    <link href="js/jquery.mobile-1.4.2/jquery.mobile-1.4.2.min.css"
      rel="stylesheet" />
    <meta name="viewport" content="width=device-width,initial-scale=1.0">
    <style>
        ::-webkit-input-placeholder {
            color: blue;
        }
    </style>
</head>
<body>
    <div data-role="page" id="page1">
        <div data-role="header">
            <h1>文本输入(查询)</h1>
        </div>
        <div class="ui-content" role="main">
            <form>
                <label for="mySearch">查询</label>
                <input type="search" name="mySearch" id="mySearch"
                  placeholder="请输入订单号码..."
```

```
                data-clear-btn="true" />
          </form>
      </div>
    </div>
</body>
</html>
```

9.4.5　圆角选择开关

图 9.28 显示了一个普通的选择开关组件的两种状态,默认的选择开关为长方形,4 个角稍微有一些弧度,也可以设置为不带弧度的直角,按钮上有文字说明开关的当前状态。在 iPhone 和 Android 系统上,我们更多地是看到如图 9.29 所示的开关。这一类开关上面没有文字,以圆角方式呈现,而且 UI 组件的整体宽度比较小。

图 9.28　默认的选择开关　　　　　　　图 9.29　去除了按钮文字的圆角开关

为了在网页上模拟 iPhone 和 Android 系统中的开关样式,我们需要对普通开关做三点变化:

- 去除按钮文字。
- 为开关组件增加圆角。
- 缩窄开关组件的宽度。

代码 9.6 是一个实现图 9.29 中圆角开关的完整实例,这段代码解释了以上 3 种必须完成的改变所使用的技巧。

去除开关组件按钮上的文字比较简单。开关组件本身提供了 data-on-text 和 data-off-text 两个属性,用于设置"开"状态和"关"状态时开关按钮上的文字。只要被这两个属性设置空字符串作为属性值,按钮上就不再会显示文字。

jQuery Mobile 的按钮和开关等 UI 组件可以通过 jQuery Mobile 提供的 CSS 类设置 4 个角。如果调试一个普通的开关组件,可以看到组件的角是由 CSS 选择器.ui-flipswitch.ui-corner-all 设置的。只需要对这个选择器下的样式重新定义,设置更大的边角半径,就能够得到圆角的显示效果。

缩减开关组件的宽度比较复杂。由于开关组件有两种状态,当组件上需要显示文字时,必须考虑文字的宽度对于开关组件造成的影响。

代码 9.6 中,首先对开关组件使用了 data-wrapper-class 属性,这个属性用来通知 jQuery Mobile 开关组件的更多样式将由 data-wrapper-class 属性的属性值所指定的 CSS 类来描述。但是,在实际情况下,这个被指定的 CSS 类因为 CSS 选择器优先权的原因有可能无效。

另外需要注意,图 9.28 和图 9.29 中的开关组件中有一个空心的方形或者圆形类似于滑块的按钮。这个按钮的默认宽度是 1.875em。如果要把整个开关组件的宽度设置为 3.4em,那么这个按钮左边就需要留出 1.525em(3.4-1.875= 1.525)的空白区域。在定制的 CSS 中,我们使用了 padding-left: 1.525em;把按钮向右"推"到了正确的位置上。

如果设计者还需要为开关组件设置颜色,直接修改 CSS 在技术上可行,但从代码的标准化和易维护程度来说，使用样式主题是一个更加恰当的做法。

代码 9.6　圆角选择开关的定制

```html
<!DOCTYPE html>

<html>
<head>
    <title>jQuery Mobile - UI 组件定制</title>
    <meta charset="utf-8" />
    <script src="js/jquery-1.10.1/jquery-1.10.1.min.js"></script>
    <script src="js/jquery.mobile-1.4.2/jquery.mobile-1.4.2.min.js"></script>
    <link href="js/jquery.mobile-1.4.2/jquery.mobile-1.4.2.min.css"
      rel="stylesheet" />
    <meta name="viewport" content="width=device-width,initial-scale=1.0">
    <style>
        .ui-flipswitch.ui-corner-all {
            border-radius: 1em;
        }
        html .ui-field-contain>label+.ui-flipswitch {
            width:          3.4em;
        }
        .custom-size-flipswitch.ui-flipswitch.ui-flipswitch-active {
            padding-left:  1.525em;
            width:          1.875em;
        }
    </style>
</head>

<body>
    <div data-role="page" data-theme="a">
        <div data-role="header">
            <h1>圆角开关 </h1>
        </div>
        <div class="ui-content" role="main">
            <form>
                <div class="ui-field-contain">
                    <label for="yes_no">功能激活</label>
                    <input type="checkbox" data-role="flipswitch"
                      name="yes_no" id="yes_no"
                        data-on-text="" data-off-text=""
                        data-wrapper-class="custom-size-flipswitch">
                </div>
            </form>
        </div>
    </div>
</body>
</html>
```

9.5　本 章 习 题

1. 样式设计练习

(1) 设计一套样式，要求完全保留 jQuery Mobile 自带的样本 a 和 b。新的样本 c 以蓝色为基调，样本 d 以浅红色为基调。并且设计一个测试网页，通过网页上的工具栏，网页背景，以及 4 个按钮来分别测试样式文件中 4 个样本的实际作用。

(2) 设计一套样式，要求仅保留 jQuery Mobile 自带的样本 a。新的样本 b 以蓝色为基调，样本 c 以浅红色为基调。并且设计一个测试网页，通过网页上的 3 个按钮来分别测试样式文件中 3 个样本的实际作用。

(3) 设计一套样式，要求不能保留 jQuery Mobile 自带的样本。新的样本 a 以蓝色为基调，样本 b 以浅红色为基调。并且设计一个测试网页，通过网页上的两个按钮来分别测试样式文件中两个样本的实际作用。

2. 编程题

(1) 设计一个圆角按钮，要求不能借助于 ThemeRoller。

(2) 利用 nativeDroid 样式主题中的蓝色样本和浅色表现方式设计一个网页。要求这个网页的页头中拥有导航条，页尾中包含 nativeDroid 的版权信息。

第 10 章

jQuery Mobile 功能的扩展

本章导读:

jQuery Mobile 在为移动网站设计与开发提供便利的同时,也提供了一些扩展框架自身功能的方法。扩展 jQuery Mobile 并不是一个发明创造的过程,而是对 jQuery Mobile 框架的补充和完善的过程。

在扩展 jQuery Mobile 框架功能的同时,必须清楚地意识到一些扩展方案会引起兼容性(浏览器、技术标准、多媒体格式类型)问题,或者运行性能方面的问题。

另外,阅读这一章之前,应该对本书第 3 章中的伪类、伪元素、二维/三维变换、动画效果等概念比较熟悉。通过这一章的学习,读者将从 3 个方面了解 jQuery Mobile 对现有框架功能的扩展: 图标集、页面切换动画效果、UI 组件。这一章的内容将拓展移动网站设计人员在解决方案上的思路。但是对于相关方案的技术成熟度、理论化,以及最佳实践等,还有待探索。

10.1　图标集的扩展

jQuery Mobile 框架带有一个包括了 50 个图标的图标集。这些图标包括了上、下、左、右箭头，信息、用户、音频、视频、返回、商店、位置、锁、留言/备注、编辑、删除、禁止、云、钟、网格等一系列容易识别并且经常使用的图标。但是在很多场合，由于业务需要，仍然需要增加一些比如信用卡等不包括在 jQuery Mobile 图标集中的图标，或者一个公司需要自定义与本公司业务相关的商标等图标。这一节将介绍扩展 jQuery Mobile 图标集的几种方法。

10.1.1　制作自定义图标的基本方法

一个 jQuery Mobile 的标准图标在 1.4 版与 1.3 版中的显示方法不同。在最新的 jQuery Mobile 1.4.x 中，建议以 SVG 为主，作为图标的原始图片，以 PNG 为辅，作为备选方案，用以支持一些不能支持 SVG 的浏览器。图标以背景图形并且通过 CSS 的 :after 伪元素插入到被选择的元素内容的后面。在 CSS 中定义背景图形时，图片可以通过 url 指定图片资源文件的实际位置，也可以在 url 中通过 Base64 编码的方式加入。

因此，定制一个标准的 jQuery Mobile 图标需要一个 SVG 和一个 PNG 图片，两个图片的内容相同，但图形格式不同。jQuery Mobile 采用 14×14(px) 的图形，我们也建议使用同样大小的图形。如果使用尺寸稍大的正方形图形，也可以在 CSS 中通过 width 和 height 来限定图形的大小。

图片可以使用 Photoshop、Illustrator、Inkscape 等工具按照常规的图片制作过程完成。图片设计有很多美术技巧，比如可以考虑把图片的主体部分设计为透明，利用网页背景颜色来显示一个图形等。

制作图片时，应该注意以下几点：

● 图标在显示的时候会比较小，因此，用作图标的图片不能过于复杂。过度注重细节的图形在图标显示时是难以辨认的。
● 不建议使用过度复杂的色彩。
● 当采用透明或者半透明图片时，应该注意图标图形的本身与网页背景的对比关系。

另外，还需要注意导出 SVG 时选用的格式是不是会造成透明背景丢失。

下面讲解制作一个标准图标的具体步骤。制造图标的 SVG 和 PNG 图片选自 IcoMoon 的免费图标集。读者可以自行选用现有的正方形 SVG 和 PNG 图片。

(1) 产生 Base64 编码的 SVG 图形

很多网站提供了对图片文件进行编码的在线服务，本书使用的是 MobileFish 网站的在线服务(http://www.mobilefish.com/services/base64/base64.php)。在 MobileFish 的编码/解码网页上，选择需要编码的 SVG 文件(MobileFish 网站对文件有 100KB 的限制。通常，原始 SVG 图标图片文件的大小不应该大于 5KB)。在同一个网页上，确认转换方式为 Encode to Base64 string(转换为 Base64 编码的字符串)。在每行最多字符(Max Characters Per Line)选项填写该网站允许的最大值 999。在填写完成以后，点击 Convert(转换)按钮，如图 10.1 所示，MobileFish 网站会立即在输出窗口中显示 SVG 图片文件经过编码的 Base64 字符串，如图 10.2 所示。这个字符串就是我们需要的用于替代原始图片文件的 Base64 编码的 SVG 图形。

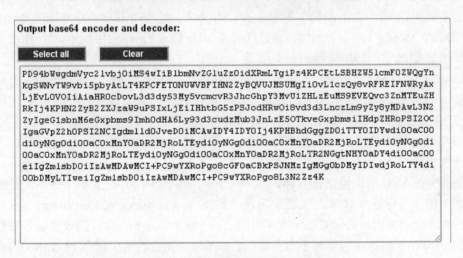

图 10.1　利用在线工具产生 Base64 编码的图形

Output base64 encoder and decoder:

Select all　　Clear

PD94bWwgdmVyc2lvbj0iMS4wIiBlbmNvZGluZz0idXRmLTgiPz4KPCEtLSBHZW5lcmF0ZWQgYn
kgSWNvTW9vbi5ppbyAtLT4KPCFET0NUWVBFIHN2ZyBQVUJMSUMgIi0vL1czQy8vRFREIFNWRyAx
LjEvL0VOIiAiaHR0cDovL3d3dy53My5vcmcvR3JhcGhpY3MvU1ZHLzEuMS9EVEQvc3ZnMTEuZH
RkIj4KPHN2ZyB2ZXJzaW9uPSIxLjEiIHhtbG5zPSJodHRwOi8vd3d3LnczLm9yZy8yMDAwL3N2
ZyIgeG1sbnM6eGxpbms9Imh0dHA6Ly93d3cudzMub3JnLzE5OTkveGxpbmsiIHdpZHRoPSI2OC
IgaGVpZ2h0PSI2NCIgdmlld0JveD0iMCAwIDY4IDY0Ij4KPHBhdGggZD0iTTY0IDYwdi00aC00
diOyNGg0di00aCOxNYOaDR2MjRoLTEydi0yNGg0di00aCOxNYOaDR2MjRoLTEydi0yNGggdi
00aCOxNYOaDR2MjRoLTEydi0yNGggdi00aCOxNYOaDR2MjRoLTR2NGgtNHYOaDY4di00aC00
eiIgZmlsbD0iIzAwMDAwMCI+PC9wYXRoPgo8cGF0aCBkPSJNMzIgMGObDMyIDIwd1djRoLTY4di
00bDMyLTIweiIgZmlsbD0iIzAwMDAwMCI+PC9wYXRoPgo8L3N2Zz4K

图 10.2　经过编码的 Base64 字符串

（2）在 CSS 文件中配置图标

这里，我们将以 Base64 字符串的形式配置 SVG 图形，而 PNG 仍然采用传统方式。通常，我们为定制图标单独创建一个 CSS 文件，以便于今后维护。按照 jQuery Mobile 定义图标的惯例，我们在一个独立的 CSS 文件中把一个定制图标通过代码 10.1 中的方法进行定义。

代码 10.1　定制图标的定义

```css
/* SVG */
.ui-icon-library:after {
  background-image: url("data:image/svg+xml;base64,
    PD94bWwgdmVyc2lvbj0iMS4wIiBlbmNvZGluZz0idXRmLTgiPz4KPCEtLSBH
    ZW5lcmF0ZWQgYnkgSWNvTW9vbi5pbyAtLT4KPCFET0NUWVBFIHN2ZyBQVUJM
    SUMgIi0vL1czQy8vRFREIFNWRyAxLjEvL0VOIiAiaHR0cDovL3d3dy53My5v
    cmcvR3JhcGhpY3MvU1ZHLzEuMS9EVEQvc3ZnMTEuZHRkIj4KPHN2ZyB2ZXJz
    aW9uPSIxLjEiIHhtbG5zPSJodHRwOi8vd3d3LnczLm9yZy8yMDAwL3N2ZyIg
    eG1sbnM6eGxpbms9Imh0dHA6Ly93d3cudzMub3JnLzE5OTkveGxpbmsiIHdp
```

```
    ZHRoPSI2OCIgaGVpZ2h0PSI2NCIgdmlld0JveD0iMCAwIDY4IDY0Ij4KPHBh
    dGggZD0iTTY0IDYwdi00aC00di0yNGg0di00aC0xNjY0aDR2MjRoLTEydi0y
    NGg0di00aC0xNjY0aDR2MjRoLTEydi00aC0xNjY0aDR2MjRoLTEy
    di0yNGg0di00aC0xNjY4aDR2MjRoLTR2NGgtNHY4aDY4di00aC00eiIgZmls
    bD0iIzAwMDAwMCI+PC9wYXRoPgo8cGF0aCBkPSJNMzIgMGg0bDMyIDIwddjRo
    LTY4di00bDMyLTIiweiIgZmlsbD0iIzAwMDAwMCI+PC9wYXRoPgo8L3N2Zz4K");
    background-size: 14px 14px;
}

/* PNG */
.ui-nosvg .ui-icon-library:after {
    background-image: url("../images_1/icons-png/0034-library.png");
    background-size: 14px 14px;
}
```

代码 10.1 演示了 jQuery Mobile 图标在 CSS 文件中的定义方法。默认的图标格式是 SVG。图标由 CSS 类 ui-icon-<图标名>声明。其中的"ui-icon-"前缀是 jQuery Mobile 专用的定义方法。通过这个特定前缀，加上图标名所形成的 CSS 类名，在 HTML 文档中对应了 data-role="图标名"。jQuery Mobile 1.4 中的图标是通过伪元素:after 插入到网页中的，因此，在定义每一个图标所使用的 CSS 中，都能见到:after 的踪影。

代码 10.1 中的 SVG 图形部分使用了 Base64 编码，Base64 字符串从第一步中的在线转换工具中获得，并且被添加到了"data:image/svg+xml;base64,"后面。以上代码 10.1 使用了印刷格式，在实际代码中，属性 background-image 的全部属性值出现在非常长的一行中。

PNG 格式的图标使用的 CSS 选择器比 SVG 图标的选择器多了一个"ui-nosvg"。

CSS 类"ui-nosvg"不需要在网页代码中声明，jQuery Mobile 会根据检测到的浏览器特性自动为不能支持 SVG 的浏览器在 HTML 文档中插入这个 CSS 类，使一些旧版本浏览器最大限度地正常工作。只有当在 HTML 文档中出现了 CSS 类"ui-nosvg ui-icon-library"以后，PNG 格式的图标才会被使用。两段 CSS 声明都出现了 width 和 height，这样的设置能够缩放元素图标图形到 14×14(px)的大小，以利于网页显示。如果原始图片的大小符合 14×14(px)的要求，则没有必要做这一个额外的样式描述。

(3) 测试

测试定制图标时，只需要一个简单的测试网页即可。在测试网页中，链接我们用于定义定制图标的 CSS 文件，另外，在网页中必须按照 jQuery Mobile 图标的标准方法编写 HTML 代码。

代码 10.2 是一个简单的定制图标测试网页，网页代码中的 data-icon="library"使用了图标名"libeary"，即代码 10.1 中定义的定制图标。

代码 10.2 定制图标测试网页

```html
<!DOCTYPE html>

<html>
<head>
    <title>jQuery Mobile - custom icons</title>
    <meta charset="utf-8" />
    <script src="js/jquery-1.10.1/jquery-1.10.1.min.js"></script>
    <script src="js/jquery.mobile-1.4.2/jquery.mobile-1.4.2.min.js"></script>
```

```
    <link href="js/jquery.mobile-1.4.2/jquery.mobile-1.4.2.min.css"
      rel="stylesheet" />
    <link href="custom-icon-1/custom-icon-01.css" rel="stylesheet" />
    <meta name="viewport" content="width=device-width,initial-scale=1.0">
</head>

<body>
    <div data-role="page" data-theme="a">
        <div data-role="header">
            <h1>jQuery Mobile 定制图标</h1>
        </div>
        <div class="ui-content" role="main">
            <a href="#" data-role="button" data-icon="library">Library</a>
        </div>
    </div>
</body>
</html>
```

目前的主流浏览器都能够支持 SVG 图形。因此，把测试网页在 Chrome 移动浏览器或者 Firefox 桌面浏览器中显示，SVG 图形(Base64 字符串格式)能够正确显示在一个按钮中，成为一个按钮的一部分，如图 10.3 所示。

 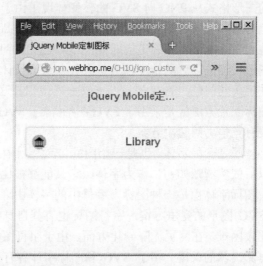

图 10.3　SVG 图标在 Chrome 移动浏览器和 Firefox 桌面浏览器中正常显示

从这里可以看出，只要按照 jQuery Mobile 的要求定制 CSS，自定义图标能够完全与系统图标一样使用。在 HTML 文档中使用自定义图标的语法与使用系统图标的语法相同。

但是，同一个测试网页在 IE 8 等旧版本浏览器中就表现得不太一样。

图 10.4 说明了测试网页在 IE 8 中的实际状况。由于 IE 8 缺少对 SVG 的支持，jQuery Mobile 在把 data-icon="library" 转换为 CSS 类时，额外加入了 ui-nosvg 类(见图 10.4 的右下部分)。

这样，被载入浏览器的，就不是 SVG 图形，而是 PNG 图形，从而确保了网页在不同浏览器中的兼容性。

以上自定义图标的定义与测试，说明了由于 ui-nosvg 类是由 jQuery Mobile 自动添加的，因此，在制作自定义图标时，对 PNG 格式图标的声明不应该遗漏。

jQuery Mobile移动网站开发

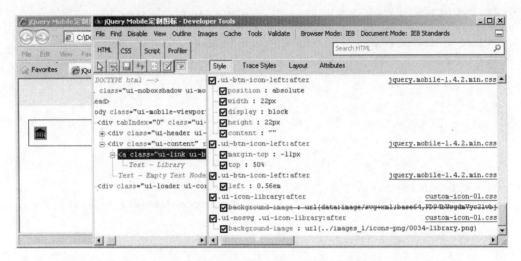

图 10.4　测试网页在 IE 8 桌面浏览器中被 jQuery Mobile 自动加入了 ui-nosvg 类

10.1.2　图标字符

图标的图形格式从 PNG 向 SVG 的转变体现了由于高分辨率显示屏的普及，以及显示屏物理分辨率差异的加大而对图形缩放以后仍然能够保持高品质的要求。当显示屏的大小、分辨率、屏幕布局等因素都无法事先确定的时候，尤其是在一个网站想要充分发挥自适应设计优势的时候，PNG 图形在缩放以后的精度损失就会与自适应设计的本来目的背道而驰，而且这是一个位图格式无法解决的问题。SVG 矢量图能够很好地弥补这一缺陷。前面介绍的 jQuery Mobile 1.4 中标准的图标配置方法就是采用了 SVG 图形。除了 SVG 矢量图方法以外，图标字体(Icon Fonts)也是一个很有竞争力的解决方案。

图标字体既是一种字体，也是一个图标。首先，图标字体是一种字体，具有矢量图的特点，无极缩放以后依然清晰如初。作为字体，它又能够被比较旧的浏览器(如 IE 6)接受，兼容性较好。其次，图标字体也是一种图标，字体中的字模由许多细小的图形组成。

作为 SVG 图形的竞争方案，字符图标也有其自身的不足之处，例如只能使用单色图标，创建字模比较困难，在网页无障碍化方面，由于字符图标本身具有的文字特性，如果使用不当会引起屏幕阅读器的误读。由于 SVG 和图标字体各有其优缺点，在选择方案时必须仔细评估业务需求和两种方案的优缺点。

下面以常用的 Font Awesome 和 IcoMoon 为例，介绍图标字体的用法。

1. Font Awesome[1]

Font Awesome 是一套方便灵活的图标字体开源项目。其各个部分采用了不同的许可证[2]，

---

[1] Font Awesome 项目网站：http://fortawesome.github.io/Font-Awesome/。
[2] 不同的开源许可证在允许自由使用软件的同时，有时还会有特殊规定，例如，CC BY 3.0 许可证要求提供一个指向这个许可证的链接。本书作者将说明每一种软件的授权方式。由于相同的许可证被很多开源软件采用，为了避免重复，本书对某一个许可证的链接只提供一次。

例如字体部分采用 SIL OFL 1.1 许可证[1]，代码部分采用 MIT 许可证[2]，文档部分采用 CC BY 3.0 许可证[3]。这套字体包含了超过 500 个图标，支持 CSS 控制字体的显示样式。Font Awesome 中的图标分为以下几类：常规网页图标、交通运输图标、性别图标、文件类型图标、旋转图标、表单控件图标、付费图标、图表图标、货币图标、文本编辑器图标、方向图标、视频播放器图标、品牌图标，以及医疗图标。如果浏览器中安装了 Adblock Plus 等广告过滤插件，在这些图标中，品牌图标可能无法正确显示。

图 10.5～10.18 分别展示各类别中一些非常典型的图标。

图 10.5　常规网页图标

图 10.6　交通运输图标

---

[1] OFL 1.1 开源字体许可证：http://scripts.sil.org/cms/scripts/page.php?site_id=nrsi&id=OFL。

[2] MIT 许可证：http://opensource.org/licenses/mit-license.html。

[3] CC BY 3.0 许可证：http://creativecommons.org/licenses/by/3.0/。

| 👤 male | 👤 female | ♂ mars | ♀ venus |

图 10.7　性别图标

📄 file	📄 file-archive-o	📄 file-code-o	📄 file-excel-o
📄 file-image-o	📄 file-o	📄 file-pdf-o	📄 file-powerpoint-o
📄 file-text	📄 file-text-o	📄 file-video-o	📄 file-word-o

图 10.8　文件类型图标

| ◯ circle-o-notch | ⚙ cog | ♺ refresh | ⣿ spinner |

图 10.9　旋转图标

| ☑ check-square | ☑ check-square-o | ◯ circle-o | ⦿ dot-circle-o |
| ◯ minus-square-o | ⊞ plus-square-o | ■ square | ☐ square-o |

图 10.10　表单控件图标

| cc-amex | cc-discover | cc-mastercard | cc-paypal |
| cc-visa | credit-card | google-wallet | paypal |

图 10.11　付费图标

| area-chart | bar-chart | line-chart | pie-chart |

图 10.12　图表图标

| ฿ btc | € eur | £ gbp | ₹ inr |
| ¥ jpy | money | ₽ rub | $ usd |

图 10.13　货币图标

align-center	B bold	chain	chain-broken
clipboard	copy	cut	eraser
file-o	floppy-o	A font	indent
I italic	link	outdent	paperclip
¶ paragraph	paste	repeat	save
table	TI text-height	U underline	undo

图 10.14　文本编辑器图标

angle-double-down	angle-double-left	› angle-right	⌃ angle-up
arrow-circle-left	arrow-circle-o-up	↓ arrow-down	▶ caret-right
caret-square-o-down	chevron-circle-right	‹ chevron-left	hand-o-right
↓ long-arrow-down	← long-arrow-left	→ long-arrow-right	↑ long-arrow-up

图 10.15　方向图标

◀◀ backward	⏏ eject	◀◀ fast-backward	▶▶ fast-forward
▶ forward	❚❚ pause	▶ play	play-circle-o
step-backward	step-forward	■ stop	youtube-play

图 10.16　视频播放器图标

图 10.17　品牌图标

图 10.18　医疗图标

这样的分类只是从大体上表明图标的用途，有一些图标分别属于两个类别，比如 ambulance(救护车)属于交通运输和医疗两个类别。这些图标的名称也很有规律，"-o"表示空心图形，"-square"表示图标图形中带有方框，"-circle"表示图标图形中带有圆环。一些图标附带有别名，比如"weixin"(微信)的别名是"wechat"，"btc"(比特币)的别名是"bitcoin"等。图标的分类能够帮助网站设计者查找使用的图标，在使用时，只需要用到图标的名称。

在网页中使用 Font Awesome 中的图标与使用 jQuery Mobile 图标的标准方法不同。

代码 10.3 演示了 Font Awesome 图标集的基本使用方法。

代码 10.3　Font Awesome 字符图标

```html
<!DOCTYPE html>
<html>
<head>
    <title>jQuery Mobile - icon fonts</title>
    <meta charset="utf-8" />
    <script src="js/jquery-1.10.1/jquery-1.10.1.min.js"></script>
    <script src="js/jquery.mobile-1.4.2/jquery.mobile-1.4.2.min.js"></script>
    <link href="js/jquery.mobile-1.4.2/jquery.mobile-1.4.2.min.css"
     rel="stylesheet" />
    <!- 引用 Font Awesome 的 CSS -->
    <link href="IconFonts/font-awesome-4.3.0/css/font-awesome.min.css"
     rel="stylesheet" />
    <meta name="viewport" content="width=device-width, initial-scale=1.0">
    <style>
        a > span {
            margin-left:  3px;
            margin-right: 3px;
        }
    </style>
</head>
<body>
    <div data-role="page" data-theme="a">
        <div data-role="header">
```

```
          <h1>Font Awesome</h1>
      </div>
      <div class="ui-content" role="main">
          <form>
              <a href="#" data-role="button">
                  <!- 通过 Font Awesome 的 CSS 类引用字符图标 -->
                  <span class="fa fa-qrcode"></span>
                  <span>条形码</span>
              </a>
              <a href="#" data-role="button" data-inline="true">
                  <span class="fa fa-coffee"></span>
                  <span>咖啡</span>
              </a>
              <fieldset data-role="controlgroup">
                  <label for="cc-amex">
                      <span class="fa fa-cc-amex"></span> Amex
                  </label>
                  <input type="radio" name="cc" value="cc-amex" id="cc-amex">
                  <label for="cc-visa">
                      <span class="fa fa-cc-visa"></span> Visa
                  </label>
                  <input type="radio" name="cc" value="cc-visa" id="cc-visa">
                  <label for="cc-mastercard">
                      <span class="fa fa-cc-mastercard"></span>
                       Mastercard
                  </label>
                  <input type="radio" name="cc" value="cc-mastercard"
                    id="cc-mastercard">
              </fieldset>
          </form>
      </div>
  </div>
</body>
</html>
```

在网页中使用 Font Awesome 字符图标必须引用 Font Awesome 的 CSS。CSS 是 Font Awesome 字符图标被网页引用的途径。Font Awesome 的 CSS 还能够对图标的显示做更进一步的控制。至少两个最基本的类必须出现，"fa"和以"fa-"为前缀，后接图标名称的类。图 10.5 到图 10.18 中，已经列举了相当多的图标名称。读者可以从 Font Awesome 网站找到全部图标的名称。在代码 10.3 中，一个 jQuery Mobile 网页中出现了一个普通按钮，一个被设置为 inline 的按钮，和一组单选按钮。这些 UI 组件中的按钮都是由 Font Awesome 提供的。当需要使用图标时，在网页中插入<i>或者<span>元素(根据 HTML 5 语法规则，使用<span>元素更为恰当)，并把上述两个必需的 CSS 类赋予图标的容器。例如，在<span class="fa fa-coffee"></span>中，<span>是图标的容器，fa 是一个必须添加的 CSS 类，fa-coffee 是由前缀"fa-"加上图标名"coffee"组成的。当一个容器被添加了上述两个 CSS 类以后，在网页中就会显示与图标名"coffee"相匹配的图标，如图 10.19 所示。

图 10.20 显示了一组 6 个图标。这些不同大小的图标都来源于同一个字符图标。当在网页中通过 CSS 声明一个图标时，另外添加一个 CSS 类，比如 "fa-lg"、"fa-3x"、"fa-5x" 等。lg 表示字符大小为 1.33em，3x 和 5x 分别表示字符大小为 3em 和 5em。

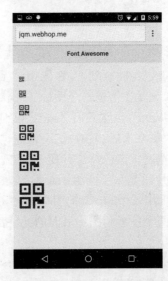

图 10.19　在 jQuery Mobile 网页中使用
　　　　　Font Awesome 字符图标

图 10.20　放大字符图标不会有损图形质量

代码 10.4 演示了通过 CSS 类实现增大字符图标的方法。

代码 10.4　通过 CSS 增大字符图标

```
<!DOCTYPE html>
<html>
<head>
   <title>jQuery Mobile - icon fonts</title>
   <meta charset="utf-8" />
   <script src="js/jquery-1.10.1/jquery-1.10.1.min.js"></script>
   <script src="js/jquery.mobile-1.4.2/jquery.mobile-1.4.2.min.js"></script>
   <link href="js/jquery.mobile-1.4.2/jquery.mobile-1.4.2.min.css"
     rel="stylesheet" />
   <link href="IconFonts/font-awesome-4.3.0/css/font-awesome.min.css"
     rel="stylesheet" />
   <meta name="viewport" content="width=device-width, initial-scale=1.0">
</head>
<body>
   <div data-role="page" data-theme="a">
      <div data-role="header">
         <h1>Font Awesome</h1>
      </div>
      <div class="ui-content" role="main">
         <p><span class="fa fa-qrcode"></span></p>
         <p><span class="fa fa-qrcode fa-lg"></span></p>
         <p><span class="fa fa-qrcode fa-2x"></span></p>
```

```
        <p><span class="fa fa-qrcode fa-3x"></span></p>
        <p><span class="fa fa-qrcode fa-4x"></span></p>
        <p><span class="fa fa-qrcode fa-5x"></span></p>
    </div>
  </div>
</body>
</html>
```

读者可能已经注意到了，在图 10.5 到图 10.18 中的图标并没有对齐。这是由于每一个图标的形状和大小都不一样造成的，例如"taxi"很宽大而"sort"很细小。Font Awesome 的 CSS 类"fa-fx"能够解决这个问题。它把所有的图标设置为相同的宽度，这样非常有利于对齐。如图 10.21 所示，下面的代码片段显示了两组图标，第一组没有采用等宽方式，第二组采用了"fa-fx"把图标设置为相同的宽度，因此第二组中的两个图标和图标后面的文字都能够准确对齐：

图 10.21　图标的等宽显示和对齐

```
<p>
    <span class="fa fa-bicycle"></span>
     <span>bicycle</span>
</p>
<p>
    <span class="fa fa-bus"></span>
     <span>bus</span>
</p>
<br>
<p>
    <span class="fa fa-bicycle fa-fw"></span>
     <span>bicycle</span>
</p>
<p>
    <span class="fa fa-bus fa-fw"></span>
     <span>bus</span>
</p>
```

图 10.9 中包括了 4 个旋转图标。这 4 个图标确实可以在网页上实现旋转，只要在声明图标的时候加入 CSS 类"fa-spin"即可。旋转动画采用了 CSS3 的动画特性，因此无法在 IE 9 等不支持 CSS 3 动画特性的浏览器上得到动画效果。这个功能兼容性受到浏览器版本的制约。

2. IcoMoon

IcoMoon 是另外一种相当流行的图标。它以免费版、商业版、应用程序等不同的版本和不同的下载方式发布软件。

IcoMoon 的图标集包括了 SVG、PNG，以及字符图标等多种格式。在本章的 10.1 节中的定制图标实例就是利用了 IcoMoon 的免费图标集。这套免费的图标集采用了 CC BY 4.0[①]和

---

① CC BY 4.0 许可证：http://creativecommons.org/licenses/by/4.0。

GPL[①]许可证方式授权。IcoMoon 免费图标集软件包中的 CSS 文件用于图标演示，而不是为网页设计者单独提供的，它会与我们设计的网页，尤其是与 jQuery Mobile 中的一些样式引起冲突，我们建议通过 IcoMoon 的在线应用程序定制下载需要的图标。

下面介绍在移动网页中使用 IcoMoon 图标，从定制下载到测试的完整过程。

(1) 进入"IcoMoon App"

从 IcoMoon 主页(icomoon.io)的右上方点击 IcoMoon App，进入 IcoMoon 定制下载页面。图 10.22 是进入 IcoMoon App 前后的画面。

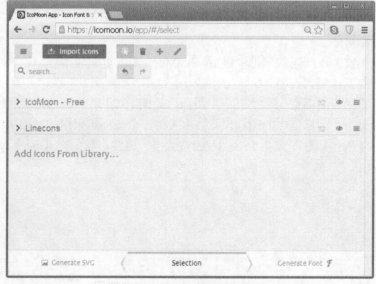

图 10.22　进入 IcoMoon App

进入 IcoMoon App 以后，屏幕上会出现被预先选择的图标集。IcoMoon App 能够保留上一次操作的状态，因此，每一次进入 IcoMoon App 看到的图标集会有所不同。

---

① GPL 许可证：http://www.gnu.org/licenses/gpl.html。

(2) 选择图标集(库)

如果我们需要的图标集没有被包括，可以通过 Add Icons From Library(从图标库中增加图标)链接选择需要的图标集。图 10.22 的第二幅画面显示已经有两个图标集被选择，当点击 Add Icons From Library 进入图标集选择页面时，可以看到以上两个图标集已经被打勾，表示已经被包括在当前的 IcoMoon App 项目中。如果我们想把 Font Awesome 中的图标也通过 IcoMoon 包含进来，需要先在图标集选择页面中找到 Font Awesome 图标集，然后点击图标集下方的 Add 加入到当前项目中，如图 10.23 所示。

图 10.23　把 Font Awesome 图标集加入到当前的 IcoMoon App 项目中

(3) 选择图标尺寸

当一个图标集被加入到当前项目中以后，IcoMoon App 返回应用程序主页面。新增加的图标集显示在当前的图标集列表中。

每一个图标集的右面都有一个"眼睛"图标，如图 10.24 所示，它是指通过 IcoMoon App 项目定制下载的每一个图标集中的图标尺寸。由于每一个图标集采用的网格大小不同，我们会经常见到 14 与 14 的整数倍，或者 16 与 16 的整数倍。通常，我们在 jQuery Mobile 网页中使用的图标需要 14 或者 16。

图 10.24　选择图标尺寸

(4) 选择图标

IcoMoon App 可以帮助我们在当前项目中所包括的图标集中选择我们需要的图标，也可以通过搜索方式在更大的范围中选择图标。

在 IcoMoon App 主页面的左上方(见图 10.22)有一个搜索框，当我们输入查询条件后，搜索会自动进行，并在同一个页面中返回搜索结果，搜索范围并不限于当前被包括的图标集，如图 10.25 所示为按照查询条件"Android"得到的结果。

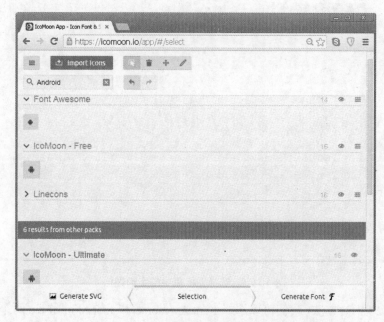

图 10.25　IcoMoon App 从更大的搜索范围查找用户需要的图标

用户也可以不通过搜索，而是直接展开每一个图标集，从图标集中直接通过单击选取，如图 10.26 所示。

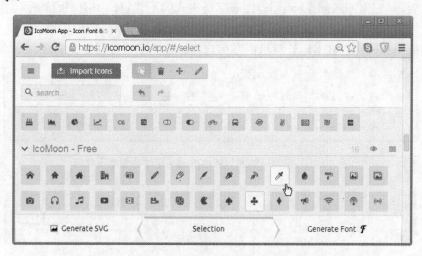

图 10.26　直接从当前项目包含的图标集中选取图标

如果用户不能确定需要哪一个图标，也可以选择一个或者整个图标集中的全部图标。

如图 10.27 所示，在每一个图标集条目的右端有一个菜单按钮。

展开菜单，单击 Select All / None，这个菜单项的作用是在"选择当前图标集里的全部图标，或者取消全部被选择的图标"之间切换。

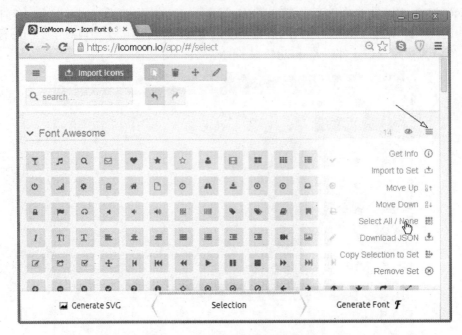

图 10.27　选择图标集中的全部图标

重复图 10.27 中的方法，我们可以选择 Font Awesome 和 IcoMoon - Free 两个图标集中的全部图标。

(5)　下载定制的图标

IcoMoon 支持把被选择的图标转换为 SVG 格式和图标字符格式。当我们选择完成全部需要的图标以后，单击 Generate Font 创建图表字符格式的下载包，如图 10.28 所示。当 IcoMoon 创建下载包以后，Generate Font 按钮自动变成 Download 按钮，如图 10.29 所示。这时用户可以下载定制的图标软件包到本地计算机。图标选择和定制下载过程到此完成。

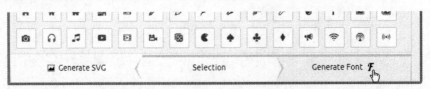

图 10.28　把选择的图标转换成图标字体并创建下载包

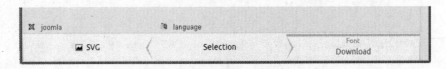

图 10.29　下载图标字体软件包

(6)　测试

从 IcoMoon App 中下载的软件包文件名为 icomoon.zip。展开这个文件，其中包含了用于应用图标的 CSS 文件。

代码 10.5 与代码 10.3 非常相像。但是，代码 10.5 使用了从 IcoMoon App 下载的定制图标集。这个图标集软件包中包含了 IcoMoon 免费版图标集和 Font Awesome 图标集中的图标。

从 IcoMoon App 下载的图标集使用 IcoMoon 默认的命名惯例，每一个图标的 CSS 类前缀都是"icon-"。

代码 10.5 IcoMoon 字符图标的使用

```
<!DOCTYPE html>
<html>
<head>
   <title>jQuery Mobile - icon fonts</title>
   <meta charset="utf-8" />
   <script src="js/jquery-1.10.1/jquery-1.10.1.min.js"></script>
   <script src="js/jquery.mobile-1.4.2/jquery.mobile-1.4.2.min.js"></script>
   <link href="js/jquery.mobile-1.4.2/jquery.mobile-1.4.2.min.css"
     rel="stylesheet" />
   <link href="IconFonts/IcoMoon_custom_download/style.css" rel="stylesheet" />
   <meta name="viewport" content="width=device-width, initial-scale=1.0">
</head>
<body>
   <div data-role="page" data-theme="a">
      <div data-role="header">
         <h1>Font Awesome</h1>
      </div>
      <div class="ui-content" role="main">
         <form>
            <a href="#" data-role="button">
               <span class="icon-library"></span>
               <span>图书馆</span>
            </a>
            <a href="#" data-role="button" data-inline="true">
               <span class="icon-magic-wand"></span>
               <span>魔法棒</span>
            </a>
            <fieldset data-role="controlgroup">
            <label for="cc-amex">
               <span class="icon-cc-amex"></span> Amex
            </label>
            <input type="radio" name="cc" value="cc-amex"
                  id="cc-amex">
            <label for="cc-visa">
               <span class="icon-cc-visa"></span> Visa
            </label>
            <input type="radio" name="cc" value="cc-visa" id="cc-visa">
            <label for="cc-mastercard">
               <span class="icon-cc-mastercard"></span>
                Mastercard
            </label>
            <input type="radio" name="cc" value="cc-mastercard"
              id="cc-mastercard">
```

```
                </fieldset>
            </form>
        </div>
    </div>
</body>
</html>
```

在移动设备上测试上述代码，得到如图 10.30 所示的效果。显示效果达到了扩充 jQuery Mobile 图标集的目的。

图 10.30　在 jQuery Mobile 网页中使用通过 IcoMoon App 定制下载的图标

10.2　网页切换过渡效果扩展

jQuery Mobile 框架已经预定义了许多网页切换过渡效果。这些过渡动画效果是由 CSS 3 的@keyframes 规则(参见本书 3.4.4 小节"动画效果")来实现的。因此，只要熟悉 CSS 3 动画效果的实现方法，定制网页切换效果并不是很困难。然而，有几个方面必须在开发新的页面切换效果之前仔细考虑。

(1)　不可过度依赖移动设备上的图形加速器，因为 Apple 设备上图形加速功能在别的移动设备上并不完全具备。过度依赖移动设备上的图形加速器来达到非常复杂的切换效果往往会造成很大的网页性能问题。

(2)　避免在深色网页之间使用过多的动画效果。由于在目前条件下 CSS 3 动画的实现方法在不同的浏览器上也有比较大的差异，一些动画效果会造成动画短暂停滞、白屏，或者屏幕闪烁等问题，应该尽量使用 jQuery Mobile 框架提供的切换效果，这些切换效果在不同移动平台上测试过，能够保障最大的稳定性和兼容性。

网页切换涉及到两个页面，这两个页面可能是同一个 HTML 文件的两个页面，或者是同一个网站中能够通过 Ajax 调用的另一个 HTML 文件。网页切换需要同时考虑它的逆过程，即当用户按下"返回"按钮以后，一个页面如何切换回到原来的页面。网页切换有正向和反向两个过程。其中，任何一个过程都还可以被分解成两个步骤，即现有的页面移出和新的页面移入浏览器窗口。

以代码 10.6 为例，这段代码产生了一个名为 effect01 的网页切换过渡动画效果。这个过渡效果与 jQuery Mobile 中单一动作的动画效果不同，它是由两个动作组成的。当网页切换开始时，浏览器中的网页缩小，并同时向浏览器底部移动(out)，新的页面从浏览器的底部向上移动，直到完全填充浏览器窗口(in)，反向过渡过程与此相反。

代码 10.6　定制页面切换效果

```css
.effect01.in {
    -webkit-transform:          translateY(0%);
    -moz-transform:             translateY(0%);
    -webkit-animation-name:     slideUp;
    -moz-animation-name:        slideUp;
}
@-webkit-keyframes slideUp {
    from    {
            -webkit-transform: translateY(100%);
            }
    to      {
            -webkit-transform: translateY(0%);
            }
}
@-moz-keyframes slideUp {
    from    {
            -moz-transform: translateY(100%);
            }
    to      {
            -moz-transform: translateY(0%);
            }
}
.effect01.out {
    -webkit-transform:          translateY(100%);
    -moz-transform:             translateY(100%);
    -webkit-animation-name:     slideDown_zoomOut;
    -moz-animation-name:        slideDown_zoomOut;
}
@-webkit-keyframes slideDown_zoomOut {
    from    {
            -webkit-transform: translateY(0%);
            }
    to      {
            -webkit-transform: translateY(100%);
            -webkit-transform: scale(0.2,0.2);
            }
```

```
}
@-moz-keyframes slideDown_zoomOut {
   from   {
            -moz-transform: translateY(0%);
        }
   to     {
            -moz-transform: translateY(100%);
            transform:      scale(0.2,0.2);
            -ms-transform: scale(0.2,0.2);
        }
}
.effect01.in.reverse {
   -webkit-transform:       translateY(100%);
   -moz-transform:          translateY(100%);
   -webkit-animation:       slideUp_zoomIn 0.3s;
   -moz-animation:          slideUp_zoomIn 0.3s;
}
@-webkit-keyframes slideUp_zoomIn {
   from   {
            -webkit-transform: translateY(100%);
            -webkit-transform:scale(0.2,0.2);
        }
   to     {
            -webkit-transform: translateY(0%);
            -webkit-transform:scale(1,1);
        }
}
@-moz-keyframes slideUp_zoomIn {
   from   {
            -moz-transform: translateY(100%);
            transform:scale(0.2,0.2);
            -ms-transform:scale(0.2,0.2);
        }
   to     {
            -moz-transform: translateY(0%);
            transform:scale(1,1);
            -ms-transform:scale(1,1);
        }
}
.effect01.out.reverse {
   -webkit-transform:       translateY(0%);
   -moz-transform:          translateY(0%);
   -webkit-animation:       slideDown 0.3s;
   -moz-animation:          slideDown 0.3s;
}
@-webkit-keyframes slideDown {
   from   {
            -webkit-transform: translateY(0%);
        }
```

```
    to     {
              -webkit-transform: translateY(100%);
          }
}
@-moz-keyframes slideDown {
    from   {
              -moz-transform: translateY(0%);
          }
    to     {
              -moz-transform: translateY(100%);
          }
}
```

页面切换效果的两个过程和每一个过程中的两个步骤都是由 CSS 3 定义的。全部 4 个步骤按照下面的命名惯例定义：

```
.effect01.in
.effect01.out
.effect01.in.reverse
.effect01.out.reverse
```

其中的 effect01 指过渡动画效果的名称，in 指网页进入浏览器的步骤，out 指网页从浏览器离开这一步骤，reverse 指反向过程，如果定义中没有声明 reverse，则是指正向过渡过程。每一个过程都对应了一个由@keyframes 定义的动画过程。每一个动画过程都是由 from 和 to 定义动画的起始和结束状态。

最后利用一个类似代码 10.7 那样的简单测试网页检验网页切换动画在浏览器中的实际效果。

代码 10.7　测试页面切换效果的样本网页

```html
<!DOCTYPE html>
<html>
<head>
    <title>jQuery Mobile - custom transition</title>
    <meta charset="utf-8" />
    <script src="js/jquery-1.10.1/jquery-1.10.1.min.js"></script>
    <script src="js/jquery.mobile-1.4.2/jquery.mobile-1.4.2.min.js"></script>
    <link href="js/jquery.mobile-1.4.2/jquery.mobile-1.4.2.min.css"
      rel="stylesheet" />
    <link href="custom-transition/custom-transition.css" rel="stylesheet"/>
    <meta content="width=device-width, initial-scale=1.0" name="viewport">
    <style>
       .pNum {
           font-size:    48px;
           text-align:   center;
       }
    </style>
</head>
<body>
```

```
<div data-role="page" id="p1" data-theme="a">
    <div data-role="header">
        <h1>第一页</h1>
    </div>
    <div class="ui-content" role="main">
        <div class="pNum">1</div>
        <div>
            <a href="#p2" data-role="button"
            data-transition="effect01">第二页</a>
        </div>
    </div>
</div>
<div data-role="page" id="p2" data-theme="a">
    <div data-role="header" data-add-back-btn="true"
      data-back-btn-text="返回">
        <h1>第二页</h1>
    </div>
    <div class="ui-content" role="main">
        <div class="pNum">2</div>
    </div>
</div>
</body>
</html>
```

10.3　UI 组件扩展

jQuery Mobile 和 jQuery UI 都是以 jQuery 为基础的框架，两套框架都提供了大量的 UI 组件。本书的第 8 章和第 9 章讲解了 jQuery Mobile 中大多数 UI 组件的主要使用方法。

比较 jQuery Mobile 和 jQuery UI 两套框架中的 UI 组件，就会发现很多由 jQuery UI 提供的实用 UI 组件在 jQuery Mobile 中还没有提供。

虽然这些 UI 组件已经计划被移植到 jQuery Mobile 2.0 中，但是目前，通过常规途径还无法使用。作为替代方案，现在已经有一些方法能够帮助我们利用现有的 jQuery UI 中的组件来弥补 jQuery Mobile 的不足。

本节将介绍怎样在 jQuery Mobile 中实现拖动和日历功能。需要注意的是，这些方法与 jQuery Mobile 框架的依赖程度并不紧密，不应该被看作 jQuery Mobile 的插件。这些方法都是利用了 jQuery UI 的功能，尤其是拖动功能，必须直接引用 jQuery UI 框架的 JavaScript 文件，这就造成了 jQuery UI 与 jQuery Mobile 框架的潜在冲突，因此，需要谨慎地使用这一类型的方案，并尽量避免在整个网站中全局性地使用，而是应该把相关方案所使用的 JavaScript 和 CSS 限定在某些必须使用这些功能的页面中。

10.3.1　拖放功能

HTML 5 新增加了 draggable 属性，使一个 UI 元素在浏览器中能够通过鼠标拖动到另外的位置。由于在移动设备触摸屏上的 touch 事件不同于鼠标事件，目前在 jQuery Mobile 网页中的拖动功能还无法通过常规方式运行。

　　jQuery UI Touch Punch 是一个能够把移动设备上的 Touch(触摸)事件映射成为鼠标事件，使用户能够在触摸屏上模拟键盘和鼠标操作的开源项目[①]，采用 MIT 和 GPL v2 许可证[②]授权方式。Touch Punch 与 jQuery UI 紧密相连，在使用 Touch Punch 时，需要同时引用 jQuery UI 和 Touch Punch 的 JavaScript 文件，并且，拖动功能的编程方法也与 jQuery UI 中的相关方法相似。下面演示两个在 jQuery Mobile 网页中使用拖动功能的实例。

　　代码 10.8 使用了 jQuery UI 的 draggable()方法，使浏览器中的 UI 元素能够被拖动。一个 UI 元素可以是<img>，也可以是<div>，在代码 10.8 中，一个可以被拖动的 UI 元素是 id 值为"draggable"的<div>元素。在页面的初始化过程中(有关页面初始化，可参考本书第 11 章)，这个<div>元素被 draggable()方法定义为一个可以被拖动的 UI 元素。以上用法与 jQuery UI 中的标准编程方法相同(可参考 jQuery UI 网站 http://jqueryui.com 与用户交互方式相关的编程方法)，从网页代码来看，它在网页文档的<head>部分引用了 jQuery UI 的 JavaScript 文件，这在常规的 jQuery Mobile 网页中并不需要，同时，这个网页又比 jQuery UI 或者 jQuery Mobile 网页额外引用了 Touch Punch 的 JavaScript 文件，使 jQuery UI 的拖动功能能够在移动设备上同样有效。

代码 10.8　网页 UI 元素的拖动

```html
<!DOCTYPE html>

<html>
<head>
    <title>jQuery Mobile -UI 组件扩展</title>
    <meta charset="utf-8" />
    <script src="js/jquery-1.10.1/jquery-1.10.1.min.js"></script>
    <script src="js/jquery.mobile-1.4.2/jquery.mobile-1.4.2.min.js"></script>
    <link href="js/jquery.mobile-1.4.2/jquery.mobile-1.4.2.min.css"
      rel="stylesheet" />
    <link href="custom-icon-1/custom-icon-01.css" rel="stylesheet" />
    <script src="http://cdnjs.cloudflare.com/ajax/libs/jqueryui/
      1.10.3/jquery-ui.min.js"></script>
    <script src="js/TouchPunch/jquery.ui.touch-punch.min.js"></script>
    <meta content="width=device-width, initial-scale=1.0" name="viewport">
    <style>
        .drag_container {
            width:              100%;
            height:             450px;
        }
        #draggable {
            width:              100px;
            height:             30px;
            text-align:          center;
```

```
        background-color: yellow;
      }
    </style>
    <script>
      $(document).on("pageinit", "#p1", function(event) {
        $("#draggable").draggable();
      });
    </script>
</head>

<body>
    <div data-role="page" id="p1" data-theme="a">
      <div data-role="header">
        <h1>Touch Punch</h1>
      </div>
      <div class="ui-content" role="main">
        <div class="drag_container">
          <div id="draggable">拖动测试</div>
        </div>
      </div>
    </div>
</body>
</html>
```

拖动效果如图 10.31 所示。

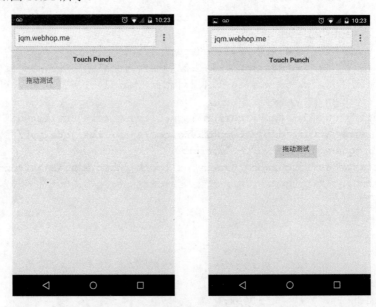

图 10.31　在移动设备上被拖动的 UI 元素

在 jQuery UI 中，一个 UI 元素的拖动不仅限于最普通的 draggable()方法，它同样适用于通过拖动方式对列表中的条目重新排序的 sortable()方法(sortable()方法同样来源于 jQuery UI)。

代码 10.9 中包含了一个 jQuery Mobile 的列表视图(listview)，它的本质是<ul>或者<ol>列表，使用 sortable()方法。这样，我们就得到了一个可以被手工拖动重新排序的列表视图。

代码 10.9 与代码 10.8 非常相似，主要差别在于使用了 sortable()方法代替 draggable()方法。

代码 10.9　拖动排序

```html
<!DOCTYPE html>

<html>
<head>
    <title>jQuery Mobile - UI 组件扩展</title>
    <meta charset="utf-8" />
    <script src="js/jquery-1.10.1/jquery-1.10.1.min.js"></script>
    <script src="js/jquery.mobile-1.4.2/jquery.mobile-1.4.2.min.js"></script>
    <link href="js/jquery.mobile-1.4.2/jquery.mobile-1.4.2.min.css"
      rel="stylesheet" />
    <link href="custom-icon-1/custom-icon-01.css" rel="stylesheet" />
    <script src="http://cdnjs.cloudflare.com/ajax/libs/jqueryui/
      1.10.3/jquery-ui.min.js"></script>
    <script src="js/TouchPunch/jquery.ui.touch-punch.min.js"></script>
    <meta content="width=device-width, initial-scale=1.0" name="viewport">
    <script>
        $(document).on("pageinit", "#p1", function(event) {
            $("#sortable").sortable();
            $("#sortable").disableSelection();
        });
    </script>
</head>

<body>
    <div data-role="page" id="p1" data-theme="a">
        <div data-role="header">
            <h1>Touch Punch</h1>
        </div>
        <div class="ui-content" role="main">
            <ul data-role="listview" id="sortable">
                <li>香蕉</li>
                <li>苹果</li>
                <li>西瓜</li>
                <li>葡萄</li>
                <li>桔子</li>
            </ul>
        </div>
    </div>
</body>
</html>
```

手工拖动排序的显示效果如图 10.32 所示。

图 10.32　列表视图的初始状态，以及列表条目正在被拖动中，与重新排序以后的状态

10.3.2　日期选择器

HTML 5 中 date 类型的<input>字段在不同的浏览器中会有完全不同的用户输入方式。一些浏览器可能会完全忽略输入字段的日期属性，另一些浏览器也有可能会弹出一个功能完善的日历，便于用户输入。jQuery UI 中的 Datepicker 很好地解决了这个问题，它不依赖<input>元素的 date 类型，只需要一个普通的 text 类型的文本输入框，就能产生统一的日历界面，使不同的浏览器都能达到高度一致的用户体验。可惜的是，jQuery Mobile 框架没有提供这样的 UI 组件。在 jQuery Mobile 网页中使用这样的功能需要 jQuery Mobile Datepicker Wrapper[①]的帮助。这个项目采用 MIT 许可证授权方式。

与 jQuery UI Touch Punch 不同，jQuery Mobile Datepicker Wrapper 从 jQuery UI 中提取了 Datepicker 的相关代码，因此，在使用上不需要引用整个 jQuery UI 的 JavaScript 文件，这样，使造成 JavaScript 冲突的机会大大减小。

jQuery UI 以英语为基础，日历界面上的文字说明为英语。为了使 Datepicker 支持多国文字 (i18n)，我们还需要下载 jQuery UI 多国语言支持语言附加软件包[②]中所需的语言插件。简体中文的语言代码是 zh-CN，如图 10.33 所示。

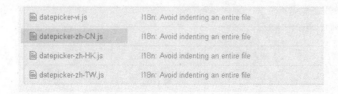

图 10.33　jQuery UI 多国语言支持软件包中对简体中文的支持

---

① jQuery Mobile Datapicker Wrapper 项目网站：https://github.com/arschmitz/jquery-mobile-datepicker-wrapper。

② jQuery UI i18n 项目网站：https://github.com/jquery/jquery-ui/tree/master/ui/i18n。

代码 10.10 演示了 Datepicker 在 jQuery Mobile 网页中的使用方法。

代码 10.10　Datepicker 在 jQuery Mobile 网页中的使用

```
<!DOCTYPE html>

<html>
<head>
    <title>jQuery Mobile - UI 组件扩展</title>
    <meta charset="utf-8" />
    <script src="js/jquery-1.10.1/jquery-1.10.1.min.js"></script>
    <script src="js/jquery.mobile-1.4.2/jquery.mobile-1.4.2.min.js"></script>
    <link href="js/jquery.mobile-1.4.2/jquery.mobile-1.4.2.min.css"
      rel="stylesheet" />
    <link href="custom-icon-1/custom-icon-01.css" rel="stylesheet" />
    <link href="js/jquery-mobile-datepicker-wrapper-master/
      jquery.mobile.datepicker.css" rel="stylesheet" />
    <link href="js/jquery-mobile-datepicker-wrapper-master/
      jquery.mobile.datepicker.theme.css" rel="stylesheet" />
    <script src="js/jquery-mobile-datepicker-wrapper-master/
      external/jquery-ui/datepicker.js"></script>
    <script src="js/jquery-mobile-datepicker-wrapper-master/
      jquery.mobile.datepicker.js"></script>
    <script src="js/jquery-ui-i18n/datepicker-zh-CN.js"></script>
    <meta content="width=device-width, initial-scale=1.0" name="viewport">
</head>

<body>
    <div data-role="page" id="p1" data-theme="a">
        <div data-role="header">
            <h1>Datepicker</h1>
        </div>
        <div class="ui-content" role="main">
            <input id="myDate" name="myDate" type="text" data-role="date">
        </div>
    </div>
</body>
</html>
```

从代码中可以看出，与很多 jQuery UI 中的组件一样，Datepicker 的基本使用方法非常简单。在加载了 jQuery Mobile Datepicker Wrapper 必需的 JavaScript 和 CSS 以后，在网页代码中只需要把 data-role="date" 添加到一个文本字段中即可。日期选择器默认在日历中显示"今天"，通过日历上的左/右箭头图标前进或者后退一个月。

图 10.34 是一个用户还没有选择日期的日历，以及用户输入完成以后的文本字段。

图 10.34 中，日期在文本输入框中按照"年-月-日"显示为"2014-12-31"，如果要把格式和分隔符一起改为"月/日/年"(美国格式)或者"日/月/年"(加拿大格式)，就需要设置额外的属性。这些额外的属性来源于 jQuery UI 中 Datepicker 组件的初始化参数。

jQuery Mobile Datepicker Wrapper 把这些参数改为以"data-"为前缀的 HTML 5 扩展属性的形式。以下是几个常用属性的用法。

图 10.34　日期选择器以及被日期填充的文本输入框

读者可以用下面的代码替换代码 10.10 中的相应代码,对日期选择器做出不同的设置:

```
<!-- 设置日期格式为"月/日/年"(见图 10.35) -->
<input id="myDate" name="myDate" type="text" data-role="date"
  data-date-format="mm/dd/yy">

<!-- 在星期之前显示"周"(见图 10.36) -->
<input id="myDate" name="myDate" type="text" data-role="date"
  data-show-week="true">

<!-- data-min-date:有效日期的起始值 -->
<!-- data-max-date:有效日期的终止值 -->
<!-- 设定有效日期区间可以采用以今天为基准的"天数"偏移量 -->
<input id="myDate" name="myDate" type="text" data-role="date"
  data-min-date="-7" data-max-date="30">

<!-- 设定有效日期区间可以采用以今天为基准的"w"(星期)和"d"(天)偏移量 -->
<input id="myDate" name="myDate" type="text" data-role="date"
  data-min-date="-2d" data-max-date="+4w +3d">

<!-- 有效日期的的起止"年"(日历仅显示从开始年的 1 月到终止年的 12 月) -->
<input id="myDate" name="myDate" type="text" data-role="date"
  data-year-range="2014:2016">
```

运行结果如图 10.35 和 10.36 所示。

图 10.35　以 "月/日/年" 格式输入日期　　　图 10.36　在星期之前显示 "周"

10.4　本章习题

1. 练习题

(1) 选择任意一组正方形 SVG 和 PNG 图形，按照 jQuery Mobile 的标准方式创建一个用于自定义图标的 CSS 文件，并在测试网页中验证图标的有效性。

(2) 通过 IcoMoon 下载一个图标集。要求图标集中只能包含与下列付费方式相关的图标：借记卡(Debit Card)、维萨卡(Visa)、万事达卡(MasterCard)、运通卡(American Express)、PayPal，以及比特币(BitCoin)。

2. 编程题

(1) 设计一个 jQuery Mobile 网页。网页包含一个拥有 4 个按钮的导航栏。4 个按钮上的图标分别是飞机、轮船、火车和汽车。图标集不限。

(2) 设计一个网页切换动画效果。在正向过渡过程中，原来的页面向右移出浏览器，新的页面从屏幕左侧进入浏览器。反向过程全部采用淡入淡出效果。

第 11 章

jQuery Mobile 事件处理

本章导读:

jQuery Mobile 网页以 jQuery 为基础,运行在移动浏览器中。在网页上发生的与浏览器或者表单等相关的事件(event)能够被 jQuery 处理,即 jQuery 的常规事件处理同样适用于 jQuery Mobile。同时,由于工作方式的特点,jQuery Mobile 还在 JavaScript 内建的事件类型之上设计了其他多种事件类型,其中包括与网页初始化或者与触摸屏相关的事件。

本章中,我们将探讨 jQuery Mobile 网页中具有典型意义的事件处理方法。通过这一章的学习,读者将更深入地了解 jQuery Mobile 网页在初始化过程中的时序问题,了解用户动作对于移动浏览器和桌面浏览器所产生的不同影响。

如果读者需要了解 jQuery 中的常规事件处理方法,或者需要了解更多的有关 jQuery 对网页的动态处理方法,可参考本书的第 4 章。

11.1　网页与初始化事件

11.1.1　网页的初始化事件

本书的第 4 章介绍了网页加载过程中的时序问题，以及通过 jQuery 的 ready()方法对加载时序问题的解决方案。

然而，jQuery Mobile 的页面载入过程与普通网页不同。在 jQuery Mobile 的多页结构中，一次只加载 HTML 文档中的一个页面，而不是把整个 HTML 文档一起载入到浏览器中，因此，jQuery Mobile 网页初始化是以"页面"为单位。同时，这也表明，除非是一个 jQuery Mobile 网页文档只含有一个页面，否则 jQuery 的 ready()方法并不适用于 jQuery Mobile 网页。

jQuery Mobile 页面初始化分为两个主要步骤，一个页面首先需要被加载，产生或者加入到DOM 结构中，然后 jQuery Mobile 框架对页面的表现进行样式增强(enhancement)(可参考本书第 1 章中有关 Web 设计策略和对"渐进增强"的描述)。jQuery Mobile 的 pagecreate 事件对应于当一个页面在 DOM 中创建完成，页面上的 UI 组件的"样式增强"还没有完成时。

下面的代码 11.1 通过一个简单的实验来说明页面初始化的过程。

代码 11.1　一个 HTML 文档中的页面被分别初始化的实验

```html
<!DOCTYPE html>
<html>
<head>
   <title>jQuery Mobile - Events</title>
   <meta charset="utf-8" />
   <script src="js/jquery-1.10.1/jquery-1.10.1.min.js"></script>
   <script src="js/jquery.mobile-1.4.2/jquery.mobile-1.4.2.min.js"></script>
   <link href="js/jquery.mobile-1.4.2/jquery.mobile-1.4.2.min.css"
    rel="stylesheet" />
   <meta name="viewport" content="width=device-width,initial-scale=1.0">
   <style>
     .myContent {
        font-style:   normal;
     }
   </style>
   <script>
     $(document).on("pagecreate", "#page2", function(event) {
        $(".myContent").css("font-style", "italic");
     });
     $(document).on("pagecreate", "#page3", function(event) {
        $(".myContent").css("font-size", "300%");
     });
   </script>
</head>
<body>
```

```
<div id="home" data-role="page">
    <div data-role="header" data-add-back-btn="true"
      data-back-btn-text="返回">
        <h1>主页</h1>
    </div>
    <div class="ui-content" role="main">
        <a href="#page2" data-role="button" data-mini="true"
          data-inline="true">按钮：第二页</a>
        <a href="#page3" data-role="button" data-mini="true"
          data-inline="true">按钮：第三页</a>
    </div>
</div>
<div id="page2" data-role="page">
    <div data-role="header" data-add-back-btn="true"
      data-back-btn-text="返回">
        <h1>第二页</h1>
    </div>
    <div class="ui-content" role="main">
        <div class="myContent">第二页内容</div>
    </div>
</div>
<div id="page3" data-role="page">
    <div data-role="header" data-add-back-btn="true"
      data-back-btn-text="返回">
        <h1>第三页</h1>
    </div>
    <div class="ui-content" role="main">
        <div class="myContent">第三页内容</div>
    </div>
</div>
</body>
</html>
```

代码 11.1 是一个包含 3 个页面的 HTML 文档。其中第一页包括了分别前往第二页和第三页的按钮。第二页和第三页上的内容都是通过 CSS 类 myContent 作为修饰。这个 CSS 类在默认情况下没有做任何特别设置。当第一次点击"按钮：第二页"以后，第二页被加载并加入到 DOM 中。这时，第二页上的 pagecreate 事件被触发，相应的处理程序把 CSS 类 myContent 中的 font-style 属性设置为斜体。因此，当第二页显示到屏幕上时，我们看到了文字内容为斜体。当第一次点击"按钮：第三页"以后，第三页在 DOM 中创建，随即触发第三页上的 pagecreate 事件。这个事件对应的处理程序把 CSS 类 myContent 中的 font-size 属性设置为 900。

由于 myContent 类中的 font-style 已经被设置为斜体，当修改 font-size 属性时，font-style 没有被改动，仍然保留了斜体样式，这样，当第三页显示在屏幕上时，文字内容的样式风格既是斜体，又是 900(特大)。当第二页和第三页都访问过以后，两个页面上的 pagecreate 事件被分别触发，并且修改了 myContent 类中的两个属性，当再次回到第二页时，第二页上的文字样式也是既是斜体，又是特大。以上过程可以通过图 11.1 中的 4 个画面来更直观地体现。

图 11.1　每一个页面分别初始化对页面显示的影响

一个 pagecreate 事件处理程序的基本用法是：

```
$("<选择器>").on("pagecreate", "#<页面 id>", function(event) {
    // 处理程序
});
```

上述方法中的页面 id 部分可以省略。如果省略页面 id，那么事件处理程序将对所有的页面有效，而不是只针对个别页面。同时需要注意，一个页面只需要初始化一次，当一个页面从隐藏状态切换回到显示状态时，不需要重新初始化。

以上介绍的是 jQuery Mobile 中页面的初始化过程。实际上，jQuery Mobile 中的初始化是从 mobileinit 事件开始的。mobileinit 可以用于对 jQuery Mobile 做全局性的配置。这个事件在 jQuery 框架加载以后就会被触发，甚至早于 jQuery Mobile 框架的加载。

代码 11.2 是一个通过 mobileinit 事件处理程序简化默认的返回按钮的创建过程。

通常，一个页面的页头需要声明 data-add-back-btn="true"和 data-back-btn-text="返回"这样的属性，才能使这个页面在页头部分拥有由系统产生的返回按钮，并且返回按钮上面的文字由默认的英文单词 Back 替换为我们需要的文字。在每一个页面中做相同的设置并不是一个好办法。而在代码 11.2 中，通过响应 mobileinit 系统初始化事件，对 jQuery Mobile 重新设置以后，网页代码就有了很大的简化。

代码 11.2　通过 mobileinit 配置 jQuery Mobile

```
<!DOCTYPE html>
<html>
<head>
    <title>jQuery Mobile - Events</title>
    <meta charset="utf-8" />
    <script src="js/jquery-1.10.1/jquery-1.10.1.min.js"></script>
    <script>
        $(document).on("mobileinit", function() {
            $.mobile.toolbar.prototype.options.addBackBtn = true;
            $.mobile.toolbar.prototype.options.backBtnText = "返回";
        });
```

```
    </script>
    <script src="js/jquery.mobile-1.4.2/jquery.mobile-1.4.2.min.js"></script>
    <link href="js/jquery.mobile-1.4.2/jquery.mobile-1.4.2.min.css"
      rel="stylesheet"/>
    <meta name="viewport" content="width=device-width,initial-scale=1.0">
</head>
<body>
    <div id="home" data-role="page">
        <div data-role="header">
            <h1>主页</h1>
        </div>
        <div class="ui-content" role="main">
            <a href="#page2" data-role="button" data-mini="true"
              data-inline="true">按钮：第二页</a>
            <a href="#page3" data-role="button" data-mini="true"
              data-inline="true">按钮：第三页</a>
        </div>
    </div>
    <div id="page2" data-role="page">
        <div data-role="header">
            <h1>第二页</h1>
        </div>
        <div class="ui-content" role="main">
            <div>第二页内容</div>
        </div>
    </div>
    <div id="page3" data-role="page">
        <div data-role="header">
            <h1>第三页</h1>
        </div>
        <div class="ui-content" role="main">
            <div>第三页内容</div>
        </div>
    </div>
</body>
</html>
```

11.1.2　外部网页加载事件

当 jQuery Mobile 尝试一个外部网页时，pagecontainerbeforeload 事件先被触发，然后判断网络访问的返回状态，如果访问成功，则 pagecontainerload 事件被触发；如果访问失败，则 pagecontainerloadfailed 事件被触发。

代码 11.3 是一个包含两个页面的 HTML 文档，其中一个页面带有两个导航按钮，另外一个页面用于显示错误信息。第一个页面上的两个导航按钮，分别指向两个不同的外部页面。

正如按钮上的文字描述的那样，其中一个按钮能够成功加载外部页面，另外一个按钮所指向的外部页面不存在。当按下第一个按钮时，由于能够成功加载外部网页，pagecontainerload

事件被触发，事件处理程序中的 alert()在浏览器中显示一条警告信息(图 11.2 中的第一幅画面)。当按下另一个按钮时，由于导航按钮指向的页面不存在，网页加载失败，pagecontainerloadfailed 事件被触发，相应的事件处理程序在浏览器中载入错误信息页面(图 11.2 中的第二幅画面)。

图 11.2　外部网页能够访问和不能够成功访问时，不同的事件被触发

代码 11.3　外部网页加载成功与失败的测试

```html
<!DOCTYPE html>
<html>
<head>
  <title>jQuery Mobile - Events</title>
  <meta charset="utf-8" />
  <script src="js/jquery-1.10.1/jquery-1.10.1.min.js"></script>
  <script src="js/jquery.mobile-1.4.2/jquery.mobile-1.4.2.min.js"></script>
  <link href="js/jquery.mobile-1.4.2/jquery.mobile-1.4.2.min.css"
   rel="stylesheet"/>
  <meta name="viewport" content="width=device-width,initial-scale=1.0">
  <script>
    $(document).on("pagecreate", "#home", function() {
      $("#errorPageLink").hide();
    });
    $(document).on("pagecontainerload",function(event, data) {
      alert("网页访问成功 ");
    });
    $(document).on("pagecontainerloadfailed",function(event, data) {
      $("#errorPageLink").trigger("click");
    });
  </script>
</head>
<body>
  <div id="home" data-role="page">
    <div data-role="header" data-add-back-btn="true"
      data-back-btn-text="返回">
```

```
      <h1>主页</h1>
    </div>
    <div class="ui-content" role="main">
      <a href="external.html" data-role="button" data-mini="true"
        data-inline="true">访问一个外部网页</a>
      <a href="nothing.html" data-role="button" data-mini="true"
        data-inline="true">访问一个不存在的网页</a>
      <a href="#errorPage" id="errorPageLink">Error Page</a>
    </div>
  </div>
  <div id="errorPage" data-role="page">
    <div data-role="header" data-add-back-btn="true"
     data-back-btn-text="返回">
      <h1>错误</h1>
    </div>
    <div class="ui-content" role="main">
      <div>网页访问失败! </div>
    </div>
  </div>
</body>
</html>
```

代码 11.3 中的错误信息页面是由 trigger()方法在指向错误信息页面的链接上模拟了一次点击(click)操作。这个链接在页面初始化过程中被设置为隐藏状态。程序中的 trigger()和 hide()方法都是来源于 jQuery 的方法。

11.1.3　网页切换过程事件

网页切换是在一个浏览器中,当前的页面被一个新的页面替换的过程。这个过程涉及了两个页面,每一个页面在这个过程中都发生了状态改变。当前页面从"即将隐藏"状态变为"隐藏"状态,新的页面从"即将显示"状态变为"显示"状态。

当一个页面进入其中某一种状态时,就会触发与相应状态相关的事件,例如,pagecontainerbeforehide(网页即将隐藏)、pagecontainerhide(网页隐藏之前的动画已经完成)、pagecontainerbeforeshow(网页即将显示),以及 pagecontainershow(网页显示之前的动画已经完成)。以上 4 个事件分别发生在新旧不同的页面中,而不会在两个页面都被触发。

下面的代码 11.4 通过事件处理程序中的 alert(),演示了页面即将隐藏和页面即将显示之时的事件。通常情况下,页面隐藏之前可以完成一些必要的数据清理工作,而在一个页面即将显示前,如果需要临时改变页面局部的样式,这是页面在浏览器中显示前修改样式的最后机会。

代码 11.4　网页切换过程中的事件响应

```
<!DOCTYPE html>
<html>
<head>
  <title>jQuery Mobile - Events</title>
  <meta charset="utf-8" />
  <script src="js/jquery-1.10.1/jquery-1.10.1.min.js"></script>
```

```
<script src="js/jquery.mobile-1.4.2/jquery.mobile-1.4.2.min.js"></script>
<link href="js/jquery.mobile-1.4.2/jquery.mobile-1.4.2.min.css"
  rel="stylesheet"/>
<meta name="viewport" content="width=device-width,initial-scale=1.0">
<style>
    .myImage {
        width:    100%;
        height:   auto;
    }
</style>
<script>
    $(document).on("pagecontainerbeforehide", function(event, data) {
        alert("正在进入：" + data.nextPage.attr('id'));
    });
    $(document).on("pagecontainerbeforeshow", function(event, data) {
        alert("正在离开：" + data.prevPage.attr('id'));
    });
</script>
</head>
<body>
    <div id="home" data-role="page">
        <div data-role="header" data-add-back-btn="true"
          data-back-btn-text="返回">
            <h1>主页</h1>
        </div>
        <div class="ui-content" role="main">
            <a href="#shenyang" data-role="button" data-mini="true"
              data-inline="true" data-transition="slidedown">
                沈阳-清昭陵</a>
        </div>
    </div>
    <div id="shenyang" data-role="page">
        <div data-role="header" data-add-back-btn="true"
          data-back-btn-text="返回">
            <h1>沈阳-清昭陵</h1>
        </div>
        <div class="ui-content" role="main">
            <img src="images/shenyang_01.jpg" class="myImage"
              alt="清昭陵" id="img_shenyang">
        </div>
    </div>
</body>
</html>
```

与页面的创建和初始化不同，一个页面的每一次隐藏和显示都会触发相关事件。需要注意的是，程序中，事件处理程序所使用的第二个参数包含了许多状态数据。data.prevPage 和 data.nextPage 分别代表了一个页面的对象，通过 jQuery 的 attr('id')就能够获得正在离开或者正在进入的页面的 id 值。

11.2　用户操作事件

11.2.1　方向位置事件

一个移动设备在使用的过程中，可能会处于垂直或者水平放置的位置。当用户改变设备的放置位置时，浏览器中的网页(或其他应用程序)就会响应位置的改变，而对用户界面做出相应的调整。位置的改变对应于 JavaScript 的 window 对象。当设备的放置位置发生变化时，window 对象的 orientationchange 事件被触发。通过事件处理程序获得的 event 对象，我们在程序中就可以知道设备当前所处的位置。

代码 11.5 演示了当设备位置改变后，orientationchange 事件处理程序的简单使用方法。

代码 11.5　orientationchange 事件处理程序

```html
<!DOCTYPE html>
<html>
<head>
    <title>jQuery Mobile - Events</title>
    <meta charset="utf-8" />
    <script src="js/jquery-1.10.1/jquery-1.10.1.min.js"></script>
    <script src="js/jquery.mobile-1.4.2/jquery.mobile-1.4.2.min.js"></script>
    <link href="js/jquery.mobile-1.4.2/jquery.mobile-1.4.2.min.css"
      rel="stylesheet"/>
    <meta name="viewport" content="width=device-width,initial-scale=1.0">
    <style>
        #info {
            font-size: 3em;
        }
    </style>
    <script>
        $(window).on("orientationchange", function(event) {
            var orientationMode = event.orientation;
            $("#info").text(orientationMode);
        });
    </script>
</head>
<body>
    <div id="home" data-role="page">
        <div data-role="header" data-add-back-btn="true"
          data-back-btn-text="返回">
            <h1>方向改变事件</h1>
        </div>
        <div class="ui-content" role="main">
            <div id="info">开始测试设备放置位置。</div>
        </div>
```

jQuery Mobile移动网站开发

```
        </div>
    </body>
</html>
```

代码 11.5 首先说明了 orientationchange 事件与 JavaScript 的 window 对象相关。当位置改变时，被触发的事件对象中带有 orientation 属性，这个属性代表了设备当前的状态是 portrait(垂直放置)或者是 landscape(水平放置)。运行结果如图 11.3 所示。

图 11.3　当移动设备处于不同的位置时，orientationchange 事件处理程序的参数带有当前位置信息

状态参数值 portrait 或者 landscape 在绝大多数情况下不需要向用户显示，因此，这两个值即使是英语，也不会影响程序的使用。这两个值实际上来源于 window 对象的 orientation 参数。window 对象的 orientation 参数能够用于判断设备的当前位置是 0(初始或者默认位置)，−90(顺时针转动 90 度)，或者是 90(逆时针转动 90)。我们也可以把代码 11.5 稍做改动，直接利用 window 对象的 orientation 参数判断设备的放置位置。

下面的代码片段就是直接利用 window 对象的 orientation 参数的例子：

```
$(window).on("orientationchange", function(event) {
    if (window.orientation == 0) {
        $("#info").text("垂直");
    } else {
        $("#info").text("水平");
    }
});
```

11.2.2　滚屏事件

滚屏事件的触发条件包括了整个浏览器窗口的滚动或者浏览器中局部区域的滚动。滚屏动作包括滚屏开始(scrollstart)和滚屏结束(scrollstop)。

代码 11.6 演示了当内容超出了一个<div>容器的高度以后，用户在触摸屏上使网页内容在限定的容器范围内滚动产生的事件以及事件处理程序。这段程序包括了对 scrollstart 和 scrollstop

事件的响应。在浏览器中，当滚动网页内容时，我们能够看到 scrollstart 和 scrollstop 事件交替出现。每次滚屏事件发生时，滚屏发生区域的背景颜色就会发生变化，而当滚屏事件结束时，该区域背景颜色恢复成白色。

代码 11.6　使用滚屏事件

```html
<!DOCTYPE html>
<html>
<head>
    <title>jQuery Mobile - Events</title>
    <meta charset="utf-8" />
    <script src="js/jquery-1.10.1/jquery-1.10.1.min.js"></script>
    <script src="js/jquery.mobile-1.4.2/jquery.mobile-1.4.2.min.js"></script>
    <link href="js/jquery.mobile-1.4.2/jquery.mobile-1.4.2.min.css"
      rel="stylesheet"/>
    <meta name="viewport" content="width=device-width,initial-scale=1.0">
    <style>
        #content1 {
            width:        99.9%;
            height:       300px;
            border-style: solid;
            border-width: 1px;
            overflow-y:   auto;
        }
    </style>
    <script>
        $(document).on("scrollstart", function() {
            $("#content1").css("background-color", "yellow");
        });
        $(document).on("scrollstop", function() {
            $("#content1").css("background-color", "white");
        });
    </script>
</head>
<body>
    <div id="home" data-role="page">
        <div data-role="header" data-add-back-btn="true"
          data-back-btn-text="返回">
            <h1>滚屏事件</h1>
        </div>
        <div class="ui-content" role="main">
            <div id="content1">
                1 <br> 2 <br> 3 <br> 4 <br> 5 <br>
                6 <br> 7 <br> 8 <br> 9 <br> 10<br>
                11<br> 12<br> 13<br> 14<br> 15<br>
                16<br> 17<br> 18<br> 19<br> 20<br>
                21<br> 22<br> 23<br> 24<br> 25<br>
            </div>
        </div>
    </div>
```

```
      </div>
   </body>
</html>
```

11.2.3　触摸事件

在 jQuery Mobile 网页中的触摸(touch)事件包括敲击(tap)、滑动(swipe)及其相关的事件。这些事件来源于 JavaScript 底层的触摸事件 touchstart、touchend、touchmove、touchcancel 等。触摸屏上触摸事件的触发条件与桌面系统中由鼠标动作产生的事件的触发条件不同。

1. tap 和 taphold 事件

敲击(tap)事件不同于点击(click)事件，前者属于用户在触摸屏上的触摸动作，而后者通常是指鼠标操作。这两类事件目前在移动浏览器和桌面浏览器中同样有效。但是，在早期的浏览器中，这两类事件曾经被明确区分，由此带来了同一个网页在桌面浏览器和移动浏览器中分别响应不同的事件而引起的用户体验不一致的问题。

为了解决这一个问题，jQuery Mobile 引入了 vclick 事件，用以在移动设备上响应类似于桌面浏览器中的鼠标事件。类似的还有 vmousecancel、vmousedown、vmousemove、vmouseout、vmouseover、vmouseup 等事件类型。这些事件名称中的 v 代表了"虚拟(virtual)"。

tap 事件和 taphold 事件的区别在于触发发生的时间长度。taphold 事件的默认触发条件是接触时间达到 750 毫秒。而 tap 事件则用于一个瞬间动作。

代码 11.7 在一个网页上显示一个灰色的"测试区域"，当触摸达到 750 毫秒后，taphold 被触发。tap 事件触发在触摸事件结束的时候，因此，当触摸事件瞬间发生时，tap 事件被触发，而 taphold 发生以后，并且触摸事件结束时，tap 事件同样会被触发。在编写事件处理程序时，应该注意到事件触发的时间点问题。

代码 11.7　使用敲击事件

```
<!DOCTYPE html>
<html>
<head>
   <title>jQuery Mobile - Events</title>
   <meta charset="utf-8" />
   <script src="js/jquery-1.10.1/jquery-1.10.1.min.js"></script>
   <script src="js/jquery.mobile-1.4.2/jquery.mobile-1.4.2.min.js"></script>
   <link href="js/jquery.mobile-1.4.2/jquery.mobile-1.4.2.min.css"
    rel="stylesheet"/>
   <meta name="viewport" content="width=device-width,initial-scale=1.0">
   <style>
     .testArea {
       width:          99.9%;
       height:         200px;
       border-style:    solid;
       border-width:   1px;
       background-color: #EEEEEE;
     }
```

```
        #infoArea {
            font-size:        24px;
        }
    </style>
    <script>
        $(document).on("pagecreate", function() {
            $("#testArea").on("tap", function() {
                $("#infoArea").text("tap").show().hide(600);
            });
            $("#testArea").on("taphold", function() {
                $("#infoArea").text("taphold").show().hide(600);
            });
        });
    </script>
</head>
<body>
    <div id="home" data-role="page">
        <div data-role="header" data-add-back-btn="true"
          data-back-btn-text="返回">
            <h1>敲击事件</h1>
        </div>
        <div class="ui-content" role="main">
            <div id="testArea" class="testArea">测试区域</div>
            <div id="infoArea"></div>
        </div>
    </div>
</body>
</html>
```

2. swipe、swipeleft 和 swiperight 事件

与敲击事件相比，滑动事件在程序代码上没有很大的差别，代码 11.8 演示了一个滑动事件的例子。这里的滑动，都是指水平方向的运动，其中 swipeleft 和 swiperight 分别在向左或者向右移动 30px 以后才会被触发，swipe 不区分左右，只要水平移动达到 30px 就会被触发。

代码 11.8　使用滑动事件

```
<!DOCTYPE html>

<html>
<head>
    <title>jQuery Mobile - Events</title>
    <meta charset="utf-8" />
    <script src="js/jquery-1.10.1/jquery-1.10.1.min.js"></script>
    <script src="js/jquery.mobile-1.4.2/jquery.mobile-1.4.2.min.js"></script>
    <link href="js/jquery.mobile-1.4.2/jquery.mobile-1.4.2.min.css"
      rel="stylesheet"/>
    <meta name="viewport" content="width=device-width,initial-scale=1.0">
    <style>
```

```
       .testArea {
           width:           99.9%;
           height:          100px;
           border-style:    solid;
           border-width:    1px;
           background-color: #EEEEEE;
       }
       #infoArea {
           font-size:       24px;
       }
   </style>
   <script>
       $(document).on("pagecreate", function() {
           $("#testArea1").on("swipe", function() {
               $("#infoArea").text("swipe").show().hide(600);
           });
           $("#testArea2").on("swipeleft", function() {
               $("#infoArea").text("swipeleft").show().hide(600);
           });
           $("#testArea2").on("swiperight", function() {
               $("#infoArea").text("swiperight").show().hide(600);
           });
       });
   </script>
</head>
<body>
   <div id="home" data-role="page">
       <div data-role="header" data-add-back-btn="true"
         data-back-btn-text="返回">
           <h1>滑动事件</h1>
       </div>
       <div class="ui-content" role="main">
           <div id="testArea1" class="testArea">水平测试区域</div>
           <div id="testArea2" class="testArea">左右滑动测试区域</div>
           <div id="infoArea"></div>
       </div>
   </div>
</body>
</html>
```

3. vmousemove 事件

vmousemove 与 vmousecancel、vmousedown、vmouseout、vmouseover、vmouseup 等都是在移动设备的触摸屏上为了实现像响应鼠标事件那样响应触摸事件而设计的虚拟事件类型。

以 vmousemove 为例，它能够跟踪"鼠标"的实时运行轨迹，反馈实时的"鼠标"坐标。

代码 11.9 演示了在一个限定的<div>范围内，手指的滑动随时通过 vmousemove 事件把坐标动态地显示在屏幕上。

代码 11.9 使用虚拟鼠标事件

```html
<!DOCTYPE html>
<html>
<head>
    <title>jQuery Mobile - Events</title>
    <meta charset="utf-8" />
    <script src="js/jquery-1.10.1/jquery-1.10.1.min.js"></script>
    <script src="js/jquery.mobile-1.4.2/jquery.mobile-1.4.2.min.js"></script>
    <link href="js/jquery.mobile-1.4.2/jquery.mobile-1.4.2.min.css"
     rel="stylesheet"/>
    <meta name="viewport" content="width=device-width,initial-scale=1.0">
    <style>
        #content1 {
            width:       99.9%;
            height:      300px;
            border-style: solid;
            border-width: 1px;
        }
    </style>
    <script>
        $(document).on("vmousemove", "#content1", function(event) {
            $("#content1").text(event.pageX + ", " + event.pageY);
        });
    </script>
</head>
<body>
    <div id="home" data-role="page">
        <div data-role="header" data-add-back-btn="true"
         data-back-btn-text="返回">
            <h1>虚拟鼠标事件</h1>
        </div>
        <div class="ui-content" role="main">
            <div id="content1">
            </div>
        </div>
    </div>
</body>
</html>
```

11.3 本 章 习 题

编程题

(1) 编写一个含有两个页面的 jQuery Mobile 网页，如图 11.4 中的几幅画面所示，第一个页面中有一组用于设置字体大小的单选按钮，通过这组单选按钮设置第二个页面中正文内容的

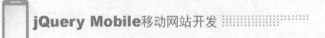

字体大小。(提示：使用与页面切换相关的事件处理方法)

图 11.4　字体设置页面和字体被动态改变以后的页面

(2)　编写一个 jQuery Mobile 网页。在这个网页中，能够根据在触摸屏上的滑动轨迹，判断运行方向是向上还是向下。(提示：jQuery Mobile 的 swipe 事件不支持垂直方向的滑动判断；利用与虚拟鼠标事件相关的处理方法)

第 12 章
jQuery 和 jQuery Mobile 的插件

本章导读：

如果 jQuery Mobile 框架本身的功能以及各种对框架的扩展仍然不能满足要求，就需要寻求第三方插件的帮助。由于 jQuery Mobile 是建立在 jQuery 之上的框架，因此，一些用于 jQuery 的插件也能够适用于 jQuery Mobile。

选用第三方插件需要注意两个基本原则：①jQuery 插件的设计必须考虑到移动设备的特性，比如对页面布局的影响，或对触摸事件的响应能力等；②jQuery Mobile 插件必须与相应的 jQuery Mobile 版本兼容。

本章将介绍一些相互独立的第三方 jQuery 或者 jQuery Mobile 插件的基本用法。这些插件都符合以上选用标准。但是，随着 jQuery 和 jQuery Mobile 的版本变化，插件的兼容性和适用性需要重新测试和评估，因此，本章的内容仅供参考。通过学习一些常用的插件，相信会对读者将来的插件选择工作有所帮助。

12.1　日期选择器插件 - DateBox

在本书第 10 章中，我们已经介绍了通过借用 jQuery UI 的日期选择器 Datapicker 来弥补 jQuery Mobile 功能不足的方法。Datepicker 组件在屏幕上显示为了一个月历。这个组件能够满足对日期设置的功能需求。

但是，从用户界面的角度来看，许多移动设备上系统自带的日期选择程序不但有月历样式，还有滚轮等样式。DateBox 插件[①]能够实现许多不同样式的日期选择器。

DateBox 是一个开源软件，使用自定义的软件许可证授权，免费使用，并且对修改、合并、分发、销售等商业行为不做限制。它是一个真正的 jQuery Mobile 插件，为了适应 jQuery Mobile 系统软件的变化而按照 jQuery Mobile 的不同版本分别发布了不同的产品软件包。

DateBox 项目网站上的默认下载版本为最新版。这个软件项目另外提供了一个下载工具 (Download Builder)，使用户能够按照正在使用的 jQuery Mobile 版本，以及从该项目所支持的各种日期选择器中选择需要的类型，创建一个定制下载。读者在自行下载以后，应检查软件包中的文件是否与软件文档中所描述的一致。本书作者在写作过程中，发现了该项目的几种下载方法与软件描述有若干不相符，因此本书光盘中第 12 章实例使用的 DateBox 插件不是 DateBox 的发布软件包，而是从该项目的 JQM 1.4.2 分支中单独下载的，并且按照该项目的版权要求附上软件许可证原文。DateBox 插件软件包含有下列关键文件：

- 一个 CSS 文件，例如 jqm-datebox-1.4.2.css。
- 一个核心 JavaScript 文件，例如 jqm-datebox-1.4.2.core.js。
- 一组文件名中带有"mode"字样的日期选择器 JavaScript 文件，每一个文件对应一种日期选择器；一组国际化语言文件，这些文件的文件名中带有 ISO 标准语言/国家代码，比如 jquery.mobile.datebox.i18n.zh-CN.utf8.js 是简体中文的语言包。如果读者通过 DateBox 网站下载的软件中不带有语言包，可到 http://cdn.jtsage.com/datebox/i18n 中找到需要的语言包另行下载。

DateBox 的基本使用方法非常简单。在 HTML 文档中，除了 jQuery 和 jQuery Mobile 程序库以外，还需要加载 DateBox 的 CSS 文件，核心 JavaScript 文件根据需要添加日期选择器文件，以及语言包。语言包不是必需的，如果语言包缺省，日期选择器上的默认语言为英语。不是每一个日期选择器文件都需要加载，只需要添加与网页中用到的日期选择器相对应的 JavaScript 文件即可。添加所有的日期选择器文件并不会造成网页功能上的影响，但是，这些 JavaScript 文件平均每一个 9KB 容量，添加过多的文件会造成网页运行性能下降，并且增加了许多不必要的数据流量。

代码 12.1 演示了基本的 5 种日期选择器样式。

代码 12.1　DateBox 的基本用法

```
<!DOCTYPE html>
<html>
```

[①] jQuery Mobile DateBox 项目网站：https://github.com/jtsage/jquery-mobile-datebox。

```html
<head>
    <title>jQuery Mobile 插件</title>
    <meta charset="utf-8" />
    <script src="js/jquery-1.10.1/jquery-1.10.1.min.js"></script>
    <script src="js/jquery.mobile-1.4.2/jquery.mobile-1.4.2.min.js"></script>
    <link href="js/jquery.mobile-1.4.2/jquery.mobile-1.4.2.min.css"
      rel="stylesheet" />
    <meta name="viewport" content="width=device-width,initial-scale=1.0">
    <!-- DateBox 文件 -->
    <link href="plugins/datebox/css/jqm-datebox-1.4.2.css" rel="stylesheet"/>
    <script src="plugins/datebox/js/jqm-datebox-1.4.2.core.js"></script>
    <script src="plugins/datebox/js/jqm-datebox-1.4.2.mode.calbox.js"></script>
    <script
      src="plugins/datebox/js/jqm-datebox-1.4.2.mode.datebox.js"></script>
    <script
      src="plugins/datebox/js/jqm-datebox-1.4.2.mode.slidebox.js"></script>
    <script
      src="plugins/datebox/js/jqm-datebox-1.4.2.mode.flipbox.js"></script>
    <script src="plugins/datebox/js/jqm-datebox-1.4.2.mode.durationbox.js">
    </script>
    <script
      src="plugins/datebox/i18n/jquery.mobile.datebox.i18n.zh-CN.utf8.js">
    </script>
</head>

<body>
    <div data-role="page">
        <div data-role="header">
            <h1>DateBox</h1>
        </div>
        <div class="ui-content" role="main">
            <input type="text" data-role="datebox"
              data-options='{"mode":"calbox"}'>
            <input type="text" data-role="datebox"
              data-options='{"mode":"datebox"}'>
            <input type="text" data-role="datebox"
              data-options='{"mode":"flipbox"}'>
            <input type="text" data-role="datebox"
              data-options='{"mode":"slidebox"}'>
            <input type="text" data-role="datebox"
              data-options='{"mode":"durationbox"}'>
        </div>
    </div>
</body>
</html>
```

　　在使用 DateBox 插件的网页中，首先需要加载 DateBox 必需的 CSS 和 JavaScript 文件，然后通过<input>元素的 data-role 属性设置日期选择器的类型。data-role 属性的属性值与某一种日期选择器文件名中的类型名称相对应，例如，与 jqm-datebox-1.4.2.mode.calbox.js 对应的日期选择器类型是 calbox，当使用日历类型的日期选择器时，data-role 属性的属性值就会是 calbox。

代码 12.1 中出现了 5 种类型的日期选择器，其中前 4 种十分常见，如图 12.1 所示。

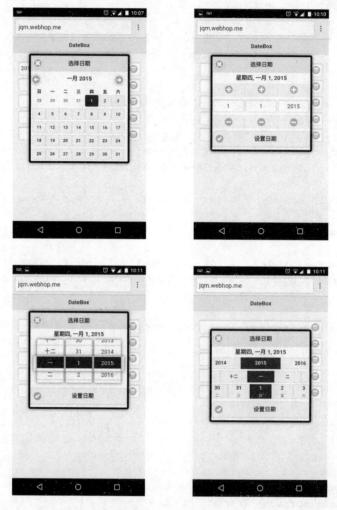

图 12.1　DateBox 日期选择器类型：calbox、datebox、flipbox、slidebox

类型 calbox 的日期选择器是一个月历。datebox 类型把月、日、年分别通过增减按钮单独设置。flipbox 与 datebox 类似，但是使用了滚轮来代替增减按钮。slidebox 把月、日、年分别通过 3 个水平滑动条来单独设置。

对一个 DateBox 日期选择器进行配置主要通过两种方式进行。第一种方法就像在代码 12.1 中那样，使用属性 data-options 来完成；第二种方法是使用"长"格式属性。当两者存在冲突时，优先采用 data-options 属性。data-options 的属性值包含了多个键值对，每一个键值对用于配置日期选择器的一个表现特性。了解 data-options 属性值中的键值对，将有助于我们配置 DateBox 日期选择器。

DateBox 日期选择器在 HTML 代码中以<input>的形式表现，jQuery Mobile 中的 data-theme 能够对日期选择器做全局性的样式设置。但是，从图 12.1 中的日期选择器来看，由于日期选择器由多个部分组成，只用单一的全局样式设置并不能完全体现日期选择器中各个部分的特殊性。为此，DateBox 为不同类型的日期选择器提供了不同的样式设置方法。

表 12.1 列举了几种日期选择器的主要设置选项。

表 12.1　DateBox 的配置选项及其含义

适用类型	常用样式配置选项	说　明
calbox	themeDate	月历中的日期样式
	themeDateToday	"今天"在月历中的样式
	themeDatePick	被选择的日期的(高光)样式
datebox durationbox	themeButton	增/减按钮的样式
	themeInput	日期输入框的样式
	ThemeSetButton *	"设置日期"按钮的样式
flipbox slidebox	themeDate	月历中的日期样式
	themeDatePick	被选择的日期的(高光)样式

*经测试，此选项在 DateBox(JQM 1.4.2)版本中无效，读者可在使用 DateBox 时测试相关选项的有效性。

由于 jQuery Mobile 只提供了两种系统样式，下面的代码 12.2 采用了 jQuery Mobile 的经典样式来演示 DateBox 日期选择器的样式设置方法。其中的样式属性选自表 12.1，并通过 data-options 属性中的键值对方式设置样式。

代码 12.2　DateBox 日期选择器样式风格的设置方法

```
<!DOCTYPE html>

<html>
<head>
    <title>jQuery Mobile 插件</title>
    <meta charset="utf-8" />
    <script src="js/jquery-1.10.1/jquery-1.10.1.min.js"></script>
    <script src="js/jquery.mobile-1.4.2/jquery.mobile-1.4.2.min.js"></script>
    <link href="js/jquery.mobile-1.4.2/jquery.mobile-1.4.2.min.css"
      rel="stylesheet" />
    <link href="js/jquery-mobile-classic-theme/theme-classic.css"
      rel="stylesheet" />
    <meta name="viewport" content="width=device-width,initial-scale=1.0">
    <!-- DateBox 文件 -->
    <link href="plugins/datebox/css/jqm-datebox-1.4.2.css" rel="stylesheet" />
    <script src="plugins/datebox/js/jqm-datebox-1.4.2.core.js"></script>
    <script src="plugins/datebox/js/jqm-datebox-1.4.2.mode.calbox.js"></script>
    <script src="plugins/datebox/js/jqm-datebox-1.4.2.mode.datebox.js">
    </script>
    <script src="plugins/datebox/js/jqm-datebox-1.4.2.mode.slidebox.js">
    </script>
    <script src="plugins/datebox/js/jqm-datebox-1.4.2.mode.flipbox.js">
    </script>
    <script src="plugins/datebox/js/jqm-datebox-1.4.2.mode.durationbox.js">
    </script>
```

```
    <script
      src="plugins/datebox/i18n/jquery.mobile.datebox.i18n.zh-CN.utf8.js">
    </script>
</head>

<body>
    <div data-role="page" data-theme="b">
        <div data-role="header">
            <h1>DateBox</h1>
        </div>
        <div class="ui-content" role="main">
            <input type="text" data-role="datebox"
                   data-options='{"mode":"calbox",
                                  "themeDate":"e",
                                  "themeDateToday":"c",
                                  "themeDatePick":"a"}'>
            <input type="text" data-role="datebox"
                   data-options='{"mode":"datebox",
                                  "themeSetButton":"a",
                                  "themeButton":"b",
                                  "themeInput":"e"}'>
            <input type="text" data-role="datebox"
                   data-options='{"mode":"flipbox",
                                  "themeDate":"e",
                                  "themeDatePick":"b"}'>
            <input type="text" data-role="datebox"
                   data-options='{"mode":"slidebox",
                                  "themeDate":"e",
                                  "themeDatePick":"b"}'>
            <input type="text" data-role="datebox"
                   data-options='{"mode":"durationbox",
                                  "themeButton":"b",
                                  "themeInput":"e"}'>
        </div>
    </div>
</body>
</html>
```

这段代码中的 callbox、flipbox 和 durationbox 的显示效果如图 12.2 所示。

DateBox 对多国语言的支持是通过附加的语言包实现的。在代码 12.1 和 12.2 中，我们都可以看到简体中文语言包 jquery.mobile.datebox.i18n.zh-CN.utf8.js 被加载到网页中。DateBox 插件允许在同一个网页中同时支持多种语言，前提条件是相应的语言包必须加载到网页中。每一个语言资源文件是一段 JavaScript 代码，当多个 JavaScript 语言资源文件被依次加载到网页以后，最后一个被加载的语言被当作当前网页的默认语言。

代码 12.3 中使用了 3 个 callbox 月历，第一个月历使用网页的默认语言，即最后加载的 JavaScript 语言资源文件，它的文件名指出了这个文件对应了 ISO 语言代码 zh-CN(中文简体)。第二个月历使用 useLang 配置选项，指出语言代码是 zh-TW(中文繁体)，而第三个月历使用的语言代码是 en(英语)。

图 12.2 被设置了样式的 calbox、flipbox 和 durationbox

代码 12.3 DateBox 插件 i18n

```html
<!DOCTYPE html>
<html>
<head>
  <title>jQuery Mobile 插件</title>
  <meta charset="utf-8" />
  <script src="js/jquery-1.10.1/jquery-1.10.1.min.js"></script>
  <script src="js/jquery.mobile-1.4.2/jquery.mobile-1.4.2.min.js"></script>
  <link href="js/jquery.mobile-1.4.2/jquery.mobile-1.4.2.min.css"
    rel="stylesheet" />
  <meta name="viewport" content="width=device-width,initial-scale=1.0">
  <!-- DateBox 文件 -->
  <link href="plugins/datebox/css/jqm-datebox-1.4.2.css" rel="stylesheet"/>
  <script src="plugins/datebox/js/jqm-datebox-1.4.2.core.js"></script>
  <script src="plugins/datebox/js/jqm-datebox-1.4.2.mode.calbox.js"></script>
  <script src="plugins/datebox/js/jqm-datebox-1.4.2.mode.datebox.js">
  </script>
  <script src="plugins/datebox/js/jqm-datebox-1.4.2.mode.slidebox.js">
  </script>
  <script src="plugins/datebox/js/jqm-datebox-1.4.2.mode.flipbox.js">
  </script>
  <script src="plugins/datebox/js/jqm-datebox-1.4.2.mode.durationbox.js">
  </script>
  <script src="plugins/datebox/i18n/jquery.mobile.datebox.i18n.en.utf8.js">
  </script>
  <script
    src="plugins/datebox/i18n/jquery.mobile.datebox.i18n.zh-TW.utf8.js">
  </script>
  <script
    src="plugins/datebox/i18n/jquery.mobile.datebox.i18n.zh-CN.utf8.js">
```

```
        </script>
    </head>
    <body>
        <div data-role="page">
            <div data-role="header">
                <h1>DateBox</h1>
            </div>
            <div class="ui-content" role="main">
                <input type="text" data-role="datebox"
                  data-options='{"mode":"calbox"}'>
                <input type="text" data-role="datebox"
                  data-options='{"mode":"calbox","useLang":"zh-TW"}'>
                <input type="text" data-role="datebox"
                  data-options='{"mode":"calbox","useLang":"en"}'>
            </div>
        </div>
    </body>
</html>
```

这样，在同一个网页中就出现了 3 个使用不同语言设置的月历，如图 12.3 所示。

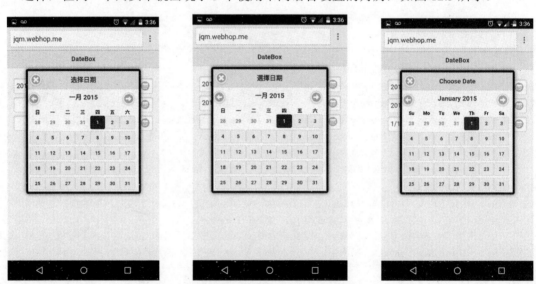

图 12.3 通过 useLang 选项对同一个网页中的不同 DateBox 组件设置不同的语言

12.2 窗口插件 - Windows

jQuery Mobile Windows 插件[①]和 DateBox 都是由同一个组织开发的，两者的授权方式相同。Windows 插件实际上分为两个模块，即 AlertBox 和 mDialog。这两个模块实现的功能分别用于替

---

① jQuery Mobile Windows 项目网站：https://github.com/jtsage/jquery-mobile-windows。

代 JavaScript 的警告窗口(alert())和其他种类的对话框。

12.2.1　警告窗口

AlertBox 借助于 jQuery Mobile 中的弹出窗口(Popup 组件)实现了弹出警告窗口的功能。它实际上是一个被进一步定制的弹出窗口，而且 AlertBox 警告窗口不需要通过网页上的按钮或者其他程序代码打开。当一个网页打开时，AlertBox 警告窗口会自动打开，并且在 5 秒钟以后自动关闭。AlertBox 的使用方法只需要在标准的 jQuery Mobile 弹出窗口之上稍加修改即可。

我们可以从代码 12.4 中看到 AlertBox 的基本使用方法。

代码 12.4　AlertBox 的基本使用方法

```
<!DOCTYPE html>
<html>
<head>
   <title>jQuery Mobile 插件</title>
   <meta charset="utf-8" />
   <script src="js/jquery-1.10.1/jquery-1.10.1.min.js"></script>
   <script src="js/jquery.mobile-1.4.2/jquery.mobile-1.4.2.min.js"></script>
   <link href="js/jquery.mobile-1.4.2/jquery.mobile-1.4.2.min.css"
     rel="stylesheet" />
   <meta name="viewport" content="width=device-width,initial-scale=1.0">
   <!-- Windows (alert) 文件 -->
   <script src="plugins/windows/js/jqm-windows.alertbox.js"></script>
</head>
<body>
   <div data-role="page">
      <div data-role="header">
         <h1>Windows (AlertBox)</h1>
      </div>
      <div class="ui-content" role="main">
         <div data-role="popup" id="myAlert"
           class="ui-content jqm-alert-box">
            <a href="#" data-rel="back" data-role="button"
              data-icon="delete" data-iconpos="notext"
              class="ui-btn-right">关闭</a>
            <p style="text-align:center">
               jQuery Mobile Windows 插件-警告窗口
            </p>
         </div>
         <a href="#myAlert" data-role="button" data-rel="popup">
            再次打开警告窗口
         </a>
      </div>
   </div>
</body>
</html>
```

使用 AlertBox 需要以下 3 个步骤。

(1) 加载 AlertBox 插件 jqm-windows.alertbox.js。

(2) 在网页中定义一个弹出窗口(data-role="popup")。

(3) 对弹出窗口添加 CSS 类 jqm-alert-box。

在代码 12.4 中，还有一些细节需要说明：

- AlertBox 警告窗口中的 id 值 "myAlert" 并不是被 AlertBox 插件使用，而是被网页上的一个按钮引用。当点击这个按钮时，已经自动关闭的警告窗口会再次以常规的弹出窗口方式打开(不会自动关闭)。

- AlertBox 警告窗口中被赋予了 CSS 类 ui-content。这个类在这里只是用于设置文字与警告窗口边界之间的空白距离。代码 12.4 中，当警告窗口打开时，其显示效果如图 12.4 所示。

图 12.4　AlertBox 警告窗口

一个自动打开的 AlertBox 警告窗口默认 5 秒以后自动关闭。窗口的停留时间以及警告窗口在打开和关闭发生时的动画效果(有关动画特效，可参考本书的 5.3 节)可以通过表 12.2 中的配置选项来设置。

表 12.2　AlertBox 的配置属性及其含义

属　性	说　明
data-alertbox-close-time	AlertBox 警告窗口从自动打开到自动关闭之间的时间间隔(单位：毫秒)
data-alertbox-transition	弹出窗口的动画特效，默认值为 "pop"

把下面的一行代码替换到代码 12.4 中，就能使警告窗口的停留时间延长到 10 秒，并且打开和关闭警告窗口的动画特效被设置为 "slide"：

```
<div data-role="popup" class="ui-content jqm-alert-box"
  data-alertbox-close-time="10000"
  data-alertbox-transition="slide">
```

12.2.2　对话窗口

Windows 插件中 mDialog 模块又把对话窗口分为 Bar(弹出窗口)模式和 Menu(菜单)模式。图 12.5~12.7 分别演示了 3 种不同类型的对话窗口。即使各种 mDialog 对话窗口在网页上的表现略有不同，从编程方法的角度来看，这些对话窗口都需要一个触发条件，并且都是通过 mdialog()方法中的配置参数来完成的。

1. 弹出窗口模式

弹出窗口模式与上一小节介绍的警告窗口有一点类似，两者的主要区别是：

- Bar 模式弹出窗口需要一个触发事件，而不是当页面加载时自动显示；

- Bar 模式会自动使屏幕背景变暗。

代码 12.5 演示了一个 Bar 模式弹出窗口的基本编写方法。

图 12.5　弹出窗口

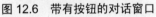

图 12.6　带有按钮的对话窗口

图 12.7　带有列表的对话窗口

代码 12.5　mDialog 弹出窗口模式

```html
<!DOCTYPE html>
<html>
<head>
    <title>jQuery Mobile 插件</title>
    <meta charset="utf-8" />
    <script src="js/jquery-1.10.1/jquery-1.10.1.min.js"></script>
    <script src="js/jquery.mobile-1.4.2/jquery.mobile-1.4.2.min.js"></script>
    <link href="js/jquery.mobile-1.4.2/jquery.mobile-1.4.2.min.css"
     rel="stylesheet" />
    <meta name="viewport" content="width=device-width,initial-scale=1.0">
    <!-- Windows (mDialog) 系统文件 -->
    <script src="plugins/windows/js/jqm-windows.mdialog.js"></script>
    <!-- mDialog:Bar -->
    <script>
    $(document).on("tap", "#myDialog", function() {
        $("<div>").mdialog({
            popDismissable: false,
            closeButton:    "right",
            content:        "文本内容"
        });
    });
    </script>
</head>
<body>
    <div data-role="page" id="mDialogDemo1">
        <div data-role="header">
            <h1>Windows (mDialog:Bar)</h1>
        </div>
        <div class="ui-content" role="main">
            <a href="#" id="myDialog" data-role="button">
```

```
            打开对话窗口
        </a>
      </div>
    </div>
  </body>
</html>
```

代码 12.5 实现了图 12.5 中的弹出窗口。在网页的正文中除了一个用于触发弹出窗口的按钮以外，并没有关于弹出窗口的任何代码。

弹出窗口是在 JavaScript 代码$("<div>").mdialog({ ... });中实现的。这是 mDialog 对话窗口的通用编程方法，差别仅仅在于括号中的配置参数。closeButton 参数用于设置关闭按钮的显示位置，content 参数包含了弹出窗口的实际显示内容，popDismissable 参数表示弹出窗口必须等待用户动作才会被关闭。

2. 菜单模式

图 12.6 和图 12.7 中的对话窗口属于菜单模式。当对话窗口运行在菜单模式时，一个窗口会分成标题栏和正文内容两个部分。在正文部分中，除了对话窗口需要显示的正文内容以外，对话窗口还会显示一个菜单。菜单可以通过按钮方式显示，也可以通过列表方式显示。

代码 12.6 实现了图 12.6 中带有按钮的对话窗口。

代码 12.6　mDialog 菜单模式(按钮方式)

```html
<!DOCTYPE html>
<html>
<head>
  <title>jQuery Mobile 插件</title>
  <meta charset="utf-8" />
  <script src="js/jquery-1.10.1/jquery-1.10.1.min.js"></script>
  <script src="js/jquery.mobile-1.4.2/jquery.mobile-1.4.2.min.js"></script>
  <link href="js/jquery.mobile-1.4.2/jquery.mobile-1.4.2.min.css"
   rel="stylesheet" />
  <meta name="viewport" content="width=device-width,initial-scale=1.0">
  <!-- Windows (mDialog) 系统文件 -->
  <script src="plugins/windows/js/jqm-windows.mdialog.js"></script>
  <!-- mDialog:Button -->
  <script>
  $(document).on("tap", "#myDialog", function() {
      $("<div>").mdialog({
        useMenuMode: true,
        menuButtonType: 'button',
        popDismissable: false,
        closeButton:    true,
        menuHeaderText: '按钮样式',
        menuSubtitle: '请选择?',
        menuMinWidth: '300px',
        buttons: {
            '同意': {
```

```
                click: function () {
                    $("#result").text("你提交的结果是：同意");
                }
            },
            '反对': {
                click: function () {
                    $("#result").text("你提交的结果是：反对");
                },
                icon: "delete",
                theme: "b",
            }
        }
    });
});
</script>
</head>
<body>
    <div data-role="page" id="mDialogDemo1">
        <div data-role="header">
            <h1>Windows (mDialog:Button)</h1>
        </div>
        <div class="ui-content" role="main">
            <a href="#" id="myDialog" data-role="button">
                打开对话窗口
            </a>
            <div id="result">你提交的结果是：...</div>
        </div>
    </div>
</body>
</html>
```

从代码 12.6 中使用的配置参数可以看到，useMenuMode 参数指明了对话窗口的工作状态是菜单模式，menuButtonType 进一步说明了菜单将通过按钮方式显示，menuHeaderText 定义了对话窗口标题栏中的文字，menuSubtitle 定义了对话窗口正文的内容，menuMinWidth 用于说明对话窗口至少需要占用的屏幕宽度。另外，在配置参数中还包括了两个按钮："同意"和"反对"。对每一个按钮都可以单独设置按钮事件处理程序，按钮的样式风格(默认值相当于 data-theme="a")，以及按钮中使用的图标(默认图标为 jQuery Mobile 系统图标"check")。

当对话窗口中采用如图 12.7 所示的列表方式时，代码只需要做少量的修改。主要的变化是 menuButtonType 参数值为"list"，说明了对话窗口中的按钮将以列表方式显示。

代码 12.7 演示了带有列表的对话窗口的编写方法。这段代码出现了一个新的参数 "transition"，弹出窗口默认的动画特效是"pop"，我们可以把一个对话窗口设置成其他 jQuery Mobile 支持的弹出窗口动画特效。

代码 12.7　mDialog 菜单模式(列表方式)

```
<!DOCTYPE html>
<html>
```

```html
<head>
    <title>jQuery Mobile 插件</title>
    <meta charset="utf-8" />
    <script src="js/jquery-1.10.1/jquery-1.10.1.min.js"></script>
    <script src="js/jquery.mobile-1.4.2/jquery.mobile-1.4.2.min.js"></script>
    <link href="js/jquery.mobile-1.4.2/jquery.mobile-1.4.2.min.css"
      rel="stylesheet" />
    <meta name="viewport" content="width=device-width,initial-scale=1.0">
    <!-- Windows (mDialog) 系统文件 -->
    <script src="plugins/windows/js/jqm-windows.mdialog.js"></script>
    <!-- mDialog:List -->
    <script>
    $(document).on("tap", "#myDialog", function() {
        $("<div>").mdialog({
            useMenuMode:    true,
            menuButtonType: 'list',
            popDismissable: false,
            closeButton:    true,
            menuHeaderText: '列表样式',
            menuSubtitle:   '请选择?',
            menuMinWidth:   '300px',
            transition:     'flip',
            buttons: {
                '第一选项': {
                    click: function () {
                        $("#result").text("你提交的结果是：1");
                    }
                },
                '第二选项': {
                    click: function () {
                        $("#result").text("你提交的结果是：2");
                    }
                },
                '第三选项': {
                    click: function () {
                        $("#result").text("你提交的结果是：3");
                    }
                }
            }
        });
    });
    </script>
</head>
<body>
    <div data-role="page" id="mDialogDemo1">
        <div data-role="header">
            <h1>Windows (mDialog:List)</h1>
        </div>
        <div class="ui-content" role="main">
```

```
        <a href="#" id="myDialog" data-role="button">
            打开对话窗口
        </a>
        <div id="result">你提交的结果是: ...</div>
    </div>
  </div>
</body>
</html>
```

对于一个 mDialog 对话窗口，closeButton 允许使用的参数值包括"left"、"right"和 true。这些参数值分别用于指定对话窗口中关闭按钮的显示位置，或者不为对话窗口添加关闭按钮。

12.3　图片插件 - OWL Carousel

OWL Carousel[①]是一个简单易用的 jQuery 插件，通过 MIT 许可证方式授权。OWL Carousel 用于展示一系列图片，形成一个类似走马灯的效果，并且支持触摸屏上的滑动操作，以及自动播放、自动分页等功能。

我们先从代码 12.8 为起点，逐步了解 OWL Carousel 插件的应用技巧。

代码 12.8　OWL Carousel 的基本用法

```
<!DOCTYPE html>
<html>
<head>
  <title>jQuery Mobile 插件</title>
  <meta charset="utf-8" />
  <script src="js/jquery-1.10.1/jquery-1.10.1.min.js"></script>
  <script src="js/jquery.mobile-1.4.2/jquery.mobile-1.4.2.min.js"></script>
  <link href="js/jquery.mobile-1.4.2/jquery.mobile-1.4.2.min.css"
    rel="stylesheet" />
  <meta name="viewport" content="width=device-width,initial-scale=1.0">
  <!- OWL Carousel 系统文件 -->
  <link href="plugins/owl/owl-carousel/owl.carousel.css" rel="stylesheet"/>
  <link href="plugins/owl/owl-carousel/owl.theme.css" rel="stylesheet"/>
  <script src="plugins/owl/owl-carousel/owl.carousel.min.js"></script>
  <style>
    .owl-carousel img {
        width:    100%;
        height:   auto;
    }
    .owl-carousel .item {
        margin:   3px;
    }
  </style>
```

---

① OWL Carousel 项目网站：http://owlgraphic.com/owlcarousel/。

```
    <script>
        $(document).on("pagecreate", function() {
            $(".owl-carousel").owlCarousel();
        });
    </script>
</head>
<body>
    <div data-role="page" data-theme="a">
        <div data-role="header">
            <h1>Owl Carousel</h1>
        </div>
        <div class="ui-content" role="main">
            <div class="owl-carousel">
                <div class="item">
                    <img src="images/beijing_01.jpg" alt="北京故宫">
                </div>
                <div class="item">
                    <img src="images/beijing_02.jpg" alt="北京天坛">
                </div>
                <div class="item">
                    <img src="images/beijing_03.jpg" alt="北京颐和园">
                </div>
                <div class="item">
                    <img src="images/shanghai_01.jpg" alt="上海科技馆">
                </div>
                <div class="item">
                    <img src="images/shanghai_02.jpg" alt="上海城隍庙">
                </div>
                <div class="item">
                    <img src="images/shenyang_01.jpg" alt="沈阳清昭陵">
                </div>
                <div class="item">
                    <img src="images/shenyang_02.jpg" alt="沈阳清昭陵">
                </div>
                <div class="item">
                    <img src="images/suzhou_01.jpg" alt="苏州木渎">
                </div>
            </div>
        </div>
    </div>
</body>
</html>
```

OWL Carousel 在网页中由三个部分组成：

● OWL Carousel 程序库，包括一个 JavaScript 文件和两个 CSS 文件。其中的 owl.theme.css 是一个可选文件。图片下面有一些用于分页的小圆点(pagination)。这些灰色的小圆点的样式就定义在这个可选的 CSS 文件中的。

● 在网页正文中定义一个由 CSS 类或者 id 值标识的<div>元素。这个元素将作为所有需要显示的图片的容器。

- 在网页初始化过程中通过$(".owl-carousel").owlCarousel();对图片的容器进行初始化。$(".owl-carousel")中的 CSS 类名在网页中用于标识一个图片容器。

代码 12.8 的运行效果如图 12.8 所示。

图 12.8　相同的 OWL Carousel 在 Nexus 4 和桌面 Chrome 浏览器中的显示效果

在代码 12.8 中，每一张图片又被另外包装在一个\<div\>元素中，这个图片容器并不是必需的。由于默认情况下图片之间没有间隙。每一幅图片所占屏幕的宽度已经被 OWL Carousel 根据屏幕的宽度(单位为 px)事先计算确定，如果需要在两张图片之间增加间隙，就需要把 CSS 的 margin 属性赋予每一个图片单独的容器，就像代码中的 CSS 类选择器 ".owl-carousel .item" 所指出的那样。

OWL Carousel 决定一个屏幕最多显示几幅图片的因素是屏幕宽度，而不是图片的大小。根据屏幕宽度，OWL Carousel 把显示设备分为以下 6 类：

- 大屏幕(≥1200px)。
- 桌面系统(980~1199px)。
- 小屏幕桌面系统(769~979px)。
- 平板电脑(480~768px)。
- 小屏幕平板电脑(默认忽略此选项)。
- 手机(≤478px)。

在以上 5 类设备上(小屏幕平板电脑被忽略)OWL Carousel 将默认在一个屏幕上分别显示 5、4、3、2、1 幅图片。以上这些默认设置可以在 OWL Carousel 初始化过程中通过参数进行修改。

表 12.3 列举了常用的初始化参数及其默认值。

表 12.3　OWL Carousel 常用的初始化参数及其默认值

属 性	默 认 值	说 明
items	5	当屏幕宽度足够大时,在同一个屏幕上最多能够同时显示的图片数量
itemsDesktop	[1199,4]	当屏幕宽度小于等于 1199px 时,在同一个屏幕上同时显示 4 幅图片。数组中第一个参数代表了屏幕的最大宽度,第二个参数代表了同时显示图片的数量
itemsDesktopSmall	[979,3]	当屏幕宽度小于等于 979px 时,在同一个屏幕上同时显示 3 幅图片
itemsTablet	[768,2]	当屏幕宽度小于等于 768px 时,在同一个屏幕上同时显示 2 幅图片
itemsTabletSmall	false	系统没有定义这一类设备的宽度,沿用 itemsTablet 的设置
itemsMobile	[479,1]	当屏幕宽度小于等于 479px 时,在同一个屏幕上只显示 1 幅图片
itemsCustom	false	通过一系列数组自定义屏幕宽度和同时显示图片数量的组合,用于取代默认的 6 类屏幕设置
singleItem	false	当该参数为 true 时,每一个屏幕只能显示一幅画面
itemsScaleUp	false	当该参数为 true 时,图片将被放大
slideSpeed	200	图片移动速度,单位为毫秒
paginationSpeed	800	图片分页(通过图片下方的灰色圆点)的移动速度,单位为毫秒
rewindSpeed	1000	图片回滚速度,单位为毫秒
autoPlay	false	当该参数为 true 时,图片自动播放
navigation	false	当该参数为 true 时,先是两个导航按钮
navigationText	["prev", "next"]	通过数组设置导航按钮中的文字
pagination	true	当该参数为 true 时,显示用于分页的小圆点
paginationNumbers	false	通过页号方式显示分页(用于分页的灰色与小圆点被取代)
responsive	true	如果 OWL Carousel 仅使用在桌面浏览器中,可以把该参数设置为 false,以取消对浏览器宽度的检测
theme	"owl-theme"	默认采用了 OWL Carousel 系统自带的样式风格。该参数可以用于设置其他已经定义的样式风格

代码 12.9 通过初始化参数对 OWL Carousel 进行了设置,包括增加了自动播放功能,使用了数字化的分页方法,替换了默认的导航按钮文字,其中,最重要的是更改了默认的屏幕宽度与显示图片数量的关系。

当 itemsMobile 参数值为 false 时,系统默认值[479,1]被忽略,当屏幕宽度小于 600px 时,采用 itemsTablet: [600,3]中的设置，即一个屏幕显示 3 幅图片，如图 12.9 所示。

　　如果更仔细地研究一下这段代码对屏幕宽度的划分，可以看到屏幕宽度被划分为 4 类。依据屏幕宽度大小，每一个屏幕分别能够显示图片的数量是 12、9、6、3。

　　由于代码 12.9 中一共只有 8 幅图片，当我们把这个页面显示在桌面浏览器中，并且改变浏览器窗口的大小时，就会看到浏览器窗口中同时显示的图片数量只能是 3、6，或者 8。这是由 OWL Carousel 初始化参数决定的。

代码 12.9　对 OWL Carousel 进行初始化设置

图 12.9　通过更改屏幕宽度与每一屏幕显示图片数量的关系，使三幅图片同时显示

```
<!DOCTYPE html>
<html>
<head>
  <title>jQuery Mobile 插件</title>
  <meta charset="utf-8" />
  <script src="js/jquery-1.10.1/jquery-1.10.1.min.js"></script>
  <script src="js/jquery.mobile-1.4.2/jquery.mobile-1.4.2.min.js"></script>
  <link href="js/jquery.mobile-1.4.2/jquery.mobile-1.4.2.min.css"
    rel="stylesheet" />
  <meta name="viewport" content="width=device-width,initial-scale=1.0">
  <link href="plugins/owl/owl-carousel/owl.carousel.css" rel="stylesheet"/>
  <link href="plugins/owl/owl-carousel/owl.theme.css" rel="stylesheet"/>
  <script src="plugins/owl/owl-carousel/owl.carousel.min.js"></script>
  <style>
    .owl-carousel img {
        width:    100%;
        height:   auto;
    }
    .owl-carousel .item {
        margin:   3px;
    }
  </style>
  <script>
    $(document).on("pagecreate", function() {
        $(".owl-carousel").owlCarousel({
          items :          12,
          itemsDesktop :   [1600, 9],
          itemsDesktopSmall : [1024,6],
          itemsTablet:     [600,3],
          itemsMobile :    false,
          autoPlay:        true,
          slideSpeed:      300,
          rewindSpeed:     1200,
          navigation:      true,
          paginationNumbers: true,
```

```
                navigationText:    ['<-', '->']
            });
        });
    </script>
</head>
<body>
    <div data-role="page" data-theme="a">
        <div data-role="header">
            <h1>Owl Carousel</h1>
        </div>
        <div class="ui-content" role="main">
            <div class="owl-carousel">
                <div class="item">
                    <img src="images/beijing_01.jpg" alt="北京故宫">
                </div>
                <div class="item">
                    <img src="images/beijing_02.jpg" alt="北京天坛">
                </div>
                <div class="item">
                    <img src="images/beijing_03.jpg" alt="北京颐和园">
                </div>
                <div class="item">
                    <img src="images/shanghai_01.jpg" alt="上海科技馆">
                </div>
                <div class="item">
                    <img src="images/shanghai_02.jpg" alt="上海城隍庙">
                </div>
                <div class="item">
                    <img src="images/shenyang_01.jpg" alt="沈阳清昭陵">
                </div>
                <div class="item">
                    <img src="images/shenyang_02.jpg" alt="沈阳清昭陵">
                </div>
                <div class="item">
                    <img src="images/suzhou_01.jpg" alt="苏州木渎">
                </div>
            </div>
        </div>
    </div>
</body>
</html>
```

12.4 Google 地图

  Google 地图并不是一个 jQuery 或者 jQuery Mobile 的插件。它是一套功能强大的 API，以 Google 地图服务为依托，向网页、Android，或者 iOS 等不同的客户端提供不同类型的编程接口。从 Web 客户端的角度来看，Google 提供了一套以 JavaScript 为基础的在线服务。我们可以很容易地把这些服务应用到 jQuery Mobile 网页中。

1. 基本地图功能

在网页上实现最基本的 Google 地图，需要以下几个步骤。

(1)　加载 Google 地图在线 JavaScript 服务。

(2)　在网页上定义一个用于显示地图的区域。

(3)　设置地图属性。

(4)　初始化地图。

(5)　设置地图事件监听程序。

代码 12.10 通过一个简单的实例，在网页上显示以上海市人民广场为中心的地图。

代码 12.10　基本地图服务

```html
<!DOCTYPE html>
<html>
<head>
    <title>jQuery Mobile 插件</title>
    <meta charset="utf-8" />
    <script src="js/jquery-1.10.1/jquery-1.10.1.min.js"></script>
    <script src="js/jquery.mobile-1.4.2/jquery.mobile-1.4.2.min.js"></script>
    <link href="js/jquery.mobile-1.4.2/jquery.mobile-1.4.2.min.css"
      rel="stylesheet" />
    <meta name="viewport" content="width=device-width,initial-scale=1.0">
    <style>
        #map-canvas {
            width:      100%;
            height:     450px;
            minheight:  350px;
        }
    </style>
    <script src="http://maps.google.cn/maps/api/js"></script>
    <script>
        function initialize() {
            var mapOptions = {
                center:new google.maps.LatLng(31.23136,121.47004),
                zoom:15,
                mapTypeId:google.maps.MapTypeId.ROADMAP
            };
            var map=new google.maps.Map(document.getElementById(
              "map-canvas"), mapOptions);
        }
        google.maps.event.addDomListener(window, 'load', initialize);
    </script>
</head>
<body>
    <div data-role="page" data-theme="a">
```

```
    <div data-role="header">
        <h1>Google 地图</h1>
    </div>
    <div class="ui-content" role="main">
        <div id="map-canvas"></div>
    </div>
  </div>
</body>
</html>
```

Google 地图为 Web 客户端提供了一套 JavaScript API 在线程序库。Google 通过不同的 URL 提供这套在线 API。中国境内的用户需要使用 http://maps.google.cn/maps/api/js。在使用 Google 地图 API 时还需要注意，当通过经纬度设置地图的中心点时，LatLng()方法的第一个参数是纬度，第二个参数是经度。例如，在 center:new google.maps.LatLng(31.23136, 121.47004)中，经纬度是(121.47004, 31.23136)。

一个地图必须设置放大系数。当放大系数为 0 时，我们将看到一幅世界地图。随着放大系数的增大，我们就能够看到一幅更加精确的地图。

图 12.10 演示了代码 12.10 中放大系数为 15 的显示效果。当放大系数为 8 或者 17 时，效果如图 12.11 所示。

图 12.10　在线 Google 地图　　　　图 12.11　放大系数分别为 8 和 17 时的地图

当我们为地图设置初始化参数时，可以为地图选定显示类型。

默认的类型是道路图(mapTypeId:google.maps.MapTypeId.ROADMAP)，我们还可以把地图设置为 SATELLITE(卫星照片)、HYBRID(卫星照片与道路混合地图)，或者 TERRAIN(地形图)。

图 12.12 是八达岭长城地区的地图以不同的方式显示的情况。

2. 地图上的标记

通常，我们需要在地图上标注一些地点，比如一个地址或者建筑物等。Google 地图 API 只需要在一个基本地图上增加一些"中心点"，就能够在地图上把这些地点标注出来。

代码 12.11 演示了在上海人民广场附近标注上海市政府和上海博物馆位置的方法。

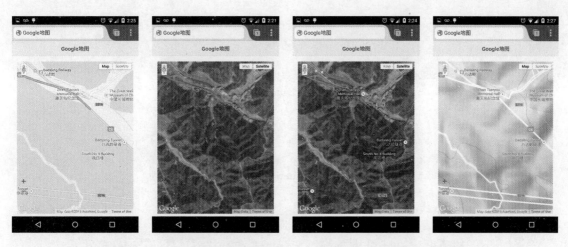

图 12.12　八达岭长城地区的道路图、卫星地图、混合地图和地形图

代码 12.11　地点标注的方法

```html
<!DOCTYPE html>
<html>
<head>
  <title>jQuery Mobile 插件</title>
  <meta charset="utf-8" />
  <script src="js/jquery-1.10.1/jquery-1.10.1.min.js"></script>
  <script src="js/jquery.mobile-1.4.2/jquery.mobile-1.4.2.min.js"></script>
  <link href="js/jquery.mobile-1.4.2/jquery.mobile-1.4.2.min.css"
    rel="stylesheet" />
  <meta name="viewport" content="width=device-width,initial-scale=1.0">
  <style>
      #map-canvas {
          width:      100%;
          height:     450px;
          minheight:  350px;
      }
  </style>
  <script src="http://maps.google.cn/maps/api/js"></script>
  <script>
      var center_peopleSquare
            = new google.maps.LatLng(31.229335, 121.474573);
      var center_shanghaiMuseum
            = new google.maps.LatLng(31.227844, 121.475211);
      var center_cityOfShanghai
            = new google.maps.LatLng(31.230331, 121.473216);
      function initialize() {
        var mapOptions = {
          center:center_peopleSquare,
          zoom:16,
          mapTypeId:google.maps.MapTypeId.ROADMAP
        };
```

```
        var map = new google.maps.Map(document.getElementById(
            "map-canvas"), mapOptions);
        //
        var marker1=new google.maps.Marker({
            position:center_shanghaiMuseum,
        });
        marker1.setMap(map);
        //
        var marker2=new google.maps.Marker({
            position:center_cityOfShanghai,
        });
        marker2.setMap(map);
    }
    google.maps.event.addDomListener(window, 'load', initialize);
    </script>
</head>
<body>
    <div data-role="page" data-theme="a">
        <div data-role="header">
            <h1>Google 地图</h1>
        </div>
        <div class="ui-content" role="main">
            <div id="map-canvas"></div>
        </div>
    </div>
</body>
</html>
```

在地图上做标记时，首先需要创建一个标记对象 google.maps.Marker，并未标记对象设置中心点。当标记对象创建以后，标记对象会把自己绑定到一个指定的地图对象中。

多个标记对象可以绑定到同一个地图对象中，因此，一个地图就获得了多个地点标记，如图 12.13 所示。

3. 地图上的控件

一个地图常常带有一些控件，用于控制地图的显示和操作。这些控件是否在地图上显示，可以在地图对象的初始化参数中设置。

代码 12.12 演示了 4 个常用的控件。

- zoomControl：缩放控件。
- mapTypeControl：地图类型控件。
- scaleControl：标尺控件。
- streetViewControl：街景控件。

在地图对象初始化过程中，对这些控件设置 true 或者 false，就可以在地图上打开或者关闭这些控件。

代码 12.12 演示了设置这些控件的简要方法，显示效果如图 12.14 所示。

图 12.13 带有地点标记的地图

图 12.14 地图上的控件

代码 12.12 使用地图控件

```
<!DOCTYPE html>
<html>
<head>
    <title>jQuery Mobile 插件</title>
    <meta charset="utf-8" />
    <script src="js/jquery-1.10.1/jquery-1.10.1.min.js"></script>
    <script src="js/jquery.mobile-1.4.2/jquery.mobile-1.4.2.min.js"></script>
    <link href="js/jquery.mobile-1.4.2/jquery.mobile-1.4.2.min.css"
      rel="stylesheet" />
    <meta name="viewport" content="width=device-width,initial-scale=1.0">
    <style>
        #map-canvas {
            width:     100%;
            height:    450px;
            minheight: 350px;
        }
    </style>
    <script src="http://maps.google.cn/maps/api/js"></script>
    <script>
        var center_peopleSquare = new google.maps.LatLng(31.229335, 121.474573);
        function initialize() {
            var mapOptions = {
                center:center_peopleSquare,
                zoom:16,
                mapTypeId:google.maps.MapTypeId.ROADMAP,
                zoomControl:true,
                mapTypeControl:true,
                scaleControl:true,
                streetViewControl:true
```

```
            };
            var map = new google.maps.Map(document.getElementById(
                "map-canvas"), mapOptions);
        }
        google.maps.event.addDomListener(window, 'load', initialize);
    </script>
</head>
<body>
    <div data-role="page" data-theme="a">
        <div data-role="header">
            <h1>Google 地图</h1>
        </div>
        <div class="ui-content" role="main">
            <div id="map-canvas"></div>
        </div>
    </div>
</body>
</html>
```

12.5 本章习题

编程题

(1) 修改代码 12.8，使每一幅图片真正占用 100%屏幕宽度(图片与浏览器边缘不留空白)。

(2) 设计一个如图 12.15 所示的网页表单，当用户已经选择同意服务协议的时候，点击表单中的"发送"按钮，屏幕显示信息"表单已发送"。而当同意协议的选项还没有被选择的时候，点击"发送"按钮，将弹出一个对话窗口，询问用户是否同意服务协议，根据用户的选择，屏幕上显示"表单已提交。"或者"您拒绝了服务协议，表单未提交。"。

图 12.15　题(2)图

附录 A　Web 服务器设置方法简介

本书第 1.4.3 小节介绍了 Apache httpd 服务器的安装和基本的配置方法。jQuery Mobile 的 Ajax 页面加载过程需要 Web 服务器的支持。学习 jQuery Mobile 移动网页开发，一个 Web 服务器是必须具备的条件之一。除了支持 jQuery Mobile 的页面加载过程，使我们建立一个本地的测试环境，以及支持 jQuery Mobile 网页在模拟器中运行以外，Web 服务器还能够帮助我们把网页真正发布到 Internet 上，这样，我们就能够在真正的手机上测试网页在不同移动设备上的实际运行效果了。本附录将介绍把 Web 服务器部署到 Internet 上的方法。

在着手部署 Web 服务器之前，读者务必先在本地计算机上完成 Web 服务器的基本安装和配置。配置方法可以参照本书 1.4.3 小节中的过程，或者选用任何一个读者熟悉的 Web 服务器产品。另外，由于本附录的内容涉及了一些软硬件产品，这些应用环境可能与读者正在使用的软硬件产品不同，因此，读者在按照本附录设置 Web 服务器环境的同时，也需要参考自己正在使用的产品手册，比如路由器的配置方法，就会随着路由器产品的品牌和型号不同而有所不同。下面介绍在 Windows 8.1 上建立 Web 服务器的过程。

1. 确认本地 Apache 服务器已经正确安装

在 Windows 8.1 环境下，Apache httpd 服务器的默认安装路径是：

```
C:\Program Files (x86)\Apache Group\Apache2
```

下面简称这个安装路径为<apache_root>。

在 Apache 服务器的配置文件的路径<apache_root>/conf 下找到配置文件 httpd.conf。

打开配置文件，并检查用于存放网页文件的根路径，如图 A.1 所示。

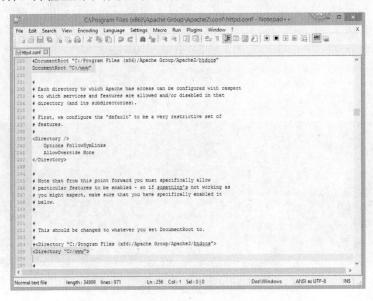

图 A.1　配置 Apache 服务器的网页文件根路径

在图 A.1 中，用于部署网站的根路径分别通过下面两行来配置。通过关键字，很容易找到这两行：

```
DocumentRoot "C:/www"
<Directory "C:/www">
```

在本例中，我们所有用于测试的网站文件将被放置在 C:/www 目录中。这个目录我们将简称为<www>。为了测试网站的运行状态，在该根目录下建立一个测试文件 index.html。一旦用户访问 Web 服务器，index.html 将被自动载入浏览器中。通常，在一个网站中，index.html 文件会包含比较丰富的内容，用于说明网站的主要用途和其他重要信息。如果仅仅是为了测试服务器的工作状态，只要在网页中输出简单的"Hello World!"就足够了。

在屏幕右下角的状态栏中找到 Apache 服务器的图标，单击图标，并确认服务器处于运行状态，如图 A.2 所示。如果服务器的配置文件刚刚做了修改，通过同样的控制界面重新启动服务器，使最新的配置生效。

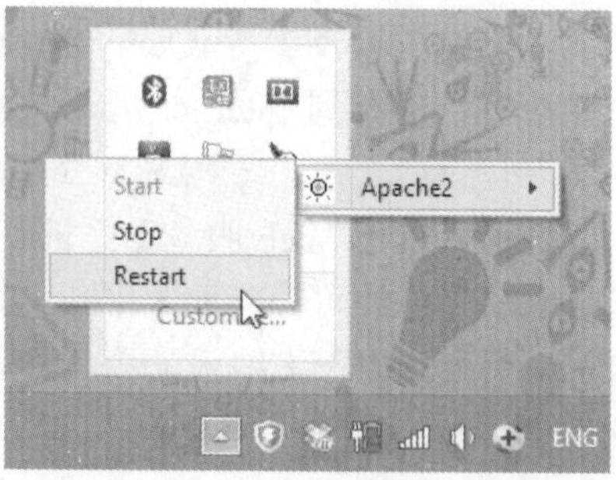

以上检查步骤一切正常后，我们就可以在本地测试服务器了。现在，Apache 服务器还没有部署到 Internet 上，暂时还只能在本地运行。在浏览器中输入"http://localhost"，浏览器中应该立即显示我们的测试主页。看到浏览器的测试结果以后，我们就能确定服务器的工作状态是否已经正常了。

图 A.2　Apache 服务器的控制界面

2. No-IP 新用户注册

国内和国外有很多公司提供域名注册服务。一个.com 域名大概需要 10 美元左右的年费。一些特殊域名的年费还需要更高。为了在 Internet 上测试 jQuery Mobile 网页，一个免费的二级域名就足够了。一些域名注册服务公司同时也提供免费的二级域名注册服务。

这里介绍 No-IP 公司(noip.com)的免费域名注册方法。使用 No-IP 公司的服务，首先需要在 No-IP 的网站是注册一个账号。图 A.3 是 No-IP 公司的主页。

图 A.3　No-IP 公司主页上的注册和登录按钮

点击主页上的 Sign Up 按钮，进入新用户注册页面，如图 A.4 所示。

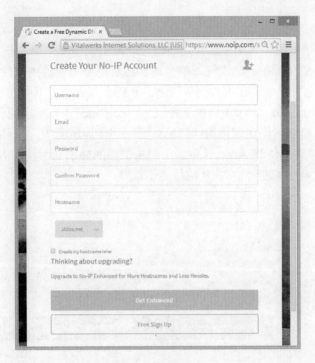

图 A.4　新用户注册

　　No-IP 的新用户注册流程可以把一个用户账号注册为增强型或者免费账号。两者都能够使用 No-IP 的免费域名服务，但是，免费账号同时只能申请 3 个免费域名。我们只需要一个免费域名，就已经能够满足本书中练习的需要了。当完成新用户注册以后，就可以通过公司主页上的 Sign in 按钮登录了。

3. 申请免费域名

　　登录 No-IP 公司的网站以后，在网站的菜单上点击 Hosts / Redirects，进入主机列表页面，如图 A.5 所示。进入页面后，通过页面上的 Add a Host 按钮增加一个新的主机。

图 A.5　主机列表页面

　　如果一个 No-IP 用户已经拥有了若干免费域名，图 A.5 会列出当前由 No-IP 管理的所有主机域名及其主机 IP 地址。对于一个新用户来说，还没有设置任何主机，就会得到如图 A.5 那样的空白列表。

在图 A.6 的"新增主机"页面中，首先需要为新的主机指定一个主机名，读者可以任意选择一个既容易记住，又便于在手机上输入的名称。然后需要为新的主机指定一个域名。

No-IP 把所有的免费域名放在下拉列表的 No-IP Free Domains 下面。

图 A.6 中，使用了主机名"jqm"和免费域名"noip.me"。在设置新的主机时，No-IP 网站假定新的主机和用户当前正在使用的计算机处于同一个局域网中，No-IP 网站能够自动识别用户当前的 IP 地址并显示在 IP Address 中。用户主机可能处于一个动态 IP 上，DNS 服务器需要随时更新，因此新增主机过程中的 IP 地址并不重要。

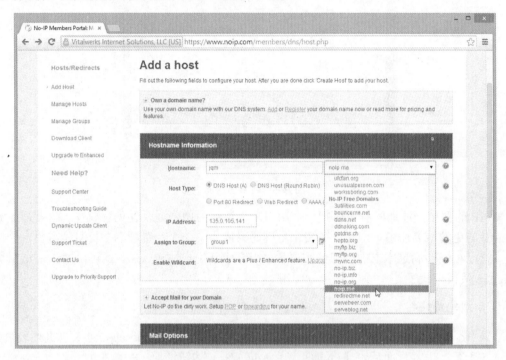

图 A.6　为新增加的主机绑定域名

图 A.6 中的 Assign to Group 用于 No-IP 对用户主机动态 IP 地址的管理和更新。用户只需要通过 Configure Groups 增加一个组，并把当前正在申请过程中的主机和任意一个组绑定即可。

图 A.6 显示了当前已经拥有了一个组 group1，并且从下拉列表中选择了这个组，把主机 jqm.noip.me 与 group 1 绑定。

新增主机页面的下半部分是 Mail Options，其中的 MX Record 仅在为一个主机设置邮件服务器时使用。一般在个人服务器上很少安装邮件服务器，因为 Internet 服务商(ISP)为了防止垃圾邮件服务器滥发邮件，通常都会对邮件服务器使用的端口设置限制，也就是说，大多数家用网络无法使用邮件服务器的端口。另外，很多邮件服务器为了防止收到垃圾邮件，直接屏蔽来自动态 IP 地址的邮件服务器发出的邮件。本书不涉及电子邮件服务，读者不需要对这一部分进行设置。

当一切设置就绪后，点击 Add Host 完成增加主机的过程。这时，No-IP 网站显示当前的主机列表，如图 A.7 所示。

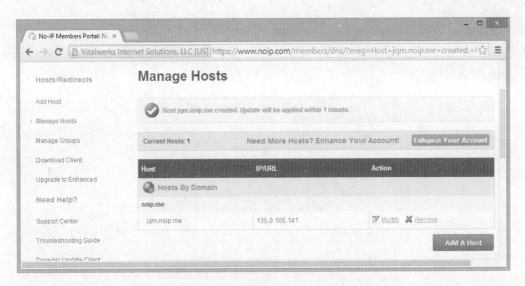

图 A.7　主机设置完成以后的主机列表

4. 安装 DNS 更新工具

由于大部分 Internet 用户使用的是动态 IP，最新的 IP 地址必须随时在 DNS 中进行更新，否则，一旦主机的 IP 地址发生了变化，在 Internet 上的其他用户将无法访问主机。No-IP 提供了动态 IP 更新工具，它能够定时检测 IP 地址的变化，并且自动更新 DNS。图 A.7 中，在左侧的菜单中找到并点击 Download Client，进入 DNS 工具下载页面，下载并在 Web 服务器所在的计算机上安装 DNS 工具。安装完成后 DNS 工具会自动打开，如图 A.8 所示。

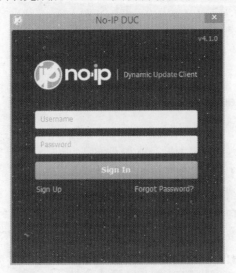

图 A.8　DNS 工具安装以后的登录界面

No-IP 网站允许注册用户使用用户的电子邮件地址或者用户名登录，而 No-IP 的 DNS 更新工具则稍有不同。某些版本的工具软件仍然允许电子邮件作为用户名，最新的版本只允许使用用户名。如果读者在前几年前已经注册了 No-IP 账号(仅适用于 No-IP 的老用户)，但是还没有使用用户名，那么可以在登录 No-IP 网站后，在网站的左上角找到 Account(账号)，并完成对用户账号的更新，以及设置用户名。

No-IP 用户第一次登录 DNS 更新工具时，会看到如图 A.9 所示的界面，显示当前还没有主机需要被动态更新。

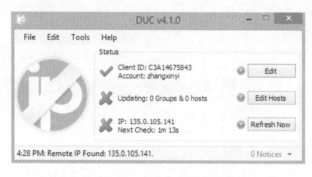

图 A.9　DNS 工具软件的用户界面

点击 DNS 工具的 Edit Host 按钮，进入如图 A.10 所示的主机选择界面。No-IP 对主机 IP 地址的管理不是为每一个主机单独操作的，而是通过新增主机过程中的分组，对一个组中的所有主机同时进行更新的。因此，如果读者使用多个局域网，每一个局域网有一个 Internet 上的有效 IP 地址，那么，每一个局域网中都可以有一台计算机作为 Web 服务器，并且把每一个局域网中的主机分到同一个组中。

在图 A.10 的界面中，选择"group1"，点击 Save 按钮保存设置，最新的设置将立即生效。No-IP 的 DNS 更新软件会立刻检测当前的 IP 地址，并为 group1 中的所有主机域名更新 DNS。

5. 在局域网中指定 Web 服务器

上一个步骤完成了主机与 IP 地址的关联。

当一个用户在 Internet 上访问主机，比如我们刚刚注册的 jqm.noip.me 时，DNS 会把访问引向相关联的 IP 地址。由于 Web 服务器所在的局域网在 Internet 上共用一个 IP 地址，为了使从 Internet 来的访问到达正确的 Web 服务器，还需要设置路由器。

图 A.10　选择需要动态更新 DNS 的主机

在设置路由器之前，首先需要确定 Web 服务器所在的计算机在局域网中的 IP 地址。利用 Windows 操作系统的 ipconfig 命令，就能实现这个目的。

命令行中的 ipconfig 命令能够显示每一个网卡当前占用的 IP 地址和使用的网关地址。

图 A.11 显示了在 Windows 8.1 的命令行中得到的当前计算机的在局域网上的 IP 地址。

图中很明确地显示了当前在无线网卡上的局域网 IP 地址 192.168.1.113，以及网关占用的地址 192.168.1.1。

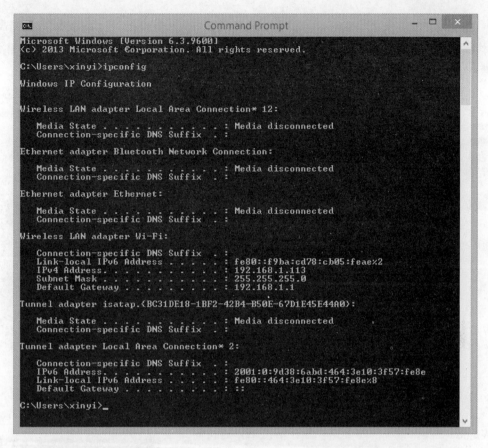

图 A.11　通过命令行中的 ipconfig 命令得到当前的计算机在局域网上的 IP 地址

按照 HTTP 标准，Web 服务器对应的 HTTP 服务使用端口 80。当一个从 Internet 上来的 Web 请求到达路由器以后，路由器必须把该请求转发到局域网中的 Web 服务器。现在，我们已经获得了 Web 服务器在局域网上的 IP 地址，下一步就是需要配置路由器，使所有对 80 端口的访问转发到 Web 服务器所在的 IP 地址：192.168.1.113。

不同品牌和型号的家用路由器在管理员界面上会有很大不同。但是，如果仔细查看路由器的各个配置页面，其实留给用户的配置选项是大同小异的。下面以 LinkSys 路由器为例，介绍按照端口转发网络请求的配置方法。

根据 ipconfig 返回的信息，我们已经知道，当前局域网的网关地址是 192.168.1.1。在浏览器中访问这个 IP 地址，浏览器将显示路由器的登录界面。输入路由器的用户名和密码(每个品牌的路由器都有各自的默认用户名和密码。如果路由器由 ISP 提供，则应当参考 ISP 提供的用户手册。用户也可能在第一次使用路由器的时候更改默认密码，这时候，就需要输入用户自定义的用户名和密码了)。

LinkSys 路由器关于端口转发的界面可以通过点击网页菜单上的 Applications & Gaming，然后点击 Single Port Forwarding 得到，如图 A.12 所示。

在图 A.12 中，从页面左侧的 Application Name 下拉列表中选择 HTTP，配置界面将自动填写 External Port、Internal Port，以及 Protocol 三项。

由于使用的 80 端口属于 HTTP 协议标准的一部分，用户不需要对自动填写的内容做任何更改。在同一行中的 To IP Address 是指需要把 HTTP 访问转发到的目标 IP 地址，我们需要填写 Web 服务器在局域网上的地址(即由 ipconfig 命令返回的 Web 服务器地址)。

最后，在 Enabled 选项上打勾，并保存设置，路由器即设置完成。

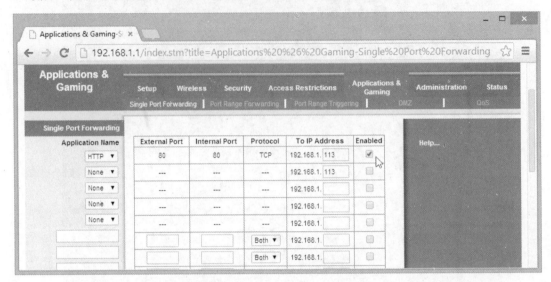

图 A.12　设置路由器的端口转发功能

6. 设置 Windows 防火墙

Windows 操作系统的防火墙在默认情况下，对访问本地 80 端口的访问加以限制。当把一个计算机变成一台 Web 服务器以后，必须允许对 80 端口的访问请求。

在 Windows 8.1 中，通过控制面板可以设置防火墙。

首先，通过 Windows 8.1 的查找功能，搜索关键字"firewall"，如图 A.13 所示。

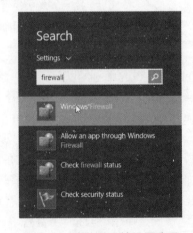

Windows 会自动地列出与防火墙相关的若干配置程序。点击 Windows Firewall 进入防火墙配置界面。在如图 A.14 所示的 Windows 防火墙界面中的左侧一栏，点击 Advanced Settings(高级设置)。

然后在 Windows 高级设置界面中的左侧单击 Inbound Rules，并在同一界面的右侧单击 New Rule(新规则)，如图 A.15 所示。

图 A.13　查找防火墙设置选项

在下一步的规则类型选择中，选取 Port(端口)，点击 Next(下一步)按钮进入端口配置程序。

在如图 A.16 所示的端口配置界面中，分别选择 TCP 协议和 Specify Local Ports(指定本地端口)，并且输入端口号"80"，单击 Next 按钮进入下一步，如图 A.17 所示，选择 Allow the Connection(允许连接)。

最后连续单击 Next 按钮两次，结束防火墙的配置。

图 A.14　在 Windows 防火墙的主界面上选择高级设置功能

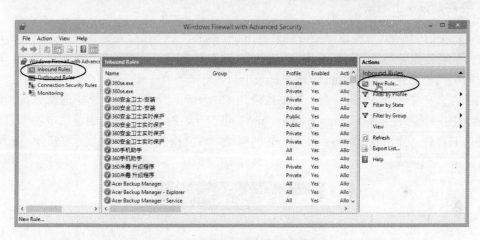

图 A.15　进入新建安全规则界面

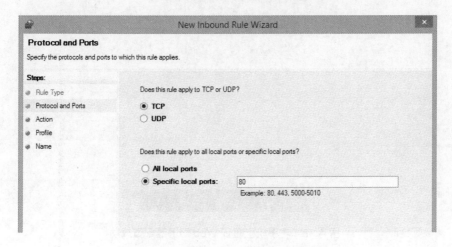

图 A.16　配置 HTTP 使用的 80 端口

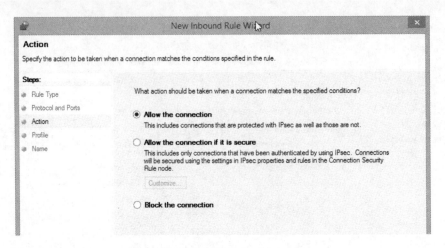

图 A.17　防火墙规则为"允许连接"

7. 在移动设备上测试

至此，我们的 Web 服务器已经被部署到 Internet 上，并且已经能够被世界上所有的用户访问了。为了确信服务器工作一切正常，我们可以把本书中的一些实例部署到服务器上，比如把第 5 章的实例复制到 C:\www\jqm\CH05 目录下。

由于网页文件在 Web 服务器上的根目录是 C:\www，因此，第 5 章中的所有实例程序在 Internet 上的网址都是以 http://jqm.noip.me/jqm/CH05/开始的。在手机的浏览器中输入第 5 章的一个实例 HTML 文档 jqm_dialog_new.html 的网址，该文档能够在手机上正常打开，如图 A.18 所示。服务器配置成功。

图 A.18　在手机上验证 Web 服务器配置成功

附录 B　习 题 解 答

第 1 章　移动 Web 开发简介

(1)　B

"优雅降级"的出发点是尽量提供更多的功能,并在此基础上对不具备某些特性的浏览器实施 "降级"。"渐进增强"的出发点是满足共性,并根据浏览器的特性进行"增强"。

(2)　B

离线功能不但需要一个 Web 服务器,还需要对具体的离线资源进行配置。

(3)　C　D

部分 Blackberry 和 Android 设备上的硬件按钮实现的功能需要具体的硬件设备来测试。Opera 只是众多浏览器中的一种。Safari 和 Chrome 等浏览器把某些 HTML 标签或者 CSS样式通过不同的方式显示出来。

(4)　D

过度追求高分辨率会使文字过小,无法辨认。

(5)　A

jQuery Mobile 依赖于 jQuery。

(6)　B

jQuery Mobile 采用的自适应设计和渐进增强策略在网页显示时,会根据设备和浏览器的实际情况做出调整。

(7)　C

B 级浏览器支持除了 Ajax 以外的所有其他 A 级浏览器所具备的功能。

(8)　B　C

jQuery Mobile 采用了自适应和渐进增强实际策略。

第 2 章　HTML 5 开发基础

(1)　A　C　D　E　G

(2)　B　F　H　I

(3)　D

HTML 5 中的定制属性以 "data-" 为前缀。

(4)　D

<address>标签应该仅作为联系地址使用。

(5)　B

<button>按钮在表单内与表单外具有不同的行为特点。当一个<button>出现在表单内时,默认的功能是发送表单。

(6)　C

HTML 5 要求<title>元素必须出现,而且必须出现在<head>元素中。

(7) A B

本题中出现的 3 种布尔型属性的标注方法是等价的。

(8) A B

(9) A D

在双字符格式的语言代码后面允许使用国家代码后缀。

(10) C

通过粘贴方式发送的 HTML 文档不具有原始文件具有的文件编码信息。

第 3 章 CSS 3 设计基础

(1) D

"::" 是伪元素的标记，但是并不存在::first-paragraph 这个伪元素。

(2) C

(3) C

padding 的简写形式带有两个参数时，第一个属性值代表上边和下边，第二个属性值代表左边和右边。

(4) D

border-style 属性也需要设置才能使边框可见。

(5) B

(6) D

visibility: hidden;方法会保留<div>隐藏之前占用的屏幕空间。

(7) B

(8) A

:first-child 与:nth-child(1)作用相同，都表示第一个子节点。

(1)

```
<!DOCTYPE html>
<html>
  <head>
    <meta charset="UTF-8">
    <title>习题解答</title>
    <style>
      body {
        margin:            0;
      }
      .toolbar {
        position:          fixed;
        width:             100%;
        height:            45px;
        background-color: #DDDDDD;
        text-align:        center;
      }
      .footer {
        bottom:            0;
      }
```

```
        .toolbar>h1, .toolbar>h2, .toolbar>h3,
        .toolbar>h4, .toolbar>h5, .toolbar>h6 {
            font-size:      1.2rem;
            font-weight:    normal;
            margin-top:     12px;
        }
    </style>
  </head>
  <body>
    <div class="header toolbar">
        <h1>Hello World</h1>
    </div>
    <div class="content">
    </div>
    <div class="footer toolbar">
    </div>
  </body>
</html>
```

第 4 章　jQuery 入门

(1) B

子元素选择器遵循 CSS 的索引值定义方法，从 "1" 开始。

(2) B

(3) C

(4) A

即使这两个方法的作用相同，但是在使用方法上非常不同。使用时，一定要注意哪一个参数是指被插入的元素。

(5) D

(6) A　C

(7) B

(8) A

(9) A

prop("checked")和 is(":checked")都是有效的方法。

(10) C

第 5 章　jQuery Mobile 开发基础

(1) B

jQuery Mobile 中大量使用了以 "data-" 为前缀的属性。这些属性属于 HTML 5 的扩展属性。HTML 4.01 中没有相关的语法。

(2) A　C

(3) A

答案 B 适用于 jQuery Mobile 1.3，在 jQuery Mobile 1.4 中已经不再使用这种方法。

(4) A

(5) C

属性"role"属于 WAI-ARIA。

(6) A

默认的动画效果为"fade"，因此，即使不为 data-transition 属性赋值，仍然会有一个不太明显的动画效果。

(7) B

jQuery Mobile 1.4 仅提供了两个样本主题。

(8) C

(9) D

(10) B

第 6 章　UI 组件－工具栏

(1) A

(2) C

(3) D

(4) D

(5) B

(6) B

页头中是否出现系统自动添加的返回按钮，取决于页面访问的历史记录。

(7) A

(8) D

(9) B

(10) A

第 7 章　jQuery Mobile 的 UI 组件

(1)

```
<!DOCTYPE html>
<html>
<head>
   <title>jQuery Mobile</title>
   <meta charset="utf-8" />
   <script src="js/jquery-1.10.1/jquery-1.10.1.min.js"></script>
   <script src="js/jquery.mobile-1.4.2/jquery.mobile-1.4.2.min.js"></script>
   <link href="js/jquery.mobile-1.4.2/jquery.mobile-1.4.2.min.css"
     rel="stylesheet" />
   <link href="js/jquery-mobile-classic-theme/theme-classic.css"
     rel="stylesheet" />
   <meta name="viewport" content="width=device-width,initial-scale=1.0">
</head>
<body>
   <div data-role="page" data-theme="b">
      <div data-role="header">
```

```
        <a href="#" class="ui-nodisc-icon" data-icon="bars"
          data-iconpos="notext" data-corners="false">无文字</a>
        <h1>按钮</h1>
        <a href="#" class="ui-nodisc-icon" data-icon="star"
          data-iconpos="notext" data-corners="false">无文字</a>
    </div>
    <div class="ui-content" role="main">
    </div>
  </div>
</body>
</html>
```

(2)

```
<!DOCTYPE html>
<html>
<head>
  <title>jQuery Mobile</title>
  <meta charset="utf-8" />
  <script src="js/jquery-1.10.1/jquery-1.10.1.min.js"></script>
  <script src="js/jquery.mobile-1.4.2/jquery.mobile-1.4.2.min.js"></script>
  <link href="js/jquery.mobile-1.4.2/jquery.mobile-1.4.2.min.css"
    rel="stylesheet" />
  <meta name="viewport" content="width=device-width,initial-scale=1.0">
</head>
<body>
  <div data-role="page">
    <div data-role="header">
        <h1>中国电影金鸡奖</h1>
    </div>
    <div class="ui-content" role="main">
      <table data-role="table" data-mode="columntoggle"
        id="golden_rooster" class="ui-responsive"
        data-column-btn-text="选择表列..." >
        <thead>
          <tr>
            <th>年</th>
            <th data-priority="3">届</th>
            <th data-priority="1">最佳故事片</th>
            <th data-priority="2">最佳导演</th>
            <th data-priority="3">最佳男主角</th>
            <th data-priority="3">最佳女主角</th>
          </tr>
        </thead>
        <tbody>
          <tr>
            <td>1981</td><td>1</td>
            <td>《巴山夜雨》<br>《天云山传奇》</td>
            <td>谢晋</td><td>--</td><td>张瑜</td>
          </tr>
```

```
        <tr>
            <td>1982</td><td>2</td>
            <td>《邻居》</td>
            <td>成荫</td><td>张雁</td><td>李秀明</td>
        </tr>
        <tr>
            <td>1983</td><td>3</td>
            <td>《人到中年》<br>《骆驼祥子》</td>
            <td>吴贻弓</td><td>--</td><td>潘虹、斯琴高娃</td>
        </tr>
        <tr>
            <td>1984</td><td>4</td>
            <td>《乡音》</td>
            <td>汤晓丹</td><td>董行佶、杨在葆</td><td>龚雪</td>
        </tr>
        <tr>
            <td>1985</td><td>5</td>
            <td>《红衣少女》</td>
            <td>凌子风</td><td>吕晓禾</td><td>李羚</td>
        </tr>
    </tbody>
  </table>
 </div>
 </div>
</body>
</html>
```

第 8 章　jQuery Mobile 的 UI 组件(续)

(1)

```
<!DOCTYPE html>
<html>
<head>
    <title>jQuery Mobile</title>
    <meta charset="utf-8" />
    <script src="js/jquery-1.10.1/jquery-1.10.1.min.js"></script>
    <script src="js/jquery.mobile-1.4.2/jquery.mobile-1.4.2.min.js"></script>
    <link href="js/jquery.mobile-1.4.2/jquery.mobile-1.4.2.min.css"
      rel="stylesheet" />
    <meta name="viewport" content="width=device-width,initial-scale=1.0">
    <style>
        #testarea {
            width:   100%;
            height:  20#;
            background-color: rgb(128, 128, 128);
        }
    </style>
<script>
```

```
        function setBrightness(grey) {
            $("#testarea").css("background-color", "rgb(" + grey + ","
                + grey + "," + grey + ")");
        }
    </script>
</head>
<body>
    <div data-role="page" data-theme="a">
        <div data-role="header">
            <h1>滑动条</h1>
        </div>
        <div class="ui-content" role="main">
            <form target="#">
                <div id="testarea"> </div>
                <input type="range" name="brightness" id="brightness"
                   value="128" min="0" max="255" step="3"
                   onchange=setBrightness(this.value)>
            </form>
        </div>
    </div>
</body>
</html>
```

(2)

```
<!DOCTYPE html>
<html>
<head>
    <title>jQuery Mobile</title>
    <meta charset="utf-8" />
    <script src="js/jquery-1.10.1/jquery-1.10.1.min.js"></script>
    <script src="js/jquery.mobile-1.4.2/jquery.mobile-1.4.2.min.js"></script>
    <link href="js/jquery.mobile-1.4.2/jquery.mobile-1.4.2.min.css"
     rel="stylesheet" />
    <meta name="viewport" content="width=device-width,initial-scale=1.0">
</head>
<body>
    <div data-role="page" data-theme="a">
        <div data-role="header">
            <h1>列表视图</h1>
        </div>
        <div class="ui-content" role="main">
            <ul data-role="listview" data-inset="true"
              data-filter="true"
              data-filter-placeholder="搜索景点...">
                <li><a href="#">北京故宫</a></li>
                <li><a href="#">北京天坛</a></li>
                <li><a href="#">北京颐和园</a></li>
                <li><a href="#">北京圆明园</a></li>
                <li><a href="#">苏州寒山寺</a></li>
```

```
            <li><a href="#">苏州虎丘</a></li>
            <li><a href="#">苏州拙政园</a></li>
            <li><a href="#">上海豫园</a></li>
            <li><a href="#">沈阳故宫</a></li>
            <li><a href="#">沈阳清昭陵</a></li>
            <li><a href="#">杭州西湖</a></li>
            <li><a href="#">扬州瘦西湖</a></li>
            <li><a href="#">南京中山陵</a></li>
        </ul>
    </div>
  </div>
</body>
</html>
```

(3)

```
<!DOCTYPE html>
<html>
<head>
  <title>jQuery Mobile</title>
  <meta charset="utf-8" />
  <script src="js/jquery-1.10.1/jquery-1.10.1.min.js"></script>
  <script src="js/jquery.mobile-1.4.2/jquery.mobile-1.4.2.min.js"></script>
  <link href="js/jquery.mobile-1.4.2/jquery.mobile-1.4.2.min.css"
    rel="stylesheet" />
  <meta name="viewport" content="width=device-width,initial-scale=1.0">
</head>
<body>
  <div data-role="page" id="myPage">
    <div data-role="panel" id="myPanel_1">
        <p>面板1</p>
        <p>
            <a href="#myPage" data-rel="close" data-role="button"
              data-inline="true">关闭面板</a>
        </p>
    </div>
    <div data-role="panel" id="myPanel_2"
      data-position="right" data-display="overlay">
        <p>面板2</p>
        <p>
            <a href="#myPage" data-rel="close" data-role="button"
              data-inline="true">关闭面板</a>
        </p>
    </div>
    <div data-role="header">
        <h1>面板</h1>
    </div>
    <div class="ui-content" role="main">
        <a href="#myPanel_1" data-role="button" data-inline="true">
            打开/关闭 面板 1</a>
```

```
            <a href="#myPanel_2" data-role="button" data-inline="true">
                打开/关闭 面板 2</a>
        </div>
    </div>
</body>
</html>
```

第 9 章 jQuery Mobile 的样式定制

样式定义练习可参照本书 9.3 节中介绍的方法。以下是编程题的参考答案。

(1)

```
<!DOCTYPE html>
<html>
<head>
    <title>jQuery Mobile</title>
    <meta charset="utf-8" />
    <script src="js/jquery-1.10.1/jquery-1.10.1.min.js"></script>
    <script src="js/jquery.mobile-1.4.2/jquery.mobile-1.4.2.min.js"></script>
    <link href="js/jquery.mobile-1.4.2/jquery.mobile-1.4.2.min.css"
      rel="stylesheet" />
    <meta name="viewport" content="width=device-width,initial-scale=1.0">
    <style>
        .ui-btn.ui-corner-all {
            border-radius: 1.5em;
        }
    </style>
</head>
<body>
    <div data-role="page" id="myPage">
        <div data-role="header">
            <h1>按钮</h1>
        </div>
        <div class="ui-content" role="main">
            <a href="#" id="b2" data-role="button" data-inline="true">
                圆角</a>
        </div>
    </div>
</body>
</html>
```

(2)

```
<!DOCTYPE html>
<html>
<head>
  <title>jQuery Mobile</title>
  <meta charset="utf-8" />
  <script src="js/jquery-1.10.1/jquery-1.10.1.min.js"></script>
  <script src="js/jquery.mobile-1.4.2/jquery.mobile-1.4.2.min.js"></script>
```

```
    <link href="js/jquery.mobile-1.4.2/jquery.mobile-1.4.2.min.css"
      rel="stylesheet" />
    <link rel="stylesheet"
      href="themes/nativeDroid-master/css/jquerymobile.nativedroid.css"/>
    <link rel="stylesheet" href="themes/nativeDroid-master/css/
      jquerymobile.nativedroid.light.css"/>
    <link rel="stylesheet" href="themes/nativeDroid-master/css/
      jquerymobile.nativedroid.color.blue.css" />
    <meta name="viewport" content="width=device-width,initial-scale=1.0">
  </head>
  <body>
    <div data-role="page" id="myPage">
      <div data-role="header" data-position="fixed"
        data-tap-toggle="false" data-theme="b">
        <h1>nativeDroid</h1>
        <div data-role="navbar">
          <ul>
            <li><a href="#" data-icon="home"
                data-iconpos="top">主页</a></li>
             <li><a href="#" data-icon="mail"
                data-iconpos="top">联系</a></li>
              <li><a href="#" data-icon="search"
                data-iconpos="top">帮助</a></li>
          </ul>
        </div>
      </div>
      <div class="ui-content" role="main">
      </div>
      <div data-role="footer" data-position="fixed"
        data-tap-toggle="false" data-theme="b">
        <div class="inset">
            本网站使用了<a href="http://nativedroid.godesign.ch/"
            data-ajax="false">nativeDroid</a>样式。
        </div>
      </div>
    </div>
  </body>
</html>
```

第 10 章　jQuery Mobile 功能扩展

扩展图标集的实验操作可参考本书 10.1 节中介绍的方法。以下是编程题的参考答案。

(1)

```
<!DOCTYPE html>
<html>
<head>
  <title>jQuery Mobile</title>
  <meta charset="utf-8" />
```

```
    <script src="js/jquery-1.10.1/jquery-1.10.1.min.js"></script>
    <script src="js/jquery.mobile-1.4.2/jquery.mobile-1.4.2.min.js"></script>
    <link href="js/jquery.mobile-1.4.2/jquery.mobile-1.4.2.min.css"
      rel="stylesheet" />
    <link href="IconFonts/font-awesome-4.3.0/css/font-awesome.min.css"
      rel="stylesheet" />
    <meta name="viewport" content="width=device-width,initial-scale=1.0">
</head>
<body>
    <div data-role="page" id="myPage">
        <div data-role="header" data-position="fixed"
          data-tap-toggle="false" data-theme="b">
            <h1>图标</h1>
            <div data-role="navbar">
                <ul>
                    <li><a href="#">
                        <div class="fa fa-plane"></div>
                        <div>飞机</div>
                    </a></li>
                    <li><a href="#">
                        <div class="fa fa-ship"></div>
                        <div>轮船</div>
                    </a></li>
                    <li><a href="#">
                        <div class="fa fa-train"></div>
                        <div>火车</div>
                    </a></li>
                    <li><a href="#">
                        <div class="fa fa-car"></div>
                        <div>汽车</div>
                    </a></li>
                </ul>
            </div>
        </div>
        <div class="ui-content" role="main">
        </div>
        <div data-role="footer" data-position="fixed"
          data-tap-toggle="false" data-theme="b">
            <h1> </h1>
        </div>
    </div>
</body>
</html>
```

(2)

```
/*
data-transition="effect02"
*/
```

```
.effect02.in , .effect02.out {
    -webkit-animation-timing-function: ease-out;
    -webkit-animation-duration: 400ms;
    -moz-animation-timing-function: ease-out;
    -moz-animation-duration: 400ms;
    animation-timing-function: ease-out;
    animation-duration: 400ms;
}

.effect02.in {
    -webkit-transform: translate3d(0,0,0);
    -webkit-animation-name: slideinFromLeft;
    -moz-transform: translateX(0);
    -moz-animation-name: slideinFromLeft;
    transform: translateX(0);
    animation-name: slideinFromLeft;
}

@-webkit-keyframes slideinFromLeft {
    from { -webkit-transform: translate3d(-100%,0,0); }
    to { -webkit-transform: translate3d(0,0,0); }
}

@-moz-keyframes slideinFromLeft {
    from { -moz-transform: translateX(-100%); }
    to { -moz-transform: translateX(0); }
}

@keyframes slideinFromLeft {
    from { transform: translateX(-100%); }
    to { transform: translateX(0); }
}

.effect02.out {
    -webkit-transform: translate3d(100%,0,0);
    -webkit-animation-name: slideoutToRight;
    -moz-transform: translateX(100%);
    -moz-animation-name: slideoutToRight;
    transform: translateX(100%);
    animation-name: slideoutToRight;
}

@-webkit-keyframes slideoutToRight {
    from { -webkit-transform: translate3d(0,0,0); }
    to { -webkit-transform: translate3d(100%,0,0); }
}
@-moz-keyframes slideoutToRight {
    from { -moz-transform: translateX(0); }
    to { -moz-transform: translateX(100%); }
```

```
}
@keyframes slideoutToRight {
    from { transform: translateX(0); }
    to { transform: translateX(100%); }
}

.effect02.in.reverse {
    opacity: 1;
    -webkit-animation-duration: 225ms;
    -webkit-animation-name: fadein;
    -moz-animation-duration: 225ms;
    -moz-animation-name: fadein;
    animation-duration: 225ms;
    animation-name: fadein;
}

@-webkit-keyframes fadein {
    from { opacity: 0; }
    to { opacity: 1; }
}

@-moz-keyframes fadein {
    from { opacity: 0; }
    to { opacity: 1; }
}

@keyframes fadein {
    from { opacity: 0; }
    to { opacity: 1; }
}

.effect02.out.reverse {
    -webkit-animation-name: fadeout;
    -webkit-animation-duration: 100ms;
    -moz-animation-name: fadeout;
    -moz-animation-duration: 100ms;
    animation-name: fadeout;
    animation-duration: 100ms;
    opacity: 0;
}

@-webkit-keyframes fadeout {
    from { opacity: 1; }
    to { opacity: 0; }
}

@-moz-keyframes fadeout {
    from { opacity: 1; }
    to { opacity: 0; }
```

```
}

@keyframes fadeout {
    from { opacity: 1; }
    to { opacity: 0; }
}
```

第 11 章　jQuery Mobile 事件处理

(1)

```html
<!DOCTYPE html>
<html>
<head>
    <title>jQuery Mobile - Events</title>
    <meta charset="utf-8" />
    <script src="js/jquery-1.10.1/jquery-1.10.1.min.js"></script>
    <script src="js/jquery.mobile-1.4.2/jquery.mobile-1.4.2.min.js"></script>
    <link href="js/jquery.mobile-1.4.2/jquery.mobile-1.4.2.min.css"
      rel="stylesheet"/>
    <meta name="viewport" content="width=device-width,initial-scale=1.0">
    <script>
        $(document).on("pagecontainerbeforehide",
          function(event, data) {
            if (data.nextPage.attr("id") == "page2") {
                var newFontSize = $("input[name='fontSize']:checked").val();
                $("#fontTest").css("font-size", newFontSize);
            };
        });
    </script>
</head>
<body>
    <div id="home" data-role="page">
        <div data-role="header" data-add-back-btn="true"
          data-back-btn-text="返回">
            <h1>字体设置</h1>
        </div>
        <div class="ui-content" role="main">
            <label for="fontSize-1">1em</label>
            <input type="radio" name="fontSize" id="fontSize-1"
              value="1em" checked="">
            <label for="fontSize-2">2em</label>
            <input type="radio" name="fontSize" id="fontSize-2" value="2em">
            <label for="fontSize-3">3em</label>
            <input type="radio" name="fontSize" id="fontSize-3" value="3em">
            <a href="#page2" data-role="button">设置</a>
        </div>
    </div>
    <div id="page2" data-role="page">
```

```
    <div data-role="header" data-add-back-btn="true"
      data-back-btn-text="返回">
        <h1>字体</h1>
    </div>
    <div class="ui-content" role="main">
        <div id="fontTest">测试</div>
    </div>
  </div>
</body>
</html>
```

(2)

```
<!DOCTYPE html>
<html>
<head>
    <title>jQuery Mobile - Events</title>
    <meta charset="utf-8" />
    <script src="js/jquery-1.10.1/jquery-1.10.1.min.js"></script>
    <script src="js/jquery.mobile-1.4.2/jquery.mobile-1.4.2.min.js"></script>
    <link href="js/jquery.mobile-1.4.2/jquery.mobile-1.4.2.min.css"
      rel="stylesheet"/>
    <meta name="viewport" content="width=device-width,initial-scale=1.0">
    <script>
        var y1, y2;
        $(document).on("vmousedown", function(event) {
            y1 = event.pageY;
        });
        $(document).on("vmousemove", function(event) {
            y2 = event.pageY;
            if ((y2 - y1) > 30) {
                y1 = y2;
                $("#infoArea").text("向下滑动");
            } else if ((y2 - y1) < -30) {
                y1 = y2;
                $("#infoArea").text("向上滑动");
            }
        });
    </script>
</head>
<body>
    <div id="home" data-role="page">
        <div data-role="header">
            <h1>垂直滑动事件</h1>
        </div>
        <div class="ui-content" role="main">
            <div id="infoArea"></div>
        </div>
    </div>
</body>
```

```
</html>
```

第 12 章　jQuery 和 jQuery Mobile 的插件

(1)

```html
<!DOCTYPE html>
<html>
<head>
    <title>jQuery Mobile 插件</title>
    <meta charset="utf-8" />
    <script src="js/jquery-1.10.1/jquery-1.10.1.min.js"></script>
    <script src="js/jquery.mobile-1.4.2/jquery.mobile-1.4.2.min.js"></script>
    <link href="js/jquery.mobile-1.4.2/jquery.mobile-1.4.2.min.css"
      rel="stylesheet" />
    <meta name="viewport" content="width=device-width,initial-scale=1.0">
    <link href="plugins/owl/owl-carousel/owl.carousel.css" rel="stylesheet" />
    <link href="plugins/owl/owl-carousel/owl.theme.css" rel="stylesheet" />
    <script src="plugins/owl/owl-carousel/owl.carousel.min.js"></script>
    <style>
        .owl-carousel img {
            width:         100%;
            height:        auto;
        }
    </style>
    <script>
        $(document).on("pagecreate", function() {
            $(".owl-carousel").owlCarousel({
                singleItem: true
            });
        });
    </script>
</head>
<body>
    <div data-role="page" data-theme="a">
        <div data-role="header">
            <h1>Owl Carousel</h1>
        </div>
        <div class="ui-content" role="main">
            <div style="margin:-1em;">
            <div class="owl-carousel">
                <div class="item">
                    <img src="images/beijing_01.jpg" alt="北京故宫">
                </div>
                <div class="item">
                    <img src="images/beijing_02.jpg" alt="北京天坛">
                </div>
                <div class="item">
                    <img src="images/beijing_03.jpg" alt="北京颐和园">
```

```
            </div>
            <div class="item">
               <img src="images/shanghai_01.jpg" alt="上海科技馆">
            </div>
            <div class="item">
               <img src="images/shanghai_02.jpg" alt="上海城隍庙">
            </div>
            <div class="item">
               <img src="images/shenyang_01.jpg" alt="沈阳清昭陵">
            </div>
            <div class="item">
               <img src="images/shenyang_02.jpg" alt="沈阳清昭陵">
            </div>
            <div class="item">
               <img src="images/suzhou_01.jpg" alt="苏州木渎">
            </div>
         </div>
         </div>
      </div>
   </div>
</body>
</html>
```

(2)

```
<!DOCTYPE html>
<html>
<head>
   <title>jQuery Mobile 插件</title>
   <meta charset="utf-8" />
   <script src="js/jquery-1.10.1/jquery-1.10.1.min.js"></script>
   <script src="js/jquery.mobile-1.4.2/jquery.mobile-1.4.2.min.js"></script>
   <link href="js/jquery.mobile-1.4.2/jquery.mobile-1.4.2.min.css"
    rel="stylesheet" />
   <meta name="viewport" content="width=device-width,initial-scale=1.0">
   <!-- Windows (mDialog) 系统文件 -->
   <script src="plugins/windows/js/jqm-windows.mdialog.js"></script>
   <!-- mDialog:Button -->
<script>
$(document).on("tap", "#mySubmit", function() {
   var myFlipSwitch = $("#termss_and_conditions");
   var messageDuration = 2500;
   if (myFlipSwitch.prop("checked")) {
      $("#result").text("表单已提交。");
      $("#result").show();
      $("#result").fadeOut(messageDuration);
   } else {
      $("<div>").mdialog({
         useMenuMode:  true,
         menuButtonType: 'button',
```

```
                    popDismissable: false,
                    closeButton:    true,
                    menuHeaderText: '请确认',
                    menuSubtitle:    '您是否同意服务协议？',
                    menuMinWidth:    '300px',
                    buttons: {
                        '同意': {
                            click: function () {
                                myFlipSwitch.prop("checked", "true");
                                myFlipSwitch.flipswitch("refresh");
                                $("#result").text("表单已提交。");
                                $("#result").show();
                                $("#result").fadeOut(messageDuration);
                            }
                        },
                        '拒绝': {
                            click: function() {
                                myFlipSwitch.removeAttr("checked");
                                myFlipSwitch.flipswitch("refresh");
                                $("#result").text("您拒绝了服务协议，表单未提交。");
                                $("#result").show();
                                $("#result").fadeOut(messageDuration);
                            },
                            icon: "delete",
                        }
                    }
                });
            }
        });
    </script>
</head>
<body>
    <div data-role="page" id="mDialogDemo1">
        <div data-role="header">
            <h1>对话窗口</h1>
        </div>
        <div class="ui-content" role="main">
            <label for="termss_and_conditions">同意服务协议？</label>
            <input type="checkbox" data-role="flipswitch"
                name="termss_and_conditions"
                id="termss_and_conditions"
                data-on-text="同意" data-off-text="拒绝">
            <a href="#" id="mySubmit" data-role="button">发送</a>
            <div id="result"></div>
        </div>
    </div>
</body>
</html>
```